普通高等院校电气类专业系列教材

PLC 编程及应用技术

主　编　彭　芳　秦　强　姜杏辉
副主编　赵屹男　吴　颖　王卫华

北京理工大学出版社
BEIJING INSTITUTE OF TECHNOLOGY PRESS

内容简介

S7-200 PLC 的换代产品有两大系列：一种是 S7-200 SMART PLC，另一种是 S7-1200 PLC，S7-200 SMART PLC 在编程语言、指令系统和编程平台等方面与 S7-1200 PLC 的基本相同，简单易用，适合初学者入门，符合国内高校实验室建设情况；S7-1200 PLC 的功能更为强大，在掌握了 PLC 的基础知识和编程方法后，是进阶的学习对象。

本书以西门子 S7-200 SMART PLC 为基础，根据学习进度由浅入深编排内容，全面介绍了 S7-200 SMART PLC 的工作原理、硬件组成、指令系统和编程软件的使用方法；还介绍了 S7-200 SMART PLC 高级功能的应用，包括高速计数的应用、高速脉冲输出运动控制的应用、模拟量及 PID 应用、通信功能的应用等。

本书适合作为普通高校电气工程及其自动化、机械电子工程、机械工程、电气工程与智能控制等相关专业本科生的教学用书，也可供相关科研技术人员参考使用。

图书在版编目（CIP）数据

PLC 编程及应用技术 / 彭芳，秦强，姜杏辉主编．--北京：北京理工大学出版社，2022.7（2022.8 重印）

ISBN 978-7-5763-1444-1

Ⅰ．①P…　Ⅱ．①彭… ②秦… ③姜…　Ⅲ．①PLC 技术-程序设计　Ⅳ．①TM571.61

中国版本图书馆 CIP 数据核字（2022）第 114813 号

出版发行 / 北京理工大学出版社有限责任公司
社　　址 / 北京市海淀区中关村南大街 5 号
邮　　编 / 100081
电　　话 / (010) 68914775（总编室）
　　　　　(010) 82562903（教材售后服务热线）
　　　　　(010) 68944723（其他图书服务热线）
网　　址 / http://www.bitpress.com.cn
经　　销 / 全国各地新华书店
印　　刷 / 河北盛世彩捷印刷有限公司
开　　本 / 787 毫米×1092 毫米　1/16
印　　张 / 20.25
字　　数 / 473 千字
版　　次 / 2022 年 7 月第 1 版　2022 年 8 月第 2 次印刷
定　　价 / 49.00 元

责任编辑 / 王玲玲
文案编辑 / 王玲玲
责任校对 / 刘亚男
责任印制 / 李志强

图书出现印装质量问题，请拨打售后服务热线，本社负责调换

前 言

可编程逻辑控制器（Programmable Logic Controller，PLC）可以执行逻辑运算、顺序控制、定时、计数与算术操作等面向用户的指令，并通过数字或模拟式输入/输出控制各种类型的机械或生产过程。目前PLC已在世界各地得到了广泛应用，同时，其功能也在不断完善。

本书共分为12章内容，前10章主要讲解可编程逻辑控制器的原理及应用技术，后面根据需要增加了电气控制基础及常见传感器、电气绘图软件及其使用两章内容。其中，第1章介绍了可编程程序控制器的概述、西门子S7-200 SMART系列PLC的硬件介绍及工作原理；第2章介绍了S7-200 SMART PLC编程软件使用指南，包括STEP 7-Micro/WIN SMART软件安装与卸载、操作界面介绍以及工程的操作；第3章介绍了S7-200 SMART PLC编程基础，包括数据类型、寻址方式、内部数据单元、编程语言、编程思路及基本指令等内容；第4章介绍了S7-200 SMART PLC常用功能指令，包括程序控制类指令、数字运算指令、转换指令、比较指令等内容；第5章介绍了PLC顺序控制指令及其使用，包括顺序功能图的基本概念、顺序功能指令、顺序功能图的主要类型、顺序功能图举例等内容；第6章介绍了PLC网络通信技术及应用，包括通信基础知识、PLC通信组态、以太网通信、PROFIBUS协议、RS-485等内容；第7章介绍了模拟量处理及PID应用，包括模拟信号及其PLC处理办法、PID控制原理、PID的原理、PID回路控制向导操作等内容；第8章介绍了高速计数器的应用，包括高速计数器的基本概念，高速计数器的指令、使用及应用，编码器等内容；第9章介绍了高速脉冲输出及运动控制，包括高速脉冲的基本概念、脉冲输出指令及相关寄存器、PTO的应用、PWM的应用、PLC控制步进电动机等内容；第10章介绍了PLC控制系统设计与应用实例，包括三相异步电动机的启动和制动控制、PLC控制供料小车、PLC停车场控制系统、PLC控制交通灯等内容；第11章介绍了电气控制基础及常见传感器，包括电气控制基础、电气控制电路的设计与实现、常见传感器等内容；第12章介绍了电气绘图软件及其使用，包括电气绘图软件的初步使用、电气绘图软件的功能、电气绘图软件项目举例等内容。

本书由彭芳、秦强、姜杏辉任主编，赵屹男、吴颖、王卫华任副主编。本书第2、3、4、5、12章由彭芳编写，第1、6、7、8、9章由秦强编写，第10、11章由姜杏辉编写。赵屹男、吴颖、王卫华协助搜集资料，校对内容。在编写过程中，本书得到了苏州城市学院各级领导及同仁的关心和大力支持，刘文杰、丁效平、任晓、夏明兰等老师提出了许多宝贵的意见，在此表示衷心的感谢。

由于编者水平有限，书中难免有疏漏之处，恳请读者批评指正。

编者E-mail：26457938@qq.com，欢迎读者交流探讨。

编 者

目 录

第1章

西门子 S7-200 SMART PLC

【本章要点】

☆ 可编程序控制器的概述
☆ 西门子 S7-200 SMART 系列 PLC 的硬件介绍
☆ 西门子 S7-200 SMART 系列 PLC 的工作原理

1.1 可编程序控制器的概述

可编程序控制器（Programmable Logic Controller）简称 PLC，1987 年国际电工委员会（IEC）颁布的 PLC 标准草案中对 PLC 做了如下定义：“PLC 是一种数字运算操作的电子系统，专门为在工业环境下应用而设计。它采用可以编制程序的存储器，用来执行存储逻辑运算和顺序控制、定时、计数及算术运算等操作的指令，并通过数字或模拟的输入（I）和输出（O）接口，控制各种类型的机械设备或生产过程。”可编程序控制器在设计之初和之后的应用都是在工业领域中，所以可编程序控制器及其配套的有关设备都是符合工业标准的，设计使用都是以易于和其他工业控制系统连接，易于扩充功能的原则进行的。

1.1.1 PLC 的发展

1969 年，为了革新当时在汽车生产线大量使用的继电器控制装置，美国的通用汽车公司（GM）公开招标，要求设计一种新的装置来取代继电器控制装置，这个新装置需要克服继电器控制系统不便维护更新的缺点，需要具备编程方便、可现场修改维护程序、模块化设计、体积小、可与计算机通信等功能。美国数字设备公司（DEC）根据要求研制出了世界上第一台可编程序控制器 PDP-14，并在美国通用汽车公司的生产线上试用成功，取得了满意的效果，可编程序控制器从此诞生了。PLC 实际上是在继电器控制系统的基础上发展起来的。

由于当时的可编程序控制器只是取代了继电器接触器控制，其功能仅限于逻辑运算、计时、计数等功能，所以被称为“可编程逻辑控制器”。后来伴随着微电子技术、控制技术与信息技术的不断发展，可编程序控制器的功能不断增加。1980 年，美国电气制造商协会（NEMA）正式将其命名为可编程序控制器（Programmable Controller，PC）。但是由于这个名称和当时新起的个人计算机的简称相同，容易混淆，因此很多人仍然习惯将可编程序控制器简称为 PLC。

PLC 的发展趋势有以下几个方面：

（1）向高性能、高速度、大容量发展。随着电子技术的飞速发展，以 16 位和 32 位微处理器构成的微机化 PLC 得到快速发展，使得 PLC 在性能价格比以及应用方面都有巨大的突破，不仅控制功能增强、功耗和体积减小、成本下降、可靠性提高、编程和故障检测更为灵活方便，而且随着远程输入/输出模块和通信网络、数据处理和图像显示技术的发展，用户程序存储容量的扩展，使得 PLC 普遍用于控制复杂生产过程。目前 PLC 已经和机器人、CAD/CAM 并称工厂自动化的三大支柱。

（2）通信能力、网络化性能加强。PLC 系统越来越复杂，控制的设备越来越广，需要更多的通信和网络化功能。网络功能可以将多个可编程序控制器或者多个 I/O 框架相连；还可以与工业计算机、以太网等相连，构成整个工厂的自动化控制系统。

（3）小型化、低成本、简单易用、维修方便。功能强大的同时，并不代表 PLC 大型化，随着技术水平和生产制造能力的提升，PLC 生产成本不断降低。很多国产 PLC 也进入控制领域，有很多 PLC 的价格只有几百元。

（4）编程软件功能不断提高。编程软件作为 PLC 控制系统的软件支持，功能越来越多，很多设置也越来越简单，现在的编程软件基本都是图形界面，通过屏幕可以直接生成和编辑梯形图、指令表、功能块图和顺序功能图程序，并可以方便地实现不同编程语言的相互转换。通过编程软件的网络功能，可以实现程序远程调试、下载运行。

（5）新型模块不断出现。随着科技的发展，工业传感器的革新，工业控制领域将提出更高的、更特殊的要求，新型模块也不断研发出来。

（6）PLC 的软件化。随着计算机技术的发展，很多厂商推出了可以在微机上运行的 PLC 功能的软件包，通过软件模拟、网络传输指令来实现 PLC 的软件化。

1.1.2 PLC 的优点

PLC 相对于传统的继电器控制系统有许多优点，其主要特点有以下几个方面：

1. 抗干扰能力强，可靠性高

传统的继电器控制系统中，执行机构使用的是中间继电器、时间继电器，由于这些物理器件存在着固有的缺点，比如器件容易老化、触点氧化接触不良、触点抖动等现象，大大降低了继电器控制系统的可靠性。相对来说，在 PLC 控制系统中使用的是无触点的半导体电路，不存在器件老化、接触不良等现象，因此故障大大减少。此外，PLC 系统在硬件和软件方面采取了很多措施，以便提高控制系统的可靠性。在硬件方面，所有的输入/输出接口都采用了光电隔离，使得外部电路与 PLC 内部电路实现了物理隔离。另外，PLC 的各个模块都采用了屏蔽措施，以防止运行时的电磁辐射干扰。并且在电路中采用了滤波技术，以防止或抑制高频干扰。在软件方面，PLC 具有良好的自诊断功能，一旦系统的软/硬件发生异常情况，CPU 会立即采取有效措施，以防止故障扩大。通常 PLC 具有看门狗功能。对于大型的 PLC 系统，还可以采用双 CPU 构成冗余系统或者三 CPU 构成表决系统，使系统的可靠性进一步提高。

2. 简单易学，设计调试周期短

因为 PLC 是面向用户的设备，所以 PLC 的生产厂家会充分考虑到现场技术人员的技能和习惯，采用梯形图或面向工业控制的简单指令形式来调试设备。梯形图与继电器原理图相似，并且直观、易懂、易掌握，不需要学习专门的计算机知识和语言。设计人员可以在脱机状态下设计、修改和模拟调试程序，调试好了再进行在线测试，并且由于网络技术的应用，下载运行调试也可以在远离产线的设计室内完成，非常方便。

3. 安装简单，维修方便

PLC 控制系统的运行不需要设置专门的机房，可以直接在原有的继电器控制系统控制箱里进行安装，并且可以适应各种工业环境，使用时只需将现场的各种设备与 PLC 相应的 I/O 端相连接，即可将 PLC 投入运行。PLC 的各种模块上均有运行和故障指示装置，便于用户了解运行情况和查找故障。

4. 采用模块化结构，体积小，质量小

除了一些整体式的 PLC 外，绝大多数 PLC 都采用模块化结构。PLC 的各部件，包括 CPU、电源、I/O 单元等都采用模块化设计，根据具体需求可以自由增减。并且相对于继电器控制系统和通用工控机，PLC 的体积和质量都要小得多。

5. 丰富的 I/O 接口模块，扩展能力强

PLC 可以匹配各种不同的工业现场信号，例如交流或直流、开关量或模拟量、电压或电流、脉冲或电位、强电或弱电等，并且都有相应的 I/O 模块与工业现场的器件或设备（如按钮、行程开关、接近开关、传感器及变送器、电磁线圈、控制阀等）直接连接。另外，为了提高操作性能，它还有多种人机对话的接口模块，为了组成工业局部网络，它还有各种各样的通信联网的接口模块等。

1.1.3 PLC 的应用范围

PLC 是通过存放存储器内的程序来实现控制功能的，如果需要对控制功能做必要的修改，只需改变控制程序，便实现了控制的软件化。从软件上看，控制程序可编辑和可修改；从硬件上看，外部设备配置可变；随着 PLC 的性能不断发展，应用范围越来越广泛，PLC 在实际中应用十分广泛，常应用于机床、控制系统、自动化楼宇、钢铁冶金、石油、化工、电力、建材、汽车、纺织机械、交通运输、环保以及文化娱乐等行各业。随着 PLC 性能价格比的不断提高，其应用范围还将不断扩大，归纳常见应用如下。

1. 开关量控制

PLC 控制开关量的能力很强，所控制的出入点数，少的有十几点、几十点，多的可达到几百、几千，甚至几万点。结合联网功能，PLC 的点数几乎不受限制，所控制的逻辑问题可以是多种多样的，如组合的、时序的、即时的、延时的、不需计数的、需要计数的、固定顺序的、随机工作的等，都可进行。

PLC 的硬件结构是可变的，软件程序是可编的，用于控制时，非常灵活。必要时可编

写多套或多组程序，依需要调用。它很适用于工业现场多工况、多状态变换的情况。用PLC进行开关量控制的实例有很多，如冶金、机械、轻工、化工、纺织等，几乎所有工业行业都需要用到它。

2. 顺序控制

顺序控制是PLC应用最广泛的领域之一，PLC是由继电器顺序控制系统发展起来的，已经取代了传统的继电器顺序控制系统，PLC已经应用于单机控制、多机群控和各种自动化生产线的控制。例如各种数控机床、注塑机、电梯控制和纺织机械等。

3. 精确的计数和定时控制

PLC内部带有大量的定时器和计数器，这些定时器和计数器比继电器控制系统的时间继电器和计数器精度高、使用方便，定时器的分辨率可以达到1 ms，可以完成原来继电器系统不可能完成的控制任务。

4. 位置控制

为了能够进行精确的位置控制，很多PLC都提供了位置控制模块，通过这些模块，可以精确地控制步进电动机或伺服电动机的单轴或多轴位置控制系统。

5. 模拟量处理

工业控制系统会有很多模拟量参数，如电流、电压、温度、压力等信号。在连续型的工业生产过程中，常要对这些物理量进行控制。模拟量的大小是连续变化的，PLC使用模拟量输入模块，可以将模拟量转换为数字量，并在PLC内部进行运算，再通过模拟量输出模块对模拟量进行控制。例如用于锅炉的水位、压力和温度控制。

PLC进行模拟量控制，还有A/D、D/A组合在一起的单元，并可用PID或模糊控制算法实现控制，可得到很高的控制质量。用PLC进行模拟量控制的优点是，在进行模拟量控制的同时，开关量也可控制。这个优点是其他控制器所不具备的，或者控制的实现不如PLC方便。

6. 数据处理

工业领域的运算需求越来越大，随着芯片制程的发展和电子技术的发展，PLC内部数学运算、数据传递、转换、排序和查表等功能也不断发展，能够完成工业数据的采集、分析和处理。

7. 通信联网

随着工业控制领域的发展，控制对象的复杂度和集成度不断变化，需要PLC能够具有联网功能，通过各种通信方式，来连接各个PLC、上位计算机和各种智能设备，以实现信息的交换，并可构成“集中管理、分散控制”的分布式控制系统来满足工业控制系统的需要。

1.1.4 PLC的分类

1. 按组成结构形式分类

根据组成PLC的结构，可以将PLC分为整体式PLC和模块式PLC两类。

（1）整体式PLC是将电源、CPU、I/O接口等部件都集中装在一个机箱内，具有结构紧凑、体积小、价格低的特点。小型PLC一般采用这种整体式结构。整体式PLC由不同I/O点数的基本单元（又称主机）和扩展单元组成。基本单元内有CPU、I/O接口、与I/O扩展单元相连的扩展口，以及与编程器或EPROM写入器相连的接口等。扩展单元内只有I/O和电源等，没有CPU。基本单元和扩展单元之间一般用扁平电缆连接。整体式PLC一般还可配备特殊功能单元，如模拟量单元、位置控制单元等，使其功能得以扩展。

（2）模块式PLC是将PLC各组成部分，分别做成若干个单独的模块，如CPU模块、I/O模块、电源模块（有的含在CPU模块中）以及各种功能模块。模块式PLC由框架或基板和各种模块组成。模块装在框架或基板的插座上。这种模块式PLC的特点是配置灵活，可根据需要选配不同规模的系统，而且装配方便，便于扩展和维修。大、中型PLC一般采用模块式结构。

还有一些PLC将整体式和模块式的特点结合起来，构成所谓叠装式PLC。叠装式PLC的CPU、电源、I/O接口等也是各自独立的模块，但它们之间是靠电缆进行连接，并且各模块可以一层层地叠装。这样，不但系统可以灵活配置，还可以做得体积小巧。

2. 按功能分类

根据PLC所具有的功能不同，可将PLC分为低档、中档、高档三类。

（1）低档PLC：具有逻辑运算、定时、计数、移位以及自诊断、监控等基本功能，还可有少量模拟量输入/输出、算术运算、数据传送和比较、通信等功能。主要用于逻辑控制、顺序控制或少量模拟量控制的单机控制系统。

（2）中档PLC：除具有低档PLC的功能外，还具有较强的模拟量输入/输出、算术运算、数据传送和比较、数制转换、远程I/O、子程序、通信联网等功能。有些还可增设中断控制、PID控制等功能，适用于复杂控制系统。

（3）高档PLC：除具有中档机的功能外，还增加了带符号算术运算、矩阵运算、位逻辑运算、平方根运算及其他特殊功能函数的运算、制表及表传送功能等。高档PLC机具有更强的通信联网功能，可用于大规模过程控制或构成分布式网络控制系统，实现工厂自动化。

3. 按输入/输出点数分类

根据PLC的I/O点数的多少，可将PLC分为小型、中型和大型三类。

（1）小型PLC：I/O点数小于256点；一般配备单CPU、8位或16位处理器，用户存储器容量在4 KB以下。

例如：

美国通用电气（GE）公司——GE-I型

日本三菱电气公司——F、F1、F2型

日本立石公司（欧姆龙）——C20、C40型

德国西门子公司——S7-200型

中外合资无锡华光电子工业有限公司——SR-20/21型

（2）中型PLC：I/O点数为256~2 048；一般配备双CPU，用户存储器容量为2~8 KB。

例如：

美国通用电气（GE）公司——GE-Ⅲ型

德国西门子公司——S7-300 型

中外合资无锡华光电子工业有限公司——SR-400 型

日本立石公司——C-500 型

（3）大型 PLC：I/O 点数大于 2 048 点；一般配备多 CPU，16 位、32 位处理器，用户存储器容量为 8~16 KB。

例如：

美国通用电气（GE）公司——GE-Ⅳ型

日本立石公司——C-2000 型

德国西门子公司——S7-400 型

1.2 西门子 S7-200 SMART 系列 PLC 的硬件介绍

德国西门子（SIEMENS）公司在 1975 年向市场投放了第一代可编程序控制器，第一代控制器是 SIMATIC S3 系列的控制系统。在 1979 年，西门子公司将微处理器技术应用到可编程序控制器中，研制出了 SIMATIC S5 系列，取代了 S3 系列。在 20 世纪末，西门子又在 S5 系列的基础上推出了 S7 系列产品。最新的 SIMATIC 产品为 SIMATIC S7 和 C7 等几大系列。C7 基于 S7-300 系列 PLC 性能，同时集成了 HMI（人机界面）。SIMATIC S7 系列产品分为通用逻辑模块、S7-200 系列、S7-200 SMART 系列、S7-1200 系列、S7-300 系列、S7-400 系列和 S7-1500 系列七个产品系列。S7-200 是在德州仪器公司的小型 PLC 的基础上发展而来的，因此其指令系统、程序结构、编程软件和 S7-300/400 有较大的区别，是西门子 PLC 产品系列中的一个特殊产品。

S7-200 SMART 是 S7-200 的升级版本，是西门子家族的新成员，于 2012 年 7 月发布。其绝大多数的指令和使用方法与 S7-200 的类似，其编程软件也和 S7-200 的类似，而且在 S7-200 中运行的程序，大部分都可以在 S7-200 SMART 中运行。S7-1200 系列是在 2009 年才推出的新型小型 PLC，它定位于 S7-200 和 S7-300 产品之间。S7-300/400 是由西门子的 S5 系列发展而来的，是西门子公司的最具竞争力的 PLC 产品。

西门子 S7-200 SMART 系列 PLC 是 SIEMENS 公司开发的面向低端的离散自动化系统和独立自动化系统中使用的紧凑型控制器模块，是在 S7-200 系列的基础上发展起来的，是 S7-200 的升级版本。它具有很多优良的特性：

1. CPU 种类丰富，选择多样

S7-200 SMART 系列 PLC 提供很多类型、I/O 点数丰富的 CPU 模块，单体 I/O 点数最高可达 60 点，可满足大部分小型自动化设备的控制需求。并且，CPU 模块有标准型和经济型两个系列供用户选择，可以完成不同的应用需求，产品配置更加灵活，可以最大限度地控制成本。

2. 扩展模块丰富，选择余地大

S7-200 SMART 系列 PLC 可以扩展丰富多样的模块，可以扩展通信端口、数字量通

道、模拟量通道。在不额外占用电控柜空间的前提下，信号板扩展能更加贴合用户的实际配置，提升产品的利用率，同时降低用户的扩展成本。

3. 运行速度高，性能卓越

S7-200 SMART 系列 PLC 拥有西门子专用高速处理器芯片，基本指令执行时间可达 0.15 μs，领先于同级别的小型 PLC。因为拥有高速的处理芯片，所以完成烦琐的工业逻辑控制，实现复杂的工艺要求中表现得非常出色。

4. 联网通信，经济便捷

CPU 模块标配以太网接口，集成了强大的以太网通信功能。通过以太网接口可以连接其他 CPU 模块、触摸屏、变频器、计算机等。通过一根普通的网线即可下载程序，控制变频器，连接人机界面，省去了很多专用连接电缆。

5. 多轴运控，灵活自如

CPU 集成了多路高速脉冲输出及 PROFINET 接口，可以连接多台伺服驱动器。CPU 模块最多集成的高速脉冲输出，频率高达 100 kHz，支持 PWM/PTO 输出方式以及多种运动模式，可自由设置运动包络。配以方便易用的向导设置功能，快速实现设备调速、定位等功能。

6. 通用 SD 卡，远程更新

CPU 集成了 SD 卡插槽，使用市面上通用的 Micro SD 卡即可实现远程维护程序的功能。如轻松更新程序、恢复出厂设置、升级固件。极大地方便了客户工程师对最终用户的服务支持，也省去了因 PLC 固件升级而返厂服务的不便。

7. 软件友好，编程高效

在继承西门子编程软件强大功能的基础上，STEP 7-Micro/WIN SMART 编程软件融入了更多的人性化设计，如新颖的带状菜单、全移动式界面窗口、方便的程序注释功能、强大的密码保护等。在体验强大功能的同时，还能大幅提高开发效率，缩短产品上市时间。

8. 完美整合，无缝集成

SIMATIC S7-200 SMART 可编程序控制器、SMART LINE 触摸屏和 SINAMICS V20 变频器完美整合，为 OEM 客户带来高性价比的小型自动化解决方案，满足客户对于人机交互、控制、驱动等功能的全方位需求。

1.2.1 西门子 S7-200 SMART 系列 PLC 的硬件组成

S7-200 SMART 系列 PLC 的主要由 CPU（中央处理器）存储器和输入模块/输出模块三部分组成。

1. S7-200 SMART CPU（中央处理器）

CPU 是 PLC 的核心，包括运算器和控制器，CPU 控制 PLC 所有的指令运算和控制执行，并监视实时运行状态，通过数据总线、地址总线和控制总线与存储器、输入/输出接口电路连接，中央处理器一般是和其他器件进行双向通信。中央处理器由控制器、运算器和寄存器组成。

2. S7-200 SMART的存储器

S7-200 SMART 有两种类型的存储器：一种是只读存储器，如 EPROM 和 EEPROM；另一种是可读/写的存储器 RAM。PLC 的硬件组成如图 1-1 所示。

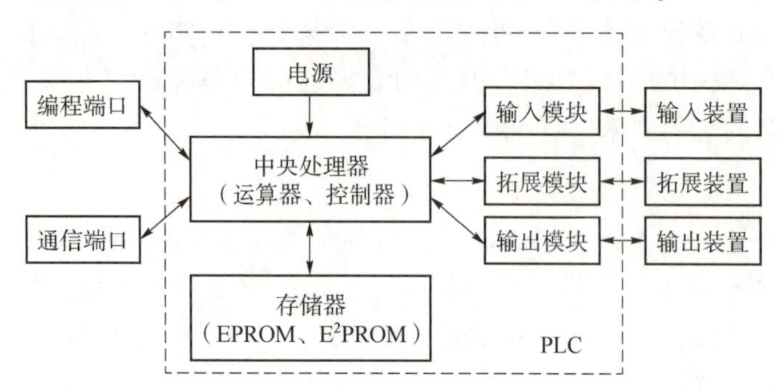

图 1-1　PLC 的硬件组成

存储器存放着系统程序、用户程序和控制运算的中间结果。其中，PLC 的操作系统存放在只读程序存储器（ROM）中，操作系统一般由厂商设计并写入只读程序存储器中，通常情况下用户是不能进行修改的，但西门子 S7-200 SMART 和 S7-1200 也允许用户对操作系统进行修改升级。操作系统负责解释和编译用户编写的程序、监控 I/O 口的状态、对 PLC 进行自诊断、扫描 PLC 中的程序等。系统内部存储器属于随机存储器（RAM），主要用于存储中间计算结果和数据、系统管理和一些系统信息或错误代码等，系统存储器受 CPU 控制，用户无法更改。I/O 状态存储器属于随机存储器，用于存储 I/O 装置的状态信息，每个输入模块和输出模块都在 I/O 映像表中分配唯一的地址。数据存储器属于随机存储器，主要用于数据处理功能，为计数器、定时器、算术计算和过程参数提供数据存储。用户编程存储器其类型可以是随机存储器、可擦除存储器（EPROM）和电擦除存储器（EEPROM），高档的 PLC 还可以用 Flash 存储。用户编程存储器主要用于存放用户编写的程序。PLC 存储器运行模式如图 1-2 所示。

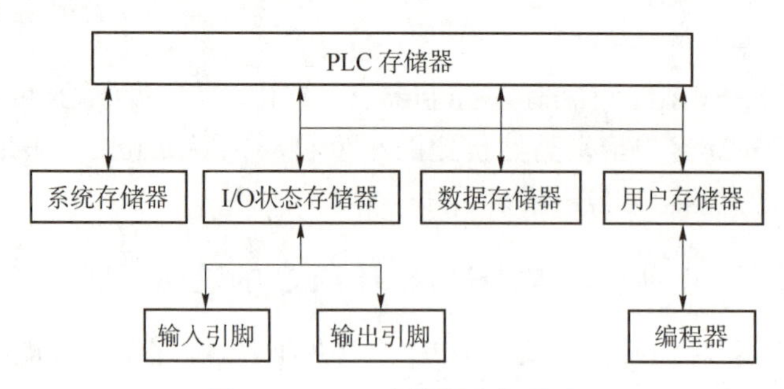

图 1-2　PLC 存储器运行模式

只读存储器（ROM）里固化的数据在 PLC 断电后不会消除，PLC 再次上电数据保持不变，可以用来存放需要一直保存的信息，例如 PLC 系统程序、PLC 信息、原始参数等。随机存储器（RAM）里的数据在 PLC 断电后会消失，PLC 再次上电后信息丢失，所以随机存储器中一般存放用户程序和系统参数。当 PLC 工作时，CPU 从 RAM 中读取指令并执行，并将程序执行过程中产生的中间结果临时存在 RAM 中。为了防止用户程序在断电的时候消失，一般 PLC 会使用大电容或后备电池来保证断电后的 RAM 供电。

3. 输入/输出接口

输入/输出接口是 PLC 将外部的各种数字/模拟电气信号转换为 PLC 能识别的内部电信号的端口。输入/输出接口主要有两个作用：一是保护 PLC，输入/输出端口都带有隔离电路，可以将工业现场信号电路和内部电气电路隔开，防止外部信号对 PLC 的冲击；二是调理信号，通过输入/输出接口，将工业现场信号调理成 PLC 可以处理的信号，输入/输出接口模块有很多类型，可以调理各种信号，随着科技的进步，输入/输出接口电路越来越多，为了适应各种控制环节，可以外接输入/输出接口模块。

（1）输入接口电路的组成和作用。

输入接口电路由接线端子、输入调理和电平转换电路、模块状态显示电路、隔离电路和多路选择开关模块组成。

接线端子：现场信号必须连接在接线端子才可能将信号输入 CPU 中，接线端子提供了外部信号输入的物理接口。

输入调理和电平转换电路：输入调理和电平转换电路可以将工业现场的信号（如 AC 220 V 信号）转换成电信号（CPU 可以识别的 3.3 V、5 V、24 V 等弱电信号）。

模块状态显示电路：当外部有信号输入时，模块状态显示电路输入模块上有指示灯显示，当线路中有故障时，它也可以帮助用户查找故障点，一般是氖灯或 LED 灯作为显示部分。

隔离电路：隔离电路主要利用电隔离器件将工业现场的机械或者电输入信号和 PLC 的 CPU 的信号隔开，它可以确保过高的电干扰信号和浪涌不串入 PLC 的微处理器，起保护作用。电隔离电路有三种隔离方式，用得最多的是光电隔离，其次是变压器隔离和干簧继电器隔离。

多路选择开关：多路选择开关接受调理完成的输入信号，并存储在多路开关模块中，当输入循环扫描时，多路开关模块中的信号输送到 I/O 状态寄存器中。PLC 在设计过程中就考虑到了电磁兼容（EMC）。

（2）输入接口的输入信号。

输入接口输入的信号可以是离散的数字信号，也可以是连续的模拟信号。当输入端输入的是数字信号时，输入端的设备类型可以是限位开关、按钮、压力继电器、继电器触点、接近开关、选择开关、光电开关等。当输入端输入的是模拟信号时，输入设备的类型可以是压力传感器、温度传感器、流量传感器、电压传感器、电流传感器、力传感器等。PLC 的输入和输出信号的控制电压通常是 DC 24 V，因为 DC 24 V 电压在工业控制领域中最为常见。

（3）输出接口电路的组成和作用。

输出接口电路由多路选择开关模块、信号锁存器、隔离电路、模块状态显示电路、输出电平转换电路和输出端子组成。

多路选择开关：在输出扫描期间，多路选择开关模块接收来自映像表中的输出信号，并对这个信号的状态和目标地址进行译码，最后将信息送给锁存器。

信号锁存器：信号锁存器是将多路选择开关模块的信号保存起来，直到下一次更新。

隔离电路：输出接口的电隔离电路作用和输入模块的一样，但是由于输出模块输出的信号比输入信号要强得多，因此要求隔离电磁干扰和浪涌的能力更高。

输出电平转换电路：输出电平转换电路将隔离电路送来的信号放大成足够驱动现场设备的信号，放大器件可以是双向晶闸管、晶体管和干簧继电器等。

输出端子：输出端的接线端子用于将输出模块与现场设备相连接。输出端子提供对外的物理接口。

（4）输出接口形式。

可编程序控制器有三种输出接口形式：继电器输出、晶体管输出和晶闸管输出。继电器输出形式的PLC的负载电源可以是直流电源或交流电源，但其输出响应频率相对其他两种较慢。晶体管输出的PLC负载电源是直流电源，其输出响应频率较快。晶闸管输出形式的PLC的负载电源是交流电源。选型时要特别注意PLC的输出形式。在国内输出信号的设备根据负载的工作电压可以分为两类：当输出端是数字信号时，输出端的设备类型可以是电磁阀的线圈、电动机启动器、控制柜的指示器、接触器线圈、LED灯、指示灯、继电器线圈、报警器和蜂鸣器等；当输出端是模拟信号时，输出设备的类型可以是流量阀、AC驱动器（如交流伺服驱动器）、DC驱动器、模拟量仪表、温度控制器和流量控制器等。

1.2.2 西门子S7-200 SMART系列PLC模块

1. S7-200 SMART系列PLC的CPU模块

S7-200 SMART CPU模块将微处理器、集成电源、输入电路和输出电路组合到一个结构紧凑的外壳中，形成功能强大的Micro PLC。下载用户程序后，CPU将包含监控应用中的输入和输出设备所需的逻辑。图1-3所示为S7-200 SMART的外观。

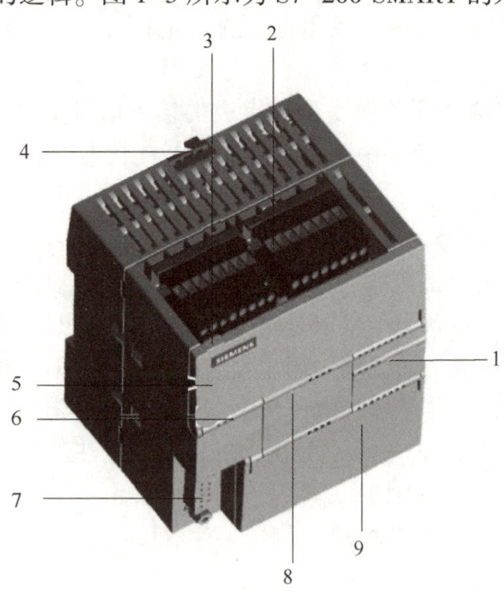

1—输入/输出端口对应的LED指示灯；2—端子连接器；3—以太网通信端口；4—用于在标准（DIN）导轨上安装的夹片；5—以太网状态显示LED（保护盖下方），包含LINK、RX/TX；6—PLC运行状态显示LED，包含RUN、STOP和ERROR；7—RS-485通信端口；8—可选信号板（仅限标准型PLC）；9—存储卡读写端口（保护盖下方）（仅限标准型）。

图1-3 S7-200 SMART的外观及各部件说明

S7-200 SMART CPU 包含 14 种 CPU 型号，可以分为两条产品线：紧凑型产品线和标准型产品线。CPU 标识符的首字母指示产品线，分别为紧凑型（C）和标准型（S）。标识符的第二个字母指示交流电源/继电器输出（R）或直流电源/直流晶体管（T）。标识符中的数字指示板载数字量 I/O 总数。I/O 总数后的小写字符“s”（仅限串行端口）表示新的紧凑型号。

例如：CR40s 中的 C 代表紧凑型 PLC，不可扩展扩展模块，R 代表交流电源/继电器输出，40 代表此 PLC 主机的输入/输出口总共 40 个，s 代表新的带有串行端口的紧凑型。

S7-200 SMART CPU 型号对比见表 1-1。

表 1-1　S7-200 SMART CPU 型号对比

型号	紧凑型，不可扩展	标准型，可扩展	继电器输出	晶体管输出	内置 I/O 点
SR20		×	×		20
ST20		×		×	20
CR20s	×		×		20
SR30		×	×		30
ST30		×		×	30
CR30s	×		×		30
SR40		×	×		40
ST40		×		×	40
CR40s	×		×		40
CR40	×		×		40
SR60		×	×		60
ST60		×		×	60
CR60s	×		×		60
CR60	×		×		60
注：表中的“×”代表此 PLC 存在此功能。					

根据表可以看出，S7-200 SMART CPU 输出点数只有 4 个级别，每个级别的标准型有继电器和晶体管两种类别，紧凑型的有两个型号。选型的时候，留足余量后尽量选用点数正好的 CPU，以节约成本。如果点数不能满足需求，可以选择标准型 CPU 加装扩展模块。

其中继电器输出与晶体管输出的区别主要在负载电流、响应时间和输出过程上。继电器适用于交流和直流负载。最大输出负载电流可达 2 A/点，输出响应时间大约为 10 ms，由于继电器存在物理触点，所以不适合需要高频动作的负载控制。相比来说，晶体管适用于直流负载，最大输出负载电流为 0.5 A/点，输出响应时间一般为 0.2 ms 左右，适合控制需要高频动作的负载，晶体管的使用寿命大于继电器输出的节点，晶体管的寿命随带负载电流的增加而减少，一般在几十万次至几百万次之间。

在 S7-200 SMART PLC 紧凑型串行、不可扩展 CPU 之间的对比见表 1-2。

表 1-2　紧凑型 CPU 的具体参数

特性		CPU CR20s	CPU CR30s	CPU CR40s，CPU CR40	CPU CR60s，CPU CR60
尺寸：W×H×D/(mm×mm×mm)		90×100×81	110×100×81	125×100×81	175×100×81
存储器/KB	程序	12	12	12	12
	用户	8	8	8	8
	保持性	最大 2	最大 2	最大 2	最大 2
数字量 I/O	输入	12 DI	18 DI	24 DI	36 DI
	输出	8 DQ 继电器	12 DQ 继电器	16 DQ 继电器	24 DQ 继电器
扩展模块		无	无	无	无
信号板		无	无	无	无
高速计数器（共 4 个）	单相	100 kHz，4 个	100 kHz，4 个	100 kHz，4 个	100 kHz，4 个
	A/B 相	50 kHz，2 个	50 kHz，2 个	50 kHz，2 个	50 kHz，2 个
PID 回路		8	8	8	8
实时时钟		无	无	无	无

根据表可以看出，紧凑型的 CPU 除了端口不同带来的尺寸不同外，运行速度、高速计数器、PID 回路等基本功能上没有区别。标准型可扩展 CPU 之间的对比见表 1-3。

表 1-3　标准型可扩展 CPU 之间的对比

特性		CPU SR20 CPU ST20	CPU SR30 CPU ST30	CPU SR40，CPU ST40	CPU SR60，CPU ST60
尺寸：W×H×D/(mm×mm×mm)		90×100×81	110×100×81	125×100×81	175×100×81
存储器/KB	程序	12	18	24	30
	用户	8	12	16	20
	保持性	最大 10	最大 10	最大 10	最大 10
数字量 I/O	输入	12 DI	18 DI	24 DI	36 DI
	输出	8 DQ	12 DQ	16 DQ	24 DQ
扩展模块		最多 6 个	最多 6 个	最多 6 个	最多 6 个
信号板		1	1	1	1

续表

特性		CPU SR20 CPU ST20	CPU SR30 CPU ST30	CPU SR40， CPU ST40	CPU SR60， CPU ST60
高速计数器（共6个）	单相	200 kHz，4个	200 kHz，5个	200 kHz，4个	200 kHz，4个
		30 kHz，2个	30 kHz，1个	30 kHz，2个	30 kHz，2个
	A/B相	100 kHz，2个	100 kHz，3个	100 kHz，2个	100 kHz，2个
		20 kHz，2个	20 kHz，1个	20 kHz，2个	20 kHz，2个
PID回路		8	8	8	8
实时时钟，备用7天		有	有	有	有

从表可以看出，标准型的CPU除了输入/输出点不同以外，存储空间也不相同，加上可以扩展模块，所以标准型的适用场所更多。注意，和不可扩展CPU的主要区别就是支持扩展模块和信号板。所以选PLC的时候，可以按照设备预期速度和存储容量来选择PLC系列，然后根据端口数量选择具体型号。如果性能要求很低，而端口需求很高，可以选择低性能的CPU加扩展模块扩充输入/输出端口。

2. S7-200 SMART系列PLC的扩展模块

S7-200 SMART系列PLC主机通常只有数字量的输入/输出，如果要增加数字量的输入/输出点数、模拟量输入/输出、通信等其他功能，就需要连接扩展模块了。S7-200 SMART系列包括诸多扩展模块、信号板和通信模块。这些扩展模块可以与标准CPU型号搭配使用，而经济型CPU就不能使用了。

数字量I/O扩展模块有三种：数字量输入模块、数字量输出模块和数字量输入/输出模块。各个模块的型号和输入/输出点见表1-4。

表1-4 数字量I/O模块

型号	输入点	输出点	
		点数	类型
EM DE08	8路		
EM DR08		8路	继电器型
EM DT08		8路	晶体管型
EM DR16	8路	8路	继电器型
EM DT16	8路	8路	晶体管型
EM DR32	16路	16路	继电器型
EM DT32	16路	16路	晶体管型

数字量I/O模块通过专用的数据线获取供电电压并和CPU通信。需要特别注意的是，数字

量模块有继电器型输出和晶体管型输出两种，选用不同的输出类型模块，其外围接线也不同。

模拟量 I/O 扩展模块有三种：模拟量输入模块、模拟量输出模块和模拟量输入/输出模块。各个模块的型号和输入输出点见表 1-5。

表 1-5　模拟量 I/O 模块

型号	输入点	输出点
EM AE04	4 路	
EM AE08	8 路	
EM AQ02		2 路
EM AQ04		4 路
EM AM03	2 路	1 路
EM AM06	4 路	2 路

模拟量扩展模块用于输入或输出电流或电压信号，信号范围为±10 V、±5 V、±2.5 V 和 0~20 mA，输入转换出的数据格式范围为-27 648~+27 648。使用模拟量扩展模块时需要注意，同数字量模块一样，需要用专用电缆同 CPU 进行通信和获取供电电源。但是模拟量模块还必须外接 24 V 电源。由于模拟量容易受到外界干扰，所以尽量缩短变送器和 PLC 端口之间的距离，另外，因为电流信号相对于电压信号抗干扰性能好，所以，在使用模拟模块的时候，优先使用电流信号。因为模拟量的输入/输出是不带隔离的，如果需要进行信号隔离，需要用户另行添加隔离电路。

S7-200 SMART 系列 PLC 还有一些其他扩展模块，比如用来采集温度的热电偶模块、用来扩展 PROFIBUS 的网络模块、扩展信号板模块、电源模块等。各个模块的型号见表 1-6。

表 1-6　其他扩展模块

型号	描述	备注
EM AR02	热电阻输入模块	2 通道
EM AR04	热电阻输入模块	4 通道
EM AT04	热电偶输入模块	4 通道
EM DP01	PROFIBUS-DP 从站扩展模块	
SB CM01	通信信号板	RS-485/RS-232
SB DT04	数字量扩展信号板	2 路输入/2 路晶体管输出
SB AE01	模拟量扩展信号板	1 路模拟量 AI
SB AQ01	模拟量扩展信号板	1 路模拟量 AO
SB BA01	电池信号板	支持普通纽扣电池 CR1025
PM 207	电源	输入：120/230 V AC，输出：24 V DC/3 A

1.2.3 S7-200 SMART 系列 PLC 的通信方式

S7-200 SMART 的通信包括 PLC 与 PLC 之间的通信、PLC 与上位计算机之间的通信、PLC 与其他智能设备之间的通信。PLC 通过多种通信方式，可以使众多独立的控制对象和控制任务构成一个集中管理、分散控制的控制体系。

S7-200 SMART 系列 PLC 的通信方式主要有：

1. 以太网

以太网通信方式，可以连接的器件类型有：

①编程设备到 CPU 的数据交换。

②HMI 与 CPU 间的数据交换。

③S7 与其他 S7-200 SMART CPU 的对等通信。

④与其他具有以太网功能的设备间的开放式用户通信（OUC）。

⑤使用 PROFINET 设备的 PROFINET 通信。

注意：CPU CR20s、CPU CR30s、CPU CR40s 和 CPU CR60s 无以太网端口，不支持与使用以太网通信相关的所有功能。

以太网的好处是几乎可以不考虑距离限制，加上中继器理论上可以连接任何位置的设备。

2. PROFIBUS

PROFIBUS 通信方式，可以连接的类型有：

①适用于分布式 I/O 的高速通信（高达 12 Mb/s）。

②一个总线控制器连接许多 I/O 设备（支持 126 个可寻址设备）。

③主站和 I/O 设备间的数据交换。

④EM DP01 模块是 PROFIBUS I/O 设备。

PROFIBUS 是程序总线网络（Process Field Bus）的简称。它是一个复杂的通信协议，为要求严苛的通信任务所设计，适用于车间级通用性通信任务。根据承载通信的介质不同，通信距离也不同，如果使用双绞线，传输速率范围可以为 9.6~12 Mb/s，传送距离上限为 100~1 200 m，如果使用光纤作为传输介质，可以传送 15 km。

3. RS-485

RS-485 通信方式，可以连接的类型有：

①使用 USB-PPI 电缆时，提供一个适用于编程的 STEP 7-Micro/WIN SMART 连接。

②总共支持 126 个可寻址设备（每个程序段 32 个设备）。

③支持 PPI（点对点接口）协议。

④HMI 与 CPU 间的数据交换。

⑤使用自由端口在设备与 CPU 之间交换数据（XMT/RCV 指令）。

在使用 RS-485 接口时，其数据信号传输所允许的最大电缆长度与信号传输的波特率成反比，这个长度数据主要是受信号失真及噪声等因素所影响。理论上，通信速率在 100 Kb/s及以下时，RS-485 的最长传输距离可达 1 200 m。

4. RS-232

RS-232 通信方式，可以连接的类型有：

①支持与一台设备的点对点连接。

②支持 PPI 协议。

③HMI 与 CPU 间的数据交换。

④使用自由端口在设备与 CPU 之间交换数据（XMT/RCV 指令）。

RS-232 规定的标准传送速率有 50 b/s、75 b/s、110 b/s、150 b/s、300 b/s、600 b/s、1 200 b/s、2 400 b/s、4 800 b/s、9 600 b/s、19 200 b/s，可以灵活地适应不同速率的设备。对于慢速外设，可以选择较低的传送速率；反之，可以选择较高的传送速率。由于 RS-232 采用串行传送方式，并且将 TTL 电平转换为 RS-232C 电平，其传送距离一般可达 30 m。

1.3 西门子 S7-200 SMART 系列 PLC 的工作原理

PLC 是程序控制系统，根据运行的用户程序来控制执行机构完成设定功能。PLC 工作过程如下：将 PLC 接通供电电源后，PLC 开始初始化硬件、I/O 模块、存储器、数据块、中断队列、输出端子等。接下来进入用户程序执行阶段——扫描执行阶段。处理器从 0 号存储地址所存放的第一条用户程序开始，在无中断或跳转的情况下，按存储地址号递增的方向顺序逐条执行用户程序，直到 END 指令结束。然后再从头开始执行，并周而复始地重复，直到停机或从运行（RUN）切换到停止（STOP）工作状态。

PLC 这种执行程序的方式称为扫描工作方式。每扫描完一次程序，就构成一个扫描周期。另外，PLC 对输入、输出信号的处理与微型计算机不同。微型计算机对输入、输出信号实时处理，而 PLC 对输入、输出信号是集中批处理。下面具体介绍 PLC 的扫描工作过程。PLC 扫描工作方式主要分为三个阶段：输入扫描、程序执行、输出刷新。

（1）输入扫描。PLC 在开始执行程序之前，首先扫描输入端子，按顺序将所有输入信号读入寄存器——输入状态的输入映像寄存器中，这个过程称为输入扫描。PLC 在运行程序时，所需的输入信号不是现时取输入端子上的信息，而是取输入映像寄存器中的信息。在本工作周期内，这个采样结果的内容不会改变，只有到下一个扫描周期输入扫描阶段才被刷新。PLC 的扫描速度快慢取决于 CPU 的时钟速度，一般情况下速度很快。

（2）程序执行。PLC 完成了输入扫描工作后，按顺序从 0 号地址开始的程序进行逐条扫描执行，并分别从输入映像寄存器、输出映像寄存器以及辅助继电器中获得所需的数据进行运算处理。再将程序执行的结果写入输出映像寄存器中保存。但这个结果在全部程序未被执行完毕之前不会送到输出端子上，也就是物理输出是不会改变的。扫描时间取决于程序的长度、复杂程度和 CPU 的功能。

（3）输出刷新。在执行到 END 指令，即执行完用户所有程序后，PLC 将输出映像寄存器中的内容送到输出锁存器中进行输出，驱动用户设备。扫描时间取决于输出模块的数量。从以上的介绍可以知道，PLC 程序扫描特性决定了 PLC 的输入和输出状态并不能在扫描的同时改变，例如，一个按钮开关的输入信号的输入刚好在输入扫描之后，那么这个信号只有在下一个扫描周期才能被读入。

上述三个步骤是PLC的软件处理过程，可以认为就是程序扫描时间。扫描时间通常由三个因素决定：一是CPU的时钟速度，越高档的CPU，时钟速度越高，扫描时间越短；二是I/O模块的数量，模块数量越少，扫描时间越短；三是程序的长度，程序长度越短，扫描时间越短。一般的PLC执行容量为1 KB的程序需要的扫描时间是1~10 ms。

1.4 习题

一、简答题

1. 简述PLC的优点和应用领域。
2. 简述西门子S7-200 SMART系列PLC的硬件组成。
3. 简述西门子S7-200 SMART系列PLC的工作原理。
4. S7-200 SMART系列PLC有哪些扩展模块？各功能模块都是测量什么物理量的？
5. 具体应用如何选择PLC和各个功能模块？

二、实验题

1. 认识实验室中的PLC，熟悉其型号规格。
2. 认真观察实验室PLC的输入侧、输出侧的所有接口，包括电源接口和公共接口。
3. 给PLC供电，让PLC正常运行起来。

第 2 章

S7-200 SMART PLC 编程软件使用指南

【本章要点】

☆ STEP 7-Micro/WIN SMART 软件安装与卸载
☆ STEP 7-Micro/WIN SMART 操作界面介绍
☆ STEP 7-Micro/WIN SMART 建立工程和工程的基本操作
☆ STEP 7-Micro/WIN SMART 连接 PLC 运行程序

2.1 STEP 7-Micro/WIN SMART 软件安装与卸载

西门子公司专门为 S7-200 SMART 系列 PLC 设计开发了一套编程软件：STEP 7-Micro/WIN SMART。STEP 7-Micro/WIN SMART 软件是基于 Windows 操作系统运行的软件，给用户提供软件开发、程序编辑和监控运行的编程环境。STEP 7-Micro/WIN SMART 是免费软件，读者可在供货商处索要，或者在西门子（中国）自动化与驱动集团的网站（http://www.ad.siemens.com.cn/）上下载软件并安装使用。安装 STEP 7-Micro/WIN SMART 软件的计算机配置要求如下：

- 操作系统：Windows 7（支持 32 位和 64 位）和 Windows 10（支持 64 位）。
- 至少 350 MB 的空闲硬盘空间。
- 鼠标（推荐）。

2.1.1 软件的安装与卸载

STEP 7-Micro/WIN SMART 编程软件的安装步骤如下（以安装 2.5 版为例）。

注意：要在 Windows XP 或 Windows 7 操作系统上安装 STEP 7-Micro/WIN SMART，必须以管理员权限登录。

将 STEP 7-Micro/WIN SMART CD 插入计算机的 CD-ROM 驱动器中，或联系用户的 Siemens 分销商或销售部门，从客户支持网站下载 STEP 7-Micro/WIN SMART。

打开 STEP 7-Micro/WIN SMART 编程软件的安装包，在目录下找到可执行文件“SETUP.EXE”，右键单击鼠标，选择以管理员身份运行，或者双击开始安装软件，并弹出选择设置语言对话框，选择“中文（简体）”，单击“确定”按钮。中英文针对软件界面，相应的软件没有其他差别。安装向导如图2-1所示。

图2-1 安装向导

此时弹出安装向导对话框，如图2-2所示，单击“下一步”按钮即可。

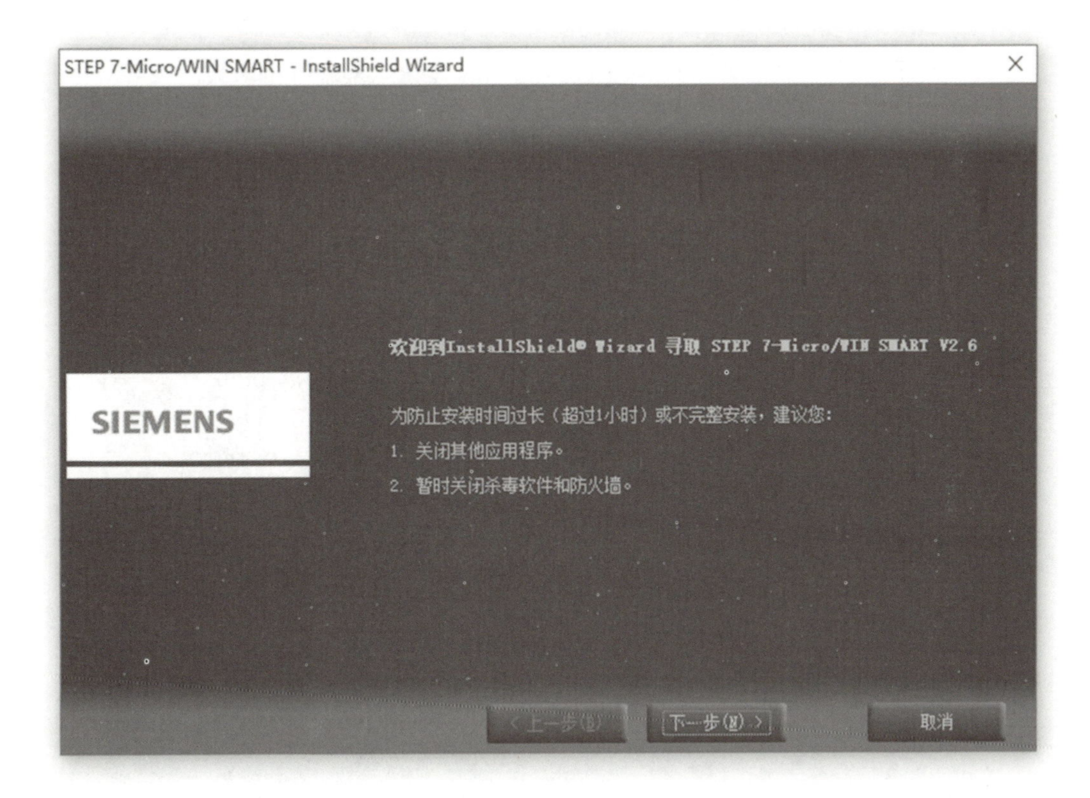

图2-2 安装提示

之后弹出安装许可协议界面，如图2-3所示，选择“我接受许可证协定和有关安全的信息的所有条件。”，单击“下一步”按钮，表示同意许可协议；如果选择不接受协议安装，将不能继续进行。

接下来确定软件安装位置，如图2-4所示，可以选择默认设置，或者单击“浏览”按钮更改安装位置。选好安装位置后，单击“下一步”按钮。

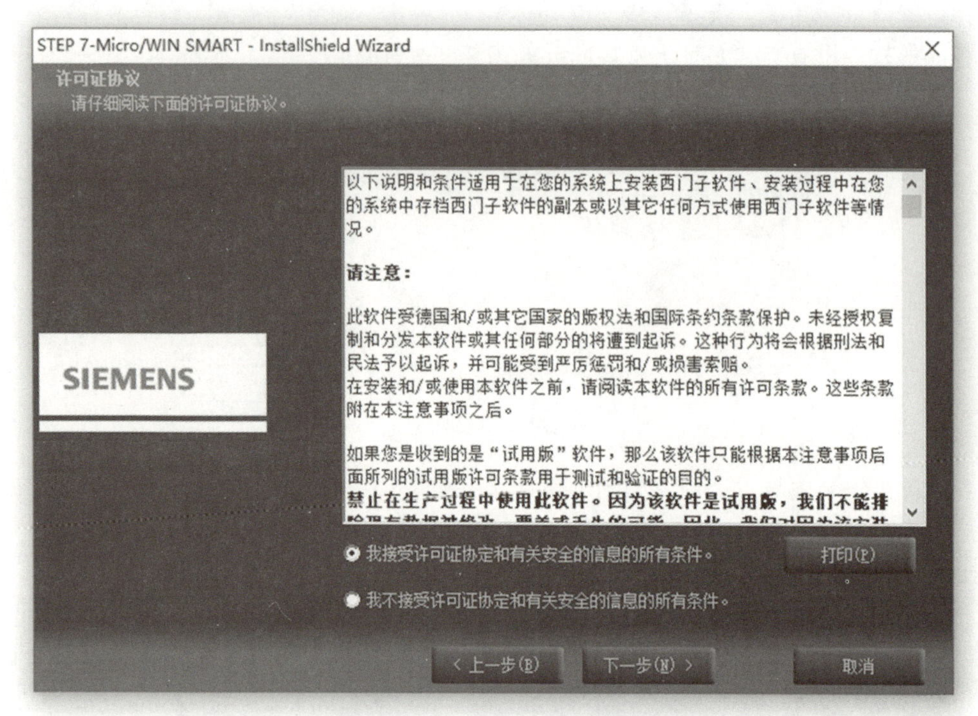

图 2-3　安装许可协议界面

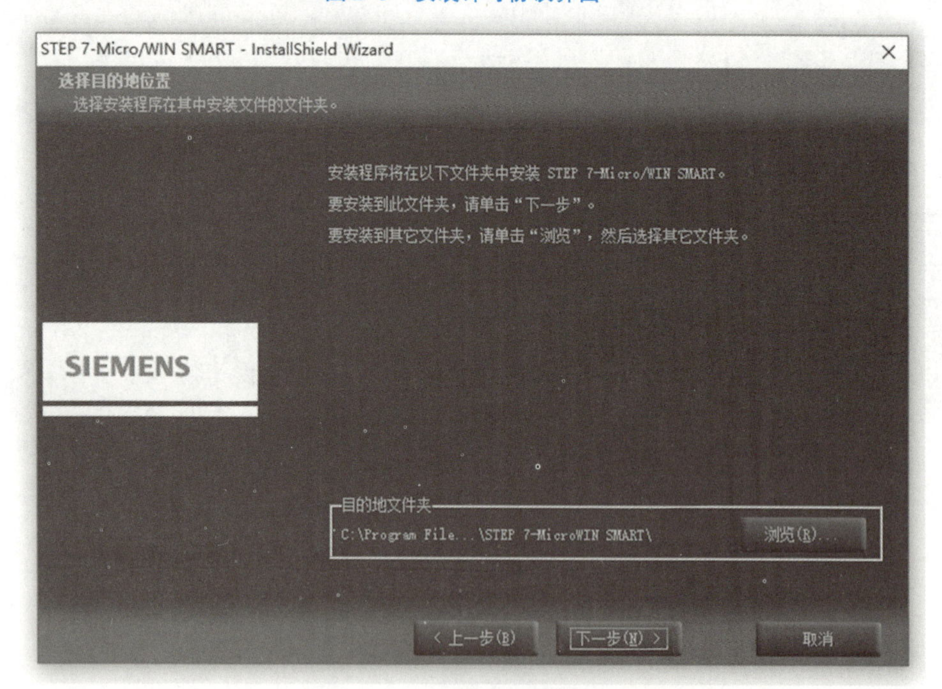

图 2-4　安装位置选择对话框

软件开始安装，安装程序将在安装目录中安装软件和写入注册表信息，这里需要耐心等待安装完成。安装软件界面如图 2-5 所示。

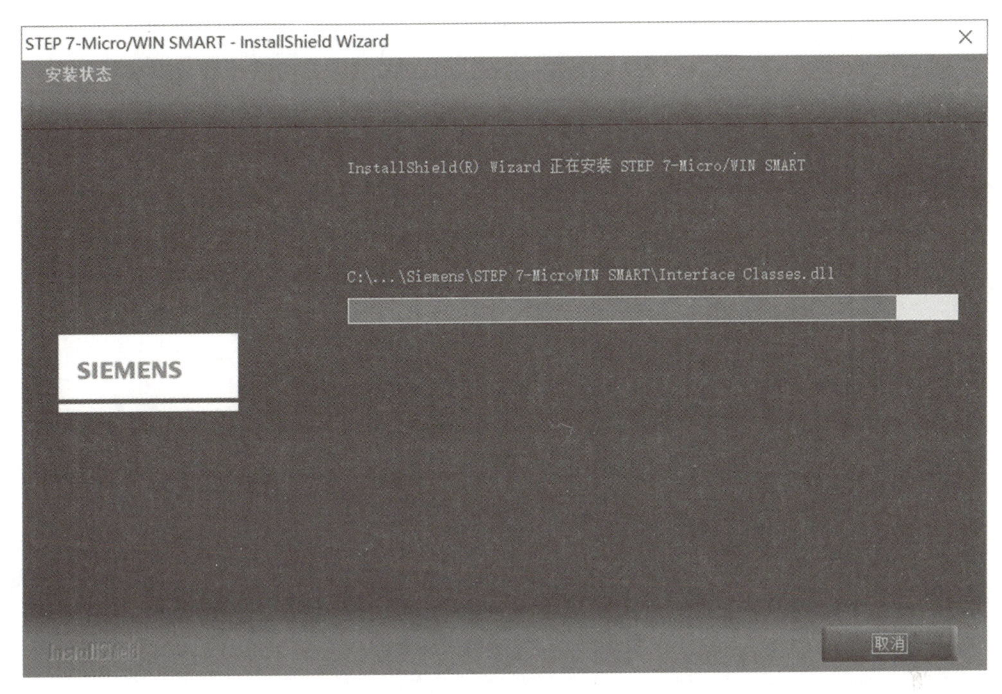

图 2-5 安装软件界面

安装完成后出现重新启动计算机对话框，可以选择立即重新启动计算机，或者稍后重新启动计算机。单击“完成”按钮，完成软件的安装，如图 2-6 所示。

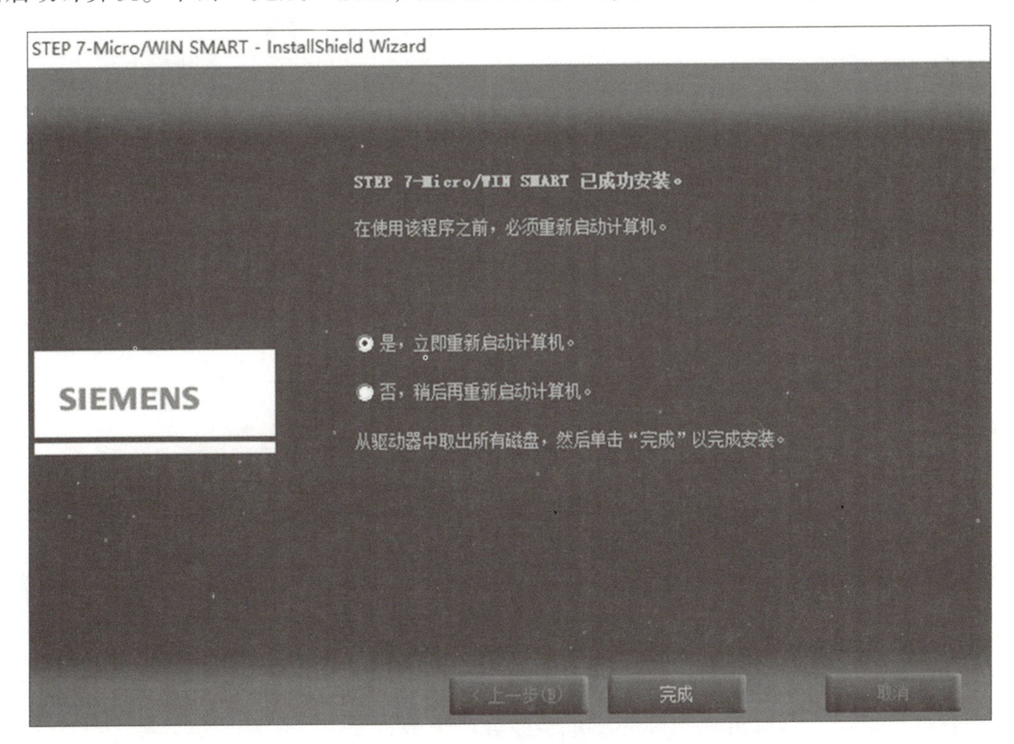

图 2-6 安装完成提示界面

安装完成后，可以打开软件，如图 2-7 所示。

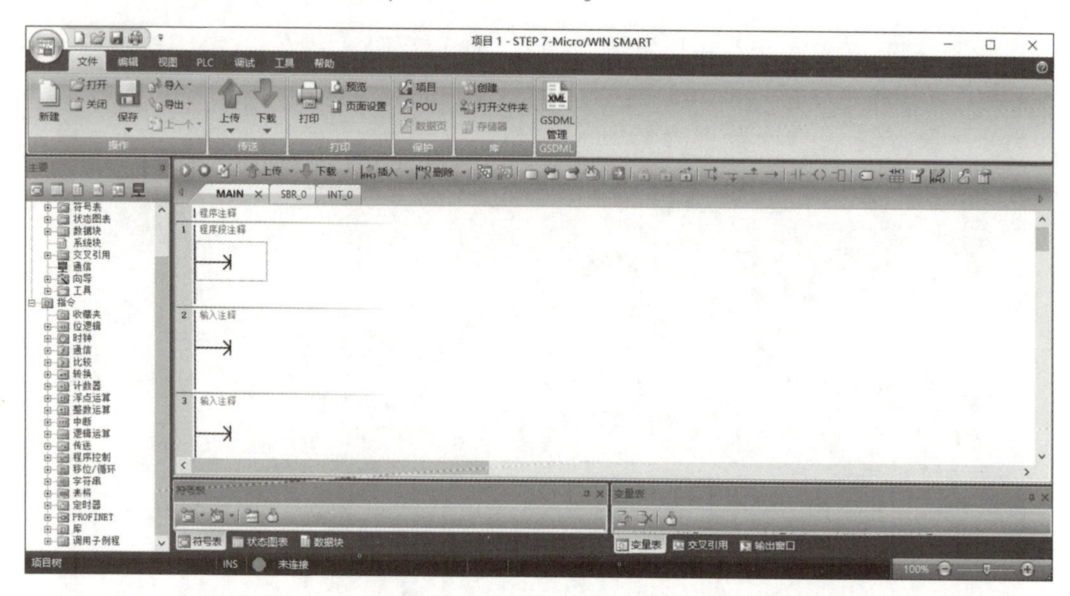

图 2-7 软件启动后的界面

如果安装的是英文版，想选择中文界面，可以在“Micro/WIN”菜单“Tools”（工具）“Options”（选项）中，选择“General”（常规）选项卡，设置编程语言环境。设置语言对话框如图 2-8 所示。

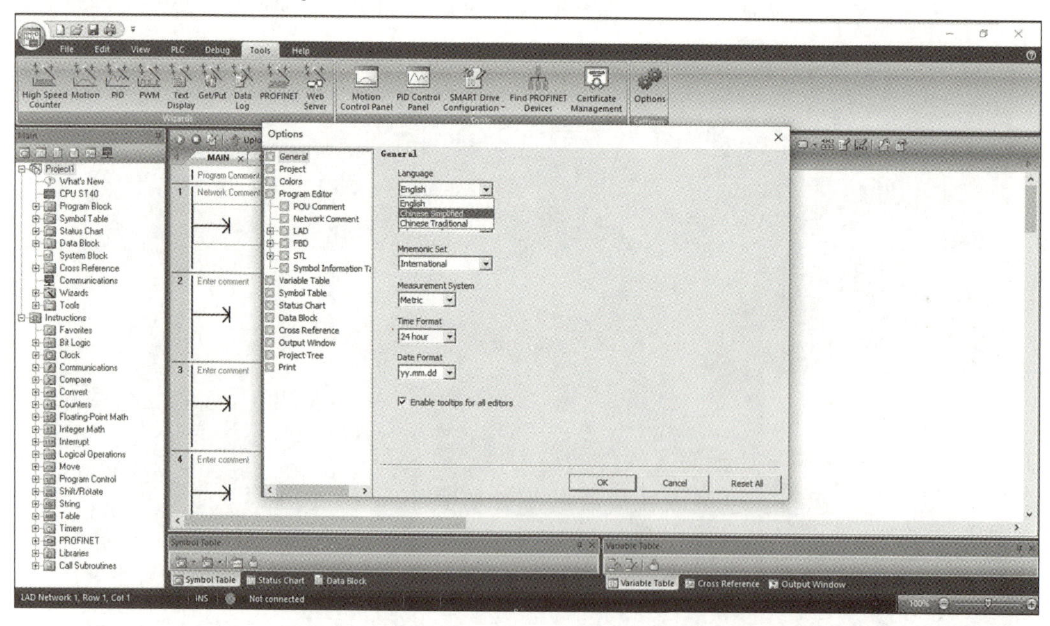

图 2-8 设置语言对话框

设置好后，单击“OK”按钮，Micro/WIN 会自动退出。用户可根据需要保存当前编辑的项目后再退出。再次进入软件后，就会改成中文界面了。

2.1.2 软件的卸载

需要卸载 STEP 7-Micro/WIN SMART 时，单击 Windows 操作系统的“开始”→“设置”→“应用”，在其中运行“应用和功能”，选择相应的 STEP 7-Micro/WIN SMART 版本卸载，如图 2-9 所示。

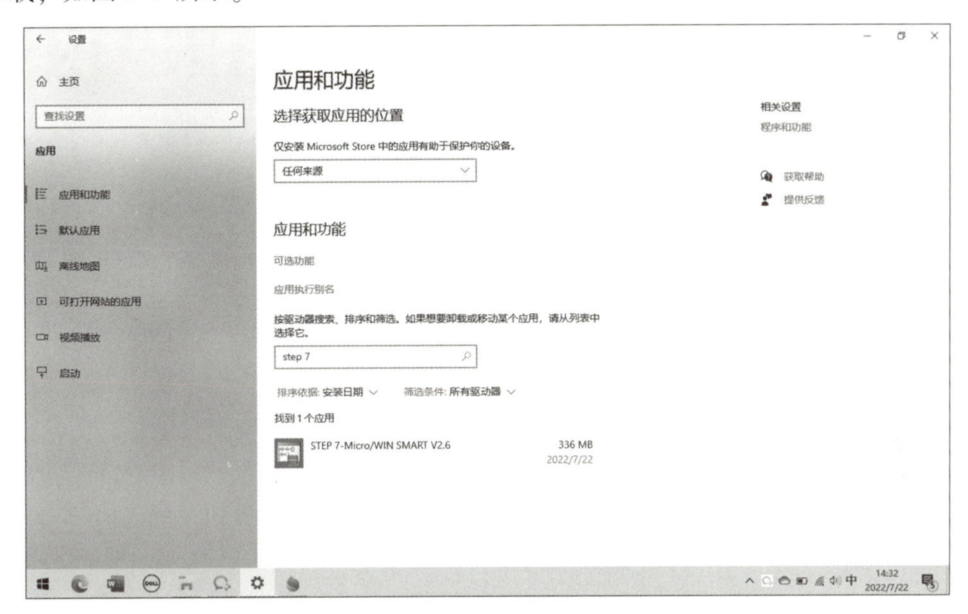

图 2-9 软件卸载

运行卸载指令后，根据提示操作，卸载完成后，一般需要重新启动 Windows 系统。注意，使用卸载功能并不能完全删除注册表中的安装信息，所以有时需要手动删除注册表中的信息。

2.2 STEP 7-Micro/WIN SMART 操作界面介绍

STEP 7 Micro/WIN SMART 是 S7-200 SMART 控制器的组态、编程和操作软件。一次可将 STEP 7 Micro/WIN SMART 的一个实例连接至一个 S7-200 SMART CPU。它为用户创建程序提供了便捷的工作环境、丰富的编程向导，提高了软件的易用性。软件可以在联机的情况下运行，也可以在离线的工作方式下运行，这给编程人员带来了便捷的使用体验。

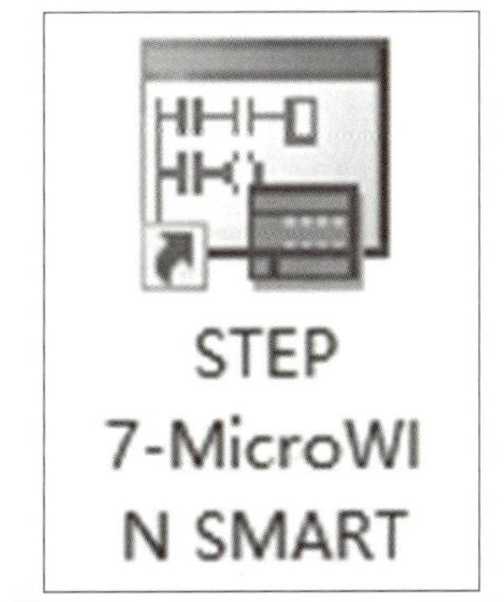

图 2-10 STEP 7-Micro/WIN SMART 快捷方式图标

在安装完毕后，可以在桌面或“开始”菜单中找到 STEP 7-Micro/WIN SMART 的快捷方式图标，双击图 2-10 所示的图标就可以打开 STEP 7-Micro/WIN SMART 软件。

图 2-11 所示为第一次打开 STEP 7-Micro/WIN SMART V02.06.00.00_00.11 版本的空白工程启动界面。

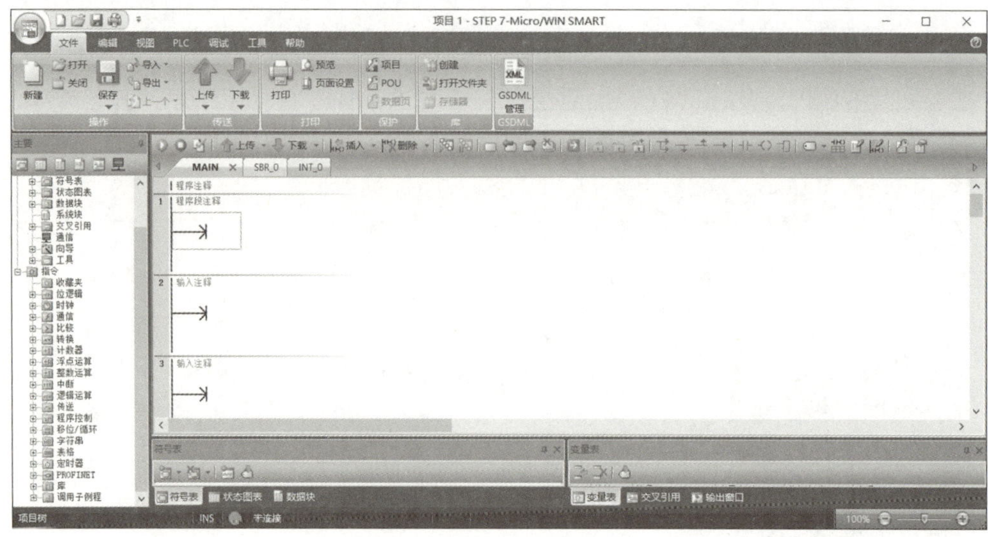

图 2-11　空白工程启动界面

STEP 7 Micro/WIN SMART 用户界面提供多个窗口，可用来排列、编程和监控。请注意，每个窗口均可按用户所选择的方式停放或浮动以及排列在屏幕上。用户可单独显示每个窗口，也可合并多个窗口，以从单独选项卡访问各窗口，如图 2-12 所示。

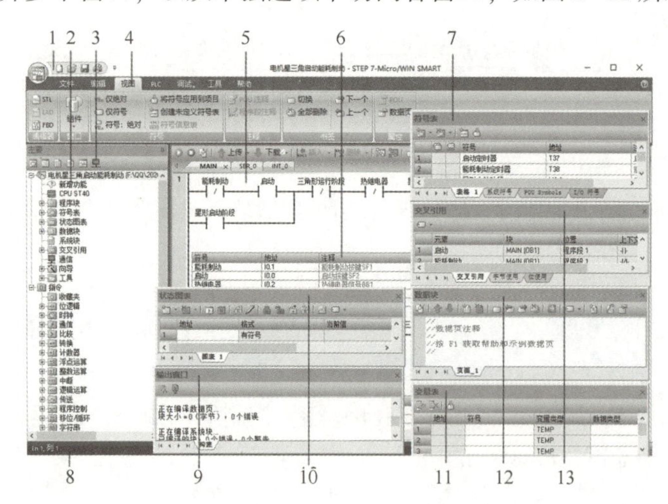

1—快速访问工具栏；2—项目树；3—导航栏；4—菜单；5—程序编辑器；6—符号信息表；7—符号表；8—状态栏；9—输出窗口；10—状态图表；11—变量表；12—数据块；13—交叉引用。

图 2-12　操作界面区域图

下面依次进行介绍：

1. 快速访问工具栏

快速访问工具栏显示在菜单选项卡正上方。通过快速访问文件按钮，可简单、快速地访问“文件”菜单的大部分功能以及最近文档。快速访问工具栏上的其他按钮对应于文件功能“新建”“打开”“保存”和“打印”。单击“快速访问文件”按钮，弹出如图 2-13 所示的界面。

2. 项目树

项目树是为了方便编辑项目使用的。项目树可以显示，也可以隐藏，如果项目树未显示，要查看项目树，可按以下步骤操作。单击菜单栏上的“视图”→“组件”→“项目树”，如图 2-14 所示，展开后的项目树如图 2-15 所示。

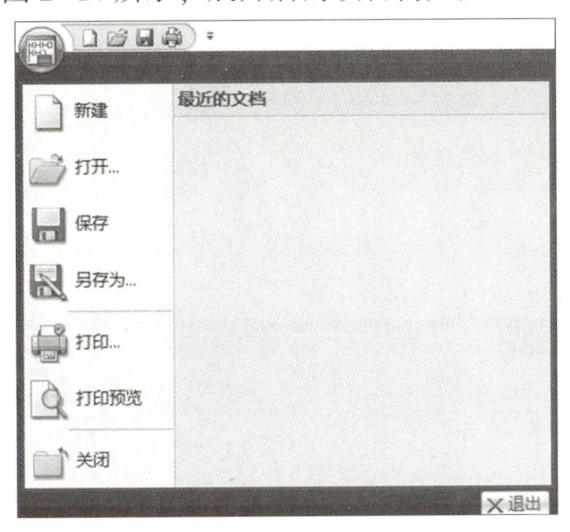

图 2-13　快速访问工具栏

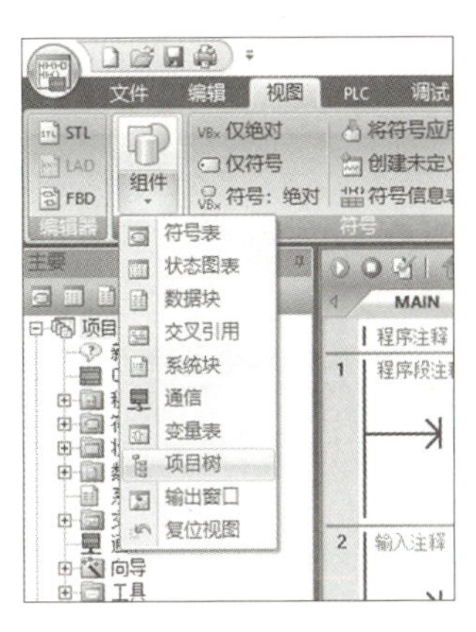

图 2-14　项目树

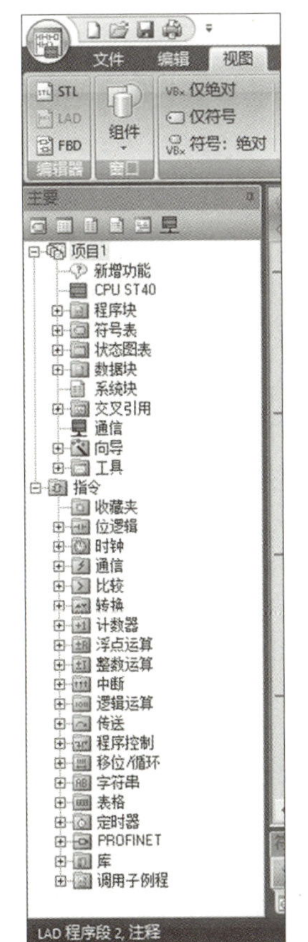

图 2-15　展开后的项目树

项目树中主要有两个项目，一是读者创建的项目，二是指令，这些都是编辑程序最常用的。项目树中有“+”按钮，其含义表明这个选项内包含有内容，可以展开。在项目树的左上角有一个小图钉，当这个小图钉是横放时，项目树会自动隐藏，这样编辑区域会扩大。如果读者希望项目树一直显示，那么只要单击小图钉，此时，这个横放的小图钉变成竖放图钉，项目树就被固定了。以后读者使用西门子其他的软件时，也会碰到这个小图钉，作用完全相同。

3. 导航栏

导航栏显示在项目树上方，如图 2-16 所示，通过导航栏可快速访问项目树上的对象。单击一个导航栏按钮，相当于展开项目树并单击同一选择内容。

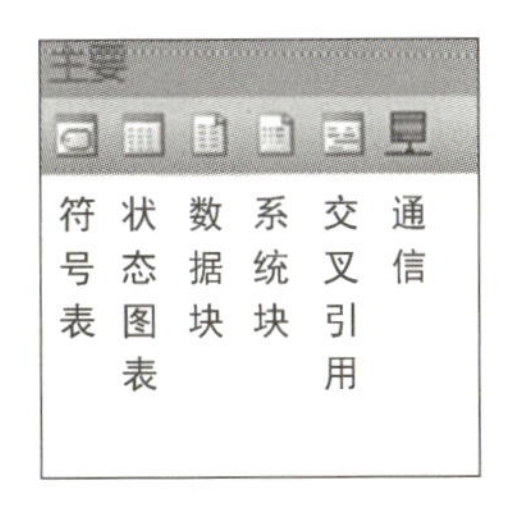

图 2-16　导航栏

如果要打开系统块，单击导航按钮上的“系统块”按钮，与单击项目树上的“系统块”选项的效果是相同的。其他的用法类似。

4. 菜单

菜单栏包括文件、编辑、视图、PLC、调试、工具、帮助 7 个菜单项，如图 2-17 所示。用户可以定制“工具”菜单，在该菜单中增加自己的工具。

图 2-17　菜单栏

（1）“文件”菜单项，如图 2-18 所示，它包含所有对工程文件的操作应用。

图 2-18　“文件”菜单项

操作：

新建：创建新的工程。快捷键为 Ctrl+N。

打开：打开原有的工程。快捷键为 Ctrl+O。

关闭：关闭当前编辑的工程，但不退出 STEP 7-Micro/WIN SMART 软件。

保存：保存当前编辑的工程；单击倒三角可以选择“保存”或“另存为”。快捷键为Ctrl+S。

导入：从文本文件导入 POU 或者数据块；单击倒三角可以选择“POU”或“数据块”。

导出：将 POU 或者数据块导出到文本文件；单击倒三角可以选择“POU”或“数据块”。

上一个：打开以前的项目文件；单击倒三角可以选择打开最近编辑过的具体哪一个文件。

传送：

上传：从 CPU 上传所有项目组件。单击倒三角可以选择上传的具体组件，包括“全部”“程序块”“数据块”“系统块”“数据日志”。快捷键为 Ctrl+U。

下载：将所有项目组件下载到 CPU。单击倒三角可以选择上传的具体组件，包括“全部”“程序块”“数据块”“系统块”。快捷键为 Ctrl+D。

打印：

打印：打印当前文档。快捷键为 Ctrl+P。

预览：打印前预览项目页面。

页面设置：更改打印机和打印选项。

保护：

项目：用密码保护项目文件。

POU：用密码保护程序组织单元。

数据页：使用密码保护数据页面。

库：

创建：从现有程序组织单元创建库。

打开文件夹：添加或删除现有库。

存储器：显示现有库的存储器分配。

GSDML：

GSDML 管理：可以为 PROFINET 安装和删除 GSDML 文件。

（2）“编辑”菜单项，如图 2-19 所示。

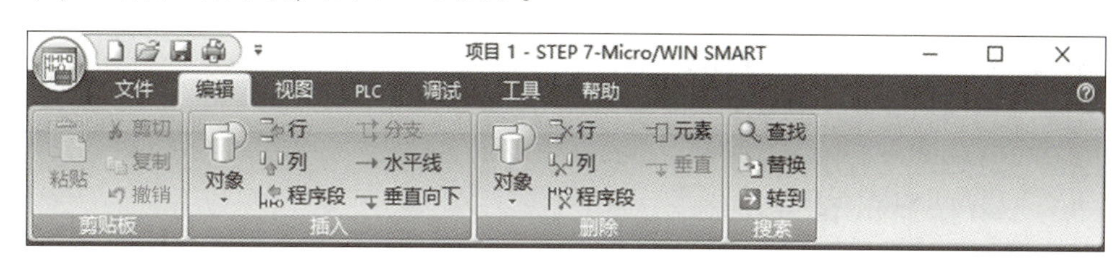

图 2-19 “编辑”菜单项

剪贴板：

粘贴：粘贴剪贴板的内容。快捷键为 Ctrl+V。

剪切：剪切所选内容并将其放到剪贴板上。快捷键为 Ctrl+X。

复制：复制所选内容并将其放到剪贴板上。快捷键为 Ctrl+C。

撤销：撤销上次操作。快捷键为 Ctrl+Z。

插入：

对象：向项目中插入新对象；单击倒三角可以选择插入具体对象，包括图表、数据页、子程序、中断、符号表、系统符号表、I/O 映射表、创建未定义符号表。

行：在当前位置上方插入一行。快捷键为 Ctrl+I。

列：在当前位置的右侧插入一列。

程序段：在当前位置上方插入一个程序段。快捷键为 F3。

分支：在当前位置下方插入一个分支线，光标移动到新分支的起点。

水平线：在当前位置插入水平线，光标向右移动一个单元。

垂直向下：在当前位置插入向下的垂直线，光标向下移动一个单元。

删除：

对象：删除当前对象。

行：删除当前行。

列：删除当前列。

程序段：删除当前程序段。

元素：删除当前元素。

垂直：删除当前垂直线。

搜索：

查找：查找现有条目。快捷键为 Ctrl+F。

替换：查找现有条目并替换为新条目。快捷键为 Ctrl+H。

转到：转到指定的程序段、行或行号。快捷键为 Ctrl+G。

(3)“视图”菜单项，如图 2-20 所示。

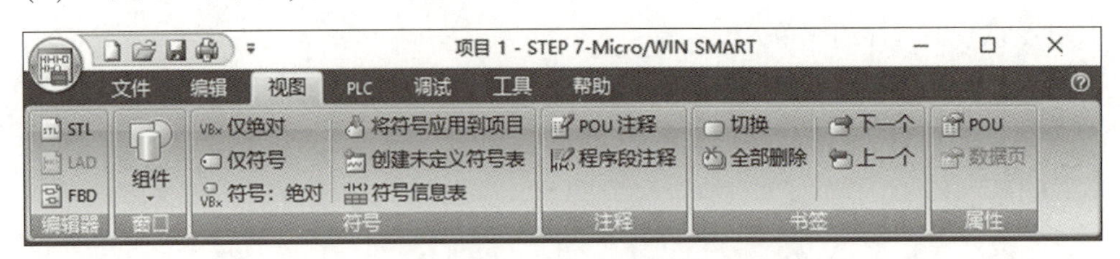

图 2-20　“视图”菜单项

编辑器：

STL：选择语句表程序编译器。

LAD：选择梯形图程序编译器。

FBD：选择程序块图程序编译器。

窗口：

组件：显示多个组件之一；单击倒三角可以选择显示具体的组件，包括符号表、状态图表、数据块、交叉引用、系统块、通信、变量表、项目树、输出窗口、复位视图。

符号：

仅绝对：显示变量的绝对地址。

仅符号：显示变量的符号地址。

符号：绝对：显示变量的绝对地址和符号地址。

将符号应用到项目：将符号应用到项目。快捷键为 Ctrl+F5。

创建未定义符号表：通过所有未定义的符号创建新符号表。

符号信息表：切换符号信息表。快捷键为 Ctrl+T。

注释：

POU 注释：切换程序组织单元注释。

程序段注释：切换程序段注释。

书签：

切换：切换当前行的书签。快捷键为 Ctrl+F2。

全部删除：删除所有书签。快捷键为 Ctrl+Shift+F2。

下一个：将光标移动到下一个书签。快捷键为 F2。

上一个：将光标移动到上一个标签。快捷键为 Shift+F2。

(4)“PLC”菜单项，如图 2-21 所示。

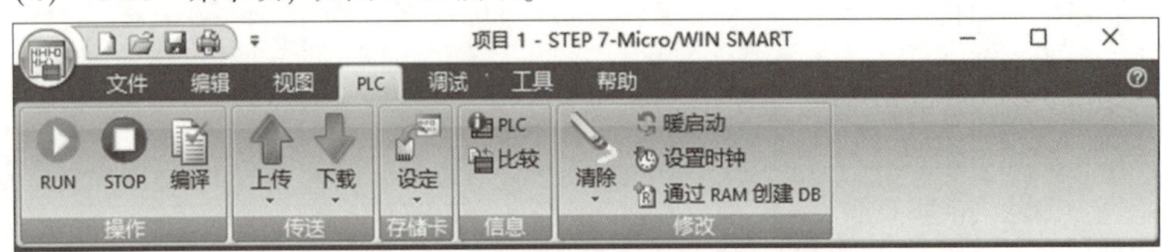

图 2-21　“PLC”菜单项

操作：

RUN：将 CPU 置于 RUN 模式。

STOP：将 CPU 置于 STOP 模式。

编译：编译项目的所有组件。

传送：

上传：从 CPU 上传所有项目组件。单击倒三角可以选择上传的具体组件，包括“全部”“程序块”“数据块”“系统块”“数据日志”。快捷键为 Ctrl+U。

下载：将所有项目组件下载到 CPU。单击倒三角可以选择上传的具体组件，包括“全部”“程序块”“数据块”“系统块”。快捷键为 Ctrl+D。

存储卡：

设定：用活动项目设定已安装的存储卡。单击倒三角可以选择存储卡的具体位置：PLC 端的程序存储卡或者是 PC 端的程序存储卡。

信息：

PLC：查看连接的 PLC 的信息。

比较：比较活动项目与 PLC 项目。

修改：

清除：从 CPU 中清除所有项目组，单击倒三角可以选择清除的具体组件：全部、程序块、数据块、系统块、证书。

暖启动：对 CPU 执行暖启动。

设置时钟：设置 CPU 的时间时钟。

通过 RAM 创建 DB：通过 CPU 的 RAM 数据创建数据块。

(5)“调试”菜单项，如图 2-22 所示。

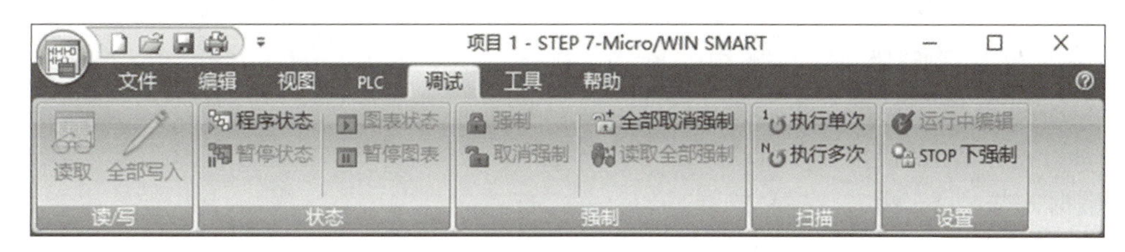

图 2-22 “调试”菜单项

读/写：

读取：从 CPU 读取变量。

全部写入：写入全部变量到 CPU。

状态：

程序状态：开始在项目编辑器中直接持续监视程序状态。

暂停状态：暂停在项目编辑器中监视程序状态。

图表状态：开始持续监视状态图表中的变量。

暂停图表：暂停对状态图表中变量的持续监视。

强制：

强制：强制变量为指定值。

取消强制：对强制变量的值取消强制。

全部取消强制：对所有强制变量的值取消强制。

读取全部强制：显示所有强制变量。

扫描：

执行单次：执行单次 CPU 扫描并返回到 STOP 模式。

执行多次：执行多次 CPU 扫描并返回到 STOP 模式。

设置：

运行中编辑：允许在运行模式下修改 CPU 程序。

STOP 下强制：允许在 CPU 处于 STOP 模式时应用强制输出。

(6) “工具”菜单项，如图 2-23 所示。

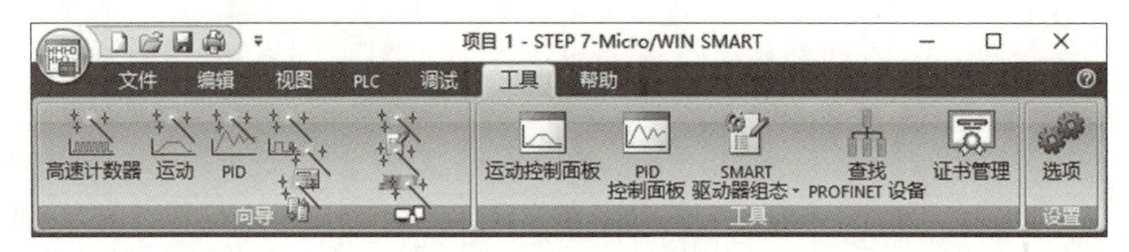

图 2-23　“工具”菜单项

向导：

高速计数器：用于对速度快于 CPU 扫描的高速事件计数。

运动：用于创建用户运动曲线。

PID：用于组态 PID 控制。

PWM：用于创建脉宽调制输出。

文本显示：用于组态文本显示。

Get/Put：用于组态 Get/Put。

数据日志：用于组态数据日志。

PROFINET：用于配置 PROFINET 网络。

Web 服务器：Web 服务器配置向导。

工具：

运动控制面板：用于手动控制运动指令。

PID 控制面板：用于手动控制和调节 PID 回路。

SMART 驱动器组态：启动 SMART 驱动器组态。

查找 PROFINET 设备：启动查找 PROFINET 设备向导。

证书管理：启动 CA 证书颁发机构表。

设置：

选项：修改 STEP 7-Micro/WIN SMART 设置和选项。

(7)“帮助”菜单项，如图 2-24 所示。

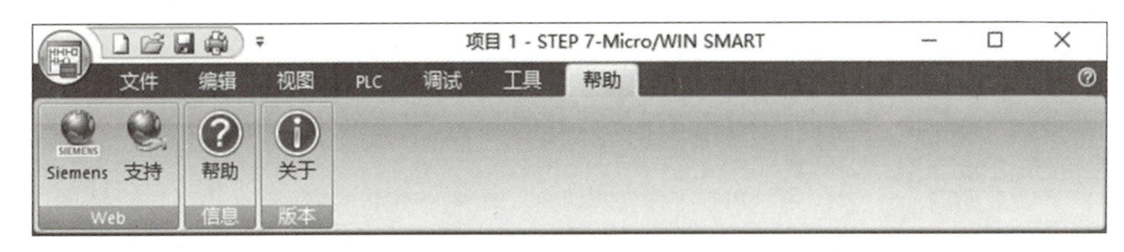

图 2-24 “帮助”菜单项

Web：

Siemens：转到 Siemens 全球网站。

支持：转到 Siemens 服务与支持网站。

信息：

帮助：获取有关使用 STEP 7-Micro/WIN SMART CPU 和 STEP 7-Micro/WIN SMART 编程包的帮助。

版本：

关于：显示 STEP 7-Micro/WIN SMART 编程包的版本信息。

5. 程序编辑器

程序编辑器是编写和编辑程序的区域，打开程序编辑器有两种方法。

①单击菜单栏中的“文件”→“新建”（或者“打开”或“导入”按钮）打开 STEP 7-Micro/WIN SMART 项目。

②在项目树中打开“程序块”文件夹，方法是单击分支展开图标或双击“程序块”文件夹图标。然后双击主程序（OB1）子例程或中断例程，以打开所需的 POU；也可以选择相应的 POU 并按 Enter 键。

编辑器的图形界面如图 2-25 所示。

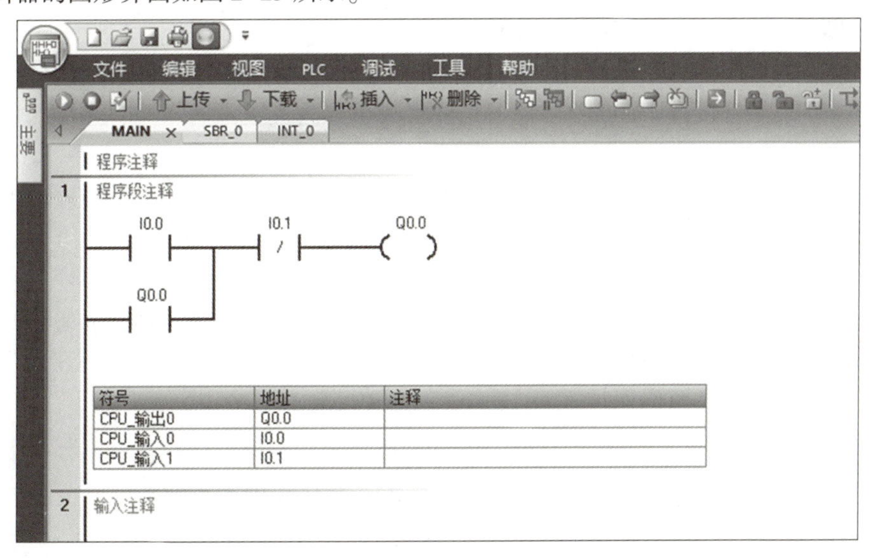

图 2-25 编辑器的图形界面

（1）工具栏：包含常用操作按钮，以及可放置到程序段中的通用程序元素。各个按钮的作用说明见表2-1。

表2-1　常用操作按钮

序号	按钮图样	按钮含义
1		PLC工作模式切换：RUN、STOP、编程模式
2	上传 ▾ 下载	PLC项目组件上传到电脑，或电脑中的项目组件下载到PLC
3	插入 ▾ 删除	在当前光标位置上方插入程序段；删除光标所在的当前程序段
4		在调试模式下启动或停止程序监视模式
5		书签导航功能：放置书签、转到上一个书签、转到下一个书签、删除所有书签
6		转到指定程序行或段、强制变量为指定值、对强制变量的值取消强制、对所有强制变量的值取消强制
7		在当前位置下方插入一个分支线，光标移动到新分支的起点；在当前位置插入向下的垂直线，光标向下移动一个单元；在当前位置插入向上的垂直线，光标向上移动一个单元；在当前位置插入水平线，光标向右移动一个单元；插入触点；插入线圈；插入框
8		切换寻址；打开符号信息表；POU注释；程序段注释
9		用密码保护POU；显示POU属性

（2）POU选择器：能够实现在主程序块、子例程或中断编程之间进行切换。例如只要用鼠标单击POU选择器中“MAIN”，那么就切换到主程序块，单击POU选择器中“INT_0”，那么就切换到中断程序块。

（3）POU注释：显示在POU中第一个程序段上方，提供详细的多行POU注释功能。每条POU注释最多可以有4 096个字符。这些字符可以为英语或者汉语，主要对整个POU的功能等进行说明。

（4）程序段注释：显示在程序段旁边，为每个程序段提供详细的多行注释附加功能。每条程序段注释最多可有4 096个字符。这些字符可以为英语或者汉语等。

（5）程序段编号：每个程序段的数字标识符。编号会自动进行，取值范围为1~65 536。

（6）装订线：位于程序编辑器窗口左侧的灰色区域，在该区域内单击可选择单个程序段，也可通过单击并拖动来选择多个程序段。STEP 7-Micro/WIN SMART还在此显示各种符号，例如书签和POU密码保护锁。

6. 符号信息表

要在程序编辑器窗口中查看或隐藏符号信息表，请使用以下方法之一。

（1）在“视图”菜单功能区的“符号”区域单击“符号信息表”按钮。

（2）按快捷键Ctrl+T。

(3) 在“视图”菜单的“符号”区域单击“将符号应用于项目”按钮。“应用所有符号”命令使用所有新、旧和修改的符号名更新项目。如果当前未显示“符号信息表”，单击此按钮便会显示。

7. 符号表

在实际编程时，为了增加程序的可读性，常用带有实际含义的符号作为编程元件代号，而不是直接使用元件的直接地址。符号是可为存储器地址或常量指定的符号名称。符号表是符号和地址对应关系的列表，如图 2-26 所示。通过符号命名和注释，可以清晰了解每个地址的功能作用。

符号表

	符号	地址	注释
1	水泵启动按钮	I0.1	
2	水泵停止按钮	I0.2	
3	自循环按钮	I0.3	
4	水泵	Q0.3	
5	正常运行指示灯	Q0.4	
6	报警输出2	Q0.5	

表格 1　系统符号　POU Symbols

图 2-26　符号表

符号表可以选择性显示在程序中。

如果选择“视图”→“符号”→“仅绝对”，则会仅绝对显示，如图 2-27 所示。

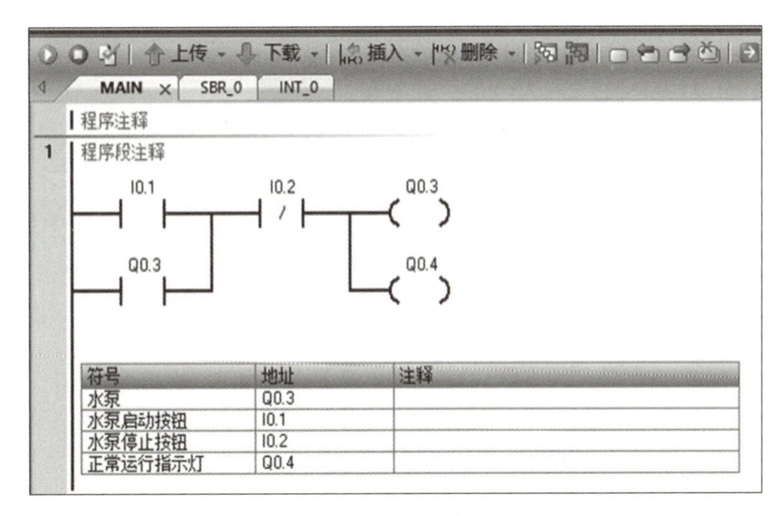

符号	地址	注释
水泵	Q0.3	
水泵启动按钮	I0.1	
水泵停止按钮	I0.2	
正常运行指示灯	Q0.4	

图 2-27　仅绝对显示

如果选择“视图”→“符号”→“仅符号”，则会仅符号显示，如图 2-28 所示。

如果选择“视图”→“符号”→“符号：绝对”，则会符号：绝对显示，如图 2-29 所示。

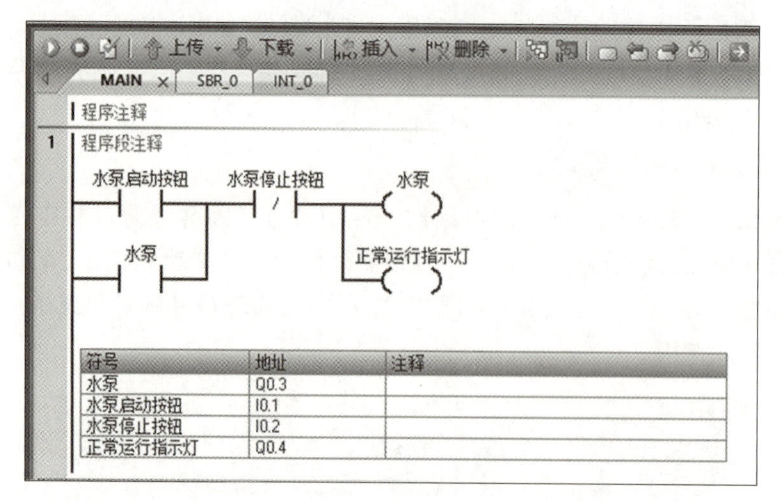

符号	地址	注释
水泵	Q0.3	
水泵启动按钮	I0.1	
水泵停止按钮	I0.2	
正常运行指示灯	Q0.4	

图 2-28　仅符号显示

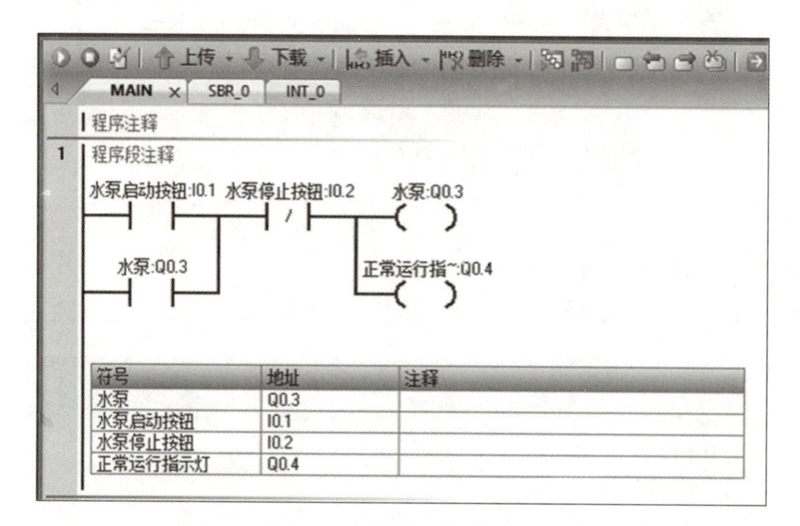

符号	地址	注释
水泵	Q0.3	
水泵启动按钮	I0.1	
水泵停止按钮	I0.2	
正常运行指示灯	Q0.4	

图 2-29　符号：绝对显示

在符号表对话框的左上角有四个图标，分别是添加表、删除表、创建未定义符号表和将符号表应用到项目中，如图 2-30 所示。

符号表

			符号	地址	注释
1			水泵启动按钮	I0.1	

图 2-30　添加、删除表、创建符号表和符号表应用图标

添加表：通过“添加表”，可以在项目中插入一个符号表、系统符号表、I/O 映射表，或者在当前符号表中插入新一行。如图 2-30 所示案例中，删除默认建立的 I/O 映射表，通过右击表进行重命名，分别建立 M 区、V 区、I 区、Q 区独立符号表。

删除表：通过“删除表”，可以删除一个符号表或者当前符号表中的一行。

创建未定义符号表：在程序中直接输入符号名，单击“创建未定义符号表”会自动创建一个表，包含所有未命名的符号。这个时候只要在地址处填入地址，即可建立程序的符号表了。

将符号表应用到项目：在符号表中做了任何修改后，可以通过“将符号表应用到项目”按钮，将最新的符号表信息更新到整个项目中。

8. 状态栏

状态栏位于主窗口底部，提供用户在 STEP 7-Micro/WIN SMART 中所执行的操作的相关信息。从左往右依次为：①显示当前编辑器信息，在编辑模式下工作时，STEP 7-Micro/WIN SMART 显示编辑器信息。状态栏显示下列信息：简要状态说明；当前程序段编号（或 STL 的行号）；当前编辑器的光标位置。②当前编辑模式：INS 或 OVR 模式状态。INS 就是插入模式，也就是此处插入新指令；OVR 就是覆盖模式，此处插入指令，会覆盖之前的。按下键盘上的 Insert 键在两种模式下循环切换。③在线状态信息。指示通信状态的图标，本地站（如果存在）的通信地址和站名称，存在致命或非致命错误的状况（如果有）。④显示比例，可以通过加减调节窗口的显示比例。

PLC 未在线时显示，如图 2-31 所示。

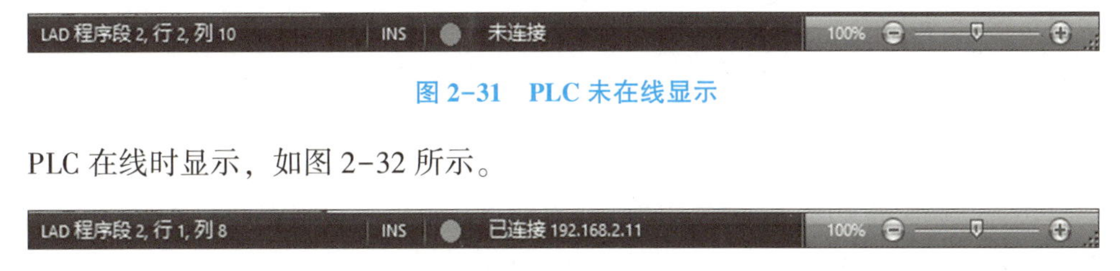

图 2-31 PLC 未在线显示

PLC 在线时显示，如图 2-32 所示。

图 2-32 PLC 在线显示

9. 输出窗口

“输出窗口”（Output Window）列出了最近编译的 POU 和在编译期间发生的所有错误，如图 2-33 所示。如果已打开“程序编辑器”（Program Editor）窗口和“输出窗口”（Output Window），可在“输出窗口”（Output Window）中双击错误信息，使程序自动滚动到错误所在的程序段。

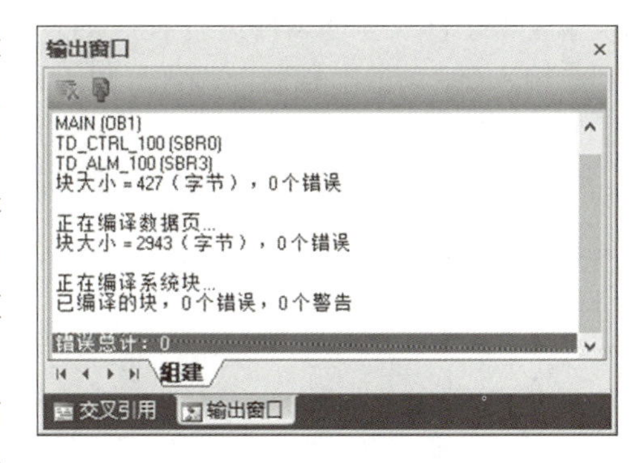

图 2-33 输出窗口示例

纠正程序后，重新编译程序，以更新“输出窗口”（Output Window）和删除已纠正程序段的错误参考。

要清除“输出窗口”（Output Window）的内容，右键单击显示区域，然后从上下文菜单中选择“清除”（Clear）。如果从上下文菜单中选择“复制”（Copy），还可将内容复制到 Windows 剪贴板。

在“工具”（Tools）菜单的“选项”（Options）设置中，还可组态“输出窗口”

(Output Window) 的显示选项。

10. 状态图表

状态图表如图 2-34 所示。

状态图表

	地址	格式	当前值	新值
1	F1:V187.0	位		
2	F2:V187.1	位		
3	F3:V187.2	位		
4	F4:V187.3	位		
5	VW40	十六进制		

USER1

图 2-34 状态图表

状态图表可以在下载程序至 PLC 之后监控和调试程序操作；打开一个图表以查看或编辑该图表的内容；启动状态图表以采集状态信息。在控制程序的执行过程中，可用两种不同方式查看状态图表数据的动态改变。

图表状态：

在表中显示状态数据：每行指定一个要监视的 PLC 数据值。可指定存储器地址、格式、当前值和新值（如果使用强制命令）。

趋势显示：

通过随时间变化的 PLC 数据绘图跟踪状态数据：可以在表视图和趋势视图之间切换现有状态图表。也可以在趋势视图中直接分配新的趋势数据。

用户可以写入强制值。在新值列中输入一个或多个预设值，单击“写入”按钮，将新值写入 CPU，不过程序执行时，该值可能被新值覆盖。S7-200 SMART CPU 允许通过强制来模拟逻辑条件或物理条件进行程序的调试。例如，在 I0.0 新值列中输入 1，在 I0.1 新值列中输入 0，单击“强制”按钮，I0.0 和 I0.1 的当前值更改为强制值，并增加了强制标记，此时不管外部状态怎样改变、程序指令怎样执行，强制值都不变。强制具有高优先级。单击“全部取消强制”按钮，解除所有的强制。

11. 变量表

变量表如图 2-35 所示。

变量表

	地址	符号	变量类型	数据类型	注释
1	L0.0	EN	TEMP	BOOL	
2	LW1	N0	TEMP	WORD	
3	LW3	NK	TEMP	INT	
4			TEMP		

图 2-35 变量表

通过变量表，可定义对特定 POU 局部有效的变量。在以下情况下使用局部变量：

（1）用户要创建不引用绝对地址或全局符号的可移植子例程。

（2）用户要使用临时变量（声明为 TEMP 的局部变量）进行计算，以便释放 PLC 存储器。

（3）用户要为子例程定义输入和输出。

如果以上描述对用户的具体情况不适用，则无须使用局部变量；可在符号表中定义符号值，从而将其全部设置为全局变量。

要注意的是，在程序中使用局部变量之前，先在变量表中赋值。在程序中使用符号名时，程序编辑器首先检查相应 POU 的局部变量表，然后检查符号表。如果符号名在这两处均未定义，程序编辑器则将其视为未定义的全局符号。此类符号用绿色波浪下划线加以指示。程序编辑器不会自动重新读取变量表并对用户的程序逻辑做出更正。如果以后对该符号名称的数据类型分配进行定义（在局部变量表中），必须在符号名称前手动插入一个井号（#），例如：#UndefinedLocalVar（在程序逻辑中），因此，在使用之前声明变量，可将编程工作量降至最低。

每个子例程调用的输入/输出参数的最大限制是 16。如果尝试下载一个超出此项限制的程序，STEP 7-Micro/WIN SMART 返回错误。

局部变量名称允许包含字母、数字、字符和下划线的数量最多为 23 个，也允许包含扩展字符（ASCII 128~255）。第一个字符仅限使用字母和扩充字符。不允许使用关键字作为符号名，也不允许使用以数字开头的名称，或者包含非字母数字或扩展字符集中的字符的名称。

将局部变量名称下载到 CPU 存储器并存储在其中。使用较长的变量名称可能会降低可用于存储程序的存储器。

12. 数据块

数据块如图 2-36 所示。

图 2-36 数据块

数据块包含可向 V 存储器地址分配数据值的数据页。

（1）插入新数据页。

要将数据块 V 存储器分配划分为功能组（通过插入新的“数据块”（Data Block）页面选项卡），使用以下方法之一：

在项目树中右键单击“数据块”（Data Block）文件夹，然后从上下文菜单中选择“插入”→“数据页”（Insert→Data Page）。

在“编辑”（Edit）菜单功能区的“插入”（Insert）区域，从“对象”（Object）下拉菜单中选择“数据页”（Data Page）。

右键单击“数据块”（Data Block）窗口，然后从上下文菜单中选择“插入”→“数据页”（Insert→Data Page）。

如果用户使用向导，会自动创建选项卡以支持向导数据页。最大选项卡数为128。还可使用 Windows 剪贴板合并数据页。在数据页之间剪切和粘贴，然后删除空数据页。

（2）重命名数据块页面。

使用以下方法之一重命名数据块页面：

在项目树中右键单击“数据块”（Data Block）页面，然后从上下文菜单中选择“重命名”（Rename）命令。

单击数据块页面名称两次，但不要过快，以免形成双击。然后编辑页面名称。

在数据块编辑器中右键单击“数据页”（Data Page）选项卡并输入新名称。

（3）保护数据块页面。

要保护数据块页面，按以下步骤操作：

在项目数中右键单击数据块页面，或在数据块编辑器中右键单击页面选项卡，然后从上下文菜单中选择“属性”（Properties）。（在“常规”（General）选项卡中，用户还可重命名数据块和指定作者。）

在“保护”（Protection）选项卡中，选中“用密码保护此数据页”（Password-Protect this Data Page）复选框。

指定密码，然后再次输入密码进行验证。

13. 交叉引用

交叉引用如图2-37所示。

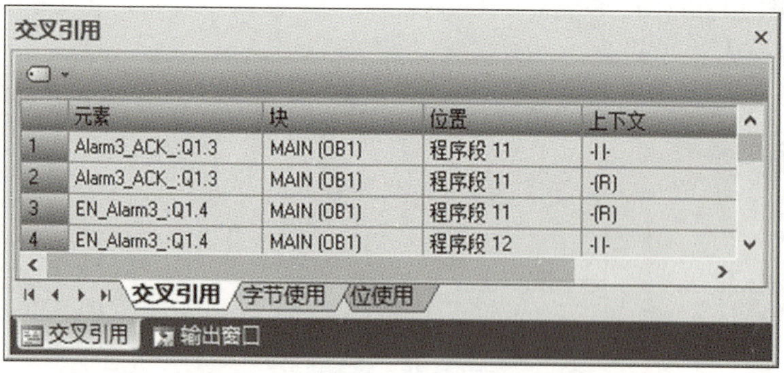

交叉引用

	元素	块	位置	上下文
1	Alarm3_ACK_:Q1.3	MAIN (OB1)	程序段 11	-||-
2	Alarm3_ACK_:Q1.3	MAIN (OB1)	程序段 11	-(R)
3	EN_Alarm3_:Q1.4	MAIN (OB1)	程序段 11	-(R)
4	EN_Alarm3_:Q1.4	MAIN (OB1)	程序段 12	-||-

交叉引用 字节使用 位使用

交叉引用 输出窗口

图2-37 交叉引用

如果要了解程序中是否已经使用以及在何处使用某一符号名称或存储器分配，使用交叉引用表。交叉引用表标识在程序中使用的所有操作数，并标识 POU、程序段或行位置以及每次使用操作数时的指令上下文。在交叉引用表中双击某一元素可显示 POU 的对应部分。但要注意的是，必须编译程序才能查看交叉引用表。

交叉引用表中的区块说明：

“元素”（Element）指程序中使用的操作数。可使用切换按钮，在符号寻址和绝对寻址之间切换，以更改所有操作数的表示。

“块”（Block）指使用操作数的 POU。

“位置”（Location）指使用操作数的行或程序段。

“上下文”（Context）指使用操作数的程序指令。

2.3 STEP 7-Micro/WIN SMART 工程的操作

下面将使用 STEP 7-Micro/WIN SMART 建立一个工程，并结合此工程来介绍 STEP 7-Micro/WIN SMART 软件的设置和基本操作。

1. 打开软件

安装好软件后，在桌面上找到 STEP 7-Micro/WIN SMART 图标，双击打开软件，或者在“开始”菜单中找到 STEP 7-Micro/WIN SMART 图标，如图 2-38 所示，双击打开。

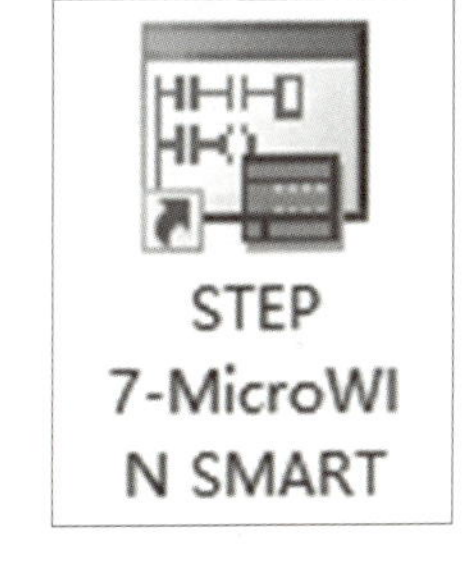

图 2-38　STEP 7-Micro/WIN SMART 图标

打开后的软件界面如图 2-39 所示。

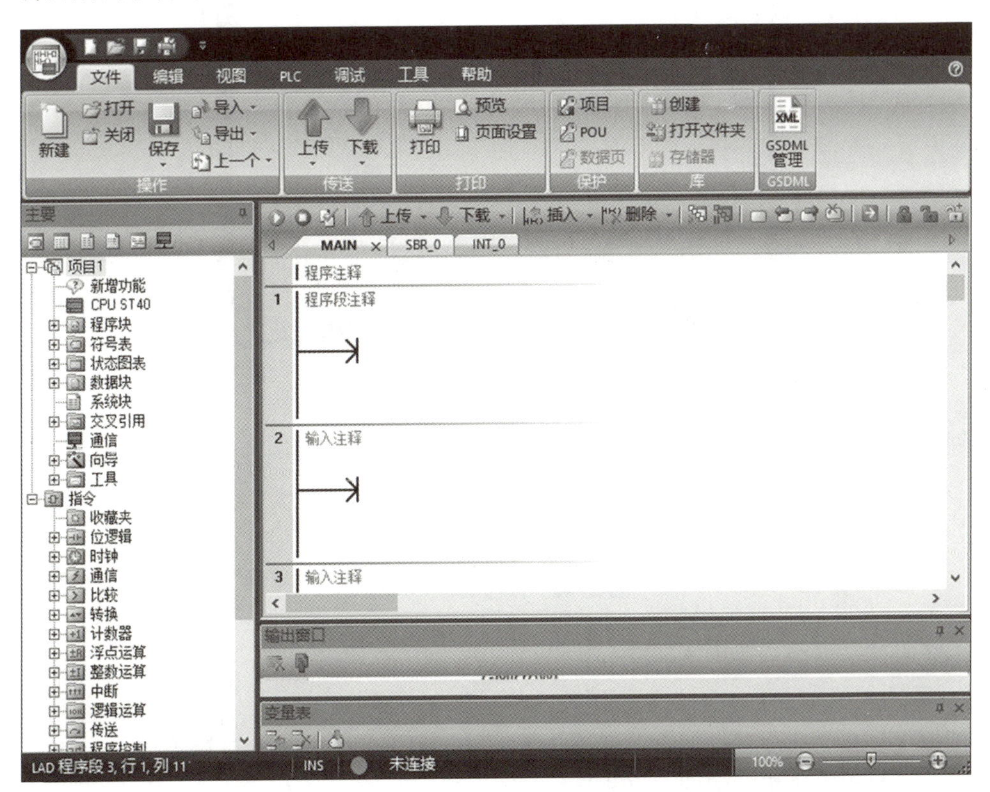

图 2-39　软件界面

2. 创建新工程

使用 STEP 7-Micro/WIN SMART 创建工程有 4 种方法。

创建工程方法一：单击菜单栏中的“文件”→“新建”，如图 2-40 所示。

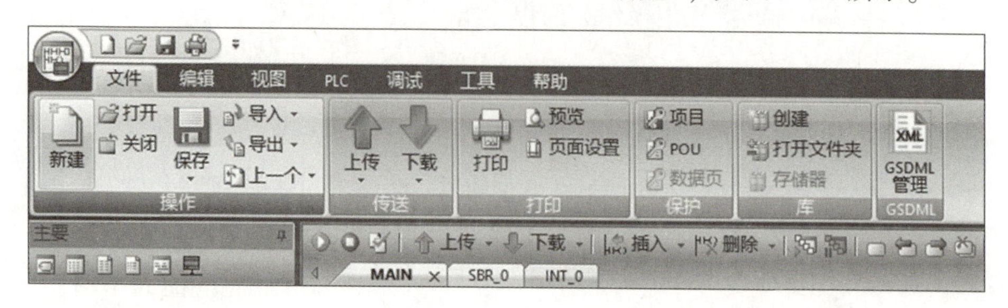

图 2-40 新建工程方法一

创建工程方法二：单击快速访问工具栏，选择“新建”按钮来创建工程，如图 2-41 所示。

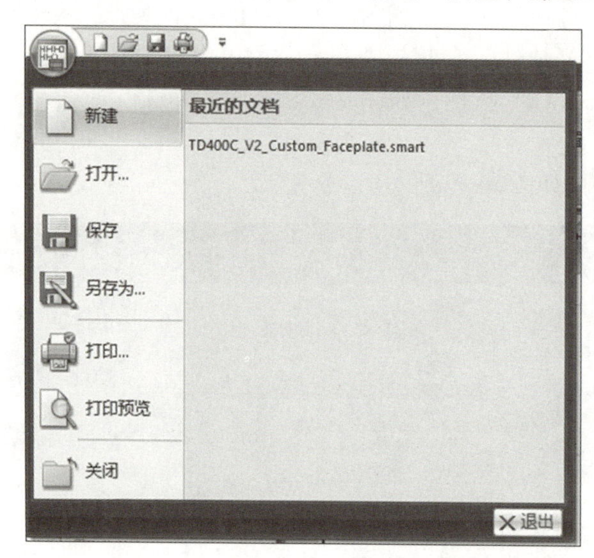

图 2-41 新建工程方法二

创建工程方法三：单击快捷工具栏上的“新建”选项，如图 2-42 所示。

图 2-42 新建工程方法三

创建工程方法四：使用快捷键 Ctrl+N。

3. 保存工程

创建空工程之后先进行保存，保存工程也是 4 种方法，和新建工程类似。

第一种是单击菜单栏中的“文件”→“保存”。

第二种是单击快速访问工具栏，选择“保存”按钮来保存工程，或者选择“另存为”按钮来使用新名字保存工程。

第三种是单击快捷工具栏上的“保存”选项。

第四种是使用快捷键 Ctrl+S。

在这里将新工程存在 F:\SIEMENS\目录下，工程名为 project_1，后缀名为 . smart。

4. 工程的打开和关闭

保存在磁盘的工程，可以用 STEP 7-Micro/WIN SMART 进行打开。

使用 STEP 7-Micro/WIN SMART 打开工程也有 4 种方法：

第一种是单击菜单栏中的“文件”→“打开”。

第二种是单击快速访问工具栏，选择“打开”按钮来打开已经有的工程。

第三种是单击快捷工具栏上的“打开”选项。

第四种是使用快捷键 Ctrl+O。

使用上面的 4 种方法可以打开“打开”对话框。在路径中选择工程存放的路径，这里是 F:\SIEMENS\目录，就可以看到 project_1. smart 文件了。选中后单击“打开”按钮，就可以打开文件了。

对于打开的工程，还可以选择关闭工程。单击“关闭”按钮后，软件会关闭当前工程，但是并不会退出 STEP 7-Micro/WIN SMART 软件。在关闭和退出程序，或者新建程序的时候，用户需要选择是否需要保存原工程，编辑的时候也尽量随手保存工程，防止意外退出。

5. 编写程序

编写程序之前需要对编程环境和系统进行设置。右侧项目树如图 2-43 所示。

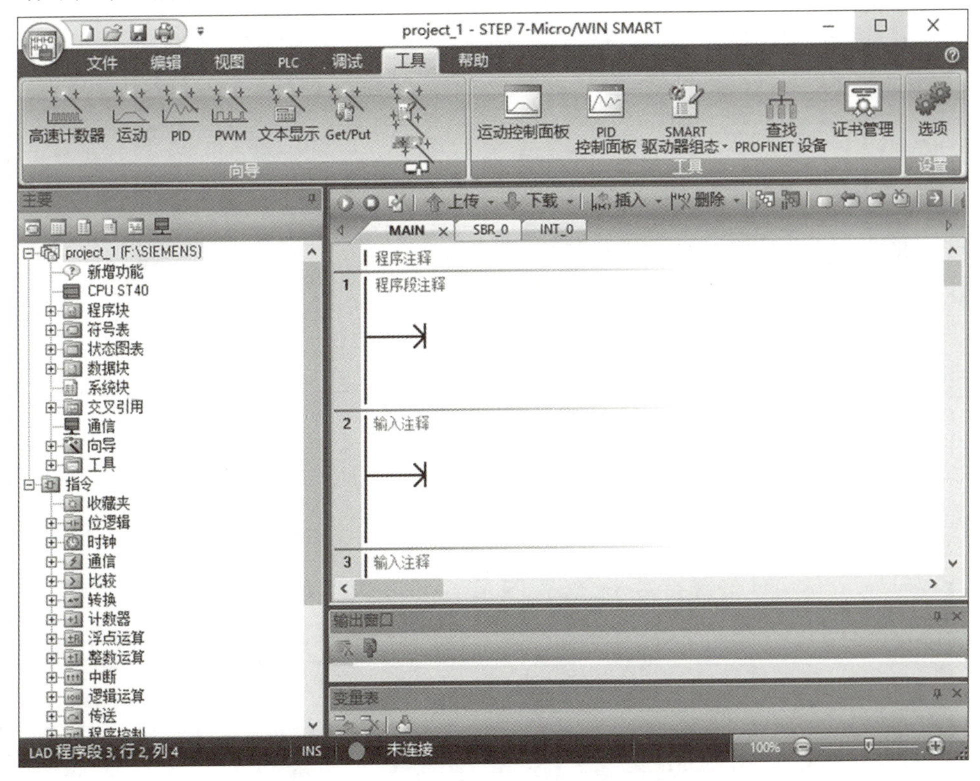

图 2-43 右侧项目树

项目树中打开的工程名显示在创建项目最上面，接着是文件存放地址 project_1（F:\SIEMENS）。

（1）项目树的第一项为新增功能。

在工程名下面是新增功能连接，单击后出现 STEP 7-Micro/WIN SMART 在线帮助对话框。用户可以查看 S7-200 SMART V2.6 中的新增功能，如图 2-44 所示。

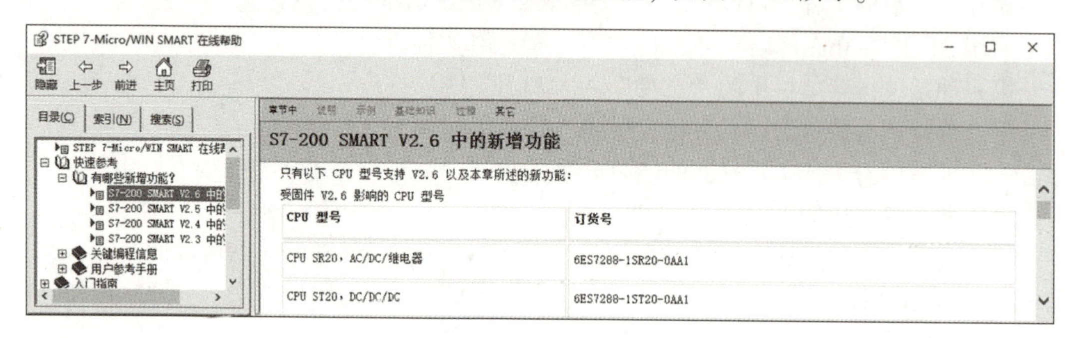

图 2-44　S7-200 SMART 帮助

（2）项目树的第二项为系统块，双击后打开系统块对话框，设置如图 2-45 所示。

系统块

	模块	版本	输入	输出	订货号
CPU	CPU ST40 (DC/DC/DC)	V02.06.00_00.00...	I0.0	Q0.0	6ES7 288-1ST40-0AA1
SB					
EM 0					
EM 1					
EM 2					
EM 3					
EM 4					
EM 5					

通信
数字量输入
I0.0 - I0.7
I1.0 - I1.7
I2.0 - I2.7
数字量输出
保持范围
安全
启动

以太网端口

IP 地址数据固定为下面的值，不能通过其它方式更改

IP 地址：

子网掩码：

默认网关：

站名称：

背景时间

选择通信背景时间 (5 - 50%)

10

RS485 端口

通过 RS485 设置可调整 PLC 和 HMI 设备用来通信的通信参数

地址：2

波特率：9.6 Kbps

确定　取消

图 2-45　系统块设置一

系统块对话框是设置整个 PLC 控制系统参数的对话框。在系统块对话框窗口中，可以设置控制系统使用的 CPU 模块和系统扩展模块的所有参数。在 CPU 模块的设置中，可以设置 CPU 的通信、数字量输入、数字量输出、CPU 上电保持存储器范围、安全读写权限、启动后的模式等。这里需要注意的是数字量的输入设置，S7-200 SMART CPU 允许数字量输入点定义一个输入延时滤波器，外接电气信号如果持续时间低于这个滤波时间，则外接信号的变化将不会被 CPU 识别，这个滤波器的合理设置可以减少因触点闭合或者分开瞬间的噪声干扰。设置方法是先选中 CPU，再勾选“数字量输入”选项，然后修改延时时间长短，如图 2-46 所示，最后单击“确定”按钮。

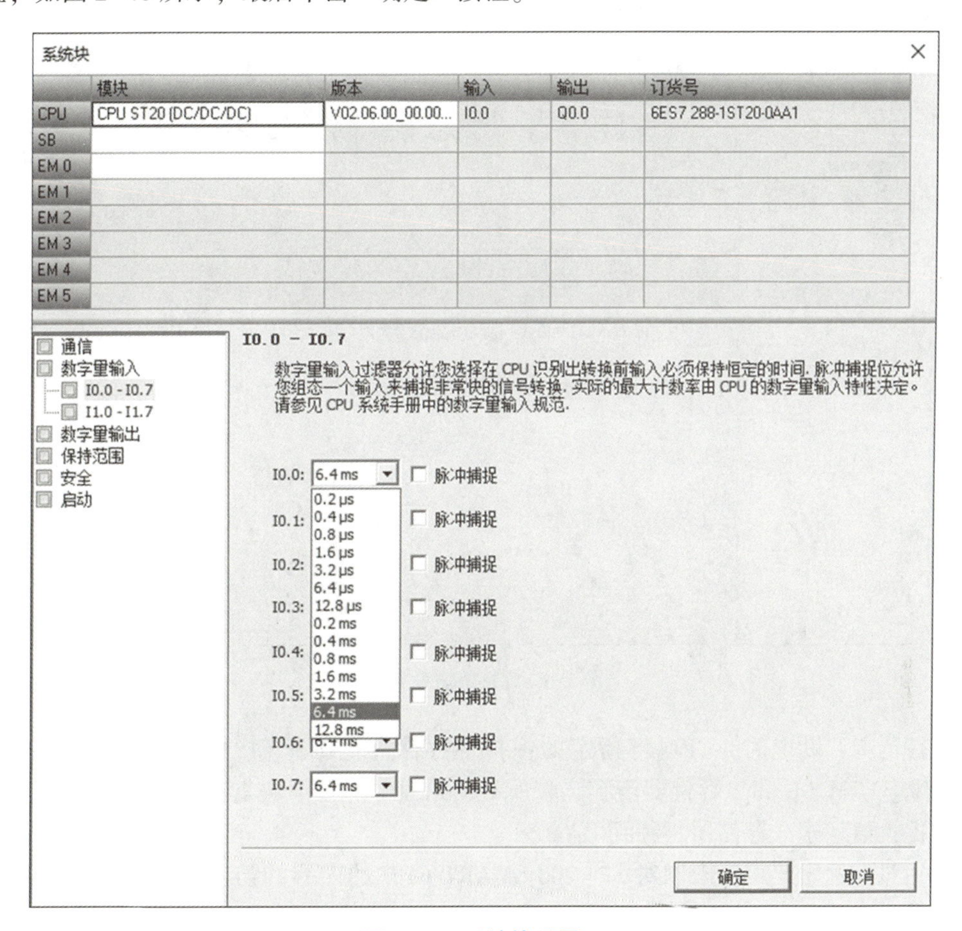

图 2-46　系统块设置二

S7-200 SMART CPU 为数字量输入点提供脉冲捕捉功能。通过脉冲捕捉功能可以捕捉高电平脉冲或低电平脉冲。使用了“脉冲捕捉位”可以捕捉比扫描周期还短的脉冲。设置“脉冲捕捉位”的使用方法如下。先选中 CPU，勾选“数字量输入”选项，再勾选对应的输入点，最后单击“确定”按钮。

接下来是集成输出的设置。当 CPU 处于 STOP 模式时，可将数字量输出点设置为特定值，或者保持在切换到 STOP 模式之前存在的输出状态。

①将输出冻结在最后状态。设置方法：先选中 CPU，勾选“数字量输出”选项，再

勾选“将输出冻结在最后状态”复选框，最后单击“确定”按钮。就可在 CPU 进行 RUN 到 STOP 转换时将所有数字量输出冻结在其最后的状态，如图 2-47 所示。

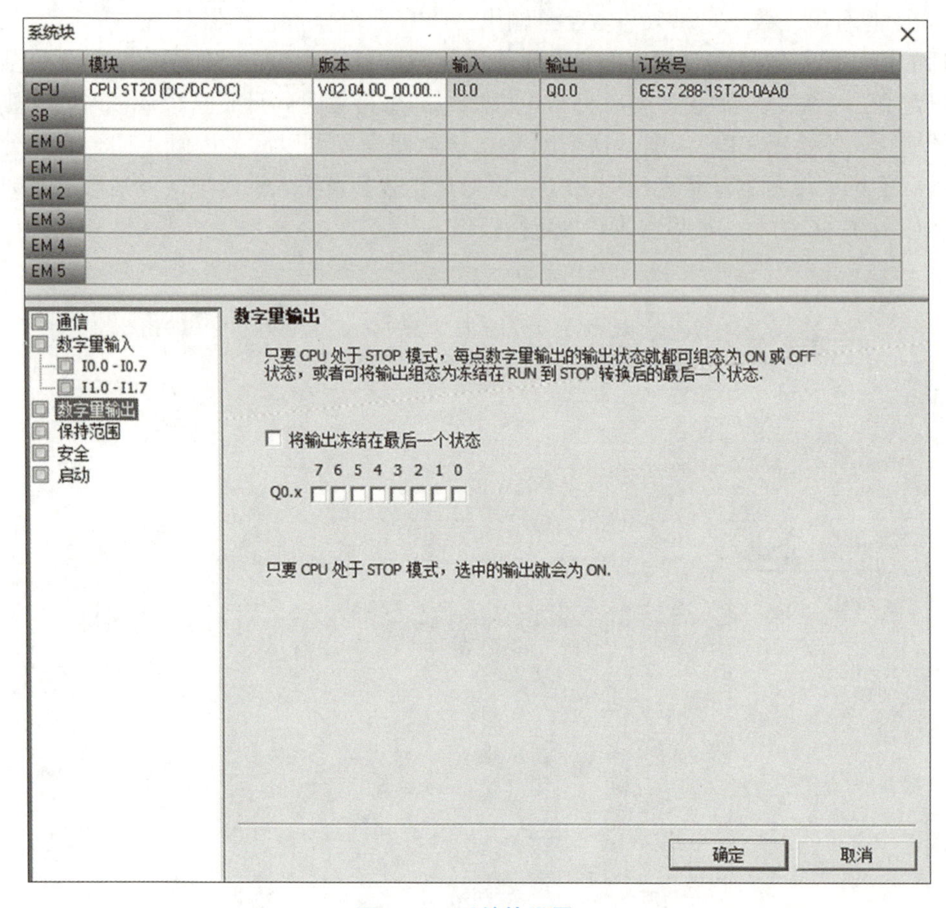

图 2-47　系统块设置三

保持范围：断电时，CPU 将指定的保持性存储器范围保存到永久存储器。上电时，CPU 先将 V、M、C 和 T 存储器清零，将所有初始值都从数据块复制到 V 存储器，然后将保存的保持值从永久存储器复制到 RAM。

②通过设置密码可以限制对 S7-200 SMART CPU 的内容的访问。在“系统块”对话框中，单击“系统块”节点下的“安全”，可打开“安全”选项卡，设置密码保护功能，如图 2-48 所示。密码的保护等级分为 4 个等级，除了“完全权限（1 级）”外，其他的均需要在“密码”和“验证”文本框中输入起保护作用的密码。

如果忘记密码，则只有一种选择，即使用“复位为出厂默认存储卡”。

具体操作步骤如下：

①确保 PLC 处于 STOP 模式。

②在 PLC 菜单功能区的“修改”区域单击“清除”按钮。

③选择要清除的内容，如程序块、数据块、系统块或所有块，或选择“复位为出厂默认设置”。

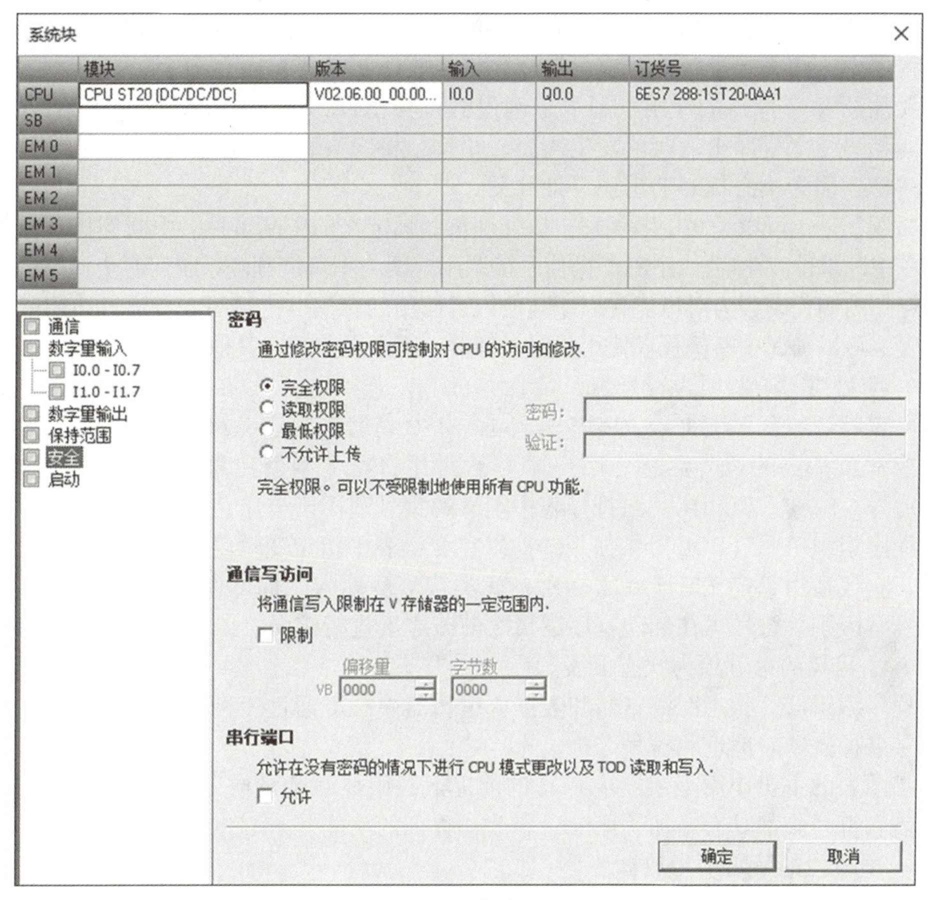

图 2-48　系统块设置四

④单击“清除”按钮。

(3) 项目树的第三项为程序块。

S7-200 SMARTCPU 的控制程序由以下类型的程序组织单元（Program Organizational Units,POU）组成：

主程序是指程序主体（称为 OB1），在其中放置控制应用程序的指令。主程序中的指令按顺序执行，每个 CPU 扫描周期执行一次。

子例程是位于单独程序块的可选指令集，只在从主程序、中断例程或另一子例程调用时执行。

中断例程是位于单独程序块的可选指令集，只在发生中断事件时执行。

STEP 7-Micro/WIN SMART 提供了三个程序编辑器，并通过在程序编辑器窗口为每个 POU 提供单独的选项卡来组织程序。主程序 OB1 始终是第一个选项卡，然后是可能已创建的任何子例程或中断。

要重复执行某种功能时，子例程是非常有用的。可在子例程中编写一次逻辑，然后在主程序中根据需要多次调用子例程。这样做有若干优点：用户的总体代码大小减小。与在主程序中多次执行相同代码相比，扫描时间也会减少，因为在主程序中，不管代码执行与否，每个扫描周期都会自动评估代码。可以有条件地调用子例程，并且在扫描过程中不被调用时不对子例程进行评估。子例程容易移植；用户可以单独挑出一个功能，并将其复制至其他程序中，而无须进行修改或只进行少量修改。

需要注意V存储器的使用限制了子例程的可移植性，因为一个程序的V存储器地址赋值可能与另一个程序中的赋值发生冲突。相反，将变量表用于所有地址分配的子例程却很容易移植，因为不必担心会出现寻址冲突。

中断例程是指可以编写中断例程，以处理某些预定义的中断事件。中断例程不由主程序调用；在中断事件发生时，由PLC操作系统调用。因为不可能预测系统何时会调用中断，所以不要将中断例程编程为对可能在程序其他位置使用的存储器进行写入。通过使用中断例程的变量表，可以确保中断例程仅使用临时存储器，而不覆盖程序其他位置的数据。

（4）项目树的第四项为符号表。

符号表默认包含系统符号、POU Symbols、I/O符号、自定义符号等，符号是可为存储器地址或常量指定的符号名称。用户可为下列存储器类型创建符号名：I、Q、M、SM、AI、AQ、V、S、C、T、HC。在符号表中定义的符号适用于全局。已定义的符号可在程序的所有程序组织单元（POU）中使用。如果在变量表中指定变量名称，则该变量适用于局部范围。它仅适用于定义时所在的POU。此类符号被称为“局部变量”，与适用于全局范围的符号有区别。符号可在创建程序逻辑之前或之后进行定义。

（5）项目树的第五项为状态图表。

在程序编辑器、状态图编辑器和数据块编辑器中，可通过三种方法查看参数：绝对地址、符号名称、绝对地址和符号名称。

状态图表的主要作用是在连接PLC的前提下，用户对变量或者符号进行监控和干预。状态图表和符号表都具有增加、删除、修改、查询的功能。

（6）项目树的第六项为数据块。

数据块包含可向V存储器地址分配数据值的数据页。

①插入新数据页。

要将数据块V存储器分配划分为功能组（通过插入新的“数据块”（Data Block）页面选项卡），使用以下方法之一：

在项目树中右键单击“数据块”（Data Block）文件夹，然后从上下文菜单中选择“插入”→“数据页”（Insert→Data Page）。

在“编辑”（Edit）菜单功能区的“插入”（Insert）区域，从“对象”（Object）下拉菜单中选择“数据页”（Data Page）。

右键单击“数据块”（Data Block）窗口，然后从上下文菜单中选择“插入”→“数据页”（Insert→Data Page）。

如果用户使用向导，会自动创建选项卡以支持向导数据页。最大选项卡数为128。还可使用Windows剪贴板合并数据页。在数据页之间剪切和粘贴，然后删除空数据页。

②重命名数据块页面。

使用以下方法之一重命名数据块页面：

在项目树中右键单击“数据块”（Data Block）页面，然后从上下文菜单中选择“重命名”（Rename）命令。

单击数据块页面名称两次，但不要过快，以免形成双击。然后编辑页面名称。

在数据块编辑器中右键单击“数据页”（Data Page）选项卡并输入新名称。

要保护数据块页面，按以下步骤操作：

在项目数中右键单击“数据块”页面，或在数据块编辑器中右键单击“页面”选项卡，然后从上下文菜单中选择“属性”（Properties）。（在“常规”（General）选项卡中，用户还可重命名数据块和指定作者。）

在“保护”（Protection）选项卡中，选中“用密码保护此数据页”（Password-Protect this Data Page）复选框。指定密码，然后再次输入密码进行验证。

受保护时，数据页显示锁定图标。在“数据块”（Data Block）编辑器中单击“保护数据页”（Protect Data Page）按钮也可访问同一保护功能。

（7）项目树的第七项为系统块。

（8）项目树的第八项为交叉引用。

（9）项目树的第九项为通信。

（10）项目树的第十项为向导。

STEP 7-Micro/WIN SMART 包括运动、高速计数器、PID 回路控制、PWM、文本显示、Get/Put、数据日志（仅限标准 CPU）PROFINET、Web 服务器、证书管理向导。每个向导均显示一个树结构，其中列举必须组态项目和可选组态项目。

导航树中的图标颜色和指示器显示组态的状态：

灰色：组态尚不存在。

绿色不带复选标记：存在默认组态。

绿色带复选标记：存在组态，初始默认值经过编辑。

对于每个向导，用户都必须完成全部所需组态并生成代码。成功生成代码后，向导将程序块存储在项目树中“程序块”（Program Blocks）文件夹内的“向导”（Wizards）文件夹下。同样，向导将数据块存储在项目树中“数据块”（Data Block）文件夹内的“向导”（Wizards）文件夹下，将符号存储在“符号表”（Symbol Table）文件夹内的“向导”（Wizards）文件夹下。

在生成程序块后，可从主程序、其他子程序或中断程序调用向导来生成的子例程。

（11）项目树的第十一项为工具。

STEP 7-Micro/WIN SMART 中有高速计数器向导、运动向导、PID 向导、PWM 向导、文本显示、运动面板和 PID 控制面板等工具。这些工具很实用，能使比较复杂的编程变得简单。例如，使用“高速计数器向导”，就能将较复杂的高速计数器指令通过向导指引生成子程序。

接下来是系统提供的指令。

程序指令包括位逻辑、时钟、通信、比较、转换、计数器、脉冲输出、数学运算、中断、逻辑运算、传送、程序控制、移位和循环移位、字符串、表、定时器、子例程、PROFINET。这些指令会在后续章节中进行介绍。

在编程区将自己编写的程序输入 STEP 7-Micro/WIN SMART 软件中。要想下载到 PLC 运行，还需要对程序进行编译。

使用以下方法之一编译 STEP 7-Micro/WIN SMART 项目：

在 PLC 菜单的“操作”（Operation）区域单击“编译”（Compile）按钮。

在程序编辑器中单击“编译”（Compile）按钮。

在项目树中右键单击项目名称、“程序块”（Program Block）文件夹、“数据块”（Data Block）文件夹或“系统块”（System Block）文件夹，然后在快捷菜单中选择“全部编译”

(Compile All) 命令。

STEP 7-Micro/WIN SMART 在输出窗口显示编译结果，包括程序块和数据块的大小。编译后的结果会在输出窗口显示出来，如图 2-49 所示。

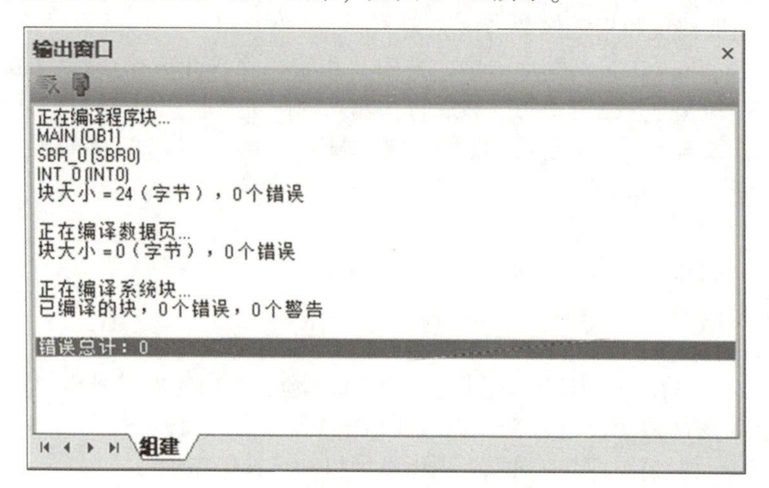

图 2-49　输出窗口

接着需要将电脑和 PLC 建立连接，这里就以网络连接为例，双击导航树中的通信图标，打开“通信”对话框，如图 2-50 所示。

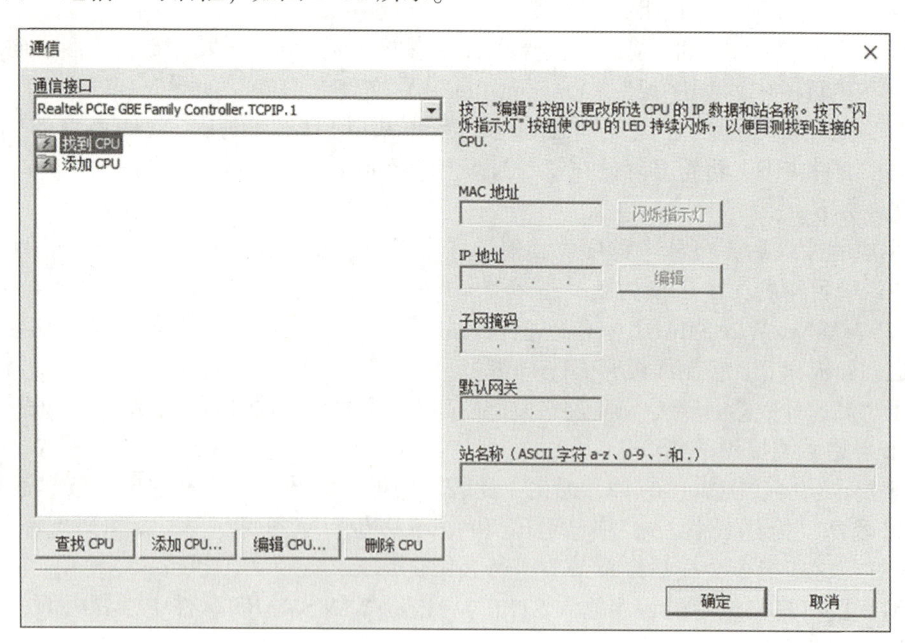

图 2-50　“通信”对话框一

确保 PLC 连接好，并上电后，查找 CPU，如果成功，会显示连接的 CPU 信息，如图 2-51 所示。

右边显示的是连接的 CPU 信息，包括 MAC 地址、IP 地址（可编辑）、子网掩码、默认网关等。需要注意的是，CPU 和电脑需要在一个网段里才能连接，否则会报错。如果不

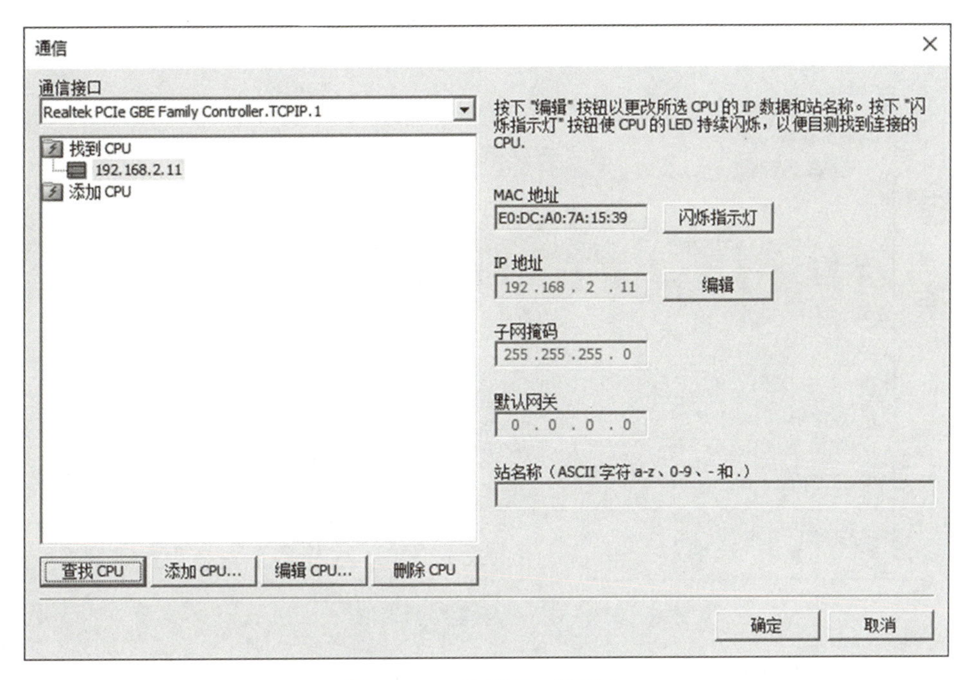

图 2-51 “通信”对话框二

能肯定是哪一台 CPU 连接到电脑，可以在 MAC 地址右边找到“闪烁指示灯”按钮，单击后对应 MAC 地址的 CPU 显示会循环闪烁。确认好连接 CPU 后，单击“确定”按键。连接 CPU 后，可以看到所有模块的情况，如图 2-52 所示。

PLC 信息

设备
CPU ST20
事件日志
扫描速率

状态

运行模式
STOP

系统状态
确定

强制状态
未强制

实际连接的设备

	模块	状态
CPU	CPU ST20 (DC/DC/DC)	确定
SB		
EM 0		
EM 1		
EM 2		
EM 3		
EM 4		
EM 5		

固件更新　刷新　关闭

图 2-52 PLC 信息

将 CPU 切换到 RUN 状态，运行程序，如图 2-53 所示。

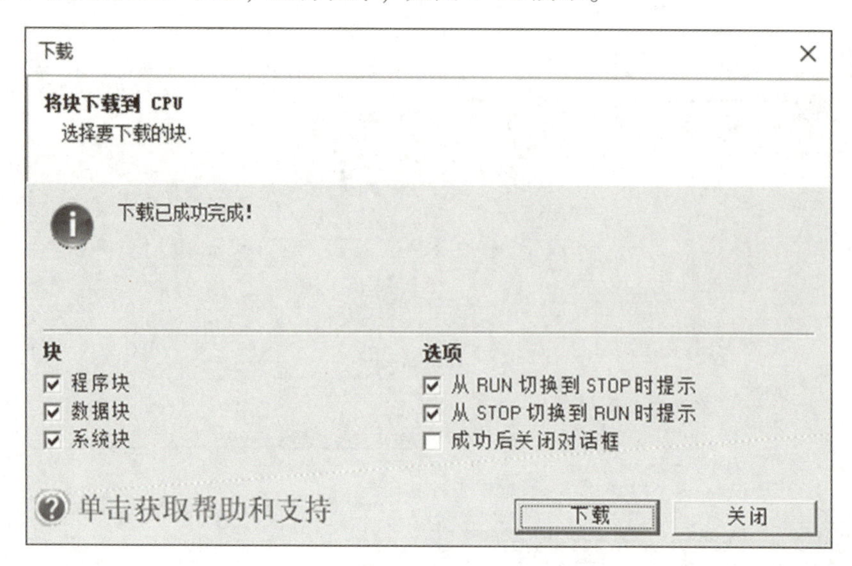

图 2-53 “下载”对话框

在调试运行的时候，可以单击菜单栏“调试”→“状态”→“程序状态”，来监视程序运行状态，如图 2-54 所示。

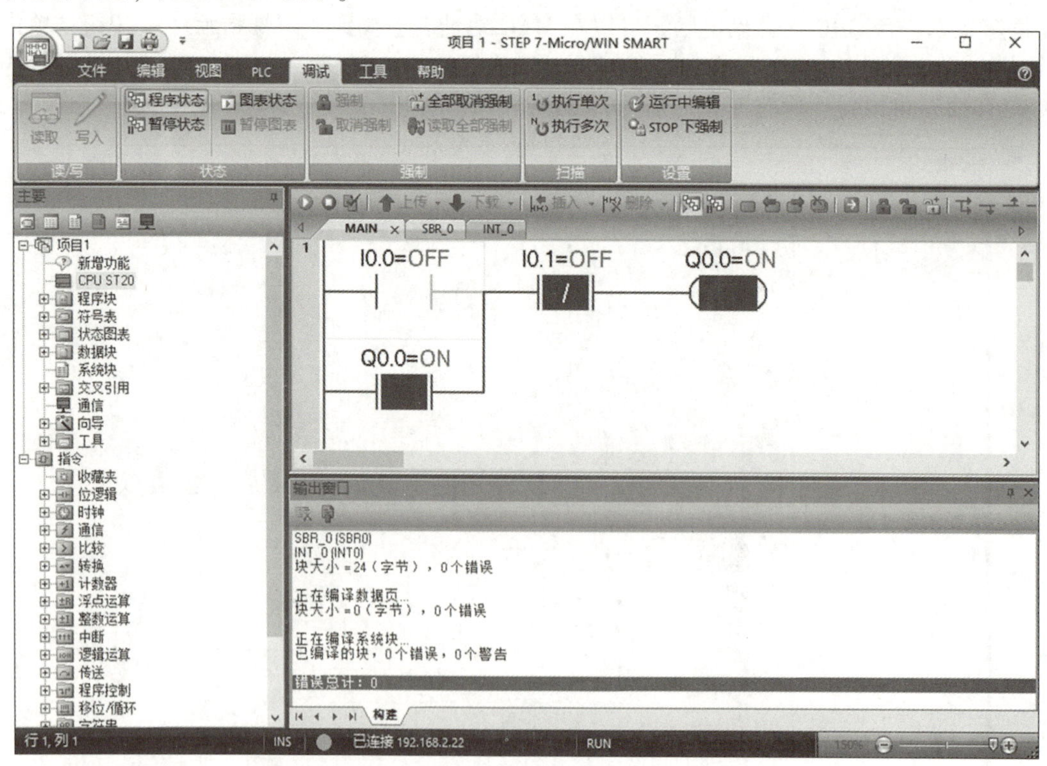

图 2-54 监视程序运行

保存运行成功的程序，退出编程环境。按照以上步骤就可以完成工程的操作了。

2.4 习题

一、简答题

1. 简述 STEP 7-Micro/WIN SMART 建立工程的方法和流程。
2. 简述项目树的组成和作用。
3. 简述符号信息表、符号表、状态图表的作用和使用方法。

二、实验题

1. STEP 7-Micro/WIN SMART 软件的安装卸载实验。
2. STEP 7-Micro/WIN SMART 操作界面的练习实验。

(1) 熟悉屏幕区域和各个元素的功能。
(2) 项目树各个内容的操作。
(3) 符号表、符号信息表、状态表、变量表等界面的操作。
(4) 工具栏的常用图标操作。
(5) 输出窗口信息读取。
(6) 主程序、子程序、中断程序的查看和修改方式。

3. STEP 7-Micro/WIN SMART 新建工程、打开工程、保存工程的操作实验。

(1) 新建工程的存储位置、命名的操作。
(2) 练习打开工程的几种方式。
(3) 练习保存工程的几种方式。
(4) 练习关闭工程的几种方式。

第 3 章

S7-200 SMART PLC 编程基础

【本章要点】

☆ 数据类型
☆ 寻址方式
☆ 元件功能和地址分配
☆ 编程语言
☆ 编程步骤和程序结构
☆ 基本指令

3.1 S7-200 SMART PLC 的数据类型

S7-200 SMART PLC 指令系统可以使用的数据类型主要有布尔型、字节型、字型、双字型、字符、字符串、整型、长整型、实型等。只有指令系统认可的数据类型才能参与计算，所以需要掌握 S7-200 SMART PLC 的数据类型，以防止出错，并且需要掌握各类型的数据之间是如何转换的。

S7-200 SMART PLC 控制系统在采集控制现场状况信息后，会按照用户程序编写的程序规则将这些信息进行运算、处理，然后根据程序进行输出，控制外围部件或更新显示。这些现场采集的信息都是作为数据进行处理的，必须规定相应的数据格式，每一条指令操作的数据格式都有一定的要求，指令与数据格式必须一致才能正常工作。和个人计算机一样，所有的数据在 PLC 中都是以二进制存储的。S7-200 支持的数据类型和取值范围见表 3-1。

表 3-1　SMART PLC 数据类型

类型（关键词）	数据长度	表现形式	数据范围
布尔（BOOL）	1	布尔量	真（1）；假（0）
字节（BYTE）	8	二进制	2#0～2# 1111 1111
		无符号十进制	0～255
		有符号十进制	−128～+127
		无符号十六进制	16#0～16# FF
		有符号十六进制	16#80～16#7F
字（WORD）	16	二进制	2#0～2# 1111 1111 1111 1111
		无符号十进制	0～65 535
		有符号十进制	−32 768～+32 767
		无符号十六进制	16#0～16# FFFF
		有符号十六进制	16# 8000～16#7FFF
双字（DWORD）	32	二进制	2#0～2# 1111 1111 1111 1111 1111 1111 1111 1111
		无符号十进制	0～4 294 967 295
		有符号十进制	−2 147 483 648～+2 147 483 647
		无符号十六进制	16#0～16# FFFF FFFF
		有符号十六进制	16# 8000 0000～16# 7FFF FFFF
字符（CHAR）	8	ASCII 字符	可打印的 ASCII 字符、汉字内码（每个汉字 2 字节）
字符串（STRING）	8	字符串	1～254 个 ASCII 字符、汉字内码（每个汉字 2 字节）
整数（INT）	16	有符号十进制	−32 768～+32 767
		无符号十进制	0～65 535
长整数（DINT）	32	有符号十进制	−2 147 483 648～+2 147 483 647
		无符号十进制	0～4 294 967 295
实数（REAL）	32	正数范围十进制	$+1.175\,495\times10^{-38}$～$+3.402\,823\times10^{-38}$
		负数范围十进制	$-3.402\,823\times10^{-38}$～$-1.175\,495\times10^{-38}$

PLC 程序常数格式标识符书写规范：
二进制数字：在数字前加前缀 2#，例如 2#10010110。
十六进制数字：在数字前加前缀 16#，例如 16#5FA6。

3.2 S7-200 SMART PLC 寻址方式

PLC 有那么多的数据类型，指令要寻找到操作数所在的地址，就必须有相应的寻址方式，S7-200 SMART PLC 有三种寻址方式：直接寻址、符号寻址和间接寻址。

3.2.1 直接寻址

S7-200 SMART PLC 的信息存储位置是不同的，但是信息存储的地址是唯一的。要想找到想要的数据地址，可以显式标识要访问的存储器地址。这样程序将直接访问该地址内的信息。直接寻址指定存储区、大小和位置。

例如，VW790：V 代表 V 存储区，W 代表寻址的是字，790 代表寻址的字位置在 790。

要访问内储区中的一个位，用户需要指定地址，其中包括存储区标识符、字节地址和前面带一个句点的位数。这种寻址方法也称为“字节位”寻址。

例如，I3.4 是指 I（输入）存储区中字节 3 的第 4 位，其地址如图 3-1 所示。

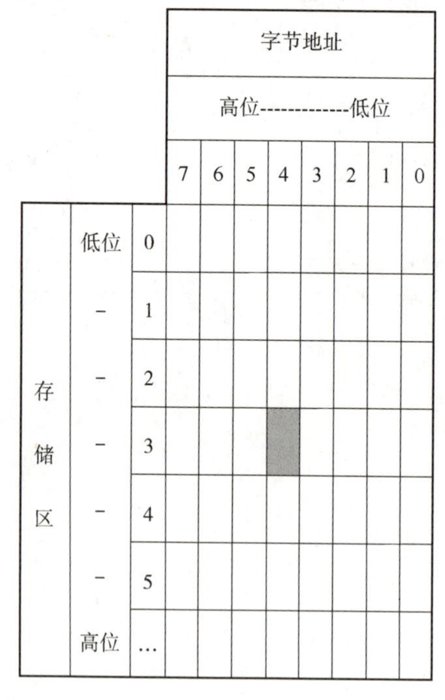

图 3-1　I3.4 地址示意图

使用“字节地址”格式可按字节、字或双字访问多数存储区（V、I、Q、M、S、L 和 SM）中的数据。要按字节、字或双字访问存储器中的数据，必须采用类似于指定位地址的方法指定地址。如图 3-2 所示，地址包括区域标识符、数据大小指定和字节、字或双字值的起始字节地址。

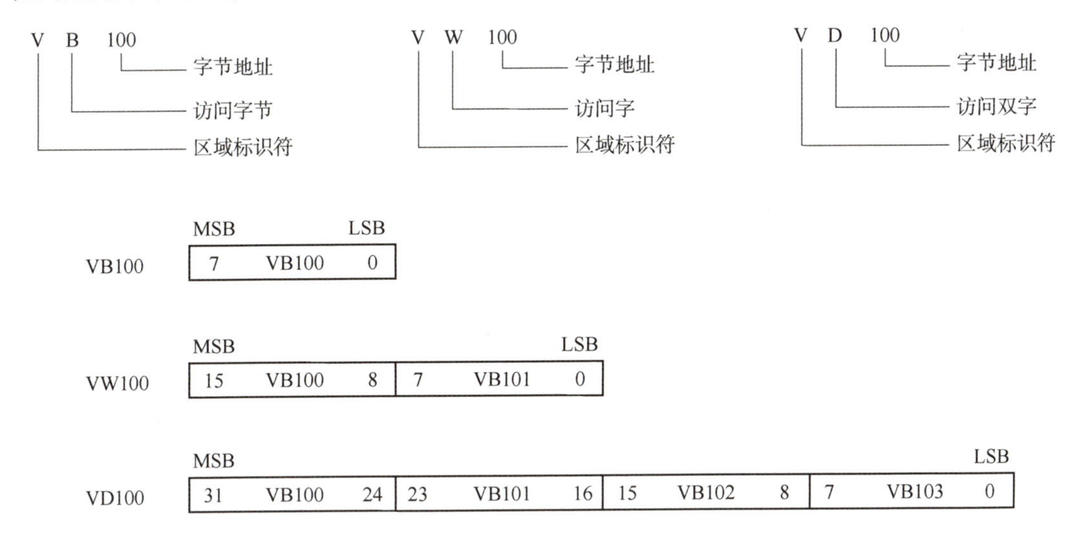

图 3-2 字节地址格式

使用包括区域标识符和设备编号的地址格式来访问其他 CPU 存储区（如 T、C、HC 和累加器）中的数据。

3.2.2 符号寻址

符号寻址使用字母、数字、字符组合来识别地址。符号常数使用符号名识别常数或 ASCII 字符值。

使用符号表可以进行全局符号赋值。如果用户在符号表或 POU 变量表中定义的局部变量中分配了符号地址，可以切换参数地址的查看方式（绝对（例如，I0.0）或符号（例如，Pump1）表示）。

可从“视图”（View）菜单选择程序编辑器中的符号寻址。

使用符号寻址时需要注意，在变量表和符号表中使用一个相同的地址名，局部用法（变量表）优先。即，如果程序编辑器在变量表中发现某一特定程序块的名称定义，则使用该定义。如果未发现定义，程序编辑器会检查符号表。

例如：已经将 PumpOn 定义为全局符号。同时，还在 SBR2 中（而不是在 SBR1 中）将其定义为局部变量。编译程序时，局部定义用于 SBR2 中的 PumpOn；全局定义用于 SBR1 中的 PumpOn。

3.2.3 间接寻址

间接寻址使用指针访问存储器中的数据。指针是包含另一个存储位置地址的双字存储位置。只能将 V 存储位置、L 存储位置或累加器寄存器（AC1、AC2、AC3）用作指针。要创建指针，必须使用“移动双字”指令，将间接寻址的存储位置地址移至指针位置。指针还可以作为参数传递至子例程。

S7-200 SMART 允许指针访问下列存储区：I、Q、V、M、S、T（仅限当前值）、C（仅限当前值）、SM、AI 和 AQ。不能使用间接寻址访问单个位或访问 HC、L 或 AC 存储区。

要间接访问存储器地址中的数据，需要创建指向这个数据的指针。通过输入一个“和”符号（&）和要寻址的存储位置，创建一个该位置的指针。指令的输入操作数前必须有一个“和”符号（&），表示存储位置的地址（而非其内容）将被移到在指令输出操作数中标识的位置（指针）。

在指令操作数前面输入一个星号（*），可指定该操作数是一个指针。如图 3-3 所示，输入 *AC1 指定 AC1 是“移动字”（MOVW）指令引用的字长度值的指针。例如，想将 VB200 和 VB201 中存储的值被移至累加器 AC0 中，需要进行以下操作。

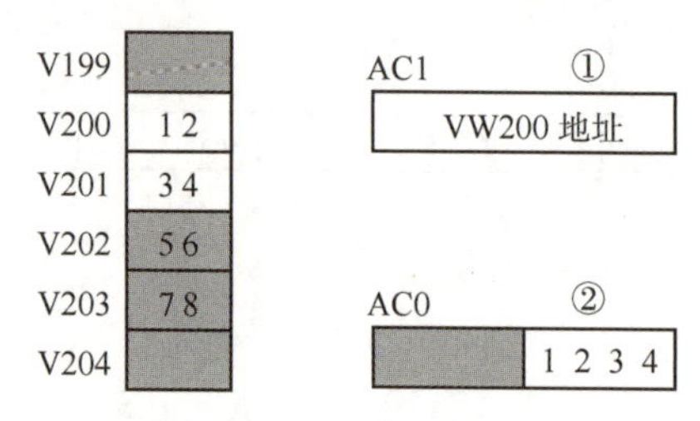

图 3-3 间接寻址示意

➢ MOVD &VB200，AC1

通过将 VB200（VW200 的初始字节）的地址移动到 AC1 创建指针。AC1 里是地址。

➢ MOVW *AC1，AC0

将 AC1 里面存储的地址值作为目标，找到这个地址里的内容，也就是指针指向的字值，将其移动到 AC0。

这里需要分清楚数据、地址、地址里面的内容。每一个存储单元都有唯一地址与之对应，这个存储单元里面存储着数据，如果这个数据是用来选择另一个存储单元的地址，那么这个存储单元就是指针。由于指针是 32 位值，可以使用双字指令修改指针值。可使用简单算术运算（例如加或递增）修改指针值。

➢ MOVD &VB200，AC1

通过将 VB200 的地址（VW200 初始字节的地址）移动到 AC1，创建指针。

➢ MOVW *AC1，AC0

将 AC1 指向的字值（VW200）移动到 AC0。

➢ +D +2，AC1

累加器加 2，以指向下一个字位置。

➢ MOVW *AC1，AC0

将 AC1 指向的字值（VW202）移动到 AC0。

3.3 S7-200 SMART PLC 内部数据单元

S7-200 SMART PLC 将内部数据地址按照输入单元、输出单元、计数器、定时器等功能进行划分，每个单元都分配了固定的数据地址，根据不同内部数据单元的作用，分别起了不同的名称代号，这些地址和外部硬件一样，都有继电器性质，但是有别于外部继电器，这些存储单元模拟的软件继电器没有实际触点，输出触点可以无限次使用，也不存在机械损耗。编程时，只要使用这些代号就能使用这些模拟继电器了。

3.3.1 输入过程映像寄存器（I）

1. 输入过程映像寄存器（Process-Image Input Register）

输入过程映像寄存器一般和 PLC 的输入端子相连，该寄存器用来接收 PLC 外部输入端子的物理信号。数字量输入时，每个扫描周期开始时，会读取数字量输入的电流值，然后将该值写入输入过程映像寄存器，而 PLC 在本周期的其他时间不会再更新输入过程映像寄存器的值了。模拟量输入时，CPU 在正常扫描周期中不会读取模拟量输入值。而当程序访问模拟量输入时，将立即从设备中读取模拟量值。

2. 取值范围

S7-200 SMART PLC 的输入过程映像寄存器取值范围为 I0.0~I31.7，但是实际输入的点数等于使用的 PLC 硬件提供的外部接线输入端子的数量，多出来的输入过程映像寄存器没有对应的外部接口，可以用作普通寄存器。

3. 输入过程映像寄存器表达式

位格式：I [字节地址].[位地址]，如 I2.3。

字节、字或双字格式：I [长度] [起始字节地址]，如 IB0、IW0、ID0。

3.3.2 输出过程映像寄存器（Q）

1. 输出过程映像寄存器（Process-Image Output Register）

输出过程映像寄存器一般和 PLC 的输出端子相连，该寄存器用来将 PLC 运算结果输出为物理信号。输出过程映像寄存器的线圈由 PLC 程序驱动，其线圈状态再送给输出单元，输出单元的硬件触点驱动外部负载。数字量输出时，当扫描周期结束时，CPU 将存储在过程映像输出寄存器的值写入数字量输出。模拟量输出时，CPU 在正常扫描周期中不会写入模拟量输出值。而当程序访问模拟量输出值时，将立即写入模拟量输出。

2. 取值范围

S7-200 SMART PLC 的输出过程映像寄存器取值范围为 Q0.0~Q31.7，但是实际输出的点数等于使用的 PLC 硬件提供的外部接线输出端子的数量，多出来的输出过程映像寄存器没有对应的外部接口，可以用作普通寄存器。

3. 输出过程映像寄存器表达式

位格式：Q［字节地址］.［位地址］，如Q2.3。

字节、字或双字格式：Q［长度］［起始字节地址］，如QB2、QW2、QD2。

3.3.3 通用辅助存储器（M）

1. 通用辅助存储器的概念

通用辅助存储器也叫作位存储器（Bit Memory），是PLC中数量最多的一种存储器，它的作用和继电器接触器控制系统中的中间继电器相同，区别在于它是存储器中的单元组成，没有硬件的线圈和触点，所以它不会损坏，它的输出输入触点可以无限制使用；同时，因为没有实际线圈和触点，所以通用辅助存储器无法接收输入端的信号，也不能直接驱动输出端子，所以在程序中它只能起到存储中间状态和逻辑控制的作用。

2. 取值范围

S7-200 SMART PLC的通用辅助存储器取值范围为M0.0~M31.7。

3. 通用辅助存储器表达式

位格式：M［字节地址］.［位地址］，如M2.3。

字节、字或双字格式：M［长度］［起始字节地址］，如MB2、MW2、MD2。

3.3.4 特殊存储器（SM）

1. 特殊存储器（Special Memory）的概念

特殊存储器是一种特殊的通用辅助存储器，它们具有特殊的功能或者存储的是系统的状态和参数。它们和通用辅助存储器类似，只作为状态存储和逻辑控制。

2. 取值范围

S7-200 SMART PLC的特殊存储器取值范围为SM0.0~SM2047.7。

SMW表示指示特殊存储器字的前缀。

SMB表示指示特殊存储器字节的前缀。

3. 特殊存储器表达式

位格式：SM［字节地址］.［位地址］，如SM2.3。

字节、字或双字格式：SM［长度］［起始字节地址］，如SMB2、SMW2、SMD2。

4. 特殊存储器分类

特殊存储器分为只读存储器和读/写存储器两种。

（1）只读存储器。

程序中的SMB0~SMB29、SMB480~SMB515、SMB1000~SMB1699以及SMB1800~SMB1999为只读。如果程序包含用于写入只读SM地址的逻辑，则STEP 7-Micro/WIN SMART将正常编译程序。但是，CPU程序编译器将拒绝程序，并显示“操作数范围错误，下载失败”（Operand range error，Download failed）。

程序可读取存储在特殊存储器地址的数据、评估当前系统状态和使用条件逻辑决定如何响应。在运行模式下，程序逻辑连续扫描提供对系统数据的连续监视功能。

只读特殊存储器说明见表 3-2。

表 3-2　只读特殊存储器说明表

存储器	说明
SMB0	系统状态字节
SMB1	指令执行状态字节
SMB2	自由端口接收字符
SMB3	自由端口奇偶校验错误
SMB4	中断队列溢出、运行时程序错误、中断已启用、自由端口发送器空闲和强制值
SMB5	I/O 错误状态字节
SMB6~SMB7	CPU ID、错误状态和数字量 I/O 点
SMB8~SMB19	I/O 模块 ID 和错误
SMW22~SMW26	扫描时间
SMB28~SMB29	信号板 ID 和错误
SMB480~SMB515	数据日志状态（只读）
SMB1000~SMB1049	CPU 硬件/固件 ID
SMB1050~SMB1099	SB（信号板）硬件/固件 ID
SMB1100~SMB1399	EM（扩展模块）硬件/固件 ID
SMB1400~SMB1699	EM（扩展模块）模块特定的数据
SMB1800~SMB1939	PROFINET 设备状态
SMB1940~SMB1946	Web 服务器状态

（2）读/写存储器。

SMB30~SMB194 以及 SMB566~SMB749（S7-200 SMART 读/写特殊存储器）。

S7-200 SMARTCPU 执行以下操作：

从特殊存储器读取组态/控制数据；将新更改内容写入特殊存储器中的系统数据。

程序可以读取和写入此范围内的所有 SM 地址。但 SM 数据的一般用法因每个地址的功能而异。SM 地址提供了一种访问系统状态数据、组态系统选项和控制系统功能的方法。在运行模式下，连续扫描程序，从而连续访问特殊系统功能，见表 3-3。

表 3-3 读/写存储器说明

SMB30（端口 0）和 SMB130（端口 1）	RS-485 端口（端口 0）和 CM01 信号板（SB）RS-232/RS-485 端口（端口 1）
SMB34~SMB35	定时中断的时间间隔
SMB36 ~ SMB45（HSC0）、SMB46 ~ SMB55（HSC1）、SMB56 ~ SMB65（HSC2）、SMB136 ~ SMB145（HSC3）、SMB146 ~ SMB155（HSC4）、SMB156~SMB165（HSC5）	高速计数器组态和操作
SMB66~SMB85	PLS0 和 PLS1 高速输出
SMB86~SMB94 和 SMB186~SMB194	接收消息控制
SMW98	I/O 扩展总线通信错误
SMW100~SMW114	系统报警
CM01	信号板（SB）RS-232/RS-485 端口（端口 1）的 SMB130 端口组态
SMB146~SMB155（HSC4）和 SMB156~SMB165（HSC5）	高速计数器组态和操作
SMB166~SMB169	PTO0 包络定义表
SMB176~SMB179	PTO1 包络定义表
SMB186~SMB194	接收消息控制
SMB566~SMB575	PLS2 高速输出
SMB576~SMB579	PTO2 包络定义表
SMB600~SMB649	轴 0 开环运动控制
SMB650~SMB699	轴 1 开环运动控制
SMB700~SMB749	轴 2 开环运动控制

5. 系统状态位 SMB0

在程序设计中，特殊存储器使用最多的是系统状态位 SMB0（SM0.0~SM0.7），这些存储器由于其特殊功能的存在，所以在编程中用得很多。表 3-4 对系统状态位进行了详细说明。

表 3-4 SMB0 存储器详细说明

符号名	SM 地址	功能说明
Always_On	SM0.0	该位 PLC 上电后始终为 TRUE
First_Scan_On	SM0.1	在第一个扫描周期，CPU 将该位设置为 TRUE，此后将其设置为 FALSE

续表

符号名	SM 地址	功能说明
Retentive_Lost	SM0. 2	在以下操作后，CPU 将该位设置为 TRUE 并持续一个扫描周期：①重置为出厂通信命令。②重置为出厂存储卡评估（在此评估过程中，会从程序传送卡中加载新系统块）。③CPU 在上次断电时存储的保持性记录出现问题。该位可用作错误存储器位或用作调用特殊启动顺序的机制
RUN_Power_Up	SM0. 3	通过上电或暖启动条件进入 RUN 模式时，CPU 将该位设置为 TRUE 并持续一个扫描周期。该位可用于在开始操作之前给机器提供预热时间
Clock_60s	SM0. 4	该位提供一个时钟脉冲。周期时间为 1 min 时，该位有 30 s 的时间为 FALSE，有 30 s 的时间为 TRUE。该位可简单轻松地实现延时或提供1 min 钟脉冲
Clock_1s	SM0. 5	该位提供一个时钟脉冲。周期时间为 1 s 时，该位有 0. 5 s 的时间为 FALSE，然后有 0. 5 s 的时间为 TRUE
Clock_Scan	SM0. 6	该位是一个扫描周期时钟，其在一次扫描时为 TRUE，然后在下一次扫描时为 FALSE。在后续扫描中，该位交替为 TRUE 和 FALSE。该位可用作扫描计数器输入
RTC_Lost	SM0. 7	该位适用于具有实时时钟的 CPU 型号。如果实时时钟设备的时间在上电时复位或丢失，则 CPU 将该位设置为 TRUE 并持续一个扫描周期。程序可将该位用作错误存储器位或用来调用特殊启动序列

表中比较常用的是 SM0. 0、SM0. 1、SM0. 5 这几位。其中 SM0. 0 在 PLC 上电后一直为 TRUE，可以在程序中使能那些需要一上电就保持输出的触点或者状态。SM0. 1 因为只保持一个周期的 TRUE 状态，所以可以使用该位来调用系统初始化子例程。SM0. 5 可以简单轻松地实现延时或提供 1 s 时钟脉冲。

3. 3. 5 变量存储器（V）

1. 变量存储器（Variable Memory）

变量存储器用来存储变量的值，它既可以存放程序执行过程中的中间结果，也可以存储各种变量数据。它的用法和通用存储器的类似，可以作为通用存储器的扩展使用。

2. 取值范围

S7-200 SMART PLC 的变量存储器取值范围见表 3-5。

表 3-5 S7-200 SMART PLC 的变量存储器取值范围

CPU 型号	变量存储器地址范围
CPU CR20s CPU CR30s CPU CR40s CPU CR60s	0. 0~8 191. 7
CPU SR20/ST20	0. 0~8 191. 7

续表

CPU 型号	变量存储器地址范围
CPU SR30/ST30	0.0~12 287.7
CPU SR40/ST40	0.0~16 383.7
CPU SR60/ST60	0.0~20 479.7

3. 变量存储器表达式

位格式：V［字节地址］.［位地址］，如 V2.3。

字节、字或双字格式：V［长度］［起始字节地址］，如 VB2、VW2、VD2。

3.3.6 定时器（T）

1. 定时器（Timer）

定时器是 PLC 重要的编程元件，也是 PLC 的内部单元。电气自动化控制系统大部分领域都需要定时器来进行时间控制，定时器的应用可以编制出复杂的控制程序。

2. 分辨率

在 S7-200 SMART CPU 中，定时器的分辨率有 1 ms、10 ms 和 100 ms 三种。

3. 取值范围

S7-200 SMART PLC 的定时器取值范围为 0~255。

定时器的一个意思，就是定时器当前值，它是 16 位有符号整数，存储定时器所累计的时间；定时器另一个意思是定时器位，它是指按照当前值和预置值的比较结果置位或者复位（预置值是定时器指令的一部分）。可以用定时器地址来存取这两种形式的定时器数据。究竟使用哪种形式取决于所使用的指令：如果使用位操作指令，则是存取定时器位；如果使用字操作指令，则是存取定时器当前值。

4. 定时器表达式

格式为：T［定时器号］，如 T37。

定时器的详细内容在定时器章节中会详细介绍。

3.3.7 计数器（C）

1. 计数器（Counter）

计数器也有两个意思，一个是计数器当前值，它是 16 位整数，存储的是计数器的当前值；另一个是计数器位，它是将计算器当前值和预设值进行比较，满足条件后进行置位或者复位。究竟使用哪种形式取决于所使用的指令：如果使用位操作指令，则是存取计数器位；如果使用字操作指令，则是存取计数器当前值。

2. 取值范围

S7-200 SMART PLC 的定时器取值范围为 0~255。

3. 定时器表达式

格式为：C［计数器号］，如 C24。

3.3.8 高速计数器（HSC）

1. 高速计数器（High-speed Counter）

高速计数器的工作原理和普通计数器的基本相同，它用来记录高于 CPU 扫描频率的高速脉冲。高速计数器是一个双字节 32 位的整数。一般配置的高速计数器都比较少。

2. 取值范围和工作模式

（1）紧凑型 PLC 支持 4 个 HSC 设备（HSC0、HSC1、HSC2 和 HSC3）。

SR 和 ST 型 PLC 支持 6 个 HSC 设备（HSC0、HSC1、HSC2、HSC3、HSC4 和 HSC5）。

（2）HSC0、HSC2、HSC4、HSC5 支持 8 种计数模式（模式 0、1、3、4、6、7、9、10）。

HSC1 和 HSC3 只支持一种计数器模式（模式 0）。

3. 高速计数器表达式

格式为：HSC［高速计数器号］，如 HSC2。

3.3.9 模拟量输入（AI）

1. 模拟量输入（AI）

模拟量输入用来实现模拟量/数字量（A/D）之间的转换，模拟量输入寄存器为一个字长（16 位），并且必须从偶数号字节进行编址来存取转换完成的模拟量值。

2. 取值范围

S7-200 SMART PLC 的模拟量输入取值范围为 0～110（SR/ST 系列），CR 系列不适用。

3. 模拟量输入表达式

格式为：AIW［起始字节地址］，如 AIW6。

3.3.10 模拟量输出（AQ）

1. 模拟量输出（AQ）

模拟量输出用来实现数字量/模拟量（D/A）之间的转换，模拟量输出寄存器为一个字长（16 位），并且必须从偶数号字节进行编址来存取转换完成的模拟量值。

2. 取值范围

S7-200 SMART PLC 的模拟量输出取值范围为 0～110（SR/ST 系列），CR 系列不适用。

3. 模拟量输出表达式

格式为：AQW［起始字节地址］，如 AQW12。

3.3.11 累加器寄存器（AC）

1. 累加器（Accumulator）

累加器是一种存储器，可以像其他存储器一样进行读写。其主要存放用来计算的运算数据、中间数据和运算结果。它还可以向子程序传递参数，也可以从子程序中返回参数。S7-200 SMART 提供 4 个 32 位累加器（AC0、AC1、AC2 和 AC3），并且可以按字节、字或双字的形式来存取累加器中的数值。被访问的数据长度取决于存取累加器时所使用的指令。当以字节或者字的形式存取累加器时，使用的是数值的低 8 位或低 16 位。当以双字的形式存取累加器时，使用全部 32 位。

2. 取值范围

S7-200 SMART PLC 的累加器取值范围为 0~3。

3. 累加器表达式

存取格式为：AC［累加器号］，如 AC1。

3.3.12 局部变量存储器（L）

1. 局部变量存储器（Local Variable Memory）

局部变量存储器用来存放局部变量。局部变量与变量存储器所存取的全局变量十分相似，主要区别是局部变量在有定义的局部子程序或者中断中有效，而全局变量在全局包括主程序、所有子程序和中断中都有效。局部变量可用作传递至子例程的参数，并可用于增加子例程的移植性或重新使用子例程。在局部变量表中进行分配时，指定声明类型（TEMP、IN、IN_OUT 或 OUT）和数据类型，但不要指定存储器地址；程序编辑器自动在 L 存储器中为所有局部变量分配存储器位置。

变量表符号地址分配将符号名称与存储相关数据值的 L 存储器地址进行关联。局部变量表不支持对符号名称直接赋值的符号常数（这在符号/全局变量表中是允许的）。

2. 局部变量的声明类型

可进行的局部变量分配类型取决于在其中进行分配的 POU。主程序（OB1）、中断例程和子例程可使用临时（TEMP）变量。只有在执行块时，临时变量才可用，块执行完成后，临时变量可被覆盖。

3. 数据值作为参数与子例程间进行传递

如果要将数据值传递至子例程，则在子例程变量表中创建一个变量，并将其声明类型指定为 IN。

如果要将子例程中建立的数据值传回调用例程，则在子例程的变量表中创建一个变量，并将其声明类型指定为 OUT。

如果要将初始数据值传递至子例程，则执行一项可修改数据值的操作，并将修改后的结果传回至调用例程，然后在子例程变量表中创建一个变量，并将其声明类型指定为IN_OUT。

将局部变量作为子例程参数传递时，在该子例程局部变量表中指定的数据类型必须与调用 POU 中值的数据类型相匹配。

4. 取值范围

S7-200 SMART PLC 的局部变量取值范围为 0.0~63.7。

5. 局部变量表达式

位格式：L ［字节地址］.［位地址］，如 L2.3。

字节、字或双字格式：L ［长度］［起始字节地址］，如 LB2、LW2、LD2。

3.3.13 顺序控制继电器 SCR（S）

1. 顺序控制继电器（Sequence Control Relay）

顺序控制继电器用在顺序控制或者步进控制中。顺序控制继电器提供控制程序的逻辑分段。可以按位、字节、字或双字来存取 S 位。

2. 取值范围

S7-200 SMART PLC 的局部变量取值范围为 0.0~31.7。

3. 顺序控制继电器表达式

位格式：S ［字节地址］.［位地址］，如 S2.3。

字节、字或双字格式：S ［长度］［起始字节地址］，如 SB2、SW2、SD2。

3.4 S7-200 SMART PLC 的编程语言

S7-200 SMART PLC 有四种编程语言，分别是梯形图（LAD）、语句表（STL）、功能图（FBD）、顺序功能图（SFC）。

1. 梯形图（LAD）

梯形图（Ladder Diagram）是在继电器接触器控制系统原理图的基础上演变而来的，它继承了继电器接触器控制系统的基本工作原理和绘制方法，所以梯形图非常直观，电气工程人员非常好理解，所以梯形图是 PLC 编程语言中应用最广泛的编程语言。

梯形图左右两根垂直的线段叫母线，母线之间是触点的逻辑链接和线圈输出。一般右侧母线可以省略。

因为梯形图是从继电器接触器控制系统演变而来的，所以，在绘制梯形图的时候，将左侧母线假想为电源的“火线”，而把右边的母线假想为电源的零线，有一种“能流”从左侧母线（假想火线）经过两母线之间的触点、线圈、各种存储器流到右侧母线（假想零线）。如果这个网络有能流，那么这个网络里面串联的线圈就会被激励，线圈对应的触点动作；如果这个网络的能流因为有断开器件而不能形成，那么串联在这个网络的线圈将不会被激励，线圈对应的触点不动作。

引入“能流”的概念主要是便于理解和编写程序，其实能流在梯形图中是不存在的，

并且需要注意的是，能流只能从左向右流，永远不会从右向左流。

在有效的程序段内，能流从左侧的电源线流出，通过程序元素，最后到达输出。为了帮助用户连接正确的能流，LAD 提供两种明显的能流指示器。这些指示器直观地表示程序段中能流的终止。请注意，能流指示器由编辑器自动添加和移除。它们并不是用户放置的元素。

开路能流指示器如图 3-4 所示。

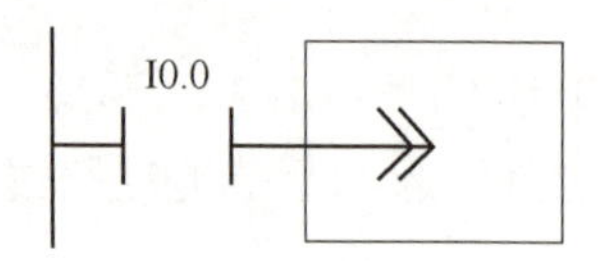

图 3-4　开路能流指示器

此元素指示程序段中存在开路状况。必须解决开路问题，程序段才能成功编译。

可选能流指示器如图 3-5 所示。

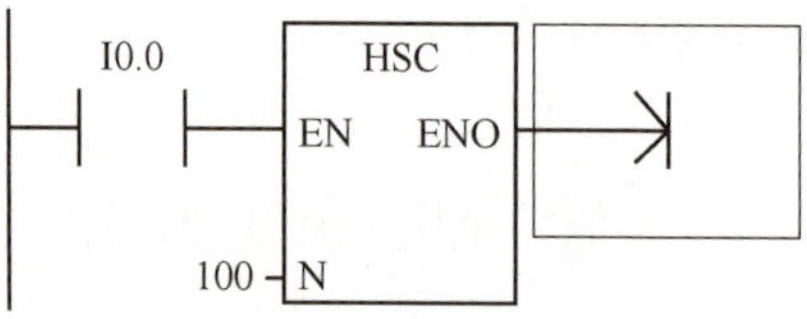

图 3-5　可选能流指示器

这表示可将额外逻辑附加到程序段中的该位置，但并非必需逻辑，因为即使没有该逻辑，程序段也能成功编译。该指示器显示在功能框元素的 ENO 能流输出位置，并作为所有空程序段的起点。

LAD 共有三种不同的指令类型：触点、线圈和功能框，见表 3-6。

表 3-6　三种类型图示

指令类型	LAD 图标	意义
触点	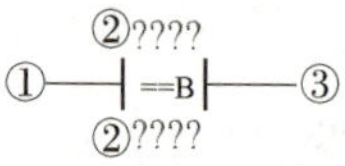 ②???? ①—┤==B├—③ ②????	①能流输入 ②参数 ③能流输出
线圈	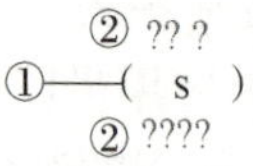 ② ?? ? ①—(S) ② ????	①能流输入 ②参数
功能框	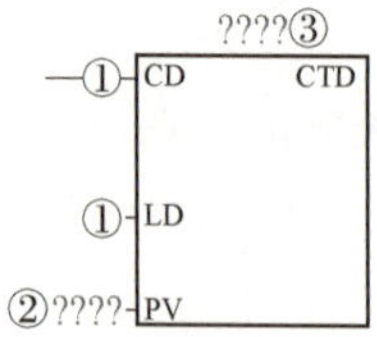 ????③ —①-CD　CTD ①-LD ②????-PV	①能流输入 ②输入参数 ③功能框顶部参数
	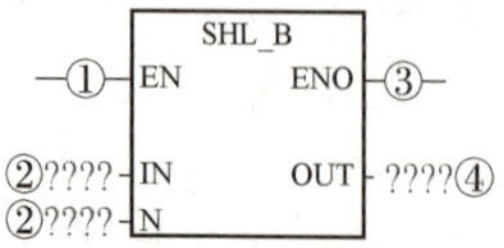 SHL_B —①-EN　ENO-③— ②????-IN　OUT-????④ ②????-N	①能流输入 ②输入参数 ③能流输出 ④输出参数

说明：

①指令标签在触点或线圈中部显示。能流显示为从左侧进入和从右侧流出。触点具有能流输入、能流输出，最多可有两个参数。线圈具有能流输入，最多有两个参数。

②功能框用上述两种格式之一表示。

指令标签位于指令顶部。

小线从可能连接能流或指定参数的方框向外突出。参数文本紧靠功能框的左侧和右侧，或紧靠功能框顶部参数框的上方。

图3-6描述方框指令引用的五个区域，包括能流输入、能流输出、功能框参数、输入参数和输出参数。虽然只能有一个方框顶部参数和一个能流输出，但其他三个区域可包含多个能流或参数。

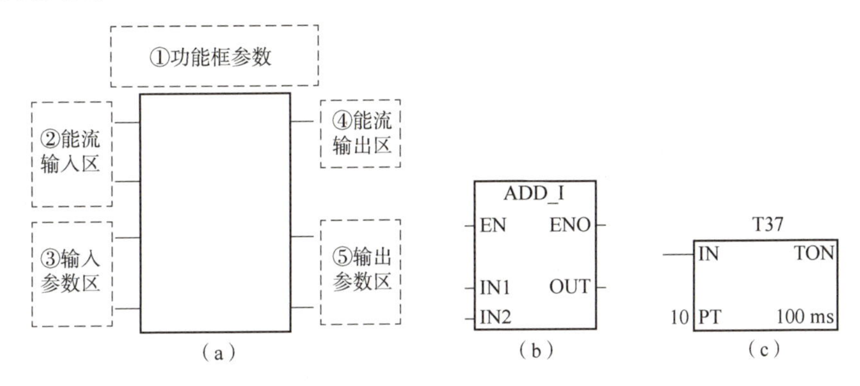

图3-6　方框指令功能区图示及ADD、TON指令举例

(a) 方框指令功能区图示；(b) ADD指令；(c) TON指令

2. 语句表（STL）

语句表（Statement List）也是计算机系统中出现得比较早的一种编程语言，在早期计算机人机交互不是很友好的情况下，将程序输入计算机都是用语句指令来完成的。语句表和梯形图是完全对应的，但是语句表不直观，读取程序困难，渐渐被淘汰了。如果需要语句表，可以输入完梯形图后，通过STEP 7-Micro/WIN SMART软件将梯形图转换成语句表。

3. 功能图（FBD）

功能图（Function Block Diagram）是一种基于电子电路图的一种编程语言，和门电路逻辑运算的功能块图相类似。功能图引入一个功能块，没有触点和线圈，它表示一个指令的输出来使能另一个指令，能显示指令的关系。它和梯形图也是一一对应的。功能图适合熟悉数字电路的工程技术人员使用。

3.5 PLC的编程

PLC是从继电器接触器控制系统发展起来的，我们可以将继电器接触器控制系统看成硬件系统，将各系统的有些器件，比如定时器、计数器、中间继电器用软元件代替（PLC

的存储单元)，继电器接触器控制系统的输入信号单元和输出单元就是 PLC 的输入单元和输出单元。这样就将硬件系统模拟成软件系统了。这样的好处是继电器接触器中间继电器等硬件元件都有寿命，触点有限，而 PLC 模拟的单元写入擦除几乎不受限制；另外，硬件的开关需要机械动作时间，而软元件动作时间的延迟可以忽略不计。所以有继电器接触器控制系统编程的基础很容易进行 PLC 系统的编程。

3.5.1 PLC 编程思路的确定

一般编写 PLC 程序可以按照以下步骤来完成。

①和用户沟通，确定设备达到的工艺和用户需求。

②确定输入/输出点，列出输入/输出对应的变量类型（模拟量、数字量、响应类型等）。

③按照电气规范绘制电气电路图。

④按照工艺要求，结合实际编写变量表；变量需要根据作用域来确定是全局变量还是局部变量。

⑤编写程序，可以根据自己的习惯采用梯形图、顺序功能图、语句表等形式进行编写。编写的时候注意进行必要的程序注释。

⑥调试运行程序。这一过程可以采用线下调试和在线调试等方式进行。线下调试主要是改正语法逻辑错误。在线调试主要是功能调试，可以分区块进行调试。调试的过程可以先断开执行机构，调试无误后接通外部执行机构，在线调试。

3.5.2 S7-200 SMART 的程序结构

用户程序是控制系统必可缺少的组成部分，其在存储器空间中也称为程序组织单元(Program Organizational Unit，POU)。程序组织单元可以使用各种语言编写用户程序，常用语言有 STL、LAD、FBD 等。S7-200 SMART PLC 的程序组织单元（POU）由主程序、子程序和中断程序组成。

常用的块有程序块、数据块和系统块。程序块显示当前项目所有的 POU，包括主程序、子程序和中断程序。主程序为程序主体（OB1），在其中放置控制应用程序的指令。主程序中的指令顺序执行，每个 CPU 扫描周期执行一次。子程序是位于单独程序块的可选指令集，只在从主程序、中断程序或另一个子程序被调用时执行。中断例程是位于单独程序块的可选指令集，只在发生中断事件时执行。数据块主要存放控制程序运行所需的数据。数据块不一定在每个控制系统的程序设计中都使用，但使用数据块可以完成一些有特定数据处理功能的程序设计，比如为变量存储器 V 指定初始值。系统块存放的是 CPU 组态数据，如果在编辑软件或其他编程工具上未进行 CPU 的组态，则系统默认值进行自动配置。在有特殊需要时，用户可以对系统的参数块进行设定，比如有特殊要求的输入、输出设定、掉电保持设定等，但大部分情况下使用默认值。

1. 主程序

主程序（OB1）是程序的主体，每一个工程都必须有且只能有一个主程序。在主程序中，可以调用子程序。在每个扫描周期都要执行一次主程序。

2. 子程序

在结构化程序设计中，子程序是一种方便有效的工具，特别是在重复执行某项功能的时候非常有用。子程序是可选的，仅在被其他程序调用时才会执行，其可以被主程序、其他子程序或者中断程序调用。同一个子程序可以在不同的地方被多次调用。合理地使用子程序可以简化程序代码，以实现程序的优化。与子程序有关的操作有建立子程序、子程序的调用和返回。

3. 中断程序

中断是由设备或其他非预期的急需处理的事件引起的，当发生中断时，系统暂时中断现在正在执行的程序，而转到中断服务程序中去，处理完毕后再返回原程序执行。中断程序用来及时处理与用户程序执行时序无关的操作，或者处理无法预测的突发事件。中断程序是中断事情发生时，操作系统根据中断类型和定义进行调用的，一般不由用户主程序和子程序进行调用。当特定的情况发生，需要及时执行某项控制任务时，中断程序又是必不可少的。

S7-200 SMART PLC 具有 40 多个中断源（中断事件发出中断请求的来源），每个中断源都分配了一个编号加以识别，称作中断事件号。常见中断事件有通信中断、输入/输出中断和时基中断。PLC 的通信口可由程序来控制，利用数据接收和发送中断可以对通信进行控制。输入/输出中断包括外部输入中断、高速计数器中断和脉冲串输出中断。时基中断包括定时中断和定时器中断。在中断系统中，全部中断源按中断的性质和处理的轻重缓急进行，并给以优先权。中断优先权由高到低依次是通信中断、输入/输出中断、时基中断。

3.6 S7-200 SMART PLC 的基本指令

3.6.1 S7-200 SMART PLC 指令系统分类

S7-200 SMART PLC 指令系统根据指令完成的功能分为基本指令和功能指令两类。基本指令可以完成一些基本功能，功能指令就是完成一些功能用的指令。

S7-200 SMART PLC 的基本指令包括位逻辑指令、定时器指令、计数器指令。功能指令包括程序控制类指令、数字运算指令、数值转换指令、比较指令、程序控制指令、中断指令等。

3.6.2 位逻辑指令

位逻辑指令主要是指对 PLC 存储器中的某一位进行操作的指令，它是编程时使用得最频繁的指令，它的操作数是位，指令逻辑上是 0 或 1，0 表示触点或者线圈处于断电状态，1 则表示触点和线圈处于断电状态。

1. 常用的位逻辑指令

常用的位逻辑指令可以分成触点指令和线圈指令两种。其中触点相关的指令主要是作为控制信号的输入，其中还可以分为两种，一种是普通的触点指令，另一种是立即输入触点指定，区别是立即指令不受PLC工作扫描周期的限制，外信号输入后立即执行。表3-7为触点相关指令。

表3-7 触点相关的位逻辑指令

指令名称	梯形图表达式	指令表达式	功能说明	操作数
常开触点取用指令	bit	LD bit	表示从左母线连接常开触点。该指令执行时，指令获取PLC输入端的映像寄存器值	I、Q、M、SM、T、C、V、S
常开触点立即输入指令	bit I	LDI bit	表示立即更新的常开触点，该指令执行时，指令获取PLC输入端的物理量值，但不更新过程映像寄存器，不等待PLC扫描周期进行更新，而是立即更新	I
常闭触点取用指令	bit /	LDN bit	表示从左母线连接常闭触点。该指令执行时，指令获取PLC输入端的映像寄存器值	I、Q、M、SM、T、C、V、S
常闭触点立即输入指令	bit /I	LDNI bit	表示立即更新的常闭触点，该指令执行时，指令获取PLC输入端的物理量值，但不更新过程映像寄存器，不等待PLC扫描周期进行更新，而是立即更新	I
正跳变触点指令（上升沿）	P	EU	检测指令前端能流在每次断开到接通转换后（上升沿），给一个扫描周期的能流信号	I、Q、V、M、SM、S、T、C、L、逻辑流
负跳变触点指令（下降沿）	N	ED	检测指令前端能流在每次接通到断开转换后（下降沿），给一个扫描周期的能流信号	I、Q、V、M、SM、S、T、C、L、逻辑流
取反指令	NOT	NOT	该指令将输入能流取反	无

需要注意的是，通过表3-7可以清楚地看出触点指令，不论是取用指令还是立即输入指令，都有常开、常闭两种，这里的常开、常闭是和程序信号的输入逻辑有关的，并不是和接入输入端口的物理触点对应的。可以对照表3-8来判断物理输入及逻辑符号和能流的关系。

表3-8 输入程序和能流之间的关系

外接按钮接入方式	触点指令	触点是否动作	能流信号
常开触点	常开指令	外接触点不动作	阻断
		外接触点动作	流通
	常闭指令	外接触点不动作	流通
		外接触点动作	阻断

续表

外接按钮接入方式	触点指令	触点是否动作	能流信号
常闭触点	常开指令	外接触点不动作	流通
		外接触点动作	阻断
	常闭指令	外接触点不动作	阻断
		外接触点动作	流通

根据表可以看出外接的触点可以和程序设计相结合，才能达到设计目的。

常用的线圈指令主要是输出控制，输出的指令见表 3-9。

表 3-9　线圈相关的位逻辑指令

指令名称	梯形图表达式	指令表达式	功能说明	操作数
线圈输出指令	bit —(　)	=bit	线圈输出，该指令将输出位的新值写入过程映像寄存器，等到输出周期时进行输出更新	I、Q、V、M、SM、S、T、C、L
线圈立即输出指令	bit —(I)	=I bit	线圈立即输出，该指令执行时，将输出位的新值写入物理输出和相应的过程映像寄存器单元	Q
置位指令	bit —(S) N	S bit，N	置位指令用于置位（接通）指定地址（位）开始的一组位（*N*）。*N* 可以是 1～255	I、Q、V、M、SM、S、T、C、L
立即置位指令	bit —(SI) N	SI bit，N	立即置位指令立即置位（接通）指定地址（位）开始的一组位（*N*）。*N* 可以是 1～255	Q
复位指令	bit —(R) N	R bit，N	复位指令用于复位（断开）指定地址（位）开始的一组位（*N*）。*N* 可以是 1～255	I、Q、V、M、SM、S、T、C、L
立即复位指令	bit —(RI) N	RI bit，N	立即复位指令用于立即复位（断开）指定地址（位）开始的一组位（*N*）。*N* 可以是 1～255	Q

线圈指令也有两大类：一类是普通输出指令，它的输出受前面程序的能流控制，能流流到线圈，开始输出，能流没有流入，输出断开；还有一类是置位复位指令，置位指令后线圈输出就一直保持在输出状态，遇到复位指令，输出才断开。

编写程序时，需要注意的是，每个程序段和电路块的开始都必须是从触点取用指令开始的；线圈输出指令可以并联使用，不可以串联使用；触点取用指令可以多次使用，但是线圈输出指令同一编号的线圈只能使用一次。

2. 触点及电路块的串并联指令

在程序设计中，往往需要将触点进行串并联，触点串并联之后形成的结构称为电路块，较复杂的程序中，还需要将电路块进行串并联操作。触点及电路块的串并联指令见表 3-10。

表 3-10 触点及电路块的串并联指令

指令名称	梯形图表达式	指令表达式	功能说明	操作元件
常开触点串联指令	 bit	A bit	该指令于单个常开触点的串联	I、Q、V、M、SM、S、T、C
常闭触点串联指令	 bit /	AN bit	该指令于单个常闭触点的串联	I、Q、V、M、SM、S、T、C
常开触点并联指令	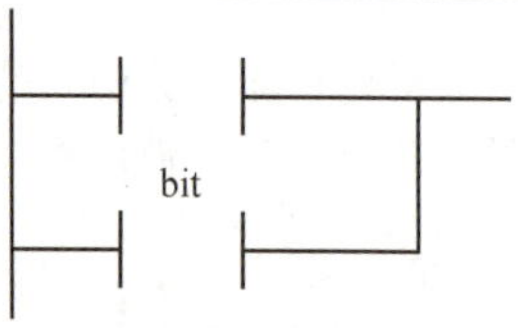 bit	O bit	该指令于单个常开触点的并联	I、Q、V、M、SM、S、T、C
常闭触点并联指令	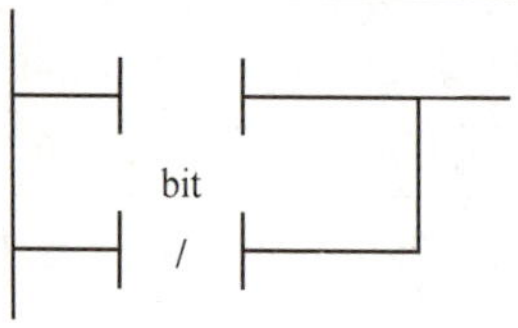 bit /	ON bit	该指令于单个常闭触点的并联	I、Q、V、M、SM、S、T、C
电路块的串联	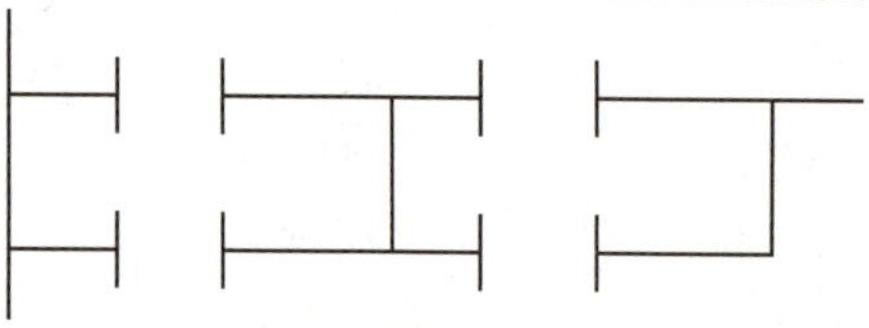	ALD	用来串联两个并联电路块	无
电路块的并联	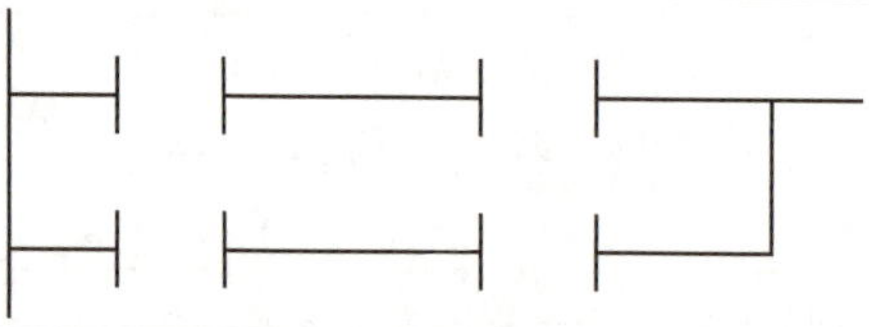	OLD	用来并联两个串联电路块	无

因为每个程序段和电路块的开始都必须从触点取用指令开始，后续其他的触点接入就必须使用串并联指令了，触点串并联后形成电路块，电路块和电路块之间的串并联必须用电路块串并联指令。

3. 逻辑位操作指令应用相关实验

实验内容：

（1）根据所给的梯形图在电脑上绘制梯形图，熟悉 S7-200 SMART 编程软件 STEP 7-Micro/WIN SMART 的使用。掌握逻辑位操作的输入方法，掌握程序梯形图和语句表的输入方法。

（2）试验台硬件接线，练习电脑和 S7-200 SMART 连接、程序下载运行的方法。

（3）观察并记录实验现象，书写实验报告。

①启保停。启保停梯形图如图 3-7 所示。

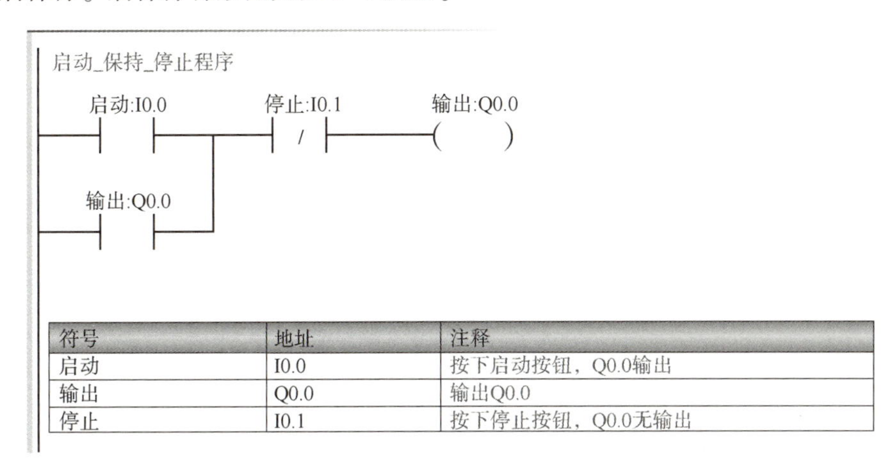

符号	地址	注释
启动	I0.0	按下启动按钮，Q0.0输出
输出	Q0.0	输出Q0.0
停止	I0.1	按下停止按钮，Q0.0无输出

图 3-7 启保停梯形图

②正跳变、负跳变指令。

正跳变指令：长按下 I0.0 接入的按钮，Q0.0 会在按钮按下的正跳变点点亮，梯形图如图 3-8 所示。

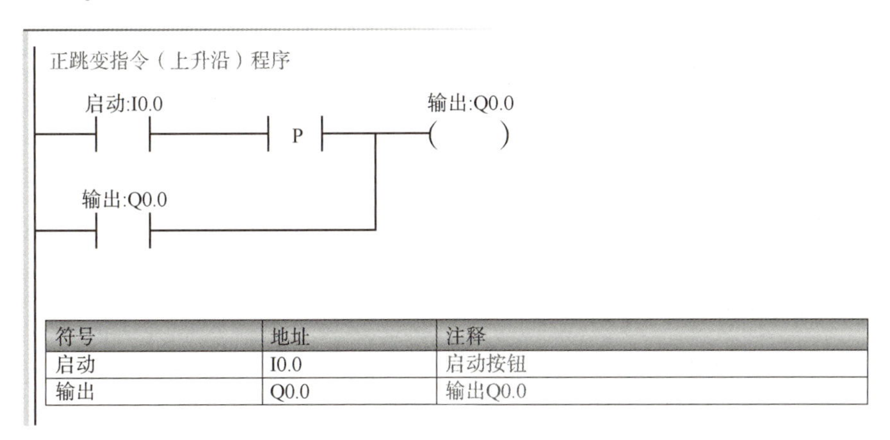

符号	地址	注释
启动	I0.0	启动按钮
输出	Q0.0	输出Q0.0

图 3-8 正跳变指令梯形图

负跳变指令：长按下 I0.0 接入的按钮，Q0.0 会在按钮抬起的负跳变点点亮，如图 3-9所示。

③置位复位指令。置位复位指令梯形图如图 3-10 所示。

④触点及电路块的串并联指令。电路块串并联指令梯形图如图 3-11 所示。

触点及电路块的串并联指令输入后，可以通过菜单的语句表选项查看指令的语句表，这样会对触点和电路块的串并联指令更好理解。或者在语句表模式下输入指令，然后转到梯形图界面看看是不是能正确输入串并联指令。

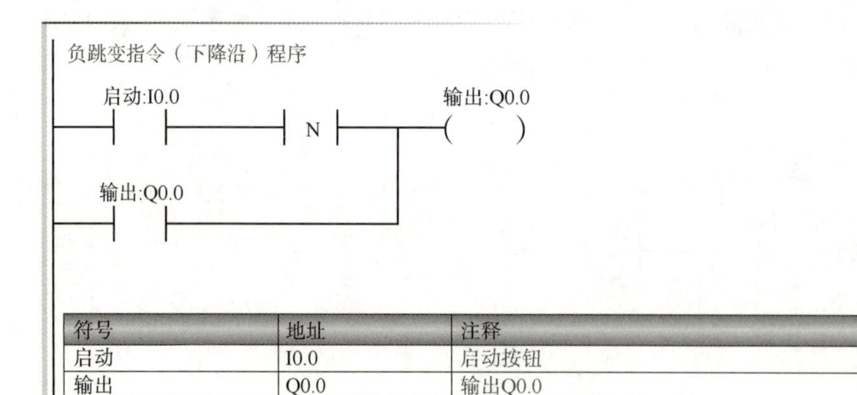

符号	地址	注释
启动	I0.0	启动按钮
输出	Q0.0	输出Q0.0

图 3-9　负跳变指令梯形图

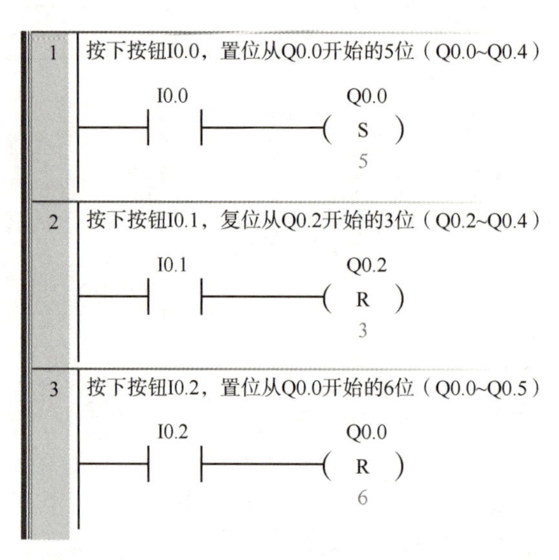

图 3-10　置位复位指令梯形图

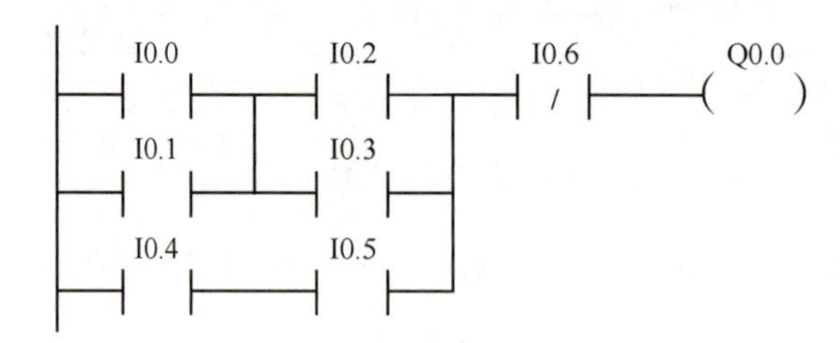

图 3-11　电路块串并联指令梯形图

3.6.3　定时器指令

1. S7-200 SMART 定时器分类

S7-200 SMART 定时器可以分成三种不同类型的定时器。

（1）接通延时定时器（TON）。

接通延时定时器用于单一间隔时间的定时。PLC 上电后首次扫描定时器时，定时器位为 OFF 状态，当前值为 0。当定时器输入端接通时，定时器从 0 开始计数，定时器位仍保持为 OFF 状态。当定时器计数的当前值达到设定值时，定时器位为 ON，但当前值仍然会继续递增计数，直到 32 767。当定时器的输入端断开时，定时器位立即复位成 OFF，当前值复位为 0。

（2）保持型接通延时定时器（TONR）。

保持型接通延时定时器用于多个间隔时间的累加定时。S7-200 SMART PLC 的 TONR 型定时器能够实现掉电保持。这些区域只能由超级电容和电池来进行数据的掉电保持，它们并没有对应的 EEPROM 永久保持存储区。当超过超级电容和电池供电的时间之后，这些计数器和 TONR 定时器的数据全部清零。

PLC 上电后首次扫描定时器时，定时器位的状态为掉电前的状态，当前值保持为掉电前的值。当定时器输入端接通时，定时器当前值从上次的保持值继续累加计数。当定时器计数的当前值达到设定值时，定时器位为 ON，但当前值仍然会继续递增计数，直到 32 767。TONR 定时器只能使用复位指令对其进行复位，复位后 TONR 位为 OFF，当前值为 0。

（3）断开延时定时器（TOF）。

断开延时定时器用于断电后的单一间隔时间的计时。PLC 上电后首次扫描定时器时，定时器位为 OFF 状态，当前值为 0。当定时器输入端接通时，定时器位变为 ON 状态，当前值保持为 0 不变。当输入端断开后，定时器开始计数，当定时器计数的当前值达到设定值时，定时器位为 OFF，当前值等于设定值，并停止计时。输入端再次从 OFF 变为 ON 时，TOF 复位，TOF 位为 ON，当前值为 0。如果输入端再次从 ON 到 OFF，则计时器再次启动。

2. S7-200 SMART 定时器的分辨率

定时器的分辨率是指单位时间定时器的时间增量。S7-200 SMART 有三个分辨率等级：1 ms、10 ms、100 ms。每个分辨率等级的定时器号都是出厂设置好固定不能更改的，可以通过 PLC 的说明书来查找。定时器的编号和分辨率的对应关系见表 3-11。

表 3-11　定时器的编号和分辨率的对应关系

定时器类型	分辨率/ms	最大值/s	定时器号
TON、TOF	1	32.767	T32、T96
	10	327.67	T33~T36、T97~T100
	100	3 276.7	T37~T63、T101~T255
TONR	1	32.767	T0、T64
	10	327.67	T1~T4、T65~T68
	100	3 276.7	T5~T31、T69~T95

因为每一个定时器对应的分辨率是不一样的，所以使用的时候需要注意选择。在 STEP 7-Micro/WIN SMART 软件绘制梯形图的时候，选择某一编号定时器后，系统会自动

将对应的分辨率显示在屏幕上。

3. 定时器指令实验

（1）接通延时定时器（TON）实验。

按照图 3-12 输入接通延时定时器梯形图。

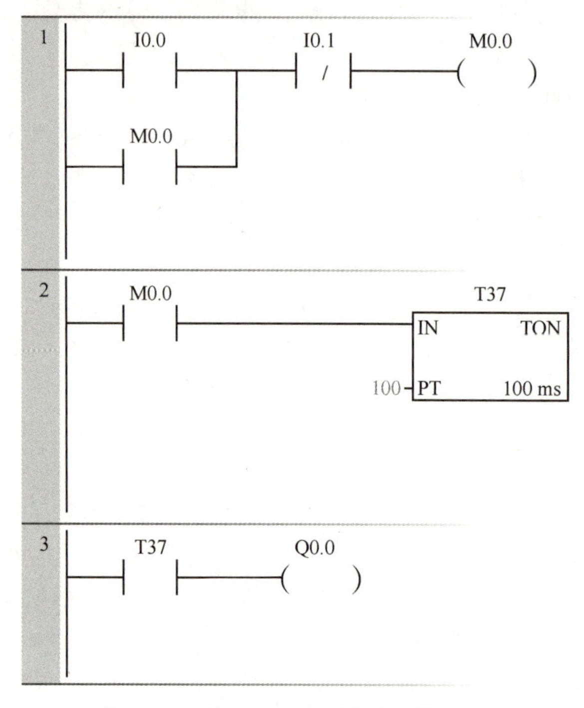

图 3-12　接通延时定时器实验梯形图

程序说明：

程序段 1：标准启动保持停止程序，按下启动按键 I0.0，接通中间继电器 M0.0，按下停止按键 I0.1，断开 M0.0。M0.0 作为程序运行状态标志。

程序段 2：用 M0.0 控制 100 ms 接通延时定时器 T37，定时时间单位为 100，即 100×100 ms=10 s，定时器 T37 的输出触点在 10 s 后动作。

程序段 3：用 T37 的常开触点，控制 PLC 的输出触点 Q0.0，即启动按键按下后 10 s PLC 输出触点 Q0.0 闭合输出。

实验过程：

按照范例输入程序，编译正确后，下载程序到 PLC 中，启动「程序状态」监控，按下启动按钮，可以看到定时器 T37 的当前值在以 100 ms 的频率递增。定时达到设定值后，定时器 T37 的触点动作。请观察 T37 的当前定时值。更换 1 ms 和 10 ms 的定时器，观察实验效果。

（2）保持型接通延时定时器（TONR）。

按照图 3-13 输入接通延时定时器梯形图。

程序说明：

程序段 1：标准启动保持停止程序，按下启动按键 I0.0；接通中间继电器 M0.0，按下

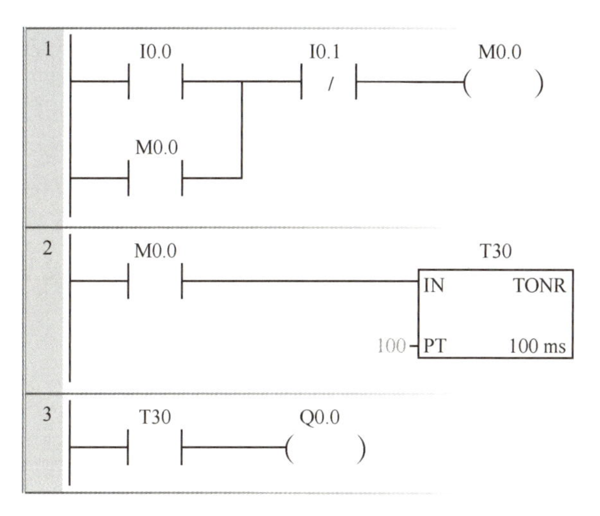

图 3-13 保持型接通延时定时器梯形图

停止按键 I0. 1，断开 M0. 0。M0. 0 作为程序运行状态标志。

程序段 2：用 M0. 0 控制 100 ms 接通延时定时器 T37，定时时间单位为 100，即 100×100 ms = 10 s，定时器 T37 的输出触点在 10 s 后动作。

程序段 3：用 T37 的常开触点，控制 PLC 的输出触点 Q0. 0，即启动按键按下后 10 s，PLC 输出触点 Q0. 0 闭合输出。

实验过程：

按照范例输入程序，编译正确后，下载程序到 PLC 中，启动监控，按下“启动”按钮，可以看到定时器 T37 的当前值在以 100 ms 的频率递增，如图 3-14 所示。

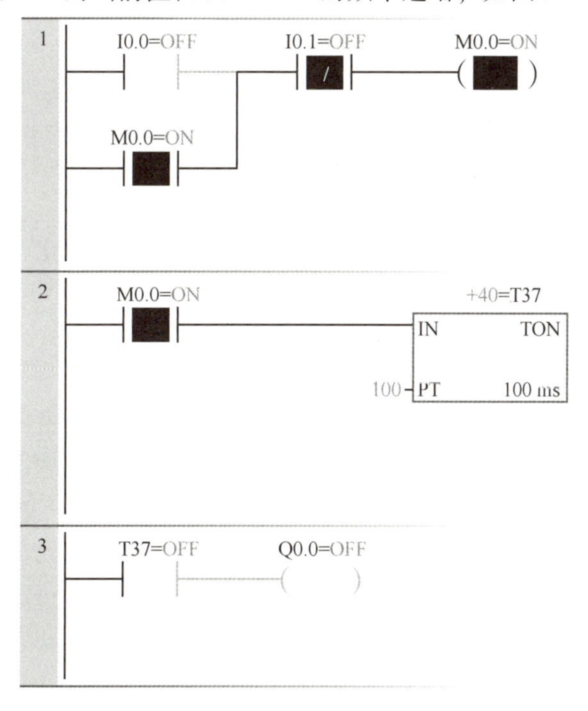

图 3-14 TON 定时时间未到监控梯形图

当T37定时器计时达到设定值100后，T37的常开触点闭合，Q0.0输出。注意，定时器达到100后，定时器当前值还会继续递增，到32 767后才会停下来，并且输出保持不变，如图3-15所示。

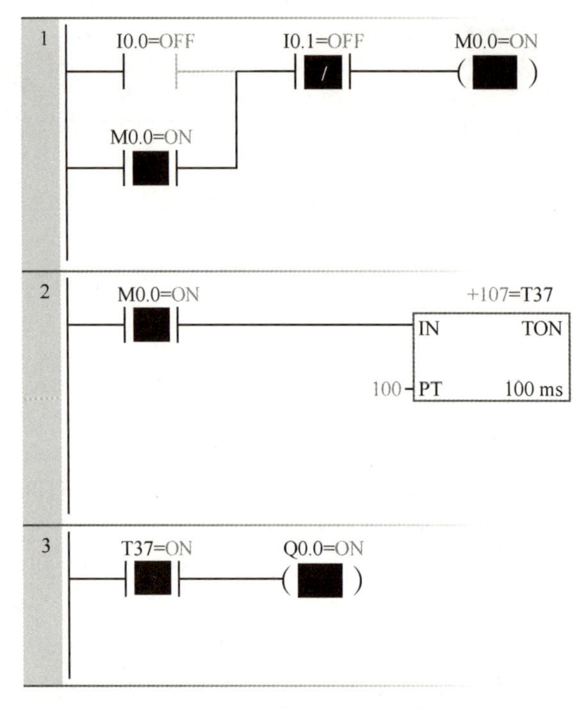

图3-15　TON定时时间到后监控图

（3）保持型接通延时定时器（TONR）。

根据接通延时定时器（TON）实验自行设计保持型接通延时定时器（TONR）的实验梯形图，记录实验过程，实验过程及结果和接通延时定时器（TON）进行比较。

注意，使用定时器号和接通延时定时器不同。

（4）断开延时定时器（TOF）。

根据接通延时定时器（TON）实验自行设计保持型接通延时定时器（TONR）的实验梯形图，记录实验过程，实验过程及结果和接通延时定时器（TON）进行比较。

3.6.4　计数器指令

1. S7-200 SMART计数器指令分类

S7-200 SMART计数器指令可以分成计数器指令和高速计数器指令。计数器指令包括加计数器指令、减计数器指令和加减计数器指令。高速计数器指令包括高速计数器定义指令和高速计数器指令。

S7-200 SMART的计数器有256个，从C0到C255。高速计数器有6个，编号常数从1到5。

2. 计数器指令说明

计数器指令见表3-12。

表 3-12 计数器指令

指令名称	梯形图表达式	指令表达式	功能说明
加计数器指令	C××× CU CTU R PV	CTU C×××, PV	每当输入 CU 从 OFF 转换为 ON 时，加计数指令就从当前值开始加计数。当前值 C×××大于或等于预设值 PV 时，计数器位 C×××接通。当复位输入 R 接通或者对 C×××地址执行复位指令时，当前计数值复位。计数值达到最大值 32 767 时，计数器停止计数
减计数器指令	C××× CD CTD LD PV	CTD C×××, PV	每当输入 CD 从 OFF 转换为 ON 时，减计数指令就从当前值开始加计数。当前值 C×××等于 0 时，计数器位 C×××接通。当装载输入 LD 接通时，计数器 C×××装载成预设值 PV。计数器达到 0 后，计数器停止
加减计数器指令	C××× CU CTUD CD R PV	CTUD C×××, PV	每次加计数 CU 输入从 OFF 转换为 ON 时，加减计数器指令就加计数；每次减计数 CD 输入从 OFF 转换为 ON 时，加减计数器指令就减计数。当加计数达到最大值 32 767 时，加计数输入 CU 从 OFF 转为 ON 时，当前计数值变为最小值 -32 768，当减计数达到最小值 -32 768时，减计数 CD 输入从 OFF 转为 ON 时，计数器当前值变为最大值 32 767。当前值 C××× 大于或等于 PV 预设值时，计数器位 C××× 接通；否则，计数器位关断。当 R 复位输入接通或对 C××× 地址执行复位指令时，计数器复位

计数器指令操作数见表 3-13。

表 3-13 计数器指令操作数

输入/输出	数据类型	操作数
Cxxx	WORD	常数（C0~C255）
CU、CD（LAD）	BOOL	能流
CU、CD（FBD）	BOOL	I、Q、V、M、SM、S、T、C、L、逻辑流
R（LAD）	BOOL	能流
R（FBD）	BOOL	I、Q、V、M、SM、S、T、C、L、逻辑流
LD（LAD）	BOOL	能流
LD（FBD）	BOOL	I、Q、V、M、SM、S、T、C、L、逻辑流
PV	INT	IW、QW、VW、MW、SMW、SW、LW、T、C、AC、AIW、*VD、*LD、*AC、常数

3. 计数器指令实验

加计数指令实验：如图 3-16 所示，绘制梯形图，运行程序，检查结果是否和预期的一致。

减计数指令实验：如图 3-17 所示，绘制梯形图，运行程序检查结果是否和预期的一致。

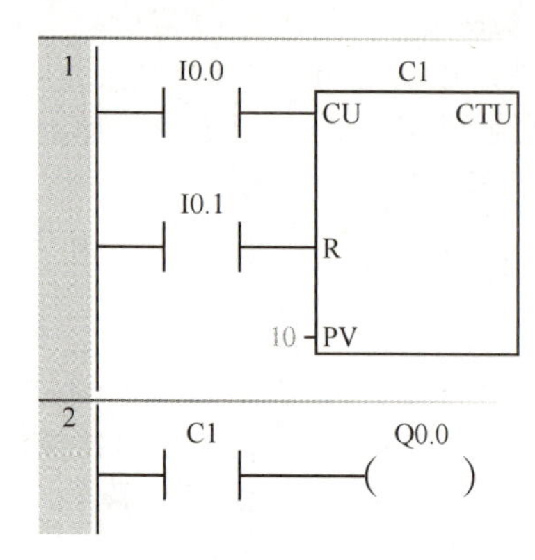

图 3-16　加计数指令实验

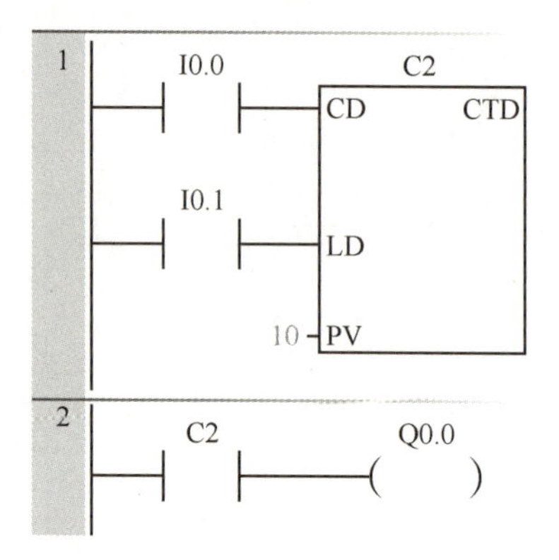

图 3-17　减计数指令实验

加减计数指令实验：如图 3-18 所示，绘制梯形图，运行程序检查结果是否和预期的一致。

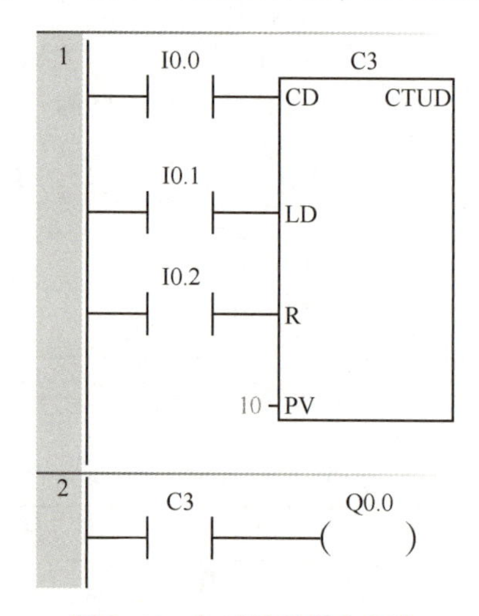

图 3-18　加减计数指令实验

4. 高速计数器指令说明

普通计数器计数的频率受 PLC 的扫描工作方式限制，一般每秒计数几十次。当脉冲频率比较高的时候，用普通计数器就无法全部记录脉冲了，这时需要使用高速计数器。SMART 的高速计数器就是在 CPU 内部集成的硬件高速计数器，就是用来对普通计数器无法记录到的高速脉冲信号进行计数，相应时间比普通计数器的快，并且不受 CPU 的扫描时间影响，但是会受输入脉冲的滤波时间影响。

高速计数器指令将在后续应用中详细介绍。

3.7 习题

一、简答题

1. S7-200 SMART PLC 寻址方式有哪些?
2. S7-200 SMART PLC 内部数据单元有哪些?各单元的取值范围是多少?
3. 简述系统状态位 SMB0 各位的功能。
4. S7-200 SMART 的三种类型定时器都有什么区别?如何使用?

二、实验题

1. S7-200 SMART PLC 的各数据类型的取值范围和各类型之间的转换。

(1) 对各数据类型数据长度、可以表示数据的范围进行练习。

(2) 各种进制类型互相转换,主要是二进制、十进制、十六进制的转换关系。

(3) 掌握梯形图 (LAD)、语句表 (STL)、功能图 (FBD)、顺序功能图 (SFC) 的编写方法。

(4) 完成三台电动机顺序启动同时停止的梯形图程序。

2. S7-200 SMART PLC 认知实验。

(1) 内部数据单元的种类,以及不同 PLC 内部单元的范围认知实验。

(2) @系统状态位 SMB0 的使用实验。

(3) 各类编程语言的互相转换。

(4) 位逻辑指令实验 (单按钮启动与停止)。

(5) 定时器指令实验。

(6) 计数器指令实验。

第 4 章

S7-200 SMART PLC 常用功能指令

【本章要点】

☆ 程序控制类指令
☆ 数字运算指令
☆ 转换指令
☆ 比较指令

在程序设计时，为了实现某些功能，单纯使用基本的逻辑指令无法满足要求或程序设计比较麻烦时，可以使用功能指令来完成，功能指令可以很方便地实现某些功能。S7-200 SMART PLC 的功能指令包括程序控制类指令、数字运算指令、转换指令、比较指令、程序控制指令、中断指令等。

4.1 程序控制类指令

程序控制指令用来控制程序执行的流向和执行的选择，可以有效地提高程序的执行效率。程序控制类指令包括循环指令、跳转指令、顺控指令、停止结束指令、看门狗指令、获取非致命错误指令等。其中，顺序控制指令会在其他章节单独介绍。

4.1.1 FOR-NEXT 循环指令

FOR 指令是程序执行 FOR 到 NEXT 指令之间的指令段。每一条 FOR 指令需要一条 NEXT 指令与之对应。FOR-NEXT 循环指令可以进行嵌套，S7-200 SMART 最大可以有八层深度的 FOR-NEXT 循环嵌套，见表 4-1。

表 4-1 FOR-NEXT 循环指令

指令名称	梯形图表达式	指令表达式	功能说明	操作元件
FOR 循环指令	FOR EN ENO INDX INIT FINAL	FOR INDX，INIT，FINAL	FOR 指令执行 FOR 和 NEXT 之间的指令。 EN：启动使能。 INDX：索引值。 INIT：起始计数值。 FINAL：结束计数值	INDX：IW、QW、VW、MW、SMW、SW、T、C、LW、AC、*VD、*LD、*AC、INIT。 FINAL：VW、IW、QW、MW、SMW、SW、T、C、LW、AC、AIW、*VD、*LD、*AC、常数
NEXT 指令	-（NEXT）	NEXT		

FOR-NEXT 循环指令举例说明：

起始计数值 INIT 一般比结束计数值 FINAL 小，如果 INIT 值大于 FINAL 值，则不能执行循环指令。循环指令在每次执行完 FOR 指令到 NEXT 指令之间的程序段后，索引值 INDX 值自动递增，并且与结束计数值 FINAL 进行比较，如果大于结束值，则循环结束，运行 NEXT 后的指令。

4.1.2 跳转指令

跳转指令是在满足跳转条件之后，PLC 就不再执行跳转指令与跳转标号间的程序，即跳到以标号为 N 为入口的程序段中继续执行程序。需要注意的是，跳转指令和对应的标号指令必须在主程序、子程序、中断的相同代码段，跳转指令无法在主程序、子程序和中断程序中互跳，见表 4-2。

表 4-2 跳转指令

指令名称	梯形图表达式	指令表达式	功能说明	操作元件
跳转指令	n —(JMP)	JMP N	跳转到指定标号为 *N* 的指令处执行	*N*：0~255 的常数
标号指令	n LBL	LBL N	标记跳转指令目的地 *N* 的位置	*N*：0~255 的常数

跳转指令需要注意：

①跳转指令可以选择程序段是否执行，所以，在同一程序段，位于因跳转指令而不会被同时执行的同一线圈不被视为双线圈。

②多个跳转指令可以跳转到同一标号，但不允许一个跳转指令对应两个标号，即同一程序中不允许有两个相同的标号。

③标号可以设在相关的跳转指令之后，也可以设在跳转指令之前。

4.1.3 STOP、END 和 WDR（看门狗复位）指令

停止结束指令和看门狗指令是很重要的控制类指令。STOP 停止指令可以将 CPU 从 RUN 模式切换到 STOP 模式，强制终止程序的运行。END 结束指令可以终止当前的扫描。但需要注意的是，END 指令不能在子程序或中断例程中使用。WDR 看门狗复位指令可以触发 PLC 系统的看门狗定时器，并将完成扫描的允许时间加 500 ms。STOP、END 和 WDR 指令见表 4-3。

表 4-3 STOP、END 和 WDR 指令

指令名称	梯形图表达式	指令表达式	功能说明
结束指令	——(END)	END	前一个逻辑条件成立，终止当前扫描
停止指令	——(STOP)	STOP	前一个逻辑条件成立，将 CPU 从 RUN 模式切换到 STOP 模式来终止程序的执行
看门狗复位指令	——(WDR)	WDR	看门狗复位指令触发系统看门狗定时器，在看门狗超时错误出现之前加 500 ms

看门狗一般当 CPU 处于 RUN 模式时，主扫描的持续时间限制为 500 ms，如果主扫描的持续时间超过了 500 ms，则 CPU 会自动切换为 STOP 模式，并会发出非致命错误 001AH（扫描看门狗超时）。在产生错误前，执行看门狗复位指令来延长扫描的持续时间，则看门狗超时时间复位为 500 ms。但是，主扫描的最大绝对持续时间为 5 s。如果当前扫描持续时间达到 5 s，CPU 会无条件地切换为 STOP 模式。

4.1.4 GET_ERROR（获取非致命错误代码）指令

PLC 编译器编译和运行时会产生一些非致命错误。非致命错误可能降低 PLC 的某些性能，但不会导致 PLC 无法执行用户程序或更新 I/O。

运行时编程错误是在程序执行过程中由用户程序造成的非致命错误条件。例如，间接地址指针，该指针在程序编译时有效，而在程序执行时则改为指向一个超出范围的地址。访问 PLC 菜单功能区的“PLC 信息”（PLC Information）可确定发生的错误类型。只有修改用户程序，才能纠正运行时间编程错误。下一次从 STOP 模式切换到 RUN 模式时，CPU 会清除运行时编程错误。

PLC 编译器错误（或程序编译错误）会阻止用户将程序下载到 PLC。STEP 7-Micro/WIN SMART 在编译或下载程序时检测到编译错误，并会在输出窗口中显示错误。如果发生了编译错误，PLC 会保留驻留在 PLC 中的当前程序。

I/O 错误也是非致命错误。当 CPU 的 I/O、信号板和扩展模块出现问题时，PLC 在程序能够监视和评估的特殊存储器（SM）位中记录错误信息。

读取非致命错误的指令为 GET_ERROR 指令，见表 4-4。

表 4-4 GET_ERROR 指令

指令名称	梯形图表达式	指令表达式	功能说明
获取非致命错误代码	GET_ERROR EN ENO ECODE	GET_ERROR	获取非致命错误代码指令将 CPU 的当前非致命错误代码存储在分配给 ECODE 的位置。而 CPU 中的非致命错误代码将在存储后清除

非致命运行时错误也会影响某些特殊的存储器错误标志地址，可配合 GET_ERROR 指令对这些地址进行评估，以确定运行时间故障的原因。如果通用错误标志 SM4.3=1（运行时编程问题）激活，则可通过执行 GET_ERROR 标识特定错误。

非致命错误代码 0000H 指示目前不存在实际错误。如果出现临时运行时间非致命错误，GET_ERROR（ECODE 输出）会生成非零错误值，然后下一次程序扫描会生成零 ECODE 值。

应使用比较逻辑将 ECODE 值保存到另一个存储单元。之后，程序便可测试保存的错误代码值，并开始编程响应。

非致命错误部分代码见表 4-5，可以将非致命错误分为三大类。

表 4-5 非致命错误部分代码表

错误类型	错误代码	非致命错误说明
非致命 PLC 程序编译器错误	0080	该程序对于 CPU 而言过大；请减小程序大小
	0081	逻辑堆栈下溢；请将该程序段分成多个程序段
	0082	指令非法；检查指令助记符
	……	……
禁止切换到 RUN 模式（运行禁止条件）	0070	由于插入存储卡而禁止运行
	0071	由于缺少组态设备而禁止运行
	0072	由于设备组态不匹配而禁止运行
	……	……
非致命运行时间编程问题	0000	不存在非致命错误
	0001	在执行 HDEF 指令前启用 HSC 指令
	0002	已将输入中断点分配给 HSC
	……	……

4.2 数字运算指令

S7-200 SMART 的数字运算指令，包括整数/浮点数等的加法运算、减法运算、乘法/除法运算以及三角函数等运算指令。数字运算指令可以提高 PLC 的计算能力，解决更多复杂控制系统需求。

4.2.1 加法、减法、乘法和除法指令

S7-200 SMART PLC 的指令系统对数据的处理分为加法指令、减法指令、乘法指令和除法指令。由于 PLC 的数据类型有整型、长整型和实型几种，所以对应的指令也会有一定的区别。其中加法指令见表 4-6。

表 4-6 加法指令

指令名称	梯形图表达式	指令表达式	功能说明	操作元件
整数加法指令	ADD_I EN ENO IN1 OUT IN2	+ I IN1，OUT	16 位整数加法指令，该指令将 IN1 和 IN2 两个输入的 16 位整数相加，产生的 16 位结果存放在 OUT 对应的单元中	IW、QW、VW、MW、SMW、SW、T、C、LW、AC、AIW、*VD、*AC、*LD、常数
双精度整数加法指令	ADD_DI EN ENO IN1 OUT IN2	+D IN1，OUT	双精度整数加法指令，该指令将 IN1 和 IN2 两个输入的 32 位整数相加，产生的 32 位结果存放在 OUT 对应的单元中	ID、QD、VD、MD、SMD、SD、LD、AC、HC、*VD、*LD、*AC、常数
实数加法指令	ADD_R EN ENO IN1 OUT IN2	+R IN1，OUT	实数加法指令，该指令将 IN1 和 IN2 两个输入的 32 位实数相加，产生的 32 位结果存放在 OUT 对应的单元中	ID、QD、VD、MD、SMD、SD、LD、AC、*VD、*LD、*AC、常数

从表中可以看出，PLC 的加法指令基本相同，都是以 ADD 开始的，区别就是参与运算的数据格式不同，在程序设计中要考虑有效数据，然后选择不同的加法指令。

PLC 的减法指令见表 4-7。

表 4-7 减法指令

指令名称	梯形图表达式	指令表达式	功能说明	操作元件
整数减法指令	SUB_I EN ENO IN1 OUT IN2	-I IN1，OUT	该指令将 IN1 和 IN2 两个输入的 16 位整数相减，并将产生的 16 位结果存放在 OUT 对应的单元中	IW、QW、VW、MW、SMW、SW、T、C、LW、AC、AIW、*VD、*AC、*LD、常数

续表

指令名称	梯形图表达式	指令表达式	功能说明	操作元件
双精度整数减法指令	SUB_DI EN ENO IN1 OUT IN2	-D IN1，OUT	该指令将 IN1 和 IN2 两个输入的 32 位整数相减，并将产生的 32 位结果存放在 OUT 对应的单元中	ID、QD、VD、MD、SMD、SD、LD、AC、HC、*VD、*LD、*AC、常数
实数减法指令	SUB_R EN ENO IN1 OUT IN2	-R IN1，OUT	该指令将 IN1 和 IN2 两个输入的 32 位实数相减，并将产生的 32 位结果存放在 OUT 对应的单元中	ID、QD、VD、MD、SMD、SD、LD、AC、*VD、*LD、*AC、常数

从表中可以看出，PLC 的减法指令也是基本相同的，都是以 SUB 开始的，区别就是参与运算的数据格式不同，在程序设计中，要考虑有效数据，然后选择不同的减法指令。

PLC 的乘法指令见表 4-8。

表 4-8　乘法指令

指令名称	梯形图表达式	指令表达式	功能说明	操作元件
整数乘法指令	MUL_I EN ENO IN1 OUT IN2	*I IN1，OUT	该指令将 IN1 和 IN2 两个输入的 16 位整数相乘，并将产生的 16 位结果存放在 OUT 对应的单元中	IW、QW、VW、MW、SMW、SW、T、C、LW、AC、AIW、*VD、*AC、*LD、常数
双精度整数乘法指令	MUL_DI EN ENO IN1 OUT IN2	*D IN1，OUT	该指令将 IN1 和 IN2 两个输入的 32 位整数相乘，并将产生的 32 位结果存放在 OUT 对应的单元中	ID、QD、VD、MD、SMD、SD、LD、AC、HC、*VD、*LD、*AC、常数
实数乘法指令	MUL_R EN ENO IN1 OUT IN2	*R IN1，OUT	该指令将 IN1 和 IN2 两个输入的 32 位实数相乘，并将产生的 32 位结果存放在 OUT 对应的单元中	ID、QD、VD、MD、SMD、SD、LD、AC、*VD、*LD、*AC、常数

从表中可以看出，PLC 的乘法指令也是基本相同的，都是以 MUL 开始的，区别就是参与运算的数据格式不同，在程序设计中，要考虑有效数据，然后选择不同的乘法指令。

PLC 的除法指令见表 4-9。

表 4-9　除法指令

指令名称	梯形图表达式	指令表达式	功能说明	操作元件
整数除法指令	DIV_I EN ENO IN1 OUT IN2	/I IN1，OUT	该指令将 IN1 和 IN2 两个输入的 16 位整数相除，并将产生的 16 位结果存放在 OUT 对应的单元中	IW、QW、VW、MW、SMW、SW、T、C、LW、AC、AIW、*VD、*AC、*LD、常数
双精度整数除法指令	DIV_DI EN ENO IN1 OUT IN2	/D IN1，OUT	该指令将 IN1 和 IN2 两个输入的 32 位整数相除，并将产生的 32 位结果存放在 OUT 对应的单元中	ID、QD、VD、MD、SMD、SD、LD、AC、HC、*VD、*LD、*AC、常数
实数除法指令	DIV_R EN ENO IN1 OUT IN2	/R IN1，OUT	该指令将 IN1 和 IN2 两个输入的 32 位实数相除，并将产生的 32 位结果存放在 OUT 对应的单元中	ID、QD、VD、MD、SMD、SD、LD、AC、*VD、*LD、*AC、常数

从表中可以看出，PLC 的除法指令也是基本相同的，都是以 DIV 开始的，区别就是参与运算的数据格式不同，在程序设计中，要考虑有效数据，然后选择不同的除法指令。

在使用 S7-200 SMART PLC 的加法、减法、乘法和除法指令时，需要注意以下几点：

首先，只有当输入端 EN 为有效的时候，PLC 才会运行加减乘除指令。

其次，如果 IN1 和 IN2 任意一个和 OUT 使用一个单元，那么进行加减乘除操作的时候，就根据要求将 IN1 和 IN2 加减乘除后存放于 OUT 单元。如果 IN1、IN2 和 OUT 分别是三个不同的单元，那么程序执行的时候是先将 IN1 的内容移动到 OUT 单元中，然后再用 OUT 单元和 IN2 单元进行加减乘除，最后将计算结果放在 OUT 单元中。

最后，输出 ENO 端 ENO=0 时的非致命错误有以下几点：

SM1.1，溢出。

SM1.3，除数为零。

4.2.2　产生双整数的整数乘法和带余数的整数除法指令

S7-200 SMART PLC 的乘除法还有一类特殊的指令，它们是产生双整数的整数乘法和带余数的整数除法，对应的指令见表 4-10。

表 4-10　双整数的整数乘法和带余数的整数除法

指令名称	梯形图表达式	指令表达式	功能说明
双整数的整数乘法	MUL EN ENO IN1 OUT IN2	MUL IN1，OUT	双整数的整数乘法指令将两个 16 位整数相乘，产生一个 32 位乘积。在 STL 中，32 位 OUT 的最低有效字（16 位）被用作其中一个乘数

续表

指令名称	梯形图表达式	指令表达式	功能说明
带余数的整数除法	DIV EN ENO IN1 OUT IN2	DIV IN1，OUT	带余数的整数除法指令将两个16位整数相除，产生一个32位结果，该结果包括一个16位的余数（最高有效字）和一个16位的商（最低有效字）

双整数的整数乘法和带余数的整数除法输入/输出类型见表4-11。

表4-11 双整数的整数乘法和带余数的整数除法的输入/输出类型表

输入/输出	数据类型	操作数
IN1、IN2	INT	IW、QW、VW、MW、SMW、SW、T、C、LW、AC、AIW、*VD、*LD、*AC、常数
OUT	DINT	ID、QD、VD、MD、SMD、SD、LD、AC、*VD、*LD、*AC

4.2.3 三角函数、自然对数/自然指数和平方根指令

S7-200 SMART PLC 的三角函数包括正弦、余弦、正切三个指令，相应的说明见表4-12。

表4-12 三角函数指令表

指令名称	梯形图表达式	指令表达式	功能说明	操作元件
正弦函数	SIN EN ENO IN OUT	SIN IN，OUT	正弦指令计算角度值IN的三角函数，并在OUT中输出结果。输入角度值以弧度为单位	IN：ID、QD、VD、MD、SMD、SD、LD、AC、*VD、*LD、*AC、常数。 OUT：ID、QD、VD、MD、SMD、SD、LD、AC、*VD、*LD、*AC
余弦函数	COS EN ENO IN OUT	COS IN，OUT	余弦指令计算角度值IN的三角函数，并在OUT中输出结果。输入角度值以弧度为单位	
正切函数	TAN EN ENO IN OUT	TAN IN，OUT	正切指令计算角度值IN的三角函数，并在OUT中输出结果。输入角度值以弧度为单位	

注意，三角函数输入/输出的都是弧度单位，要将角度从度转换为弧度：使用MUL_R（*R）指令将以度为单位的角度乘以 $1.745\,329\times10^{-2}$（约为π/180）。

对于数学函数指令，SM1.1 用于指示溢出错误和非法值。如果 SM1.1 置位，则 SM1.0 和 SM1.2 的状态无效，原始输入操作数不变；如果 SM1.1 未置位，则数学运算已

完成且结果有效，并且 SM1.0 和 SM1.2 包含有效状态。

自然对数（LN）和自然指数（EXP）指令见表 4-13。

表 4-13　自然对数和自然指数指令表

指令名称	梯形图表达式	指令表达式	功能说明	操作元件
自然对数指令	LN EN ENO IN OUT	LN IN，OUT	自然对数指令（LN）对 IN 中的值执行自然对数运算，并在 OUT 中输出结果	IN：ID、QD、VD、MD、SMD、SD、LD、AC、＊VD、＊LD、＊AC、常数。 OUT：ID、QD、VD、MD、SMD、SD、LD、AC、＊VD、＊LD、＊AC
自然指数指令	EXP EN ENO IN OUT	EXP IN，OUT	自然指数指令（EXP）执行以 e 为底，以 IN 中的值为幂的指数运算，并在 OUT 中输出结果	

要从自然对数获得以 10 为底的对数：将自然对数除以 2.302 585（约为 10 的自然对数）。

若要将任意实数作为另一个实数的幂，包括分数指数：组合自然指数指令和自然对数指令。例如，要将 *X* 作为 *Y* 的幂，请使用 EXP(Y ＊ LN（X）)。

平方根指令见表 4-14。

表 4-14　平方根指令表

指令名称	梯形图表达式	指令表达式	功能说明	操作元件
平方根指令	SQRT EN ENO IN OUT	SQRT IN，OUT	平方根指令（SQRT）计算实数（IN）的平方根，产生一个实数结果 OUT	IN：ID、QD、VD、MD、SMD、SD、LD、AC、＊VD、＊LD、＊AC、常数。 OUT：ID、QD、VD、MD、SMD、SD、LD、AC、＊VD、＊LD、＊AC

4.2.4　递增和递减指令

S7-200 SMART PLC 的递增递减指令见表 4-15。

表 4-15　递增递减指令

指令名称	梯形图表达式	指令表达式		功能说明
递增指令	INC_B EN ENO IN OUT	INCB OUT	字节加一指令	递增指令对输入值 IN 加 1，并将结果输入 OUT 中
		INCW OUT	字加一指令	
		INCD OUT	双字加一指令	
递减指令	DEC_B EN ENO IN OUT	DECB OUT	字节减一指令	递减指令将输入值 IN 减 1，并在 OUT 中输出结果
		DECW OUT	字减一指令	
		DECD OUT	双字减一指令	

递增递减指令 I/O 类型见表 4-16。

表 4-16　递增递减指令 I/O 类型

	IN	OUT
字节类	IB、QB、VB、MB、SMB、SB、LB、AC、＊VD、＊LD、＊AC、Constant	IB、QB、VB、MB、SMB、SB、LB、AC、＊VD、＊AC、＊LD
字类	IW、QW、VW、MW、SMW、SW、T、C、LW、AC、AIW、＊VD、＊LD、＊AC、Constant	IW、QW、VW、MW、SMW、SW、T、C、LW、AC、＊VD、＊LD、＊AC
双字类	ID、QD、VD、MD、SMD、SD、LD、AC、HC、＊VD、＊LD、＊AC、Constant	ID、QD、VD、MD、SMD、SD、LD、AC、＊VD、＊LD、＊AC

字节递增（INC_B）运算为无符号运算，字递增（INC_W）运算为有符号运算，双字递增（INC_DW）运算为有符号运算。

字节递减（DEC_B）运算为无符号运算，字递减（DEC_W）运算为有符号运算，双字递减（DEC_D）运算为有符号运算。

4.2.5　PID 回路指令

S7-200 SMART PLC 的 PID 回路指令见表 4-17。

表 4-17　PID 回路指令

指令名称	梯形图表达式	指令表达式	功能说明	操作元件
PID 回路指令	PID EN　ENO TBL LOOP	PID TBL，LOOP	PID 回路指令（PID）根据输入和表（TBL）中的组态信息对引用的 LOOP 执行 PID 回路计算	TBL：BYTE、VB。 LOOP：BYTE、常数（0~7）

PID 回路指令（比例、积分、微分回路）用于执行 PID 计算。逻辑堆栈栈顶（TOS）值必须为 1（能流），才能启用 PID 计算。该指令有两个操作数：作为回路表起始地址的表地址和取值范围为常数 0~7 的回路编号。

可以在程序中使用 8 条 PID 指令。如果两条或两条以上的 PID 指令使用同一回路编号（即使它们的表地址不同），那么这些 PID 计算会互相干扰，输出不可预料。

回路表存储 9 个用于监控回路运算的参数，这些参数中包含过程变量当前值和先前值、设定值、输出、增益、采样时间、积分时间（复位）、微分时间（速率）以及积分和（偏置）。

要在所需采样速率下执行 PID 计算，必须在定时中断例程或主程序中以受定时器控制的速率执行 PID 指令。必须通过回路表提供采样时间作为 PID 指令的输入。

PID 指令已集成自整定功能。有关自整定的详细说明，请参见“PID 回路和整定”。“PID 整定控制面板”只能用于通过 PID 向导创建的 PID 回路。

STEP 7-Micro/WIN SMART 提供 PID 向导，指导用户为闭环控制过程定义 PID 算法。

从“工具”（Tools）菜单中选择“指令向导”（Instruction Wizard）命令，然后从“指令向导”（Instruction Wizard）窗口中选择“PID”。

4.3 转换指令

STEP 7-Micro/WIN SMART 的转换指令包含标准转换指令、ASCII 字符数组转换、数值转换为 ASCII 字符串、ASCII 子字符串转换为数值、编码和解码指令。

4.3.1 标准转换指令

转换指令中最基本的是标准转换指令，这些指令可以将输入值 IN 转换为分配的格式，并将输出值存储在由 OUT 分配的存储单元中。例如，用户可以将双整数值转换为实数，也可以在整数与 BCD 格式之间进行转换。标准转换的指令见表 4-18。

表 4-18 标准转换的指令

指令名称	梯形图表达式	指令表达式	功能说明
字符转换为整数	B_I EN ENO IN OUT	BTI IN，OUT	将字节值 IN 转换为整数值，并将结果存入分配给 OUT 的地址中。字节是无符号的，因此没有符号扩展位
整数转换为字节	I_B EN ENO IN OUT	ITB IN，OUT	将字值 IN 转换为字节值，并将结果存入分配给 OUT 的地址中。可转换 0～255 之间的值。所有其他值将导致溢出，并且输出不受影响
整数转换为双精度整数	I_DI EN ENO IN OUT	ITD IN，OUT	将整数值 IN 转换为双精度整数值，并将结果存入分配给 OUT 的地址中。符号位扩展到高字节中
双精度整数转换为整数	DI_I EN ENO IN OUT	DTI IN，OUT	将双精度整数值 IN 转换为整数值，并将结果存入分配给 OUT 的地址中。如果转换的值过大，以至于无法在输出中表示，则溢出位将置位，并且输出不受影响
双整数转换为实数	DI_R EN ENO IN OUT	DTR IN，OUT	将 32 位有符号整数 IN 转换为 32 位实数，并将结果存入分配给 OUT 的地址中

续表

指令名称	梯形图表达式	指令表达式	功能说明
BCD 转换为整数	BCD_I EN ENO IN OUT	BCDI OUT	将二进制编码的十进制 WORD 数据类型值 IN 转换为整数 WORD 数据类型的值，并将结果加载至分配给 OUT 的地址中。IN 的有效范围为 0~9 999 的 BCD 码
整数码转换为 BCD	I_BCD EN ENO IN OUT	IBCD OUT	将输入整数 WORD 数据类型值 IN 转换为二进制编码的十进制 WORD 数据类型，并将结果加载至分配给 OUT 的地址中。IN 的有效范围为 0~9 999 的整数
取整	ROUND EN ENO IN OUT	ROUND IN，OUT	将 32 位实数值 IN 转换为双精度整数值，并将取整后的结果存入分配给 OUT 的地址中。如果小数部分大于或等于 0.5，该实数值将进位
截断	TRUNC EN ENO IN OUT	TRUNC IN，OUT	将 32 位实数值 IN 转换为双精度整数值，并将结果存入分配给 OUT 的地址中。只有转换了实数的整数部分之后，才会丢弃小数部分
SEG 七段编码	SEG EN ENO IN OUT	SEG IN，OUT	要点亮七段显示中的各个段，可通过“段码”指令转换 IN 指定的字符字节，以生成位模式字节，并将其存入分配给 OUT 的地址中

注意：要将整数转换为实数，请先执行整数到双精度整数指令，然后执行双精度整数到实数指令。

输入数据类型见表 4-19。输出数据类型见表 4-20。

表 4-19　输入数据类型

BYTE	IB、QB、VB、MB、SMB、SB、LB、AC、*VD、*LD、*AC、常数
WORD（BCD_I，I_BCD）、INT	IW、QW、VW、MW、SMW、SW、T、C、LW、AIW、AC、*VD、*LD、*AC、常数
DINT	ID、QD、VD、MD、SMD、SD、LD、HC、AC、*VD、*LD、*AC、常数
REAL	ID、QD、VD、MD、SMD、SD、LD、AC、*VD、*LD、*AC、常数

表 4-20　输出数据类型

BYTE	IB、QB、VB、MB、SMB、SB、LB、AC、*VD、*LD、*AC
WORD（BCD_I、I_BCD）	IW、QW、VW、MW、SMW、SW、T、C、LW、AC、*VD、*LD、*AC
INT（B_I、DI_I）	IW、QW、VW、MW、SMW、SW、T、C、LW、AC、AQW、*VD、*LD、*AC
DINT、REAL	ID、QD、VD、MD、SMD、SD、LD、AC、*VD、*LD、*AC

七段数码管的编码如图 4-1 所示。

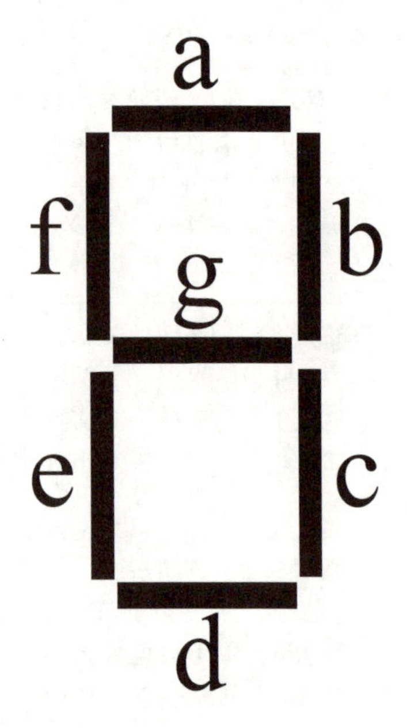

IN	分段显示	OUT -	g	f	e	d	c	b	a
0	0	0	0	1	1	1	1	1	1
1	1	0	0	0	0	0	1	1	0
2	2	0	1	0	1	1	0	1	1
3	3	0	1	0	0	1	1	1	1
4	4	0	1	1	0	0	1	1	0
5	5	0	1	1	0	1	1	0	1
6	6	0	1	1	1	1	1	0	1
7	7	0	0	0	0	0	1	1	1
8	8	0	1	1	1	1	1	1	1
9	9	0	1	1	0	0	1	1	1
10	A	0	1	1	1	0	1	1	1
11	b	0	1	1	1	1	1	0	0
12	c	0	0	1	1	1	0	0	1
13	d	0	1	0	1	1	1	1	0
14	E	0	1	1	1	1	0	0	1
15	F	0	1	1	1	0	0	0	1

图 4-1　七段数码管的编码

4.3.2　ASCII 字符数组、字符串和数值转换指令

ASCII（American Standard Code for Information Interchange，美国信息交换标准代码）是由美国国家标准学会（American National Standard Institute，ANSI）制定的，是一种标准的单字节字符编码方案，用于基于文本的数据。它最初是美国国家标准，供不同计算机在相互通信时用作共同遵守的西文字符编码标准，后来它被国际标准化组织（International Organization for Standardization，ISO）定为国际标准，称为 ISO 646 标准。

标准 ASCII 码也叫基础 ASCII 码，使用 7 位二进制数（剩下的 1 位二进制为 0）来表示所有的大写和小写字母、数字 0~9、标点符号，以及在美式英语中使用的特殊控制字符。

在标准 ASCII 中，其最高位（b7）用作奇偶校验位。所谓奇偶校验，是指在代码传送过程中用来检验是否出现错误的一种方法，一般分为奇校验和偶校验两种。奇校验规定：正确的代码，一个字节中 1 的个数必须是奇数，若非奇数，则在最高位 b7 添 1；偶校验规定：正确的代码，一个字节中 1 的个数必须是偶数，若非偶数，则在最高位 b7 添 1。

后 128 个称为扩展 ASCII 码。许多基于 x86 的系统都支持使用扩展（或“高”）ASCII 码。扩展 ASCII 码允许将每个字符的第 8 位用于确定附加的 128 个特殊符号字符、外来语字母和图形符号。

以下的转换指令就是将存储器里的，以 ASCII 形式的数转换为其他类型，以供 PLC 进行运算，或者将运算结果转换成 ASCII。

类型转换指令见表 4-21。

表 4-21　类型转换指令

指令名称	梯形图表达式	指令表达式	功能说明	操作元件
ASCII 转换为十六进制	ATH EN ENO IN OUT LEN	ATH IN，OUT，LEN	将长度为 LEN、从 IN 开始的 ASCII 字符转换为从 OUT 开始的十六进制数。可转换的最大 ASCII 字符数为 255	IN，OUT：BYTE LEN：BYTE
十六进制转换为 ASCII	HTA EN ENO IN OUT LEN	HTA IN，OUT，LEN	将从输入字节 IN 开始的十六进制数转换为从 OUT 开始的 ASCII 字符。LEN 分配要转换的十六进制数的位数。可以转换的 ASCII 字符或十六进制数的最大数目为 255	
整数转换为 ASCII	ITA EN ENO IN OUT FMT	ITA IN，OUT，FMT	将整数值 IN 转换为 ASCII 字符数组。FMT 将分配小数点右侧的转换精度，并指定小数点显示为逗号还是句点。得出的转换结果将存入以 OUT 分配的地址开始的 8 个连续字节中	IN：INT FMT：BYTE OUT：BYTE
双整数转换为 ASCII	DTA EN ENO IN OUT FMT	DTA IN，OUT，FMT	将双字 IN 转换为 ASCII 字符数组。格式参数 FMT 指定小数点右侧的转换精度。得出的转换结果将存入以 OUT 开头的 12 个连续字节中	IN：DINT FMT：BYTE OUT：BYTE
实数转换为 ASCII	RTA EN ENO IN OUT FMT	RTA IN，OUT，FMT	将实数值 IN 转换成 ASCII 字符。FMT 会指定小数点右侧的转换精度、小数点显示为逗号还是句点以及输出缓冲区大小。得出的转换结果会存入以 OUT 开头的输出缓冲区中	IN：REAL FMT：BYTE OUT：BYTE

续表

指令名称	梯形图表达式	指令表达式	功能说明	操作元件
整数到字符串转换	I_S EN ENO IN OUT FMT	ITS IN，OUT，FMT	将整数字IN转换为长度为8个字符的ASCII字符串。FMT分配小数点右侧的转换精度，并指定小数点显示为逗号还是句点。结果字符串会写入从OUT处开始的9个连续字节中	IN：INT FMT：BYTE OUT：STRING
双精度整数到字符串转换	DI_S EN ENO IN OUT FMT	DTS IN，OUT，FMT	将双整数IN转换为长度为12个字符的ASCII字符串。FMT分配小数点右侧的转换精度，并指定小数点显示为逗号还是句点。结果字符串会写入从OUT处开始的13个连续字节中	IN：DINT FMT：BYTE OUT：STRING
实数到字符串转换	R_S EN ENO IN OUT FMT	RTS IN，OUT，FMT	将实数值IN转换为ASCII字符串。FMT分配小数点右侧的转换精度、小数点显示为逗号还是句点以及输出字符串的长度。转换结果放置在以OUT开头的字符串中。结果字符串的长度在格式中指定，可以是3~15个字符	IN：REAL FMT：BYTE OUT：STRING
ASCII子字符串转换为整数值	S_I EN ENO IN OUT INDX	STI IN，INDX，OUT	ASCII子字符串转换为整数值	IN：STRING INDX：BYTE OUT：INTDINT、REAL
ASCII子字符串转换为双整数值	S_DI EN ENO IN OUT INDX	STD IN，INDX，OUT	ASCII子字符串转换为双整数值	
ASCII子字符串转换为实数值	S_R EN ENO IN OUT INDX	STR IN，INDX，OUT	ASCII子字符串转换为实数值	

4.3.3 编码和解码

编码是将数据从一种形式或格式转换为另一种形式的过程。一般用预先规定的方法将文字、数字或其他对象编成数码，或将信息、数据转换成规定的电脉冲信号。编码在电子计算机、电视、遥控和通信等方面广泛使用。编码是信息从一种形式或格式转换为另一种形式的过程。解码，是编码的逆过程。编码/解码指令见表4-22。

表 4-22　编码/解码指令

指令名称	梯形图表达式	指令表达式	功能说明
编码指令	ENCO EN ENO IN OUT	ENCO IN，OUT	编码指令将输入字 IN 中设置的最低有效位的位编号写入输出字节 OUT 的最低有效“半字节”（4 位）中
解码指令	DECO EN ENO IN OUT	DECO IN，OUT	解码指令置位输出字 OUT 中与输入字节 IN 的最低有效“半字节”（4 位）表示的位号对应的位。输出字的所有其他位都被设置为 0

参与编码解码指令的输入/输出数据类型和相应的操作数见表 4-23。

表 4-23　I/O 操作数类型

输入输出	数据类型	操作数
IN	WORD（ENCO）	IW、QW、VW、MW、SMW、SW、T、C、LW、AC、AIW、*VD、*LD、*AC、常数
	BYTE（DECO）	IB、QB、VB、MB、SMB、SB、LB、AC、*VD、*LD、*AC、常数
OUT	BYTE（ENCO）	IB、QB、VB、MB、SMB、SB、LB、AC、*VD、*LD、*AC
	WORD（DECO）	IW、QW、VW、MW、SMW、SW、T、C、LW、AC、AQW、*VD、*LD、*AC

4.4 比较指令

比较指令包括数值比较和字符串比较两类。比较指令的返回值为布尔数。

4.4.1 数值比较指令

比较指令可以对两个数据类型相同的数值进行比较。用户可以比较字节、整数、双整数和实数。

对于 LAD 和 FBD：比较结果为 TRUE 时，比较指令将接通触点（LAD 程序段能流）或输出（FBD 逻辑流）。

对于 STL：比较结果为 TRUE 时，比较指令可装载 1、将 1 与逻辑栈顶中的值进行“与”运算或者“或”运算。

有 6 种比较类型可用，见表 4-24。

表 4-24　比较类型

比较类型	输出仅在以下条件下为 TRUE
==（LAD/FBD） =（STL）	IN1 等于 IN2
<>	IN1 不等于 IN2
>=	IN1 大于或等于 IN2
<=	IN1 小于或等于 IN2
>	IN1 大于 IN2
<	IN1 小于 IN2

所选数据类型标识符决定 IN1 和 IN2 参数所需的数据类型，见表 4-25。

表 4-25　比较指令数据类型

数据类型标识符	所需 IN1、IN2 数据类型
B	无符号字节
W	有符号字整数
D	有符号双字整数
R	有符号实数

比较指令见表 4-26。

表 4-26　比较指令表

LAD 触点	FBD 功能框	STL	比较结果
IN1 ==B IN2	IN1 ==B OUT IN2	LDB=IN1，IN2 OB=IN1，IN2 AB=IN1，IN2	比较两个无符号字节值： 如果 IN1 = IN2，则结果为 TRUE
IN1 ==I IN2	IN1 ==I OUT IN2	LDW=IN1，IN2 OW=IN1，IN2 AW=IN1，IN2	比较两个有符号整数值： 如果 IN1 = IN2，则结果为 TRUE
IN1 ==D IN2	IN1 ==D OUT IN2	LDD=IN1，IN2 OD=IN1，IN2 AD=IN1，IN2	比较两个有符号双精度整数值： 如果 IN1 = IN2，则结果为 TRUE
IN1 ==R IN2	IN1 ==R OUT IN2	LDR=IN1，IN2 OR=IN1，IN2 AR=IN1，IN2	比较两个有符号实数值： 如果 IN1 = IN2，则结果为 TRUE

➢说明

以下条件会导致非致命错误，将能流设置为OFF（ENO位=0），并且使用值0作为比较结果：

①遇到非法间接地址（任意比较指令）。

②比较实数指令遇到非法实数（例如NaN）。

为了避免这些情况的发生，首先应确保正确初始化指针以及包含实数的值，然后再执行使用这些值的比较指令。

无论能流的状态如何，都会执行比较指令。输入/输出数据类型见表4-27。

表4-27 输入/输出数据类型

输入/输出	数据类型	操作数
IN1、IN2	BYTE	IB、QB、VB、MB、SMB、SB、LB、AC、*VD、*LD、*AC、常数
	INT	IW、QW、VW、MW、SMW、SW、T、C、LW、AC、AIW、*VD、*LD、*AC、常数
	DINT	ID、QD、VD、MD、SMD、SD、LD、AC、HC、*VD、*LD、*AC、常数
	REAL	ID、QD、VD、MD、SMD、SD、LD、AC、*VD、*LD、*AC、常数
OUT	BOOL	LAD：能流 FBD：I、Q、V、M、SM、S、T、C、L、逻辑流

4.4.2 字符串比较指令

字符串比较指令可比较两个ASCII字符串。

对于LAD和FBD：比较结果为TRUE时，比较指令将接通触点（LAD）或输出（FBD）。

对于STL：比较结果为TRUE时，比较指令可装载1、将1与逻辑栈顶中的值进行“与”运算或者“或”运算。

可以在两个变量或一个常数和一个变量之间进行比较。如果比较中使用了常数，则它必须为顶部参数（LAD触点/FBD功能框）或第一参数（STL）。

在程序编辑器中，常数字符串参数赋值必须以双引号字符开始和结束。常数字符串条目的最大长度是126个字符（字节）。

相反，变量字符串由初始长度字节的字节地址引用，字符字节存储在下一个字节地址处。变量字符串的最大长度为254个字符（字节），并且可在数据块编辑器中进行初始化（前后带双引号字符）。字符串比较指令见表4-28。

表 4-28　字符串比较指令

LAD 触点	FBD 功能框	STL	比较结果
IN1 ==S IN2	IN1 ==S OUT IN2	LDS=IN1，IN2 OS=IN1，IN2 AS=IN1，IN2	比较两个 STRING 数据类型的字符串： 如果字符串 IN1 等于字符串 IN2，则结果为 TRUE
IN1 <>S IN2	IN1 <>S OUT IN2	LDS<>IN1，IN2 OS<>IN1，IN2 AS<>IN1，IN2	比较两个 STRING 数据类型的字符串： 如果字符串 IN1 不等于字符串 IN2，则结果为 TRUE

➢说明

以下条件会导致非致命错误，能流将设置为 OFF（ENO 位=0），并采用值 0 作为比较结果：

①遇到非法间接地址（任意比较指令）。

②遇到长度大于 254 个字符的变量字符串（比较字符串指令）。

③变量字符串的起始地址和长度使其不适合所指定的存储区（比较字符串指令）。

为了避免这些情况的发生，首先应确保正确初始化指针以及用于保留 ASCII 字符串的存储单元，然后再执行使用这些值的比较指令，确保为 ASCII 字符串预留的缓冲区能够完全放入指定的存储区。

无论能流的状态如何，都会执行比较指令。指令 I/O 数据类型见表 4-29。

表 4-29　指令 I/O 数据类型

输入/输出	数据类型	操作数
IN1、IN2	BYTE	IB、QB、VB、MB、SMB、SB、LB、AC、*VD、*LD、*AC、常数
	INT	IW、QW、VW、MW、SMW、SW、T、C、LW、AC、AIW、*VD、*LD、*AC、常数
	DINT	ID、QD、VD、MD、SMD、SD、LD、AC、HC、*VD、*LD、*AC、常数
	REAL	ID、QD、VD、MD、SMD、SD、LD、AC、*VD、*LD、*AC、常数
OUT	BOOL	LAD：能流 FBD：I、Q、V、M、SM、S、T、C、L、逻辑流

4.5 传送指令

传送指令是将源存储单元内部的数值传送到目的存储单元内部的指令。包括四种类型的指令：字节、字、双字和实数传送指令；块传送指令；交换字节指令；字节立即传送指令。

指令详细说明请扫描二维码：

4.6 移位和循环移位指令

移位指令和循环移位指令比较类似，都包含左移和右移两个方向，根据移动的数据类型，包括字节、字、双字三种类型，所以每种移位指令包含 6 条指令。

指令详细说明请扫描二维码：

4.7 习题

一、简答题

1. S7-200 SMART PLC 有哪些程序控制类指令？各有什么用？
2. S7-200 SMART PLC 有哪些数字运算指令？各有什么用？
3. S7-200 SMART PLC 有哪些转换指令？各有什么用？
4. S7-200 SMART PLC 有哪些比较指令？各有什么用？

二、实验题

1. S7-200 SMART PLC 程序控制类指令实验。

（1）循环指令实验。

（2）跳转指令实验。

（3）顺序控制指令实验。

（4）看门狗指令实验。

2. S7-200 SMART PLC 数字运算指令实验。
3. S7-200 SMART PLC 转换指令实验。
4. S7-200 SMART PLC 比较指令实验。

第 5 章

PLC 顺序控制指令及其使用

【本章要点】

☆ 顺序功能图的基本概念
☆ 顺序控制指令
☆ 顺序功能图的主要类型
☆ 顺序功能图举例

5.1 顺序功能图的基本概念

顺序功能图（Sequential Function Chart，SFC）是一种专用于工业顺序控制程序设计的功能说明性语言，能完整地描述控制系统的工作过程、功能和特性，是分析、设计电气控制系统控制程序的重要工具。其主要为了解决复杂顺序控制问题而产生。SFC 使用图形化界面，编写程序比其他编程语言要更加简单和清晰，阅读容易。IEC（国际电工委员会）在 1993 年公布了《可编程控制器 第 3 部分：编程语言》的国际标准 IEC 61131-3 里对 SFC 做了详细描述。但是 S7-200 SMART PLC 属于非 IEC61131-3 的 PLC，所以不能直接使用 SFC 进行编程。S7-200 SMART PLC 要使用 SFC 功能，只能根据要求先设计出顺序功能图，然后根据顺序功能图转梯形图的相应指令，将 SFC 转化为梯形图程序，编译、下载、输入 PLC 中，才能使 S7-200 SMART PLC 运行 SFC 程序，即使这样，使用顺序功能图在做一些顺序控制时，也要比其他编程语言简便很多。

5.1.1 顺序功能图的组成元素

顺序功能图简称功能图，又叫状态功能图、状态流程图或状态转移图，主要由“状态”“转换”、有向线段等元素组成。

设计者按照生产要求，将 PLC 设备的一个工作周期划分成若干个工作阶段，每个阶段有一个相对稳定的状态，每个阶段必须有明确段的输出，稳定的阶段与阶段之间通过制定的逻辑条件进行转换，在程序运行时，只要通过正确连接进行阶段之间的转换，就可以完成被控设备的全部动作。

组成顺序功能图的基本要素是状态、转换条件和连接各个状态的有向线段。

1. 状态

状态是顺序功能图中比较稳定的阶段。表示符号是一个矩形框，矩形框里写上状态的编号或者代码。系统的初始状态也是顺序功能图的起始状态，叫作初始状态。当前运行的状态，叫作运动状态。当前不在运行的状态，叫作静止状态。每一个状态可以有相应的动作，动作使用线段和状态相连，动作的矩形框中写明动作的编号或说明。顺序功能图中的状态、初始状态如图 5-1 所示。

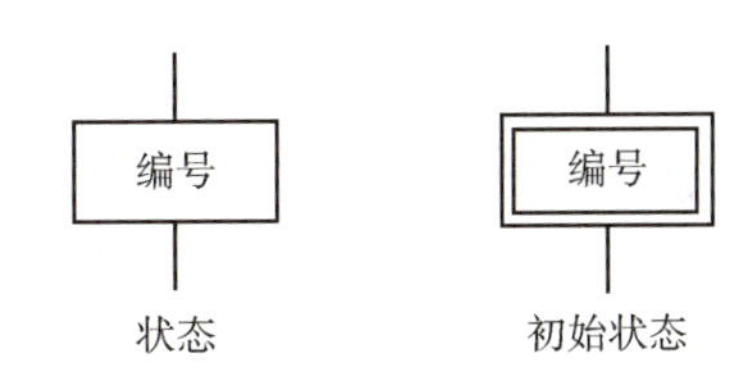

图 5-1　顺序功能图中的状态、初始状态

2. 转换

每个相对稳定的状态会有两个转换条件，第一个转换条件是进入此状态需要满足的条件，一般画在本状态矩形框的输入线段上，代表输入转换条件，只有输入转换条件满足的情况下才会进入此状态。另一个转换条件是输出转换条件，一般绘制在本状态矩形框的输出端，代表本状态在满足输出条件时，结束本状态进入下一个状态。转换是状态与状态之间转换的必要条件，如果两个状态之间没有转换条件，那么这两个状态可以合并成一个状态。本状态的输入转换条件，其实就是上一个状态的输出转换条件。本状态的输出转换条件就是下一个状态的输入转换条件。

要转到本状态需要两个条件，一是上一个状态必须是运动状态，二是满足本状态的输入转换条件。转换条件必须在功能图上注明。

3. 有向线段

有向线段连接着一个状态与另一个状态，有向线段决定了状态的转换方向和路径，转换条件是有向线段上垂直的短线段。

顺序功能图如图 5-2 所示。

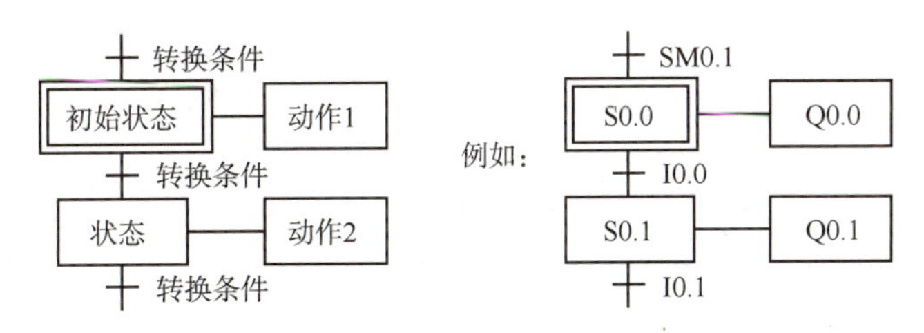

图 5-2　顺序功能图举例

5.1.2　顺序功能图的构成规则

绘制顺序功能图必须满足以下规则：

①一个顺序功能图至少要有一个初始状态，初始状态也必须要有输入转换条件。

②每个状态必须要有输入转换条件和输出转换条件，不能无条件连接其他状态。

③状态和状态之间的转换条件是唯一的，不能存在两个转换条件。

④状态和转换、转换和状态之间连接的有向线段，从上向下画的时候可以省略箭头，但是当有向线段从下向上画的时候，必须画上箭头，以表示有向线段方向。

5.2 顺序功能指令

S7-200 SMART PLC 不能支持 SFC 直接编程，但是提供了 4 条将 SFC 转换成梯形图的功能指令。设计者需要根据 SFC 图，转换为对应的梯形图。顺序功能指令见表 5-1。

表 5-1 顺序功能指令

LAD	STL	说明
S_bit SCR	LSCR S_bit	SCR 指令将该指令所引用的 S 位的值装载到 SCR 和逻辑堆栈。 得出的 SCR 堆栈的值会接通或断开 SCR 堆栈。SCR 堆栈的值会被复制到逻辑堆栈的栈顶，以便使 LAD 功能框或输出线圈可直接与左侧电源线相连，无须在前面使用触点指令
S_bit —(SCRT)	SCRT S_bit	SCRT 指令标识要启用的 SCR 位（要设置的下一个 S_bit）。能流进入线圈或 FBD 功能框时，CPU 会开启引用的 S_bit，并会关闭 LSCR 指令（启用此 SCR 段的指令）的 S_bit
—(SCRE)	CSCRE	对于 STL，启用 CSCRE（有条件 SCR 结束）指令后，会终止执行 SCR 段。对于 LAD，置于 SCRE 线圈前的有条件触点会执行有条件 SCR 结束功能
├—(SCRE)	SCRE	对于 STL 和 FBD，SCRE（无条件 SCR 结束）指令终止执行 SCR 段。对于 LAD，直接连接到电源线的 SCRE 线圈执行无条件 SCR 结束功能

顺序控制指令的操作对象是顺控继电器 SCR，简写为 S。S 也称作状态器，每个 S 的位都表示功能图的一个状态，S 的取值范围为 S0.0~S31.7。

SCR（装载 SCR）标记 SCR 段的开始，SCRE（结束 SCR）标记 SCR 程序段的结束。SCR 和 SCRE 指令之间的所有逻辑是否执行取决于 S 堆栈的值。SCRE 和下一条 SCR 指令之间的逻辑与 S 堆栈的值无关。

SCRT（SCR 转换）将控制权从激活的 SCR 段转交给另一个 SCR 段。

SCR 转换指令有能流时，执行该指令将复位当前激活的 SCR 段的 S 位，并会置位所引用段的 S 位。SCR 转换指令执行时，复位激活段的 S 位不会影响 S 堆栈。因此，SCR 段保持接通直至退出该段。

仅 STL 指令 CSRE（有条件 SCR 结束）存在激活的 SCR 段，而不在 CSRE 和 SCRE（SCR 结束）指令之间执行指令。有条件 SCR 结束指令不影响任何 S 位，也不会影响 S 堆栈。

5.3 顺序功能图的主要类型

顺序功能图根据功能图的程序走向，分为：单流程、可选择分支和连接、并行分支和连接以及跳转和循环。其中，跳转和循环是利用前三项的组合来完成的。接下来详细介绍各个功能图，结合功能图和对应的梯形图才能更好地理解顺序功能指令。

5.3.1 单流程

单流程是最简单的功能图，其状态是一个接一个地完成，每个状态下连接一个转换，每个转换连接一个状态。单流程的功能图、梯形图和语句表如图 5-3 所示。

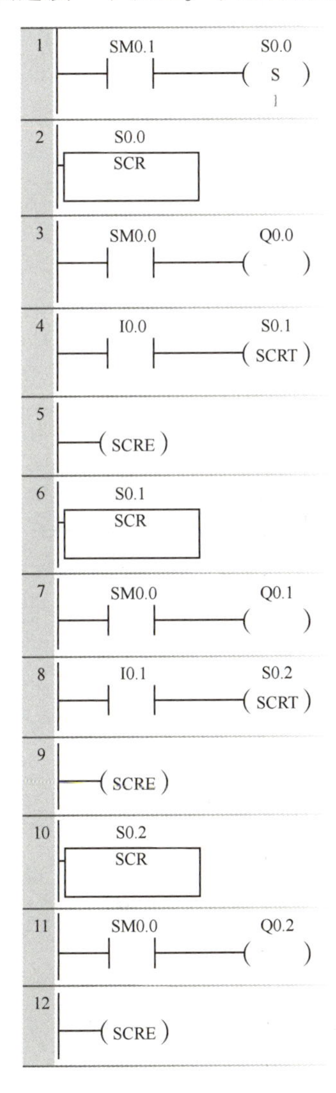

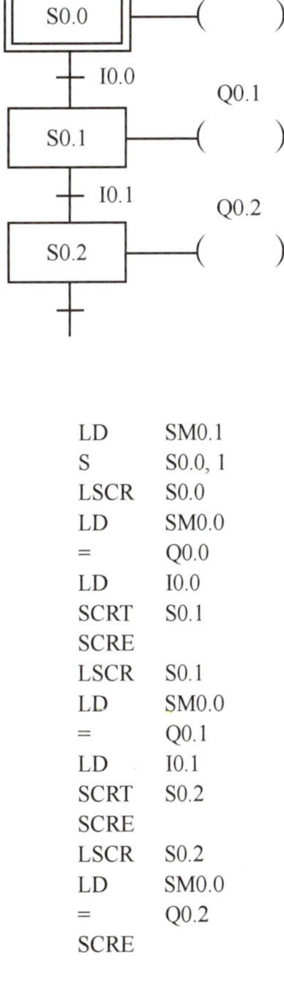


```
LD      SM0.1
S       S0.0, 1
LSCR    S0.0
LD      SM0.0
=       Q0.0
LD      I0.0
SCRT    S0.1
SCRE
LSCR    S0.1
LD      SM0.0
=       Q0.1
LD      I0.1
SCRT    S0.2
SCRE
LSCR    S0.2
LD      SM0.0
=       Q0.2
SCRE
```

图 5-3 单流程的功能图、梯形图和语句表

5.3.2 可选择分支和连接

生产中，往往存在流程选择或者分支选择的情况，即一个状态后，根据不同转换条件来选择不同的分支程序进行操作。需要注意的是，分支是不能同时被选择工作的，即不能同时激活，所以不同分支的输入不能同时为真。可选择分支和连接的功能图、梯形图如图 5-4所示。

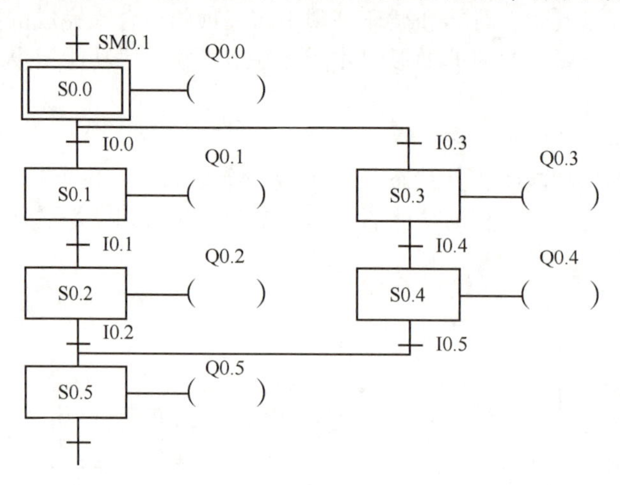

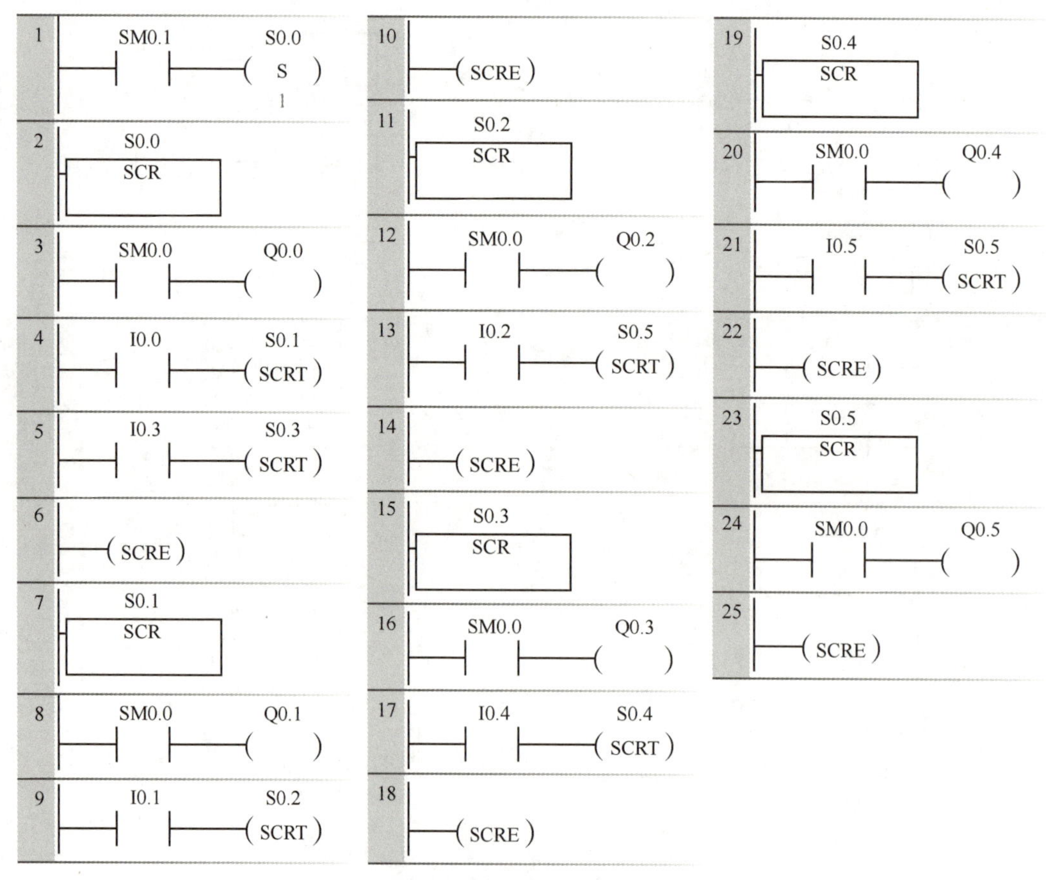

图 5-4 可选择分支和连接的功能图、梯形图

这里需要注意的是，可选择分支和连接 S0.0 状态后同时进入两个选择条件 I0.0 和 I0.3，I0.0 和 I0.3 在硬件或者程序中必须保证同一时间只能有一个为真，所以分支是在进入 I0.0 和 I0.3 之间的。分支运行结束后，是通过 I0.2 和 I0.5 两个条件之后进行连接的。

5.3.3 并行分支和连接

生产中，还存在一种情况：一种状态后，同时有多个分支，这些分支可以同时运行，互不干扰，所以并行分支和可选择分支的区别就是，并行分支转换条件成立后，所有并行分支的受状态同时被激活，成为活动状态。各个分支按功能图的状态顺序执行，最后把这些控制流合并成一个控制流。在合并控制流时，所有的分支控制流必须都完成才能合并分支。分支执行时间不同，先执行到合并位置的分支保持最后一个状态，等待其他分支达到最后一个状态。

并行分支和连接的功能图、梯形图如图 5-5 所示。

这里需要注意的是，分支的并发和合并都是使用双水平线表示的。当转换 I0.0 成立后，程序同时进入 S0.1 和 S0.2 状态，两个分支同时进行；当 S0.1 和 S0.2 状态都完成后，等待 I0.1 条件成立，进入 S0.3 状态。请读者注意转换条件和并发/合并与可选择分支之间的区别。

5.3.4 跳转和循环

前面的形式是最基本的形式，一般在生产中，程序在初始化完成之后，都是周而复始循环运行的。在运行过程中，可能会因为某些要求跳过一些状态，所以会需要跳转和循环功能图，跳转和循环其实是将单流程、可选分支和并行分支结合起来获得的。

跳转和循环的功能图、梯形图如图 5-6 所示。

5.4 顺序功能图举例

利用顺序功能图设计一套液体混合控制系统。

5.4.1 控制要求

利用功能图进行液体混合装置的设计，两种液体混合装置示意图如图 5-7 所示。装置结构和工艺要求：BG1、BG2、BG3 为液位传感器，液面淹没时接通，两种液体（液体 A、液体 B）的流入和混合液体的流出分别由电磁阀 MB1、MB2、MB3 控制，MA 为搅拌电动机。

当装置投入运行时，容器内为放空状态（初始状态）。启动操作按下启动按钮 SF1，装置就开始按规定动作工作：液体 A 阀门打开，液体 A 流入容器当液面到达 BG2 时，关闭液体 A 阀门 MB1，打开液体 B 阀门 MB2。当液面到达 BG3 时，关闭液体 B 阀门 MB2，搅拌电动机开始转动。搅拌电动机工作 1 min 后，停止搅动，混合液体阀门 MB3 打开，开始放出混合液体。当液面下降到 BG1 时，BG1 由接通变为断开，再经过 20 s 后，容器放

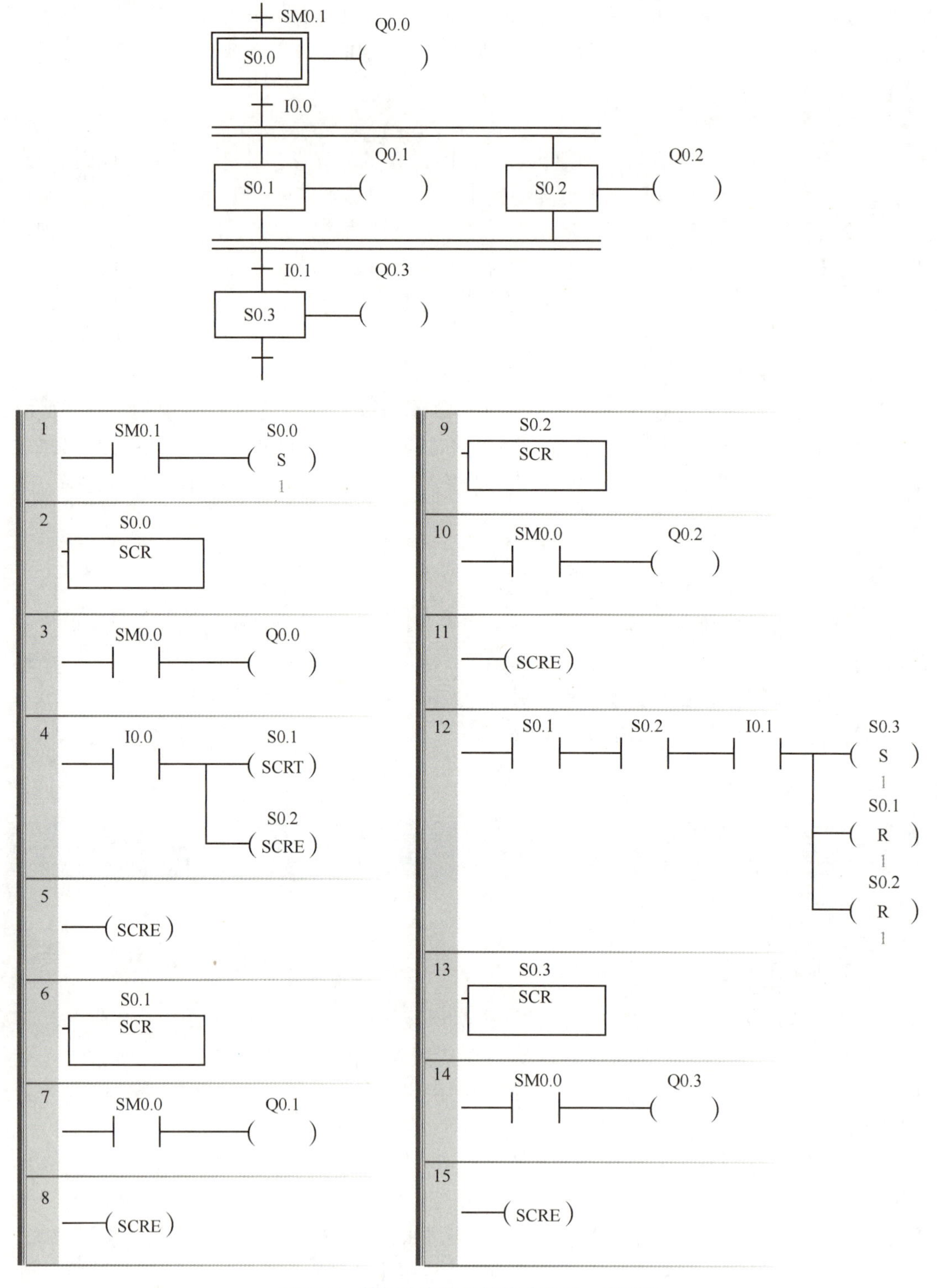

图 5-5　并行分支和连接的功能图、梯形图

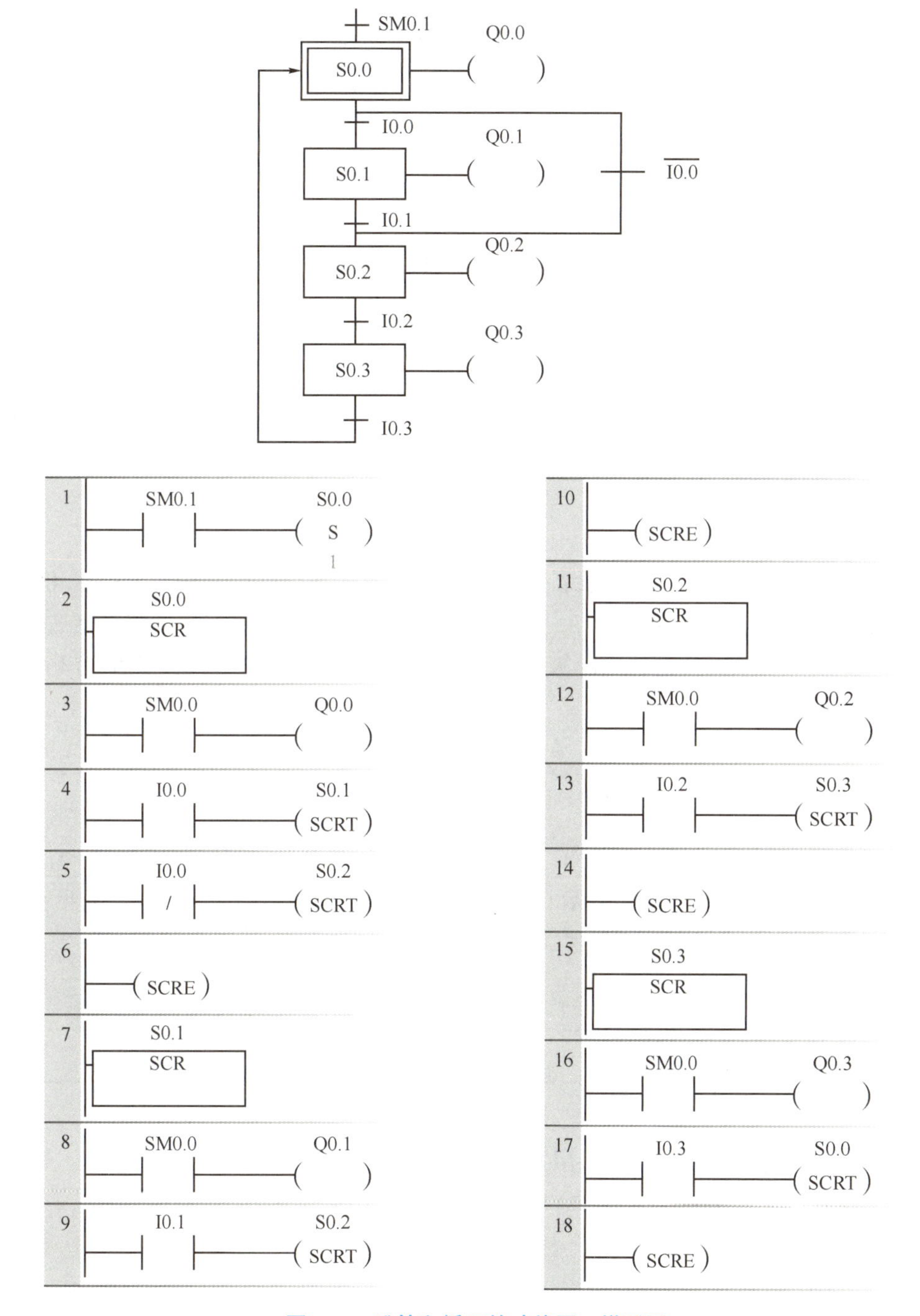

图 5-6　跳转和循环的功能图、梯形图

空，混合液体阀门 MB3 关闭，接着开始下一循环操作。按下停止按钮 SF2 后，要处理完当前循环周期剩余的任务后，系统才停止回到初始状态。液体混合装置示意如图 5-7 所示。

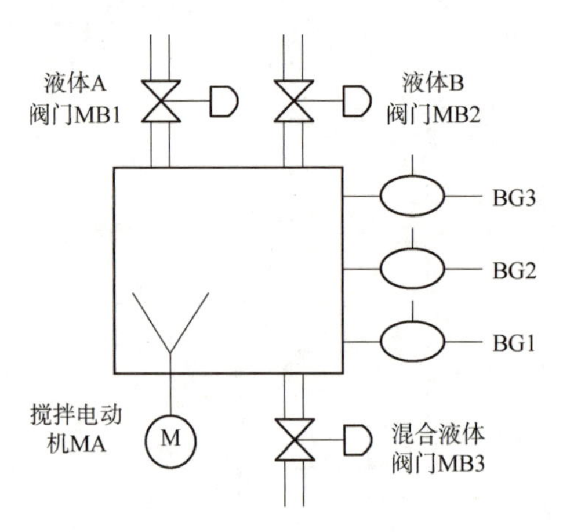

图 5-7　液体混合装置示意

5.4.2　实验设备

拿到题目可以分析一下，这套设备是工业控制设备，执行机构是工业器件，可以使用 PLC 进行控制，输入/输出点数不多，选用小型 PLC 就能实现功能。接下来需要进行设备调试运行，所以可以根据自己的实际需要选择实验设备，这里选用 THSMS 型的 PLC 实验台。表 5-2 是整理的实验设备清单。

表 5-2　实验设备清单

序号	名称	型号与规格	数量	备注
1	PLC 实验台	THSMS-C1	1	
2	实验挂箱	A14	1	挂件中+5 V 不需接线
3	导线	控制线	若干	
4	网线		1	
5	计算机		1	自备

5.4.3　PLC 的 I/O 分配表和外部接线图

接下来根据控制对象来要安排 PLC 的输入/输出表，并且在 I/O 分配表上填写相关的功能说明，见表 5-3。

表 5-3　I/O 分配表

I（输入）		O（输出）	
地址	名称	地址	名称
I0.0	接启动按钮 SF1	Q0.0	液体 A 阀门（MB1）
I0.1	接停止按钮 SF2	Q0.1	液体 B 阀门（MB2）

续表

I（输入）		O（输出）	
I0. 2	液位 1（接 BG1 传感器）	Q0. 2	混合液输出阀门（MB3）
I0. 3	液位 2（接 BG2 传感器）	Q0. 3	搅拌电动机（MA）
I0. 4	液位 3（接 BG3 传感器）		
电源正端	主机 1M、L、2L+、面板 V+接电源+24 V		
电源地端	主机 2M、M、面板 COM 接电源 GND		

根据 I/O 分配表和性能要求绘制 PLC 外部接线图，如图 5-8 所示。

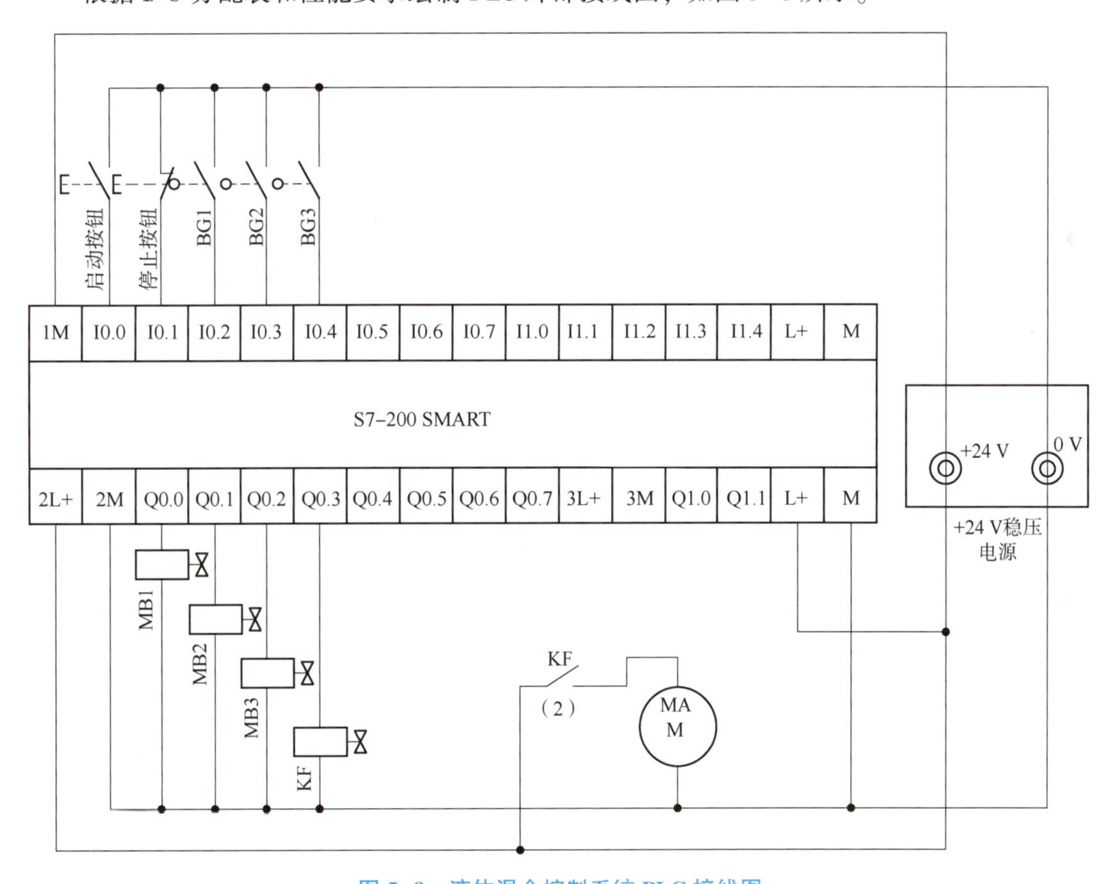

图 5-8 液体混合控制系统 PLC 接线图

5.4.4 程序设计

根据设计要求可以画出顺序功能图，如图 5-9 所示。

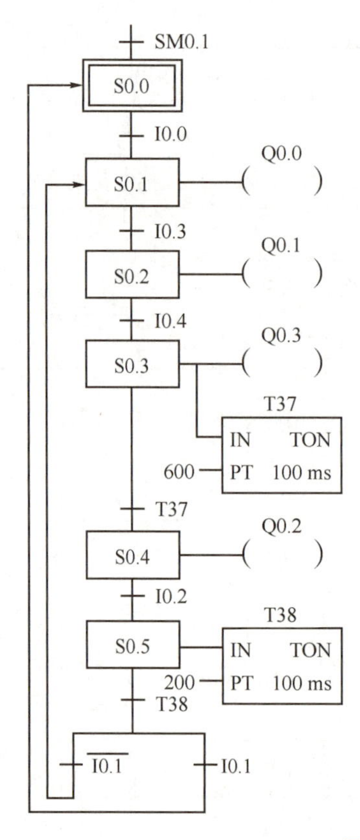

系统启动后，自动进入状态S0.0

按I0.0启动运行

状态S0.1：启动液体A阀门，注入液体A
液位到达BG2处，进入状态S0.2

状态S0.2：启动液体B阀门，注入液体B
液位达到BG3处，进入状态S0.3

状态S0.3：启动搅拌电动机，搅拌液体

同时打开定时器T37，定时1 min

定时器T37定时时间到，进入状态S0.4

状态S0.4：开启混合液输出阀门
液面达到BG1处，进入状态S0.5

状态S0.5：等待20 s，根据停止按钮状态确定是循环还是结束运行

I0.1按下，进入状态S0.0，等待再次按下启动按键运行
I0.1未按下，进入状态S0.1，继续运行

图 5-9 顺序功能图

5.5 习题

一、简答题

1. 简述顺序功能图的组成元素和构成规则。
2. 顺序功能指令有哪些？各自的作用是什么？
3. 顺序功能图的主要类型有哪些？各有什么特点？

二、实验题

1. 使用顺序功能指令完成三台电动机的顺序启停实验。
2. 使用顺序功能指令实现十字路口交通灯实验。
3. 使用顺序功能指令实现装配流水线控制。
4. 使用顺序功能指令实现自动配料装车系统控制。
5. 使用顺序功能指令编写液体混合控制系统程序。

第 6 章

PLC 网络通信技术及应用

【本章要点】

☆ 通信基础知识
☆ PLC 通信组态
☆ 以太网通信
☆ PROFIBUS 协议
☆ RS-485

6.1 通信基础知识

通信就是使用某种方法，通过传播媒介，将信息从一个地方传送到另外一个地方的过程。通信媒介从烽火、信鸽、旗语、驿站、电缆、光纤、卫星不断发展变化，通信方法从有线到无线，但是通信的基础本质没有变。这里介绍几个通信的基本知识。

6.1.1 并行传输与串行传输

并行传输（Parallel Transmission）是指发送端将要传送的数据按照字节等规则同时送到数据传输线路中，接收端一次同时接收整个数据，为了协调接收和发送端，需要控制线路的流向。随着传输数据位的增加，并行总线的数据线也不断增加，不利于长距离传输，并且由于数据线一般是平行的，很容易形成电磁干扰，降低可靠性，同时数据线路需要等待每条线路的电平稳定同步后才能读取数据，传输速率无法大幅度提高。所以并行传输逐渐被淘汰了。

串行传输（Serial Transmission）是指发送端将要传送的数据，以数据流的形式，根据发送方和接收方互相认可的协议，逐位送到传输线路中进行传输。串行通信的数据线数量大大降低，控制简单，结合容错校验机制更加适合长距离和可靠传输。串行传输相比并行传输，没有了信号之间的相互干扰，并且随着发送方和接收方的发送和接收能力的提高，串行通信的速率越来越快。所以，现在的工业通信系统中，一般都采用串行通信。

6.1.2 同步传输和异步传输

在传输的过程中，数据传输必须保证和时钟是同步的，否则接收端和发送端就无法准确地接收和发送信息。在并行传输的时候，数据线上的信号一般是和选通信号同步的。在串行传输中，因为传输的是数据串，所以存在两种传输方式：同步传输和异步传输。

同步传输是指传输的时候将要传送的信息打包成数据块，或叫数据帧。数据帧的大小可以不同。然后将这个数据帧送到传输线路中去。同步发送方和接收方的时钟有两种方法：一种方法是发送帧之前，送出同步时钟脉冲，接收方收到时钟脉冲后，根据这个时钟脉冲来接收下来的帧。另一种同步方法是接收方接收到每个跳变信号，将这些跳变信号解释为时钟信号，进行同步传输。

异步传输是指将要传送的信号都是独立的，随机发送的，都是以不均匀的传输速率发送，信号和信号之间的间距也是随机的。这种传输方式是将要传送的数据以字符为单位（一般是8 bit），在传送字符前面加上一个起始位，代表数据开始，结尾加上终止位，代表发送结束。一般为了信号的完整性，还会加上校验位。异步通信适合随机不均匀的数据交换，比较适合快速的主机和慢速的外围器件之间的数据交换。

6.1.3 数据通信方式

在通信线路上，根据数据传送的方向不同，数据通信方式可以分为单工通信方式、半双工通信方式和全双工通信方式。

单工通信方式是指在一条线路中数据传送始终保持着一个方向，而不能反向传输。所以要输出信号和输入信号，至少要两条线路，一条作为输出信号，一条作为输入信号。

半双工通信方式是指一条通信线路中可以传输的信号方向是双向的，但是同一时刻只能选择一个方向传输信号。这样一条线路负责传输信号，就必须有另一条线路来确定数据线路传输的方向。通常需要一对双绞线就能完成半双工的通信方式，例如RS-485的通信方式。

全双工通信方式就是指同一时刻可以在两个方向传输信号，发送方同时也可以是接收方，这就要求传输需要两条线路，一条输出，一条输入。接收方和发送方都必须有两个缓存负责接收和发送。通常需要两对双绞线就能完成全双工的通信方式，例如RS-422的通信方式。

6.1.4 误码控制

数据从发送方发出，经过传输介质到达接收方时，会受到各种各样的干扰，为了保证接收方能接收到正确的信号，需要有一定的误码控制机制。

要想控制干扰对信号的影响，可以在物理层和软件层两个方面进行处理。物理层面可以提高传输介质的质量，高质量的电缆会有抑制外部干扰的屏蔽层。但是增加介质质量的同时，会提高传输通信的成本。软件方式抑制干扰，可以通过软件校验来完成。软件校验是接收方和发送方事先约定生成校验码的方法，发送方在发送信号的同时，根据校验码生成方式，生成传送方的校验码，接收方收到信息后，用约定的校验方式根据接收到的有效数据生成接收校验码，用接收校验码和数据帧中收到的发送校验码进行比较，如果两者一致，则认为数据是正确的，否则就抛弃接收到的帧，返回接收错误指令，要求发送方重新发送刚才的数据。

校验的方式很多，常用的是奇偶校验、冗余校验。其中奇偶校验是最简单的校验方式，它的编码规则是，将要传递的信号包装成帧，然后添加校验位，校验位添加后，使得整个有效字节中“1”的数量是奇数或者偶数。这样的方法比较简单，一般用在对通信错误要求不是非常严格的场合。

6.1.5 传输介质

目前使用比较多的传输介质主要有双绞线、同轴电缆、光缆、红外线、无线电等。其中，在 PLC 系统中，双绞线因为成本低、安装方便，从而使用率非常高。

6.2 PLC 通信组态

在 S7-200 SMART 系统中，通信主要是实现 CPU 之间、CPU 和编程设备、CPU 和 HMI（Human Machine Interface，人机接口）之间的各种通信，通信组态有以太网、PROFIBUS、RS-485 和 RS-232 几种类型。各种方式可以通信的设备是不同的。

1. 以太网通信方式

以太网通信方式，可以实现编程设备到 CPU 的数据交换；HMI 与 CPU 间的数据交换；CPU 与其他 S7-200 SMART CPU 的对等通信；CPU 与其他具有以太网功能的设备间的开放式用户通信（OUC）；使用 PROFINET 设备的 PROFINET 通信等通信方式。但是 S7-200 SMART CPU 中型号为 CPUCR20s、CPUCR30s、CPUCR40s 和 CPUCR60s 的几款中，因为没有以太网端口，所以这些 CPU 不支持与使用以太网通信相关的所有功能。

2. PROFIBUS 通信方式

PROFIBUS 通信方式适用于分布式 I/O 的高速通信（高达 12 Mb/s）；一个总线控制器连接许多 I/O 设备（支持 126 个可寻址设备）；主站和 I/O 设备间的数据交换；EM DP01 模块是 PROFIBUS I/O 设备之间的通信。

3. RS-485 通信方式

RS-485 通信方式使用 USB-PPI 电缆时，提供一个适用于编程的 STEP 7-Micro/WIN SMART 连接；可以支持总共 126 个可寻址设备（每个程序段 32 个设备）；可以支持 PPI（点对点接口）协议；支持 HMI 与 CPU 间的数据交换；可以使用自由端口在设备与 CPU 之间交换数据（XMT/RCV 指令）。

4. RS-232 通信方式

RS-232 通信方式支持与一台设备的点对点连接；支持 PPI 协议；HMI 与 CPU 间的数据交换；使用自由端口在设备与 CPU 之间交换数据（XMT/RCV 指令）。

每种通信方式可连接的通信主体数量上是不同的。CPU 可支持并发异步通信连接数见表 6-1。

表 6-1　CPU 可支持并发异步通信连接数

端口类型	连接方式	最多连接数量
以太网端口	开放式用户通信（OUC）连接	8 个主动（客户端）连接和 8 个被动（服务器）连接，支持 S7-200 SMART CPU 或其他以太网设备
	HMI/OPC 连接	8 个专用 HMI/OPC 服务器连接
	PG 连接	一个编程设备（PG）连接
	对等（GET/PUT）连接	8 个主动（客户端）连接和 8 个被动（服务器）连接，支持 S7-200 SMART CPU 或网络设备
	PROFINET 连接	每个 PROFINET 控制器可支持 8 个连接（I/O 设备或驱动器）
RS-485 端口	4 个支持 HMI 设备的连接和 1 个预留用于通过 STEP 7-Micro/WIN SMART 进行编程的连接	
PROFIBUS 端口	每个 EM DP01 PROFIBUS DP 模块可支持 6 个连接	
CM01 信号板	4 个支持 HMI 设备的连接	

表 6-1 中的功能需要注意的是，CPU 型号为 CPUCR20s、CPUCR30s、CPUCR40s 和 CPUCR60s 的这几款没有以太网端口，并且不支持扩展板，不支持与使用以太网通信和使用扩展模块或信号板相关的所有功能。

6.3　以太网通信

以太网是一种计算机局域网技术。IEEE 组织的 IEEE 802.3 标准制定了以太网的技术标准，它规定了包括物理层的连线、电子信号和介质访问层协议的内容。以太网是目前应用最普遍的局域网技术，取代了其他局域网技术如令牌环、光纤分布式数据接口和令牌总线网络。工业以太网技术源自以太网技术，但是其本身和普通的以太网技术又存在着很大的区别。工业以太网技术本身进行了适应性方面的调整，同时，结合工业生产安全性和稳定性方面的需求，增加了相应的控制应用功能，提出了符合特定工业应用场所需的相应的解决方案。工业以太网技术在实际应用中，能够满足工业生产高效性、稳定性、实时性、经济性、智能性、扩展性等多方面的需求，可以真正延伸到实际企业生产过程中现场设备的控制层面，并结合其技术应用的特点，给予实际企业工业生产过程的全方位控制和管理，是一种非常重要的技术手段。

6.3.1　S7-200 SMART 系列的以太网

S7-200 SMART 系列中 CPU 型号为 CPUCR20s、CPUCR30s、CPUCR40s 和 CPUCR60s 无以太网端口，没有与使用以太网通信相关的功能。

S7-200 SMART 的以太网是一种差分（多点）网络，最多可有 32 个网段、1 024 个节点。以太网可实现高速长距离数据传输。其中使用铜缆最远传输距离约为1.5 km；使用光纤最远传输距离约为4.3 km。

在需要连接的两个系统之间建立以太网连接，需要进行以下几个方面的设置。

第一，必须确立连接的两个设备，并建立硬件连接。硬件连接好后，主动设备建立连接，被动设备则接受或拒绝来自主动设备的连接请求。建立连接后，可通过主动设备对该连接进行自动维护，并通过主动和被动设备对其进行监视。如果连接终止（例如，因断线或其中一个设备断开连接），主动设备将尝试重新建立连接。被动设备也将注意到连接出现终止并采取行动（如撤销新断开连接的主动设备的密码权限）。S7-200 SMART CPU既是主动设备，又是被动设备。主动设备（例如，运行STEP 7-Micro/WIN SMART的计算机或HMI）建立连接时，CPU将根据连接类型以及给定连接类型所允许的连接数量来决定是接受还是拒绝连接请求。

第二，确定连接类型，两个建立连接的设备必须互相告知对方自己的类型，类型包括编程设备、HMI、CPU或其他设备。

第三，建立连接路径，软件连接。必须设置好接收方和发送方的网络、IP地址、子网掩码、网关等相关内容。默认不同网段的设备不会被找到和建立连接。

6.3.2 以太网的组态示例

使用S7-200 SMART CPU以太网网络时，有三种不同类型的通信选项。

1. 将CPU连接到编程设备

图6-1所示的编程设备是电脑。

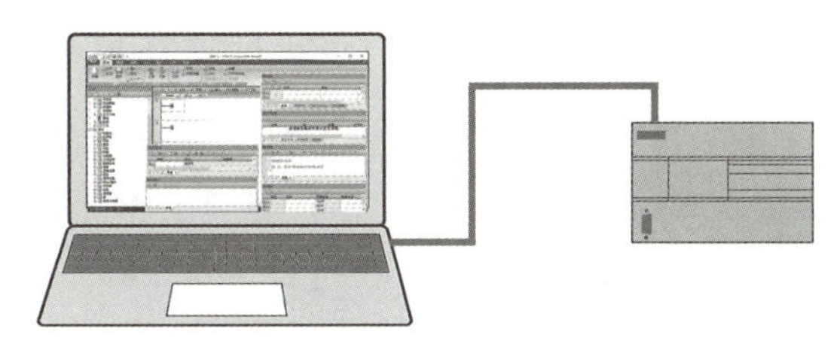

图6-1 CPU连接编程设备

电脑通过以太网网线和CPU直接连接，此时电脑和CPU需要独立供电。通过设置IP地址，可以上传和下载程序块。

2. 将CPU连接到HMI

CPU连接HMI如图6-2所示。

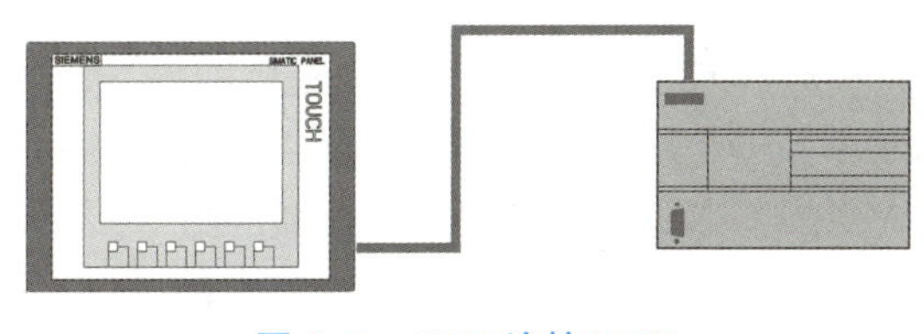

图6-2 CPU连接HMI

CPU 通过以太网网线和人机交换界面直接连接，此时 CPU 和 HMI 需要独立供电。

3. 将 CPU 连接到另一个 S7-200 SMART CPU

两台 CPU 互连，如图 6-3 所示。

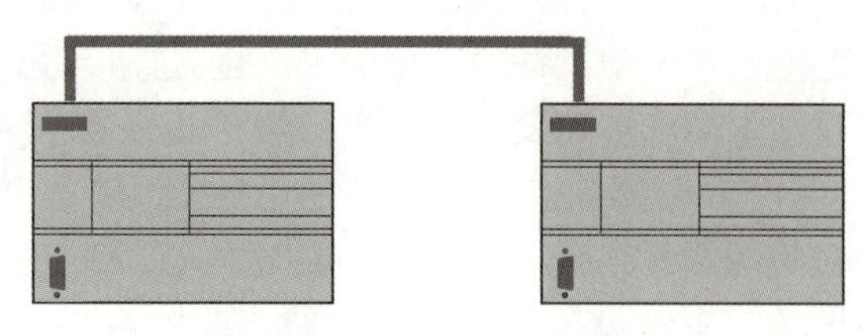

图 6-3 两台 CPU 互连

两个 CPU 通过以太网网线直连。

CPU 上的以太网端口不包含以太网交换设备。编程设备或 HMI 与 CPU 之间的直接连接不需要以太网交换机。不过，含有两个以上的 CPU 或 HMI 设备的网络需要以太网交换机。以太网交换机互连如图 6-4 所示。

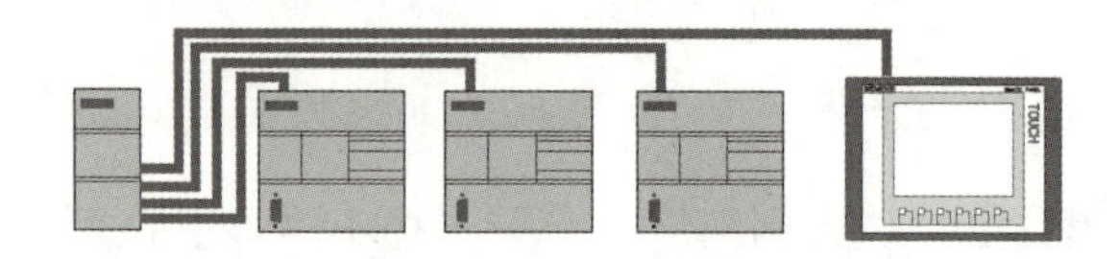

图 6-4 以太网交换机互连

可以使用安装在机架上的 CSM1277 4 端口以太网交换机来连接多个 CPU 和 HMI 设备。

6.3.3 Internet 协议

Internet 协议（Internet Protocol）是一个协议簇的总称，其本身并不是任何协议。一般有文件传输协议、电子邮件协议、超文本传输协议、通信协议等。这里使用的是 TCP/IP（Transmission Control Protocol /Internet Protocol）协议。

TCP/IP 协议是微软公司为了适应不断发展的网络，实现操作系统与其他系统间不同网络的互连而开发的，它是目前最常用的一种协议。

TCP/IP 通信协议具有灵活性，支持任意规模的网络，几乎可连接所有的服务器和工作站，但它的灵活性也带来了复杂性，它需要针对不同网络进行不同设置，且每个节点至少需要一个“IP 地址”、一个“子网掩码”、一个“默认网关”和一个“主机名”。

“IP 地址”（IP Address）：每个 CPU 或设备必须具有一个 Internet 协议（IP）地址。CPU 或设备使用此地址在更加复杂的路由网络中传送数据。每个 IP 地址分为四段，每段占 8 位（0000 0000~1111 1111），并以十进制格式表示（0~255），每段之间以“.”隔开（例如，111.133.102.106）。IP 地址的第一部分用于表示网络 ID（用户正位于什么网络中），地址的第二部分表示主机 ID（对于网络中的每个设备都是唯一的）。IP 地址

192.168.x.y 是一个标准名称，视为未在 Internet 上路由的专用网的一部分。

需要说明的是，所有 S7-200 SMART CPU 都有下列默认 IP 地址：192.168.2.1。所以每一个新连接的 CPU 必须重新设置 IP 地址。

“子网掩码”（Subnet Mask）：子网是已连接的网络设备的逻辑分组。在局域网（LAN）中，子网中的节点彼此之间的物理位置通常相对接近。子网掩码定义 IP 子网的边界。一般使用子网掩码 255.255.255.0，这个子网掩码通常适用于本地网络。

“默认网关”（Default Gateway）：在 TCP 网络中扮演重要的角色，它通常是一个路由器，在 TCP 网络上可以转发数据包到其他网络，可以为网络上的 TCP 主机提供同远程网络上其他主机通信时所使用的默认路由。当一台计算机发送信息时，根据发送信息的目标地址，通过子网掩码来判定目标主机是否在本地子网中，如果目标主机在本地子网中，则直接发送即可。如果目标不在本地子网中，则将该信息送到默认网关（路由器），由默认网关（路由器）将其转发到其他网络中，进一步寻找目标主机。在配置 IP 地址时，需要指定 IP 地址、子网掩码和默认网关这三个参数。如果只有一个子网（所有主机都具有相同的网络地址），不需要与外部网络通信，则默认网关就不用指定（网络中不存在路由器），但 IP 地址和子网掩码必须同时指定。一般情况下，如果不指定默认网关地址，那么该主机只能在本地子网中进行通信。

“主机名”需遵守标准 DNS（域名系统）命名规范。S7-200 SMART CPU 将站名限制为最多 63 个字符。站名可以包括小写字母 a~z、数字 0~9、连字符（减号）和句点。

主机名不允许使用“n.n.n.n”格式，其中 n 取 0~999 之间的值。主机名不能以字符串“port-nnn”或“port-nnn-nnnnn”开头，其中“n”取数字 0~9 之间的值（例如，“port-123”和“port-123-45678”是非法主机名）。主机名不能以连字符或句点开始或结束。

有三种方法可组态或更改 CPU 或设备板载以太网端口的 IP 信息：

①在“通信”（Communications）对话框中组态 IP 信息（动态 IP 信息）。

②在“系统块”（System Block）对话框中组态 IP 信息（静态 IP 信息）。

③在用户程序中组态 IP 信息（动态 IP 信息）。

系统块中以太网设置如图 6-5 所示。

这里要注意的是，CPU 可以有静态或动态 IP 信息。

静态 IP 信息：如果已选中“系统块”（System Block）中的“IP 地址数据固定为下面的值，不能通过其他方式更改”（IP address data is fixed to the values below and cannot be changed by other means）复选框，则用户所输入的以太网网络信息为静态信息。必须将静态 IP 信息下载至 CPU，然后才能在 CPU 中激活。而且，如果用户想更改 IP 信息，则只能在“系统块”（System Block）对话框中更改 IP 信息，并将其再次下载至 CPU。

动态 IP 信息：如果未选中“系统块”（System Block）中的“IP 地址数据固定为下面的值，不能通过其他方式更改”（IP address data is fixed to the values below and cannot be changed by other means）复选框，则可通过其他方式更改 CPU 的 IP 地址，而且此 IP 地址

图 6-5　系统块中以太网设置

信息被视为动态信息。可以在“通信”（Communications）对话框中或使用用户程序中的 SIP_ADDR 指令更改 IP 地址信息。

在导航栏中单击“通信”（Communications）按钮。

在项目树中，选择“通信”（Communications）节点，然后按下 Enter 键，或双击“通信”（Communications）节点。通信端口设置如图 6-6 所示。

可选择以下两种方式之一来访问 CPU：

①“找到 CPU”（Found CPUs）：CPU 位于本地网络。

②“添加 CPU”（Added CPUs）：CPU 位于本地网络或远程网络（例如通过路由器访问另一网络中的 CPU）。

如果在“系统块”（System Block）对话框中选中“IP 地址数据固定为下面的值，不能通过其他方式更改”（IP address data is fixed to the values below and cannot be changed by

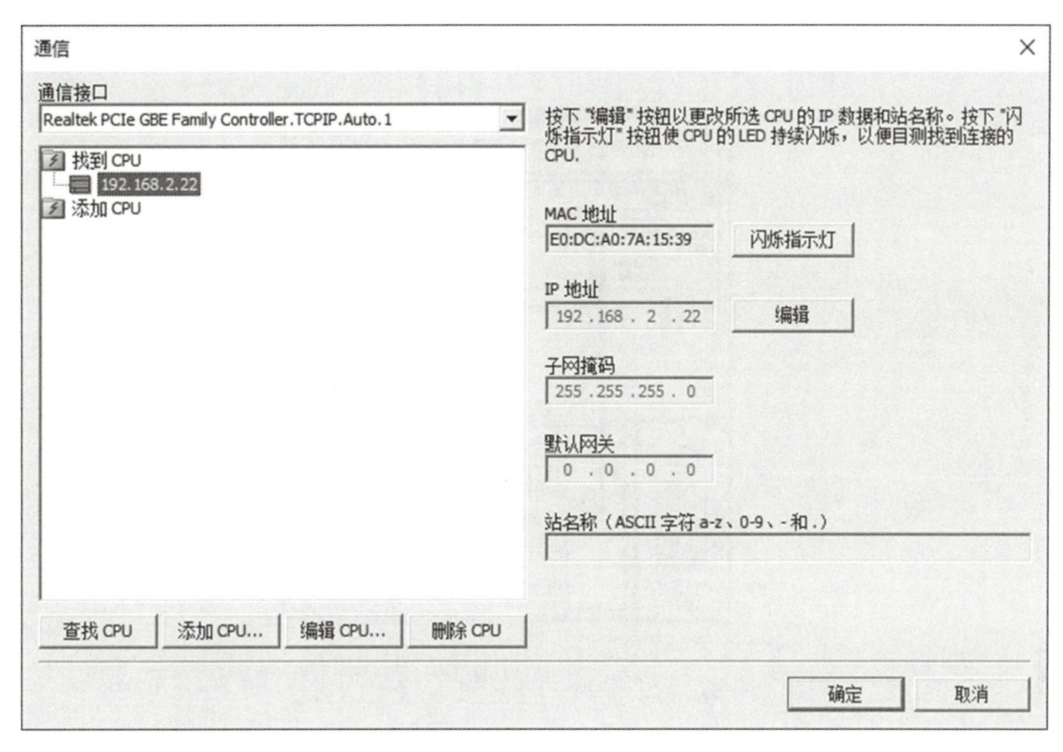

图 6-6　通信端口设置

other means）复选框，则用户为板载以太网端口输入的 IP 信息为静态信息。必须将静态 IP 信息下载至 CPU，然后才能在 CPU 中激活。如果用户想更改 IP 信息，则只能在“系统块”（System Block）对话框中更改此 IP 信息，并将其再次下载至 CPU。

完成 IP 信息组态后，将项目下载到 CPU。所有具有有效 IP 地址的 CPU 和设备都显示在“通信”（Communications）对话框中。

6.3.4　以太网地址（MAC）

在以太网网络中，“介质访问控制”地址（MAC 地址）是制造商为了标识网络接口而分配的标识符。MAC 地址通常用制造商的注册标识号进行编码。

外观良好、按标准（IEEE 802.3）格式印制的 MAC 地址由六组数字组成，每组两个十六进制数，这些数字组用连字符（-）或冒号（:）分隔（例如 01-23-45-67-89-ab 或 01:23:45:67:89:ab）。

在设置时，需要注意两点：

（1）每个 CPU 在出厂时都已装载了一个永久、唯一的 MAC 地址。用户无法更改 CPU 的 MAC 地址。

（2）MAC 地址印在 CPU 正面左上角位置。请注意，必须打开上面的门才能看到 MAC 地址信息。

MAC 地址在①处，如图 6-7 所示。

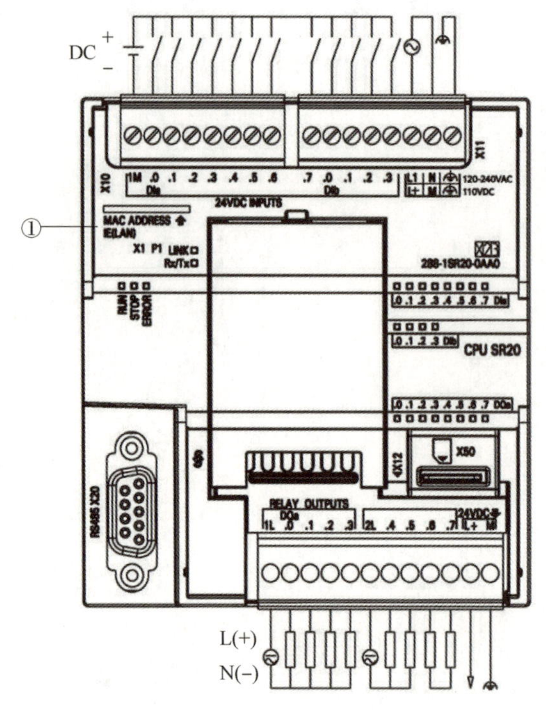

图 6-7　MAC 地址在①处

6. 3. 5　CPU 和 HMI 的通信

CPU 和 HMI 的通信如图 6-8 所示。

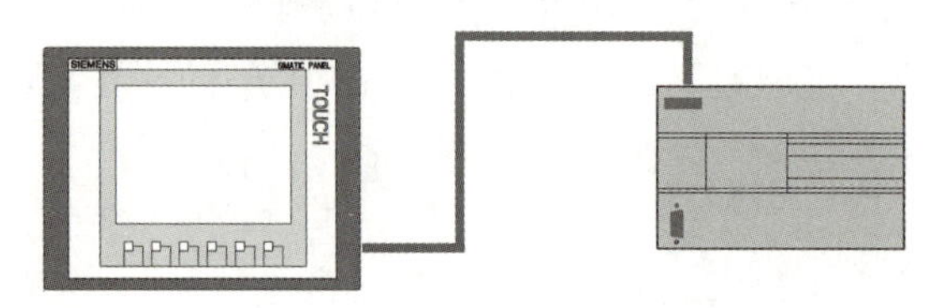

图 6-8　CPU 和 HMI 的通信

1. 设置 CPU 和 HMI 之间的通信

必须考虑以下要求：

（1）组态/设置。

首先必须为 CPU 组态一个 IP 地址。其次必须设置并组态 HMI，以便连接 CPU 的 IP 地址。CPU 和 HMI 之间的通信是一对一的，不需要以太网交换机，直连就可以了，一般网络中有两个以上的设备时，就需要以太网交换机。可通过以太网接口在 HMI 和 CPU 之间建立物理连接。由于 CPU 内置了自动跨接功能，所以对该接口既可以使用标准以太网电缆，又可以使用跨接以太网电缆。

（2）支持的功能。

CPU 和 HMI 之间通信建立，需要达到 HMI 可以对 CPU 读/写数据、可基于从 CPU

重新获取的信息触发消息。首先，如果已创建包含 CPU 的项目，可在 STEP 7-Micro/WIN SMART 中打开该项目。如果没有创建，请创建项目并在项目中插入 CPU。其次，在项目中必须为 HMI 和 CPU 组态 IP 地址。必须为每个 CPU 和 HMI 设备都下载相应的组态。

2. 建立开放式用户通信

开放式用户通信（OUC）提供了一种机制，可使用户的程序通过以太网发送和接收消息。用户可以选择以太网协议作为传输机制：UDP、TCP 或 ISO-on-TCP。但要注意 CPU 型号 CPUCR20s、CPUCR30s、CPUCR40s 和 CPUCR60s 无以太网端口，不支持与使用以太网通信相关的所有功能。通信时可以用三个协议：UDP（用户数据报协议）、TCP（传输控制协议）、ISO-on-TCP。

（1）用户数据报协议（UDP）。

用户数据报协议使用一种协议开销最小的简单无连接传输模型。UDP 协议中没有握手机制，因此协议的可靠性仅等同于底层网络。无法确保对发送、定序或重复消息提供保护。对于数据的完整性，UDP 还提供了校验和，并且通常用不同的端口号来寻址不同函数。

（2）传输控制协议（TCP）。

传输控制协议是一个因特网核心协议。在通过以太网通信的主机上运行的应用程序之间，TCP 提供了可靠、有序并能够进行错误校验的消息发送功能。TCP 能保证接收和发送的所有字节内容和顺序完全相同。TCP 协议在主动设备（发起连接的设备）和被动设备（接受连接的设备）之间创建连接。一旦连接建立，任一方均可发起数据传送。

TCP 协议是一种“流”协议。这意味着消息中不存在结束标志。所有接收到的消息均被认为是数据流的一部分。例如，客户端设备向服务器发送三条消息，每条均为 20 B。服务器只看到接收到一条 60 B 的“流”（假设服务器在收到三条消息后执行一次接收操作）。

（3）ISO-on-TCP。

ISO-on-TCP 是一种使用 RFC 1006 的协议扩展。ISO-on-TCP 的主要优点是数据有一个明确的结束标志，这样用户就可以知道何时接收到了整条消息。SPS7 协议（Put/Get）使用了 ISO-on-TCP 协议。ISO-on-TCP 仅使用 102 端口，并利用 TSAP（传输服务访问点）将消息路由至适当接收方（而非 TCP 中的某个端口）。

ISO-on-TCP 协议对接收到的每条消息进行划分。例如：客户端使用 ISO-on-TCP 协议向服务器发送三条消息。即使服务器在对收到的消息进行校验前会等待集齐所有消息，但是每条消息一经发出，服务器仍会接收每条消息且明确看到的是三条不同消息。这是 TCP 协议与 ISO-on-TCP 协议的不同之处。

在通信的三个协议中选择 UDP 和 TCP 协议，可以借助 UDP 和 TCP 协议选择本地端口号或远程端口号。当选择 ISO-on-TCP 协议时，端口号固定为 102。

端口号必须在 1~49 151 的范围内。建议端口号在 2 000~5 000 的范围内。S7-200 SMART CPU 端口号的范围和约束规则见表 6-2。

表 6-2　端口号

端口号	描述
1~1 999	可以使用这些序号，但其不在推荐范围内。有些端口不包括在内（见下述内容）
2 000~5 000	推荐范围
5 001~49 151	可以使用这些序号，但其不在推荐范围内。有些端口不包括在内（见下述内容）
49 152~65 535	这些是动态端口或私有端口。这些端口号的使用受到限制

有些端口号已经被系统使用了，用户是不能将表 6-3 所列的端口号用于 S7-200 SMART CPU 中的本地端口号的。远程端口号的使用不受限制。

表 6-3　禁用的端口号

端口号	描述
20	FTP 数据传输
21	FTP 控制
25	SMTP
80	网络服务器
102	ISO-on-TCP
135	用于 PROFINET 的 DCE
161	SNMP
162	SNMP 陷阱
443	HTTPS
34 962~34 964	PROFINET

无论是本地端口号还是远程端口号，用户都可以使多个主动连接使用同一个端口号。例如，一个 TCP 客户端可以在端口 2 500 与多个服务器相连。通常，对于主动连接，本地端口和远程端口均为 2 500 端口。

多个被动连接不能使用同一端口号作为本地端口号。例如，CPU 不允许在本地端口 2 500上存在多个 TCP 服务器（多个被动连接）。CPU 不知道向多个 2 500 端口中的哪一个路由消息。

传输服务访问点（TSAP），ISO-on-TCP 协议允许至单个 IP 地址的多个连接。TSAP 可唯一标识连接到同一个 IP 地址的这些通信端点连接。

端口 102 为 ISO-on-TCP 协议所专用。用户不能为此协议设置端口号，不过，用户可以为本地或远程伙伴设置 TSAP。

TSAP 规则如下：

①TSAP 须为 S7-200 SMART 字符串数据类型（长度字节，后接字符串）。

②TSAP 长度必须至少为 2 个字符，但不得超过 16 个 ASCII 字符。

③本地 TSAP 不能以字符串“SIMATIC-”开头。

④如果本地 TSAP 恰好为 2 个字符，则必须以十六进制字符“0xE0”开头。例如：TSAP“$E0$01”是合法的，而 TSAP“$ 01 $ 01”则是不合法的。(“$”字符表示后续值为十六进制字符。)

6.4 PROFIBUS 协议

PROFIBUS 协议旨在实现与分布式 I/O 设备（远程 I/O）进行高速通信。PROFIBUS 系统使用一个总线控制器轮询 RS-485 串行总线上以多点型分布的 DP I/O 设备。

PROFIBUS 设备种类繁多，许多制造商都能提供。这些设备从简单的输入或输出模块到复杂的电动机控制器和 PLC，应有尽有。PROFIBUS DP 设备是指任何能够处理信息并将其输出发送到主站的外围设备。DP 设备构成网络中的被动站（因其没有总线访问权），只能对接收到的消息给予确认或应主站请求发送响应信息。所有 PROFIBUS DP 设备均具有相同的优先级，而所有网络通信均源自主站。

PROFIBUS 主站构成网络的“主动站”。PROFIBUS DP 定义两类主站：一类主站（通常为中央可编程控制器（PLC）或运行专用软件的 PC），处理常规通信，或与分配给它的 DP 设备交换数据；二类主站（通常为组态设备，如用于调试、维护或诊断的笔记本电脑或编程控制台），为专用设备，主要用于与 DP 设备通信和用于诊断目的。

PROFIBUS 网络通常有一个主站与多个 DP I/O 设备。可组态主站设备，以了解连接了哪些类型的 DP 设备及连接地址。主站初始化网络并验证网络中的 DP 设备是否与组态相符。主站会不断将输出数据写入 DP 设备，并从这些设备读取输入数据。

在 PROFIBUS DP 主站成功组态了 DP 设备后，才拥有该 DP 设备。若网络中存在另一个主站设备，则其访问第一个主站所拥有的 DP 设备时，将受到很大的限制。

EM DP01 PROFIBUS DP 模块作为 DP 设备，将 S7-200 SMART CPU 连接到 PROFIBUS 网络。EM DP01 可作为 DP V0/V1 主站的通信伙伴，可从 Siemens 客户支持获取 EM DP01 GSD 文件。

图 6-9 中的 S7-200 SMART CPU 就是 S7-1200 控制器的 DP 设备。

每个 S7-200 SMART CPU（仅限 ST 与 SR 型号）可组态两个 PROFIBUS EM。

本地 CPU 存储 PROFIBUS EM 的组态数据，可通过每个模块上的开关来设置 PROFIBUS 地址，这使得必要时的通信模块更换变得非常简便。

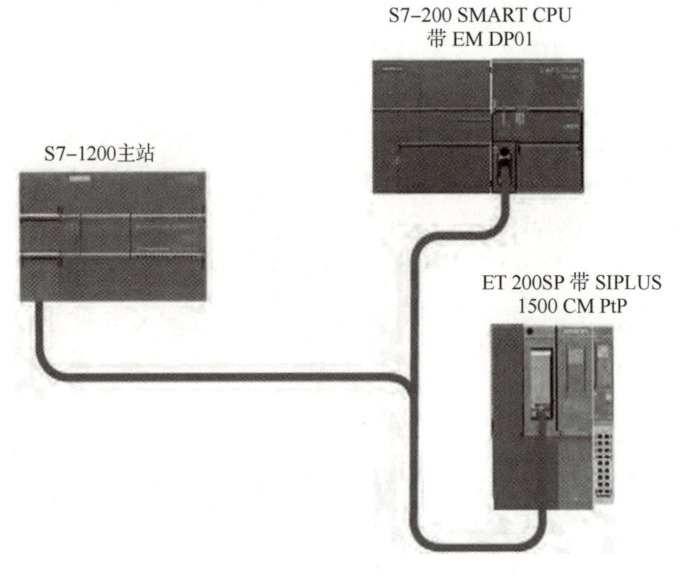

图 6-9　PROFIBUS 协议连接

6.5　RS-485

RS-485 网络是一种差分（多点）网络，每个网络最多可有 126 个可寻址节点，每个网段最多可有 32 个设备。中继器用来分割网络。中继器不是可寻址节点，因此，中继器并不包括在可寻址节点计数中，但会包括在每个网段的装置计数中。

RS-485 支持高速数据传输，12 Mb/s 时，传输距离为 100 m；187.5 Kb/s 时，传输距离为1 km。

1. RS-485 可使用 PPI 协议和自由端口

PPI 协议：可在 RS-485 或 RS-232（半双工）上运行。可能的连接包括：PPI 协议设备；RS-485 HMI 显示器。

自由端口：可在 RS-485 或 RS-232（半双工）上运行。可能的连接包括：RS-485 兼容的设备（例如条形码扫描器）；具有 RS-485 接口的设备（例如控制系统）；使用自由端口的第三方设备；调制解调器。

2. PPI 协议

PPI 是一种主站-从站协议，主站设备向从站设备发送请求，从站设备进行响应，如图 6-10 所示；从站设备并不发出消息，而是等待主站向其发送请求或对其轮询，要求其进行响应。

主站通过由 PPI 协议管理的共享连接与从站进行通信。PPI 不会限制可与任何一个从站通信的主站数目；但用户无法在网络中安装 32 个以上主站。多主站和多从站 PPI 网络如图 6-11 所示。

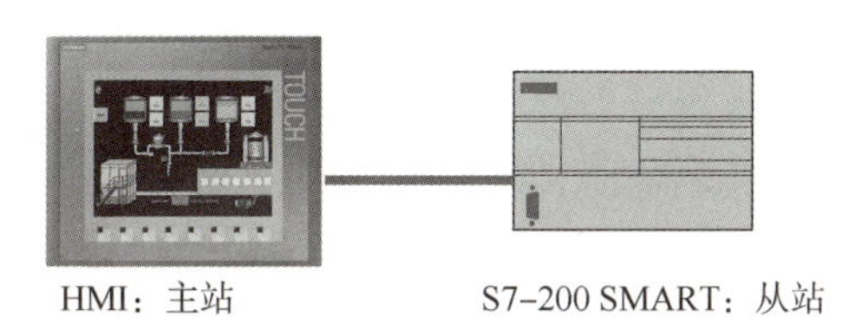

图 6-10 单主站 PPI 网络

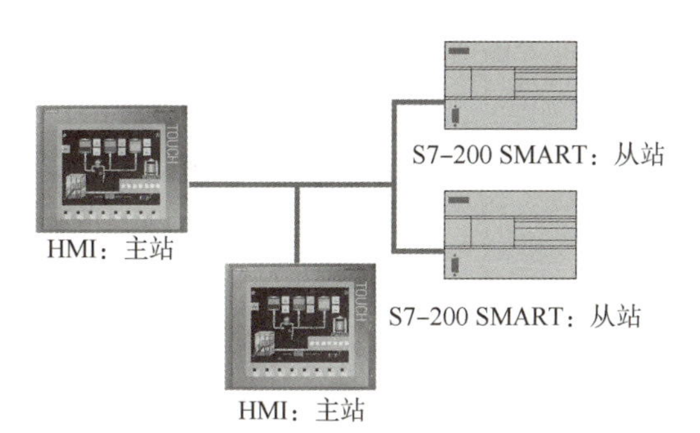

图 6-11 多主站和多从站 PPI 网络

图 6-11 所示为多台主站与多台从站进行通信的 PPI 网络。示例中，HMI 可以向任意 CPU 从站请求数据。所有设备（主站和从站）的网络地址都不相同。S7-200 SMART CPU 为从站。

S7-200 SMART CPU 的 PPI 协议：

PPI 高级协议允许网络设备在设备之间建立逻辑连接。对于 PPI 高级协议，每台设备可提供的连接数是有限的。表 6-4 为 S7-200 SMART CPU 支持的连接数。

表 6-4 S7-200 SMART CPU 支持的连接数

模块	波特率/（$Kb \cdot s^{-1}$）	连接
RS-485 端口	9.6、19.2 或 187.5	5
RS-485/RS-232 信号板	9.6、19.2 或 187.5	4

在 S7-200 SMART CPU 的所有型号里，都支持 PPI 和 PPI 高级协议。

3. 使用自由端口模式

要使用自由端口模式，可以使用特殊存储器字节 SMB30（用于集成的 RS-485 端口（端口 0））和 SMB130（用于 CM01 信号板（SB）端口（端口 1））。程序通过以下方式控制通信端口的操作：

（1）发送指令（XMT）和发送中断。

借助发送指令，S7-200 SMART CPU 可从 COM 端口发送最多 255 个字符。发送中断会在发送完成时通知 CPU 中的程序。

（2）接收字符中断。

接收字符中断会通知用户程序已在 COM 端口接收到字符。随后，程序将根据所执行的协议对该字符进行处理。

（3）接收指令（RCV）。

接收指令从 COM 端口接收整条信息，完全接收到该消息后，将为程序生成中断。使用 CPU 的 SM 存储器组态接收指令，根据定义的条件开始和停止接收消息。接收指令允许程序根据特定字符或时间间隔开始或停止接收消息。无须使用烦琐的接收字符中断方法，接收指令便可实现多数协议。

6.6 习题

一、简答题

1. 数据的通信方式有哪些？PLC 系统有哪些通信方式？
2. 什么是串行传输与并行传输？它们之间的区别有哪些？
3. 什么是同步传输和异步传输？它们之间的区别有哪些？
4. PLC 的各种通信方式的传输距离有什么区别？

二、实验题

1. 使用 PLC 和各个外接设备进行通信，包括电脑、其他 PLC、触摸屏、变频器等。
2. 练习各种通信的设置方式。

第 7 章

模拟量处理及 PID 应用

【本章要点】

☆ S7-200 SMART PLC 的模拟信号的处理方法
☆ PID 控制原理介绍
☆ S7-200 SMART PLC 的 PID 相关知识和配置方法
☆ PID 应用举例

7.1 模拟信号及其 PLC 处理方法

自然界中大多数信号的幅度、频率或者相位都是随着时间的变化而连续变化的，这样连续变化的物理量就叫作模拟信号。模拟信号在一定时间范围内可以有无限多个不同的数值。为了对这些模拟信号进行控制，我们没有办法也不必将所有连续的信号进行采集处理，所以分时间段对模拟信号进行采集，并转换成为数字信号。数字信号就是模拟信号的某一时刻的瞬时值，是将模拟信号离散化的值。从效果来看，采样频率越高，所得的离散信号就越接近原始的模拟信号，但采样频率过高则对实际电路的要求就更高，也会带来大量的计算与存储。采样频率过低会导致信息丢失，严重时导致信息失真，无法使用。采取其瞬时值后，要在原位置保持一段时间，这样形成的锯齿形波信号提供给后续信号量化。

模拟信号的主要优点是其精确的分辨率，在理想情况下，它具有无穷大的分辨率。与数字信号相比，模拟信号的信息密度更高。由于不存在量化误差，它可以对自然界物理量的真实值进行尽可能逼近的描述。模拟信号的主要缺点是它总是受到其他信号的干扰。信号如果被多次复制，或进行长距离传输之后，很多随机噪声的影响可能会变得十分明显。对模拟信号放大的同时也会将噪声进行放大，处理非常麻烦。有损后的模拟信号几乎不可能再次被还原。所以现代控制领域一般都会将模拟信号进行数字采样，转换为数字信号进行处理。

S7-200 SMART PLC 在控制系统中，一般控制的被控量都是模拟信号。这些模拟信号经过传感器、变送器，通过输入接口送到 PLC，PLC 的输出经过输出接口、执行机构，加到被控系统上。不同的控制系统，其传感器、变送器、执行机构是不一样的。比如压力控制系统要采用压力传感器。电加热控制系统的传感器是温度传感器，这些传感器将物理信号转换成电压电流信号送到PLC的输入端，PLC经过数据处理，送出控制信号来控制外部执行机构。在此过程中，变送器送出的信号和PLC输出信号大多数是模拟信号。

7.2 PID控制原理

自动控制系统可分为开环控制系统和闭环控制系统。

开环控制系统（Open-loop Control System）是指被控对象的输出对控制器（Controller）的输出没有影响。在这种控制系统中，不依赖将被控量反送回来以形成任何闭环回路。

闭环控制系统（Closed-loop Control System）的特点是系统被控对象的输出会反送回来影响控制器的输出，形成一个或多个闭环。闭环控制系统有正反馈和负反馈，若反馈信号与系统给定值信号相反，则称为负反馈；若极性相同，则称为正反馈，一般闭环控制系统均采用负反馈，又称负反馈控制系统。

控制系统中，闭环控制系统性能远优于开环控制系统。

7.3 PID的原理

负反馈控制系统中应用最广泛的一种自动控制器就是PID控制器。PID控制器就是对偏差的比例（P）、积分（I）和微分（D）进行控制的。

PID控制器问世至今已有近70年历史，它以其结构简单、稳定性好、工作可靠、调整方便而成为工业控制的主要技术之一。当被控对象的结构和参数不能完全掌握，或得不到精确的数学模型，控制理论的其他技术难以采用时，系统控制器的结构和参数必须依靠经验和现场调试来确定，这时应用PID控制技术最为方便。即当我们不完全了解一个系统和被控对象，或不能通过有效的测量手段来获得系统参数时，最适合用PID控制技术。PID控制实际中也有PI和PD控制。PID控制器就是根据系统的误差，利用比例、积分、微分计算出控制量进行控制的。

1. 比例（P）控制

比例控制是一种最简单、最常用的控制方式，如放大器、减速器和弹簧等。比例控制器能立即成比例地响应输入的变化量。但仅有比例控制时，系统输出存在稳态误差（Steady-state Error）。

2. 积分（I）控制

在积分控制中，控制器的输出量是输入量对时间的积累。对一个自动控制系统，如果在进入稳态后存在稳态误差，则称这个控制系统是有稳态误差的或简称有差系统（System with Steady-state Error）。为了消除稳态误差，在控制器中必须引入“积分项”。积分项对误差的运算取决于时间的积分，随着时间的增加，积分项会增大。所以，即便误差很小，

积分项也会随着时间的增加而加大，它推动控制器的输出增大，使稳态误差进一步减小，直到等于零。因此，采用比例+积分（PI）控制器，可以使系统在进入稳态后无稳态误差。

3. 微分（D）控制

在微分控制中，控制器的输出与输入误差信号的微分（即误差的变化率）成正比关系。自动控制系统在克服误差的调节过程中可能会出现振荡甚至失稳。其原因是存在较大的惯性组件（环节）或滞后（delay）组件，这些组件具有抑制误差的作用，其变化总是落后于误差的变化。解决的办法是使抑制误差的作用变化"超前"，即在误差接近零时，抑制误差的作用就应该是零。这就是说，在控制器中仅引入"比例"项往往是不够的，比例项的作用仅是放大误差的幅值，而目前需要增加的是"微分项"，它能预测误差变化的趋势，这样具有比例+微分的控制器就能够提前使抑制误差的控制作用等于零，甚至为负值，从而避免被控量的严重超调。所以，对有较大惯性或滞后的被控对象，比例+微分（PD）控制器能改善系统在调节过程中的动态特性。

7.3.1 PID控制器的参数整定

PID控制器的参数整定是控制系统设计的核心内容。它是根据被控过程的特性，确定PID控制器的比例系数、积分时间常数和微分时间常数。PID控制器参数整定的方法很多，一般归纳起来有如下两大类。

1. 理论计算整定法

它主要依据系统的数学模型，经过理论计算确定控制器参数。这种方法所得到的计算数据不仅不可以直接使用，还必须通过工程实际进行调整和修改。

2. 工程整定法

它主要依赖于工程经验，直接在控制系统的进行试验，并且方法简单，易于掌握，在工程实际中被广泛采用。PID控制器参数的工程整定方法，主要有临界比例法、反应曲线法和衰减法。这三种方法各有其特点，其共同点都是通过试验，然后按照工程经验公式对控制器参数进行整定。但无论采用哪一种方法，所得到的控制器参数都需要在实际运行中进行最后的调整与完善。

现在一般采用的是临界比例法。利用该方法进行PID控制器参数的整定步骤如下。

（1）首先预选择一个足够短的采样周期让系统工作。

（2）仅加入比例控制环节，直到系统对输入的阶跃响应出现临界振荡，记下这时的比例放大系数和临界振荡周期。

（3）在一定的控制度下，通过公式计算得到PID控制器的参数。

7.3.2 PID控制器的主要优点

PID控制器成为应用最广泛的控制器，它具有以下优点。

（1）PID算法蕴含了动态控制过程中过去、现在、将来的主要信息，而且其配置几乎最优。其中，比例（P）代表了当前的信息，起纠正偏差的作用，使过程反应迅速。微分（D）在信号变化时有超前控制作用，代表将来的信息。在过程开始时强迫过程进行，过程结束时减小超调，克服振荡，提高系统的稳定性，加快系统的过渡过程。积分（I）代表了过去积累的信息，它能消除静差，改善系统的静态特性。此三种作用配合得当，可使动态过程快速、平稳、准确，收到良好的效果。

（2）PID控制适应性好，有较强的鲁棒性，对各种工业应用场合，都可在不同的程度上应用。特别适用于"一阶惯性环节+纯滞后"和"二阶惯性环节+纯滞后"的过程控制对象。

（3）PID算法简单明了，各个控制参数相对较为独立，参数的选定较为简单，形成了完整的设计和参数调整方法，很容易为工程技术人员所掌握。

（4）PID控制根据不同的要求，针对自身的缺陷进行了不少改进，形成了一系列改进的PID算法。例如，为了克服微分带来的高频干扰的滤波PID控制，为克服大偏差时出现饱和超调的PID积分分离控制，为补偿控制对象非线性因素的可变增益PID控制等。这些改进算法在一些应用场合取得了很好的效果。同时，当今智能控制理论的发展，又形成了许多智能PID控制方法。

7.3.3 PID的算法

PID回路指令（比例、积分、微分回路）由S7-200 SMART CPU提供，用于执行PID计算。PID回路的操作由在回路表中存储的9个参数确定。

在稳态运行中，PID控制器调节输出值，使偏差（e）为零。偏差是设定值（所需工作点）与过程变量（实际工作点）之差。PID控制的原理基于以下方程，输出$M(t)$是比例项、积分项和微分项的函数：

输出=比例项+积分项+微分项

$$M(t) = K_C \cdot e + K_{C0}\int t_e \mathrm{d}t + M_{\text{initial}} + K_C \cdot \mathrm{d}e/\mathrm{d}t \tag{7-1}$$

式中，$M(t)$为回路输出（时间的函数）；K_C为回路增益；e为回路偏差（设定值与过程变量之差）；M_{initial}为回路输出的初始值。

要在数字计算机中执行该控制函数，必须将连续函数量化为偏差值的周期采样，并随后计算输出。数字计算机解决方案所基于的相应方程如下：

输出=比例项+积分项+微分项

$$M_n = K_C \cdot e_n + K_I \cdot 1\sum n + M_{\text{initial}} + K_D \cdot (e_n - e_{n-1}) \tag{7-2}$$

式中，M_n为采样时间n时回路输出的计算值；K_C为回路增益；e_n为采样时间n时的回路偏差值；e_{n-1}为前一回路偏差值（采样时间$n-1$时）；K_I为积分项的比例常量；M_{initial}为回路输出的初始值；K_D为微分项的比例常量。

从该公式中可以看出，积分项是从第一次采样到当前采样所有偏差项的函数，微分项是当前采样和前一次采样的函数，而比例项仅是当前采样的函数。在数字计算机中，存储偏差项的所有采样既不实际，也没有必要。

因为从第一次采样开始，每次对偏差进行采样时，数字计算机都必须计算输出值，因此仅需存储前一偏差值和前一积分项值。由于数字计算机解决方案具有重复特性，因此可以简化在任何采样时间都必须求解的方程。简化方程如下：

输出＝比例项+积分项+微分项

$$M_n = K_C \cdot e_n + K_I \cdot e_n + MX + K_D \cdot (e_n - e_{n-1}) \quad (7-3)$$

式中，M_n 为采样时间 n 时回路输出的计算值；K_C 为回路增益；e_n 为采样时间 n 时的回路偏差值；e_{n-1} 为前一回路偏差值（采样时间 $n-1$ 时）；K_I 为积分项的比例常量；MX 为前一积分项值（采样时间 $n-1$ 时）；K_D 为微分项的比例常量。

CPU 使用以上简化方程的改进方程计算回路输出值。改进的方程如下：

输出＝比例项+积分项+微分项

$$M_n = MP_n + MI_n + MD_n \quad (7-4)$$

式中，M_n 为采样时间 n 时回路输出的计算值；MP_n 为采样时间 n 时回路输出的比例项值；MI_n 为采样时间回路输出的积分项值；MD_n 为采样时间 n 时回路输出的微分项值。

7.3.4 PID 各项计算公式

1. 比例项

比例项 MP 是增益 K_C 与偏差（e）的乘积，其中，增益控制输出计算的灵敏度，偏差是给定采样时间时的设置值（SP）与过程变量（PV）之差。CPU 求解比例项所采用的方程如下：

$$MP_n = K_C \cdot (SP_n - PV_n) \quad (7-5)$$

式中，MP_n 为采样时间 n 时回路输出的比例项值；K_C 为回路增益；SP_n 为采样时间 n 时设定值的值；PV_n 为采样时间 n 时过程变量的值。

2. 积分项

积分项 MI 与一段时间内的偏差（e）之和成比例。CPU 求解积分项所采用的方程如下：

$$MI_n = K_C \cdot T_S / [T_I \cdot (SP_n - PV_n)] + MX \quad (7-6)$$

式中，MI_n 为采样时间 n 时回路输出的积分项值；K_C 为回路增益；T_S 为回路采样时间；T_I 为积分时间（也称为积分时间或复位）；SP_n 为采样时间 n 时设定值的值；PV_n 为采样时间 n 时过程变量的值；MX 为采样时间 $n-1$ 时的积分项值（也称为积分和或偏置）。

积分和或偏置（MX）是积分项的所有先前值之和。每次计算完 MI_n 后，使用可调整或限定的 MI_n 值更新偏置。偏置的初始值通常设为第一次计算回路输出之前的输出值 $M_{initial}$。积分项还包括几个常数：增益 K_C、采样时间 T_S（PID 回路重新计算输出值的周期时间）积分时间或复位 T_I（用于控制积分项在输出计算中的影响的时间）。

3. 微分项

微分项 MD 与偏差变化成比例。微分项所采用的方程如下：

$$MD_n = K_C \cdot T_D \{ / T_S \cdot [(SP_n - PV_n) - (SP_{n-1} - PV_{n-1})] \} \quad (7-7)$$

为避免由于设定值变化而导致微分作用激活引起输出发生阶跃变化或跳变，对此方程进行了改进。假定设定值为常数 $SP_n=SP_{n-1}$，这样，将计算过程变量的变化而不是偏差的变化，如下所示：

$$MD_n=K_C \cdot T_D/\{T_S \cdot [(SP_n-PV_n)-(SP_{n-1}-PV_{n-1})]\} \tag{7-8}$$

或

$$MD_n=K_C \cdot T_D/[T_S \cdot (PV_{n-1}-PV_n)] \tag{7-9}$$

式中，MD_n 为采样时间 n 时回路输出的微分项值；K_C 为回路增益；T_S 为回路采样时间；T_D 为回路的微分周期（也称为微分时间或速率）；SP_n 为采样时间 n 时设定值的值；SP_{n-1} 为采样时间 $n-1$ 时设定值的值；PV_n 为采样时间 $n-1$ 时过程变量的值；PV_{n-1} 为采样时间 $n-1$时过程变量的值。

必须保存过程变量而不是偏差，以供下次计算微分项使用。在第一次采样时，PV_{n-1} 的值初始化为等于 PV_n。

7.3.5 回路控制的选择

在许多控制系统中，可能仅需使用一种或两种回路控制方法。例如，可能只需要使用比例控制或比例积分控制。可以通过设置常量参数值来选择所需的回路控制类型。

如果不需要积分作用（PID 计算中没有“I”），则应为积分时间（复位）指定无穷大值 INF。即使没有使用积分作用，积分项的值也可能不为零，这是因为积分和 MX 有初始值。

如果不需要微分作用（PID 计算中没有“D”），则应为微分时间（速率）指定值 0.0。

如果不需要比例作用（PID 计算中没有“P”），但需要 I 或 ID 控制，则应为增益指定值 0.0。由于回路增益是计算积分项和微分项的方程中的一个系数，如果将回路增益设置为值 0.0，计算积分项和微分项时，将对回路增益使用值 1.0。

7.3.6 转换和标准化回路输入

一个回路有两个输入变量，分别是设定值和过程变量。设定值通常是固定值，例如汽车巡航控制装置上的速度设置。过程变量是与回路输出相关的值，因此可衡量回路输出对受控系统的影响。在巡航控制示例中，过程变量是测量轮胎转速的测速计输入。

设定值和过程变量都是实际值，其大小、范围和工程单位可能有所不同。在 PID 指令对这些实际值进行运算之前，必须将这些值转换为标准化的浮点型表示。

第一步是将实际值从 16 位整数值转换为浮点值或实数值。下面的指令序列显示了如何将整数值转换为实数值。

```
ITD AIW0,AC0//将输入值转换为双字。
DTR AC0,AC0//将 32 位整数转换为实数。
```

第二步是将实际值的实数值表示转换为 0.0~1.0 之间的标准化值。下面的公式用于标准化设定值或过程变量值：

$$R_{Norm}=(R_{Raw}/\mathrm{Span})+\mathrm{Offset}$$

式中，R_{Norm} 为实际值的标准化实数值表示；R_{Raw} 为实际值的非标准化或原始实数值表示。

偏移：

0.0 表示单极性值，0.5 表示双极性值。

跨度：

最大可能值减去最小可能值：

单极性值（典型）= 32 000

双极性值（典型）= 64 000

正作用或反作用回路：

如果增益为正，则回路为正作用回路；如果增益为负，则回路为反作用回路。（对于增益值为 0.0 的 I 或 ID 控制，如果将积分时间和微分时间指定为正值，则回路将是正作用回路；如果指定负值，则回路将是反作用回路。）

变量和范围：

过程变量和设定值是 PID 计算的输入值，因此，PID 指令只能读出这些变量的回路表字段，而不能改写。

输出值通过 PID 计算得出，因此，每次 PID 计算完成之后，会更新回路表中的输出值字段。输出值限定在 0.0~1.0 之间。当输出从手动控制转换为 PID 指令（自动）控制时，用户可使用输出值字段作为输入来指定初始输出值。（请参见下面的“模式”部分中的讨论。）

如果使用积分控制，则偏置值通过 PID 计算更新，并且更新值将用作下一次 PID 计算的输入。如果计算出的输出值超出范围（输出小于 0.0 或大于 1.0），则将按照下列公式调整偏置：

$$\mathrm{MX}=1.0-(\mathrm{MP}_n+\mathrm{MD}_n) \qquad 0.0<M_n<1.0$$

其中，MX 为调整的偏置的值；MP_n 为采样时间 n 时回路输出的比例项值；MD_n 为采样时间 n 时回路输出的微分项值；M_n 为采样时间 n 时的回路输出值。

如上所述调整偏置后，如果计算出的输出回到正常范围内，可提高系统响应性。计算出的偏置也会限制在 0.0~1.0 之间，然后在每次 PID 计算完成时写入回路表的偏置字段。存储在回路表中的值用于下一次 PID 计算。

7.3.7 PID 的模式

S7-200 SMART PID 回路没有内置模式控制。仅当能流流到 PID 功能框时，才会执行 PID 计算。因此，循环执行 PID 计算时，存在“自动化”或“自动”模式；不执行 PID 计算时，存在“手动”模式。

与计数器指令相似，PID 指令也具有能流历史位。该指令使用此历史位检测 0~1 的能流转换，如果检测到此能流转换，该指令将执行一系列动作，从而实现从手动控制无扰动地切换到自动控制。要无扰动地切换到自动模式，在切换到自动控制之前，必须提供手动控制设置的输出值作为 PID 指令的输入（写入 M_n 的回路表条目）。检测到 0~1 的能流转换时，PID 指令将对回路表中的值执行以下操作，以确保无扰动地从手动控制切换到自动控制：

$$\text{设置设定值 } \mathrm{SP}_n=\text{过程变量 } \mathrm{PV}_n$$

$$\text{设置旧过程变量 } \mathrm{PV}_{n-1}=\text{过程变量 } \mathrm{PV}_n$$

设置偏置（MX）= 输出值 M_n

PID 历史位的默认状态为“置位”，CPU 启动以及控制器每次从 STOP 切换到 RUN 模式时设置此状态。如果在进入 RUN 模式后，首次执行 PID 功能框时有能流流到该功能框，则检测不到能流转换且不会执行无扰动模式切换操作。

7.3.8 PID 报警检查、特殊操作和错误条件

PID 指令是一种简单但功能强大的指令，可执行 PID 计算。如果需要进行其他处理，例如报警检查或回路变量的特殊计算，则必须使用 CPU 支持的基本指令来实现。

如果在指令中指定的回路表起始地址或 PID 回路编号操作数超出范围，则在编译时，CPU 将生成编译错误（范围错误），编译将失败。

PID 指令不检查某些回路表输入值是否超出范围。必须确保过程变量和设定值（以及用作输入的偏置和前一过程变量）是 0.0~1.0 之间的实数。

如果在执行 PID 计算的数学运算时发生任何错误，则将置位 SM1.1（溢出或非法值），PID 指令将终止执行。（回路表中输出值的更新可能不完全，因此，在下一次执行回路的 PID 指令之前，应忽略这些值，并纠正引起数学运算错误的输入值。）

7.4 S7-200 SMART PLC 的 PID 回路控制向导操作

S7-200 SMART PLC 的 PID 回路控制和生成 PID 子程序，主要是通过编程软件 STEP 7-Micro/WIN SMART 的 PID 向导来完成的。

7.4.1 PID 回路向导

要想启动 PID 向导，可以在“工具”（Tools）菜单功能区的“向导”（Wizards）区域单击“PID”按钮，如图 7-1 所示。

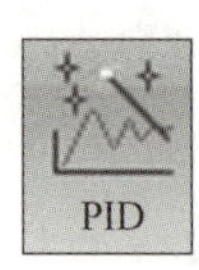

图 7-1 PID 回路向导图标

打开的 PID 回路向导界面如图 7-2 所示。

在 PID 回路向导对话框中，可以选择要组态的回路。最多可以组态 8 个回路。勾选回路 Loop 0~Loop 7 这 8 个回路，PID 向导左侧的树视图将使用组态该回路所需的所有节点进行更新。默认情况下，此对话框的所有回路均禁用。例如勾选 Loop 0 和 Loop 1 后，回路对话框如图 7-3 所示。

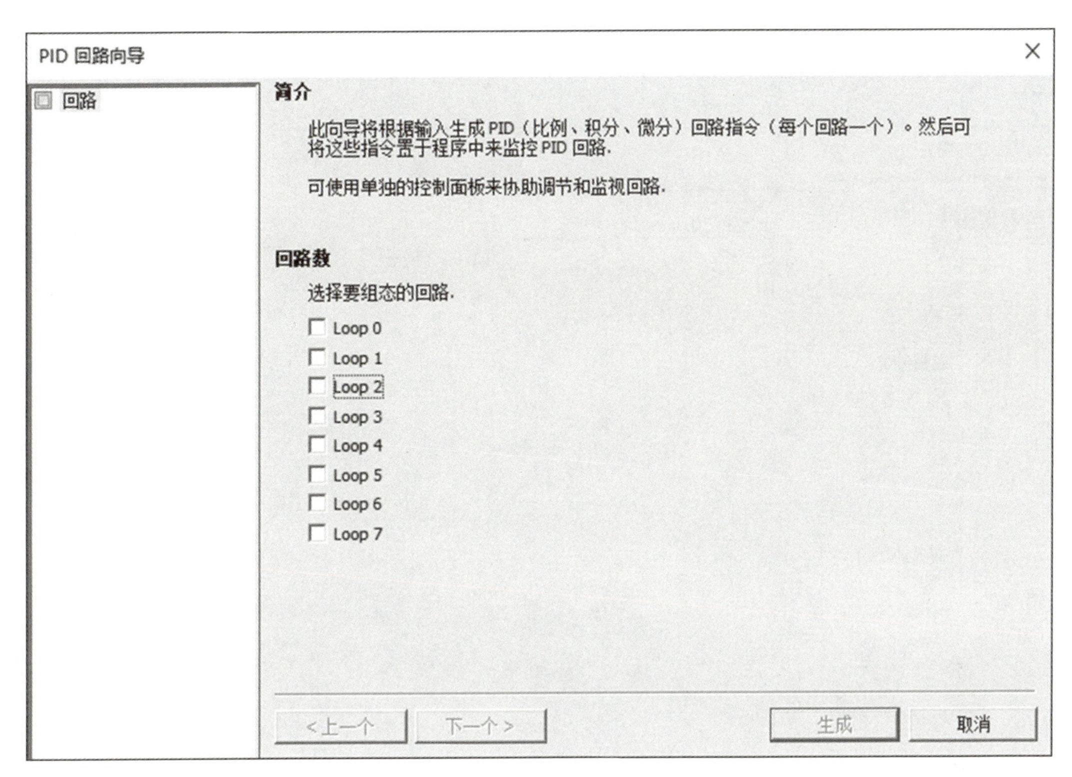

图 7-2 “PID 回路向导”界面

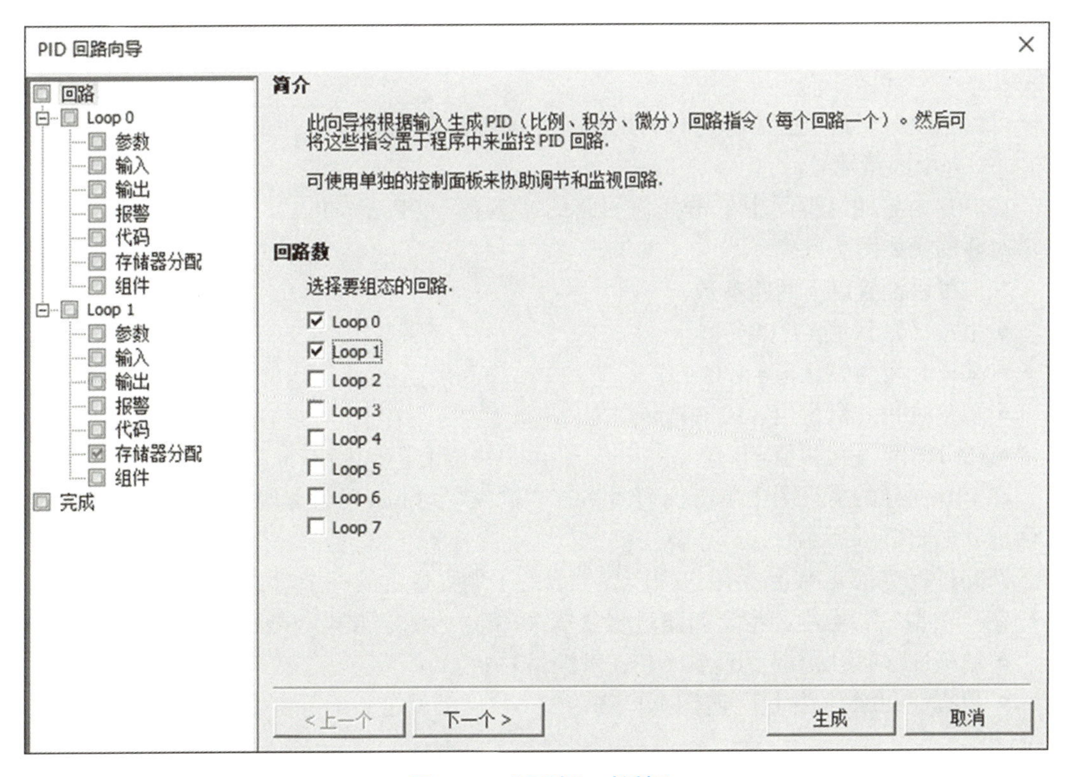

图 7-3 “回路”对话框

在 PID 向导的树视图中单击回路的名称时，将显示一个回路名称对话框，如图 7-4 所示。

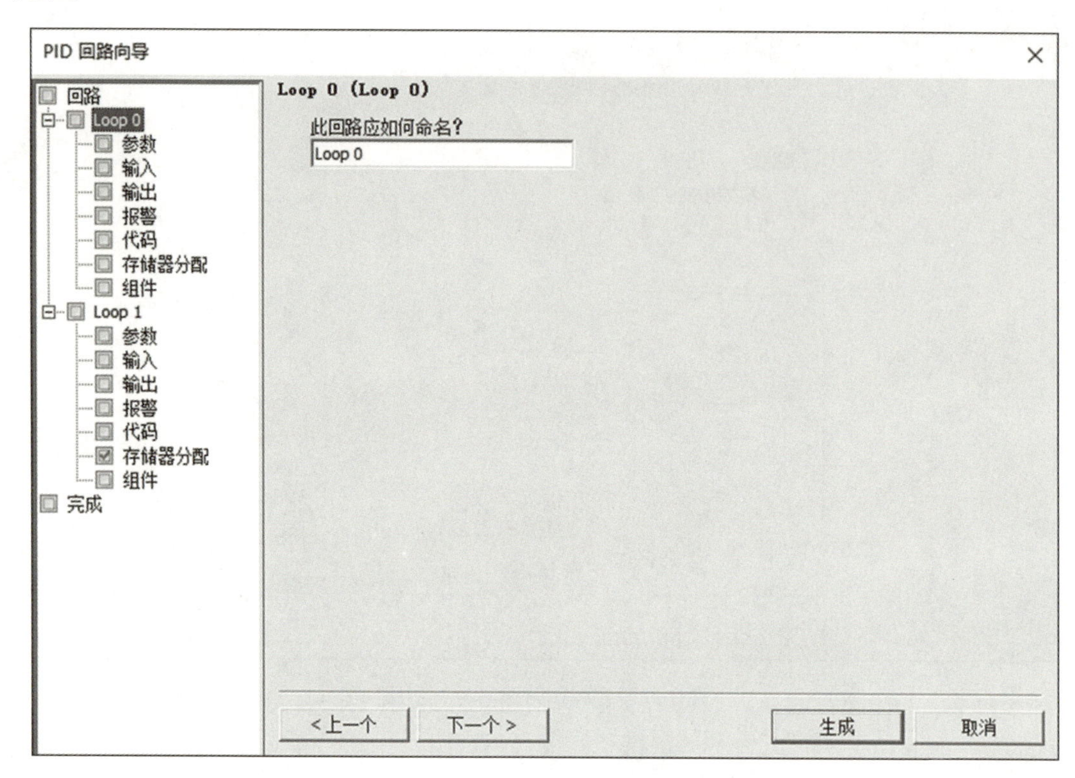

图 7-4　Loop 0 对话框

可以在此对回路组态名称进行自定义。此屏幕的默认名称为“回路×”（Loop ×），其中“×”等于回路编号。

在 PID 向导的树视图中单击任何回路的“参数”（Parameters）节点时，都会显示向导树对话框，如图 7-5 所示。

在此可以设置以下回路参数：

- 增益（默认值=1.00）
- 采样时间（默认值=1.00）
- 积分时间（默认值=10.00）
- 微分时间（默认值=0.00）

在 PID 向导的树视图中单击任何回路的“输入”（Input）节点时，都会显示输入设置对话框，如图 7-6 所示。

回路过程变量（PV）是用户为向导生成的子例程指定的一个参数。

在“类型”参数中，指定回路过程变量（PV）的标定方式。可从以下选项中选择：

- 单极性（默认范围：0~27 648，可编辑）
- 单极性 20% 偏移量（范围：5 530~27 648，已设定，不可变更）

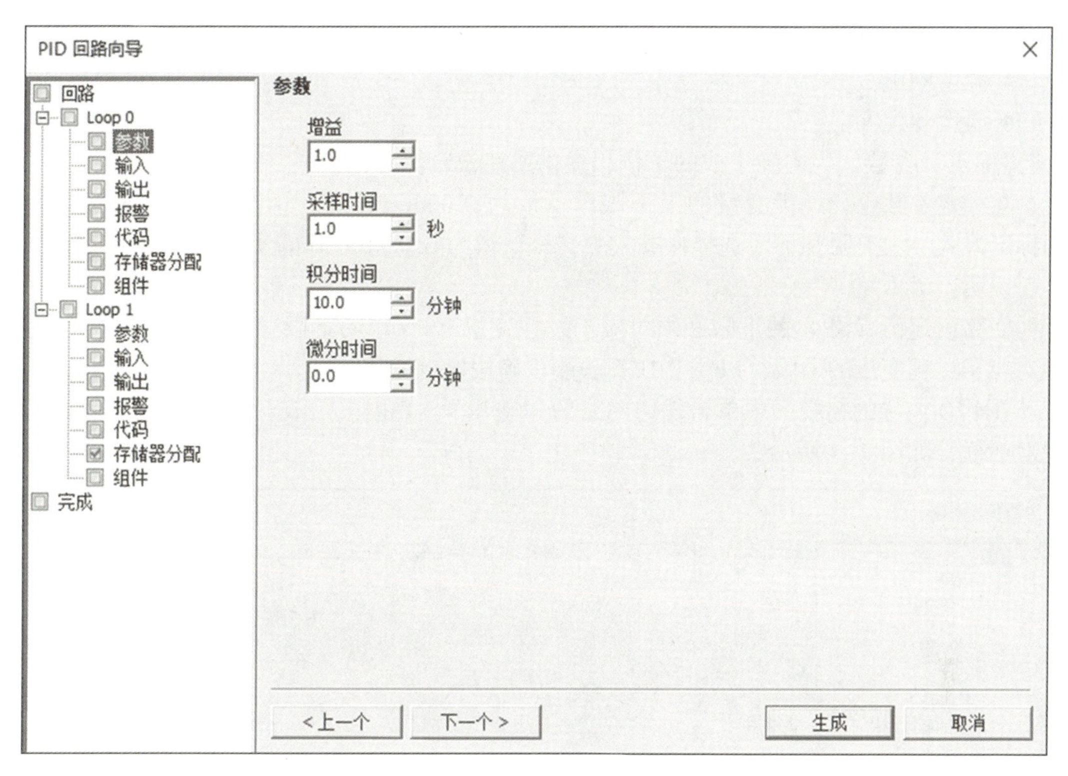

图 7-5　向导树

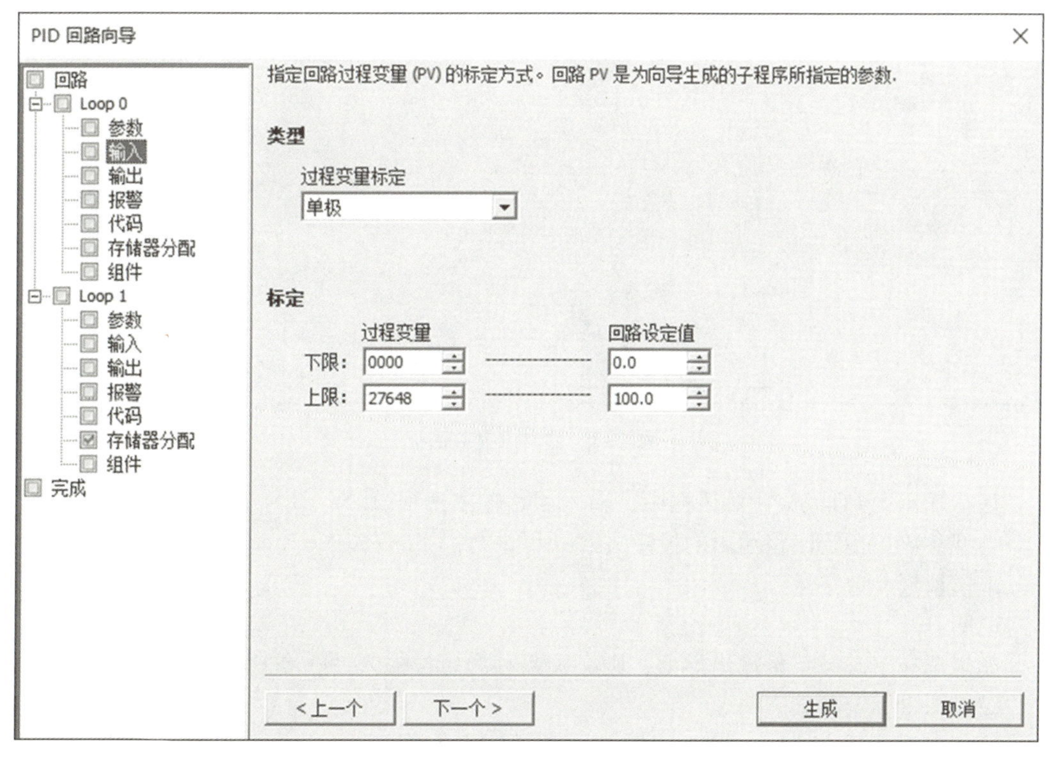

图 7-6　输入设置对话框

- 双极性（默认范围：-27 648～27 648，可编辑）
- 温度×10 ℃
- 温度×10 ℉

“标定”参数：为向导生成的子例程提供回路设定值参数。

在标定参数中，过程变量的上下限默认值为 0 000～27 648；指定回路设定值（SP）的标定方式。为上限和下限选择任意实数，默认值为 0.0～100.0 的实数。

说明：

回路设定值（SP）的下限必须对应于过程变量（PV）的下限，回路设定值的上限必须对应于过程变量的上限，以便 PID 算法能正确按比例缩放。

在 PID 向导的树视图中单击任何回路的“输出”（Output）节点时，都会显示输出设置对话框，如图 7-7 所示。

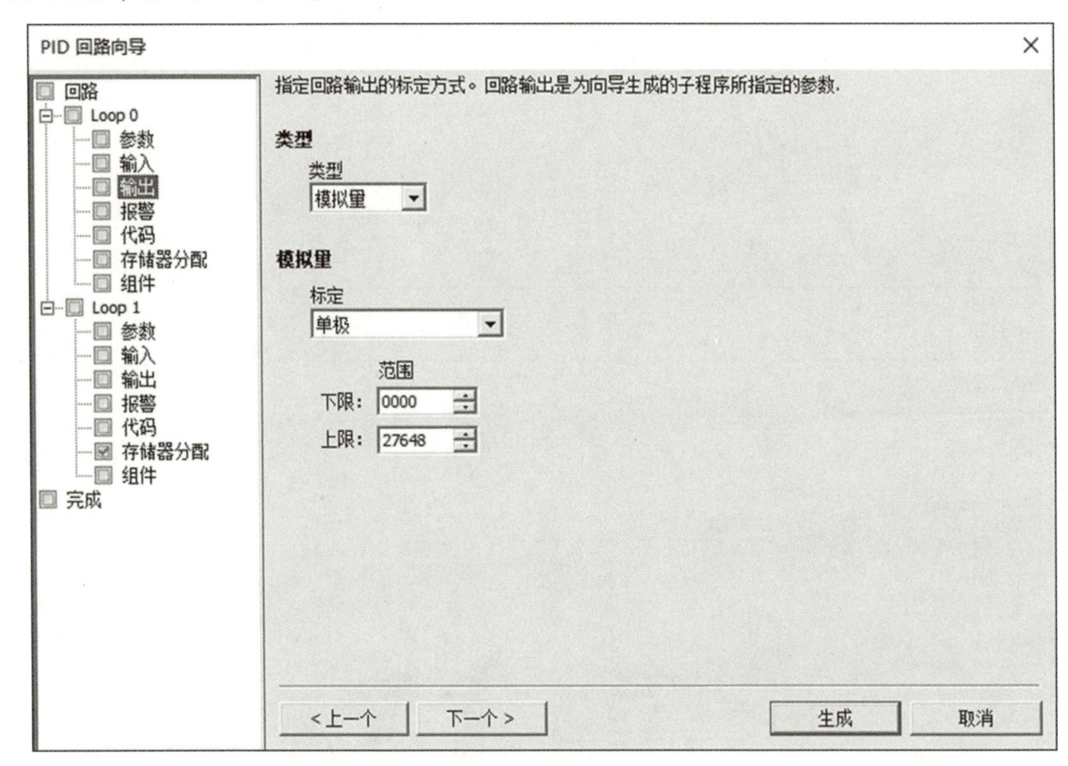

图 7-7　输出设置对话框

在“输出”（Output）对话框中，输入回路输出选项。

类型参数：指定回路输出的标定方式。可进行以下选择：

①模拟量、数字量。

说明：

如果选择组态数字量输出类型，则必须以秒为单位输入“占空比时间”。

②模拟量标定参数。

可从以下选项中选择：

- 单极性（默认范围：0～27 648；可编辑）

● 双极性（默认范围：-27 648~27 648；可编辑）

● 单极性 20% 偏移量（范围：5 530~27 648；已设定，不可变更）

③模拟量范围参数。

在此指定回路输出范围。可能的范围为-27 648~+27 648，其取决于用户选择的标定。

在 PID 向导的树视图中单击任何回路的“报警”（Alarms）节点时，都会显示报警设置对话框，如图 7-8 所示。

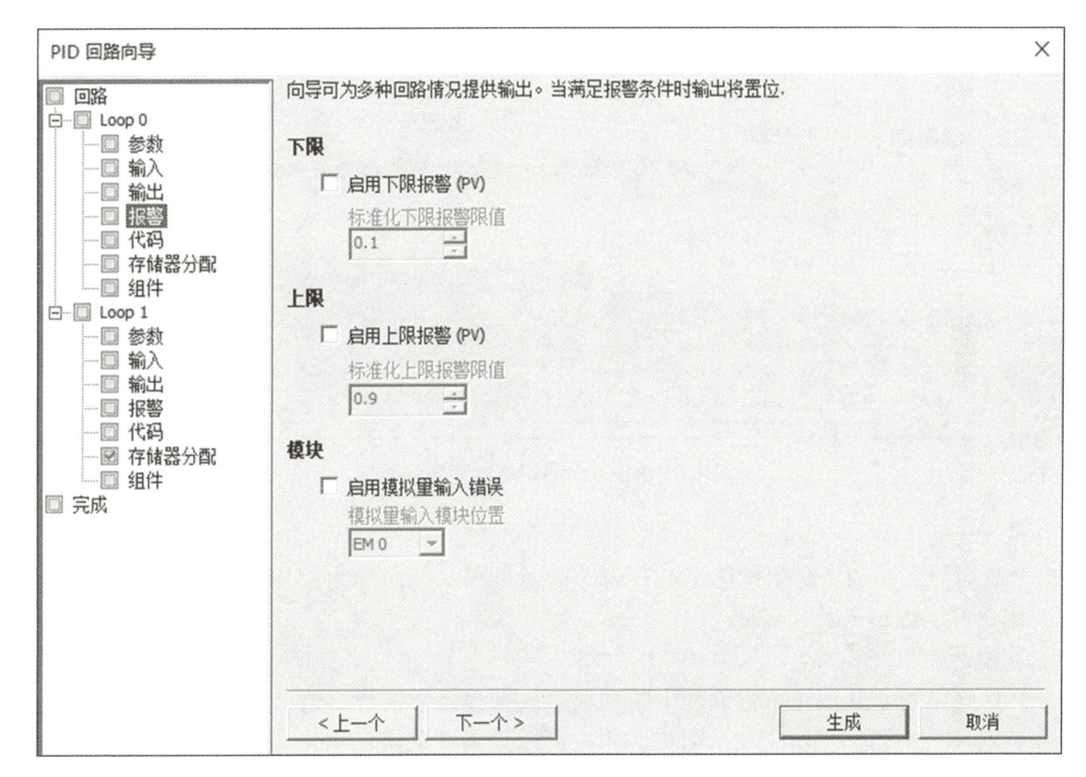

图 7-8　报警设置对话框

该向导能够为各种回路条件提供输出。当满足报警条件时，输出被置位。

④报警。

可以指定通过报警输入识别的条件。

使用复选框根据需要启用报警：

报警下限（PV）：设置 0.01~0.9 之间的标准化报警下限（默认值=0.1）。

报警上限（PV）：设置 0.01~1.0 之间的标准化报警上限（默认值=0.9）。

模拟量输入错误：指定将输入模块连接到 PLC 的位置。

在 PID 向导的树视图中单击任何回路的“代码”（Code）节点时，都会显示如图 7-9 所示对话框。

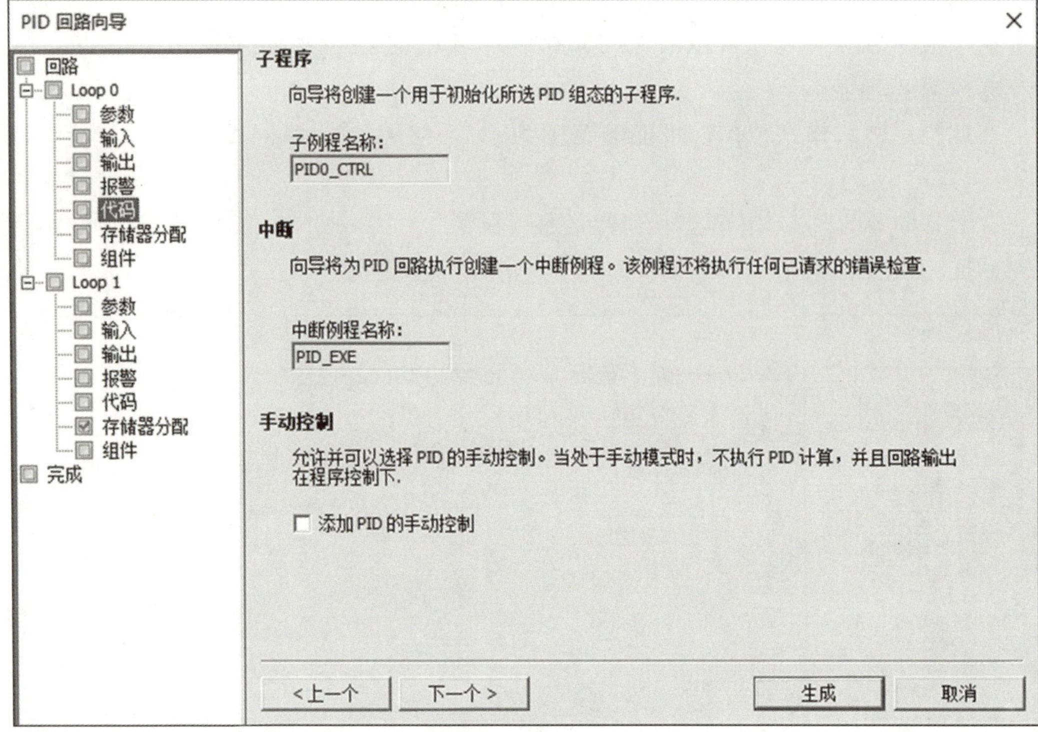

图 7-9　代码设置对话框

⑤子例程。

PID 向导创建用于初始化选定 PID 组态的子例程。该向导为初始化子例程指定默认名称，用户可以编辑该默认名称。

⑥中断。

PID 向导为 PID 回路执行创建中断例程。该例程还会执行所请求的任何错误检查。

该向导为中断例程指定默认名称，用户可以编辑该默认名称。

⑦手动控制。

使用“添加 PID 的手动控制”（Add Manual Control of the PID）复选框可对 PID 回路进行手动控制。在手动模式下，不执行 PID 计算，回路输出由程序控制。

在 PID 向导的树视图中单击任何回路的“存储器分配”（Memory Allocation）节点时，都会显示，如图 7-10 所示对话框。

在此对话框中，指定在数据块中放置组态的 V 存储器字节的起始地址。该向导可以建议一个用来表示大小正确且未使用的 V 存储器块的地址。需要注意的是在系统块的安全设置中，可对 V 存储器的指定范围进行写访问限制。如果已组态此类范围，请确保为 PID 回路组态分配的 V 存储器范围位于组态的可写范围内。

在 PID 向导的树视图中单击任何回路的“存储器分配”（Memory Allocation）节点时，都会显示存储器设置对话框。

在此对话框中，指定在数据块中放置组态的 V 存储器字节的起始地址。存储器分配向导建议用户建立指定大小（120 字节）的 V 存储器块的地址范围。

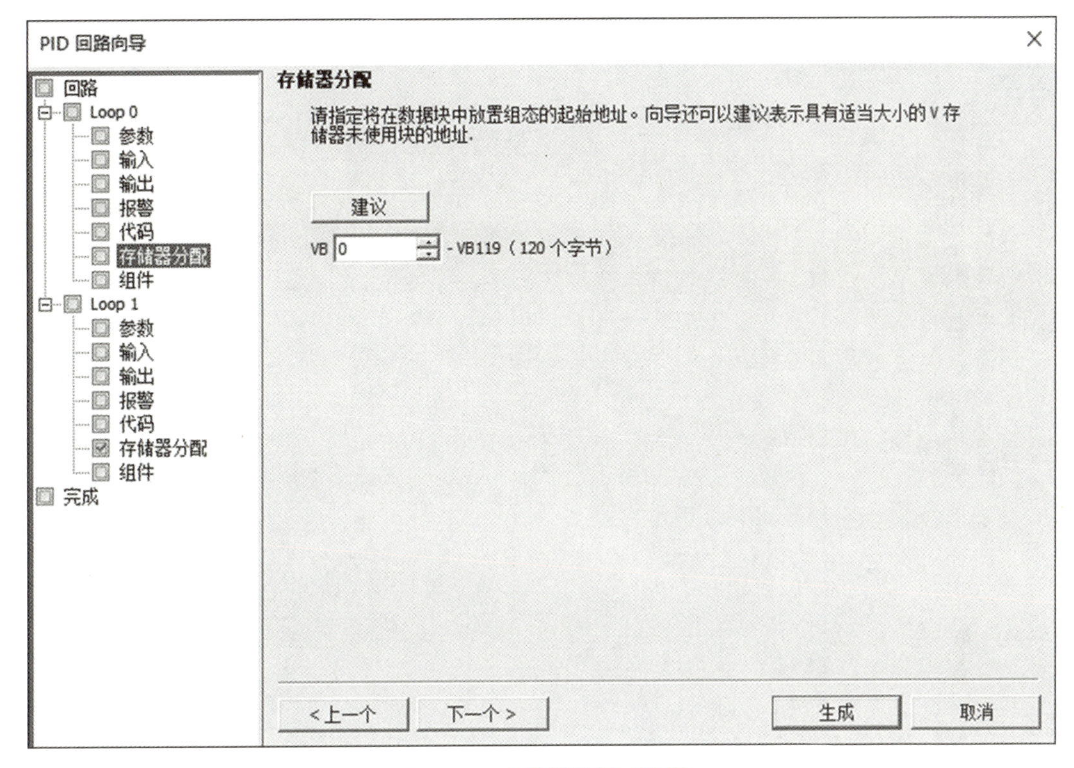

图 7-10 存储器设置对话框

说明：

在系统块的安全设置中，可对 V 存储器的指定范围进行写访问限制。如果已组态此类范围，请确保为 PID 回路组态分配的 V 存储器范围位于组态的可写范围内。

在 PID 向导的树视图中单击任何回路的“组件”（Components）节点时，都会显示组件设置对话框，如图 7-11 所示。

该屏幕显示 PID 向导生成的子例程和中断例程的列表，并简要介绍了如何将它们集成到用户的程序中。

单击“生成”（Generate）按钮时，PID 向导将为所指定的组态生成程序代码和数据块页面（PIDx_DATA）。向导所创建的子例程和中断例程将成为项目的一部分。要在程序中启用该组态，每次扫描周期时，使用 SM0.0 从主程序块调用该子例程。该代码组态 PID0。该子例程初始化 PID 控制逻辑使用的变量，并启动 PID 中断“PID_EXE”例程。

PID 中断“PID_EXE”例程由 PID 向导生成，实际上会运行 PID 回路。作为用户，用户不必以任何方式组态或激活“PID_EXE”中断例程。系统基于 PID 采样时间循环调用“PID_EXE”中断例程。

说明：

具有 PID 向导组态的项目不直接使用标准 PID 指令。如果用户使用 PID 向导组态，则用户的程序必须使用“PIDx_CTRL”来激活 PID 向导子例程。

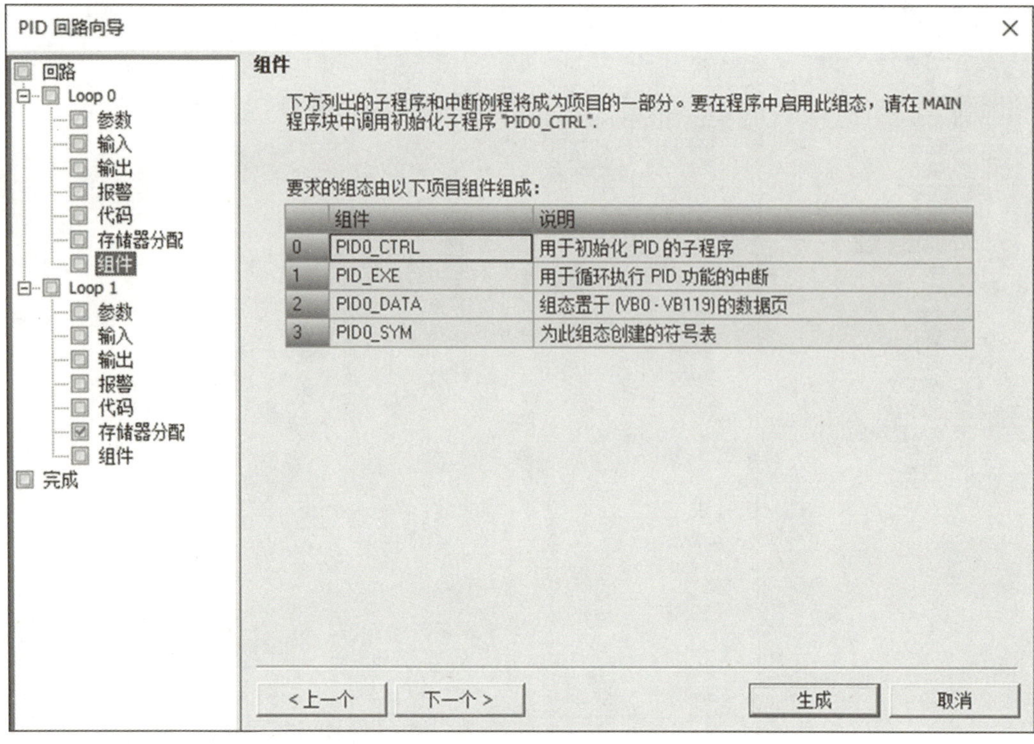

图 7-11　组件设置对话框

7.4.2　PID 整定控制面板

STEP 7-Micro/WIN SMART 中包含 PID 整定控制面板，允许用户以图形方式监视 PID 回路。此外，控制面板还可用于启动自整定序列、中止序列以及应用建议的整定值或用户自己的整定值。

要使用控制面板，必须与 CPU 通信，并且该 CPU 中必须存在一个用于 PID 回路的向导生成的组态。要使控制面板显示对 PID 回路的操作，CPU 必须处于 RUN 模式。

采用以下任意一种方式打开 PID 控制面板：

单击“工具”（Tools）菜单功能区的“工具”（Tools）区域中的“PID 控制面板”（PID Control Panel）按钮，如图 7-12 所示。

图 7-12　PID 控制面板按钮

如果所连接的 CPU 处于 RUN 模式，则 STEP 7-Micro/WIN SMART 将打开 PID 控制面板，如图 7-13 所示。

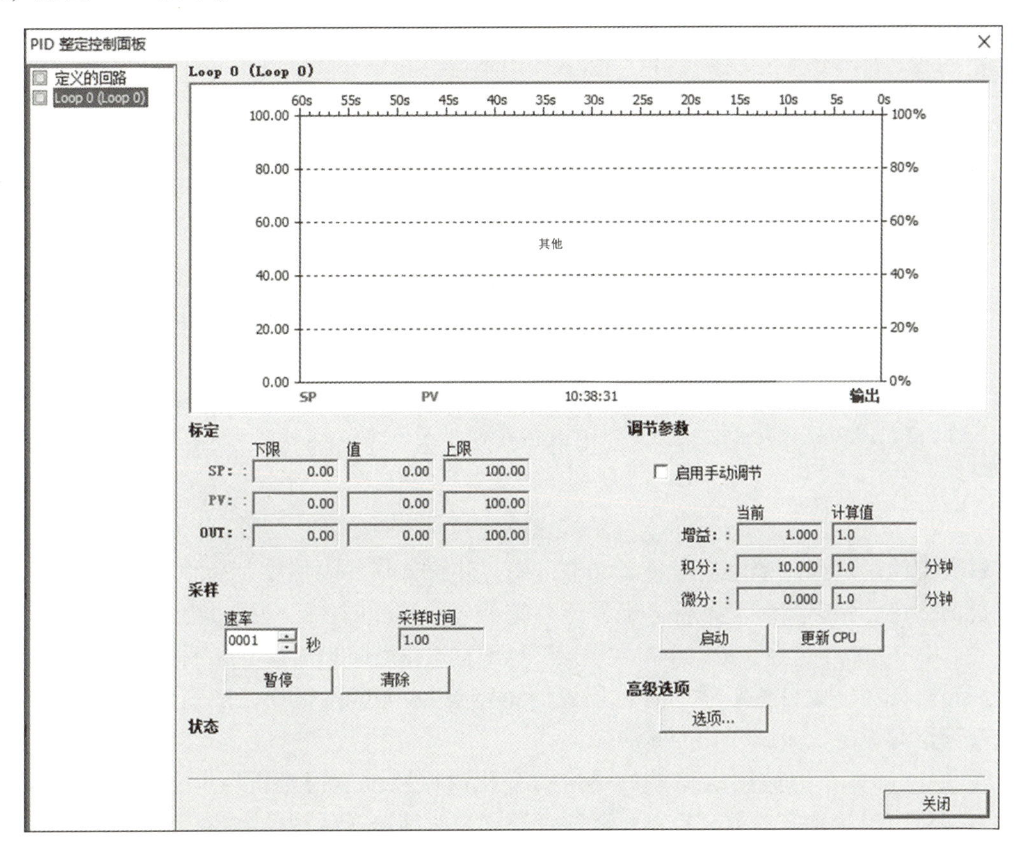

图 7-13 PID 控制面板

PID 控制面板包含以下字段：

当前值：显示 SP（设定值）、PV（过程变量）、OUT（输出）、“采样时间”、“增益”、积分时间和微分时间的值。SP、PV 和 OUT 分别以绿色、红色和蓝色显示；使用相同颜色的图例来标明 PV、SP 和 OUT 的值。

图形显示区：图形显示区中用不同的颜色显示了 PV、SP 和输出值相对于时间的函数。PV 和 SP 共用图形左侧纵轴，输出使用图形右侧的纵轴。

整定参数：画面左下角是“整定参数”（分钟）区域。在此处显示“增益”“积分时间”和“微分时间”的值。在“计算值”（Calculated）列中单击，可对这些值的三个源中任意一个源进行修改。

“更新 CPU”（Update CPU）按钮：可以使用“更新 CPU”（Update CPU）按钮将所显示的“增益”“积分时间”和“微分时间”值传送到被监视的 PID 回路的 CPU。可以使用“启动”（Start）按钮启动自整定序列。一旦自整定序列启动，“启动”（Start）按钮将变为“停止”（Stop）按钮。

采样：在“采样”（Sampling）区域，用户可以选择图形显示区的采样速率，范围为每 1~480 s 进行一次采样。

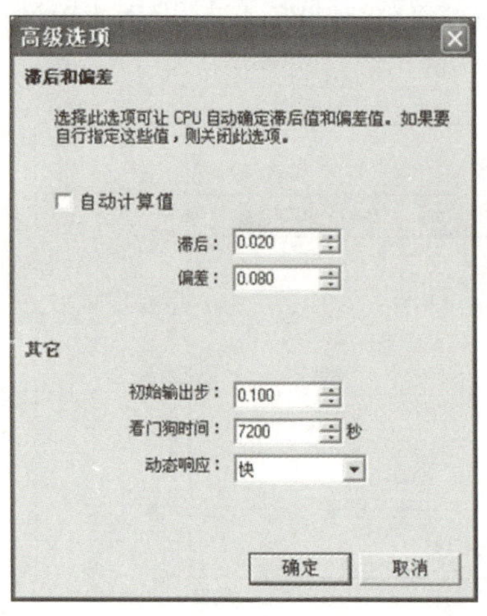

图 7-14 高级选项对话框

可单击“暂停”（Pause）按钮冻结图形。可单击“继续”（Resume）按钮以选定的速率重新启动数据采样。在图形区域内单击鼠标右键并选择“清除”（Clear）可清除图形。

“高级选项”（Advanced Options）：可以使用“选项”（Options）按钮对自整定过程的参数进行进一步组态。高级选项对话框如图 7-14 所示。

在高级画面中，用户可以选中复选框，让自整定器自动计算滞后值和偏差值（默认设置），为了最大限度地减小自整定过程中对控制过程的干扰，用户也可以自己输入这些值。

在“动态响应”（Dynamic Response）字段中，可使用下拉按钮选择希望在控制过程中使用的回路响应类型（“快速”（Fast）、“中速”（Medium）、“慢速”（Slow）或“极慢速”（Very Slow））。快速响应可能产生过调，并符合欠阻尼整定条件，具体取决于控制过程。中速响应可能濒临过调，并符合临界阻尼整定条件。慢速响应不会导致过调，符合强衰减整定条件。极慢速响应不会导致过调，符合强过阻尼整定条件。

一旦用户完成了选择，可以单击“确定”（OK）按钮返回 PID 整定控制面板的主画面。

回路监视：完成自整定序列并将建议的整定参数传送到 CPU 之后，可以使用控制面板监视回路对设定值阶跃变化的响应。

图 7-15 显示了原始整定参数的设定值变化时回路的响应情况（运行自整定之前）。请注意在使用原始整定参数时控制过程的过调和长时间振荡的现象。

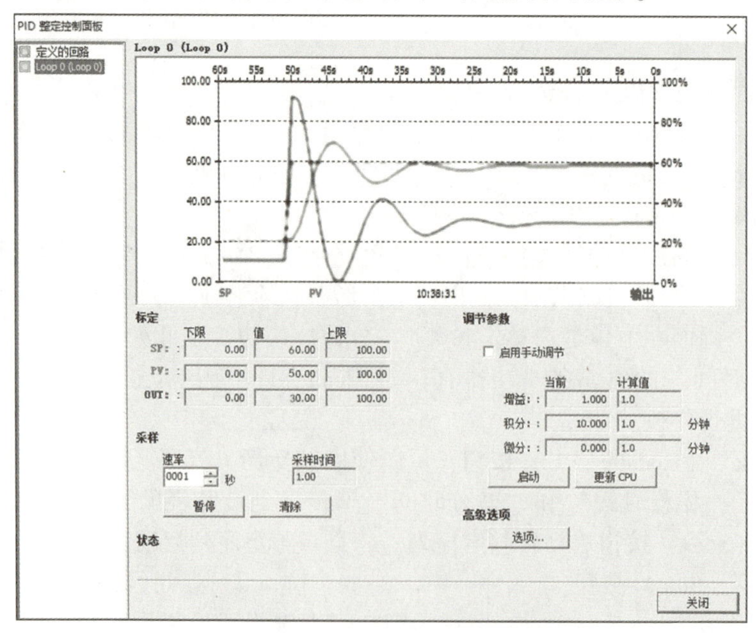

图 7-15 回路响应情况（1）

如果选择快速响应，应用自整定过程确定的值后，回路设定值也会发生相同的变化，如图 7-16 所示。请注意，此过程没有过调现象，但仍有轻微的振荡。

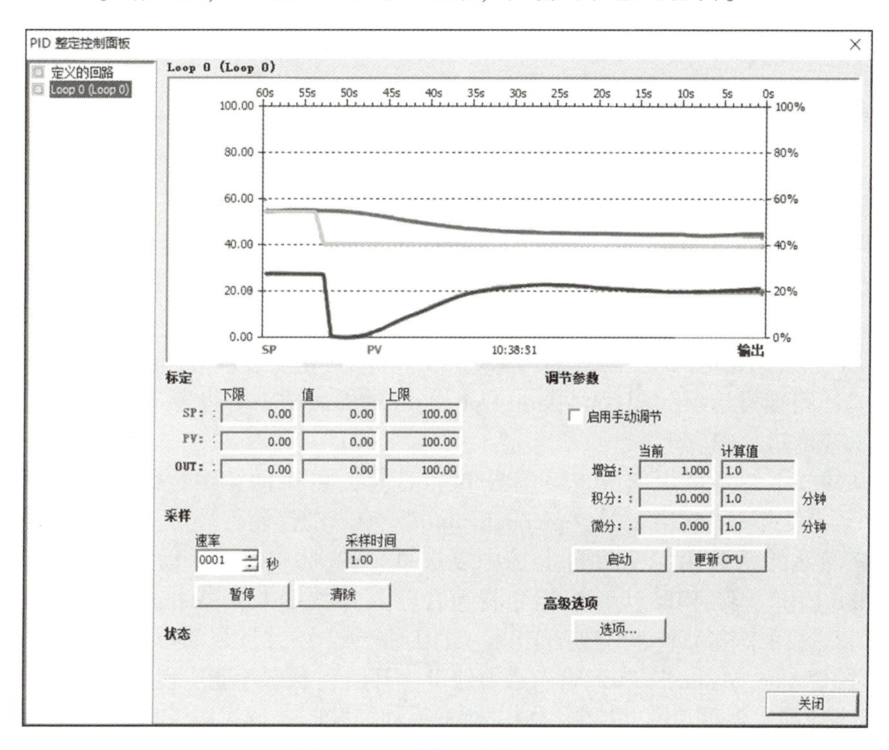

图 7-16 回路响应情况（2）

如果用户希望牺牲一部分响应速度来消除这些振荡，可以选择中速响应或者慢速响应类型，然后重新运行自整定过程。

一旦用户有了一个好的起点，就可以使用控制面板来进一步优化参数，之后就可以监视回路对设定值变化的响应。通过这种方式，可以微调用户的控制过程，使用户的应用达到最佳效果。

7.4.3 PID 向导子例程

PID 向导创建用于初始化 PID 组态的“PIDx_CTRL”子例程。

梯形图的形式如图 7-17 所示。

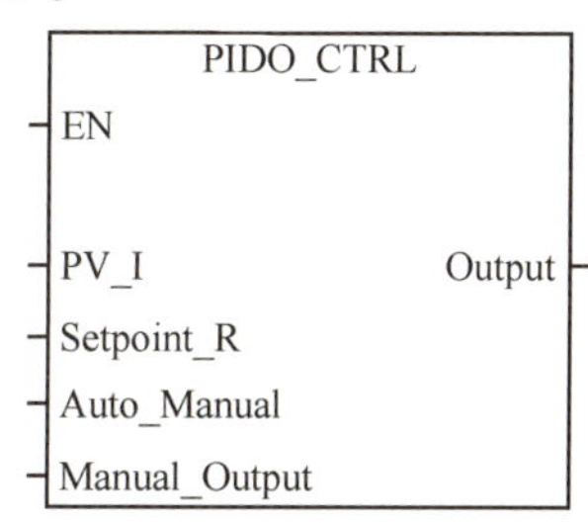

图 7-17 梯形图的形式

STl 形式：

```
PID0_CTRL
PID_Scale,
Setpoint,
Auto_Manual,
Manual_Output_
Value, PID_Out
```

说明如下：

PIDx_CTRL 指令基于用户在 PID 向导中指定的输入和输出执行 PID 功能。每次扫描都会调用该指令。

注：PIDx_CTRL 指令的输入和输出取决于用户在向导中进行的选择。例如，如果选择在向导的“回路报警选项”（Loop Alarm Options）画面启用下限报警（PV），则 LowAlarm 输出将显示在该指令中。

在自动模式下，将使用内置 PID 算法执行计算，以驱动 PIDx_CTRL 功能框的“输出”。在手动模式下，“输出”受“ManualOutput”输入的控制。

如果在向导的倒数第二个屏幕上选中复选框“添加 PID 的手动控制”（Add Manual Control of the PID），则 PIDx_CTRL 指令将包含输入参数“Auto_Manual”和“ManualOutput”。否则，这两个输入不会出现在 PIDx_CTRL 指令中，并且自动模式处于启用状态。

使用时，“Auto_Manual”布尔输入必须处于“开启”状态才能实现自动模式控制，处于“关闭”状态才能实现手动模式控制。PID 处于手动模式时，通过以下方式控制 PIDx_CTRL 指令的“输出”：向“ManualOutput”输入写入标准化实数值（0.00~1.00），同时，使“输出”介于在向导中指定的“输出”值范围内。例如，如果在向导中将“输出”范围设置为 2 000~26 000，则在“ManualOutput”输入为 0.00 时，“输出”应为 2 000。同样，“ManualOutput”输入为 1.00 时，“输出”应为 26 000。当“ManualOutput”输入为 0.50 时，“输出”应该为其整个范围的一半，即此时为（26 000-2 000）/2+2 000=14 000。

7.4.4 PID 回路定义表

通过用户在 PID 指令框中针对表（TBL）输入的起始地址，为回路表分配 80 个字节。S7-200 SMART CPU 的 PID 指令引用包含回路参数的此回路表。

如果使用 PID 整定控制面板，则可通过控制面板处理所有与 PID 回路表的交互。如果需要通过操作员面板提供自整定功能，用户的程序必须提供操作员和 PID 回路表之间的交互，这样才能启动和监视自整定过程，然后应用推荐的整定值。PID 回路定义表见表 7-1。

表 7-1 PID 回路定义表

偏移	字段	格式	类型	说明
0	过程变量（PV_n）	REAL	输入	包含过程变量，其值必须标定在 0.0~1.0 之间
4	设定值（SP_n）	REAL	输入	包含设定值，其值必须标定在 0.0~1.0 之间

续表

偏移	字段	格式	类型	说明
8	输出（M_n）	REAL	输入/输出	包含计算出的输出，其值必须标定在0.0~1.0之间
12	增益（K_C）	REAL	输入	包含增益，为比例常数。可以是正数或负数
16	采样时间（T_S）	REAL	输入	包含采样时间，单位为秒。必须是正数
20	积分时间或复位（T_I）	REAL	输入	包含积分时间或复位，单位为分
24	微分时间或速率（T_D）	REAL	输入	包含微分时间或速率，单位为分
28	偏置（MX）	REAL	输入/输出	包含偏置或积分和值，介于0.0~1.0之间
32	前一过程变量（PV_{n-1}）	REAL	输入/输出	包含上次执行PID指令时存储的过程变量值
36	PID扩展表ID	ASCII	常数	PIDA（PID扩展表，版本A）：ASCII常数
40	AT控制（ACNTL）	BYTE	输入	参见控制和状态字段的具体描述表
41	AT状态（ASTAT）	BYTE	输出	
42	AT结果（ARES）	BYTE	输入/输出	
43	AT配置（ACNFG）	BYTE	输入	
44	偏差（DEV）	REAL	输入	最大PV振荡幅度的标准化值（范围：0.025~0.25）
48	滞后（HYS）	REAL	输入	用于确定过零的PV滞后标准化值（范围：0.005~0.1）。如果DEV与HYS的比值小于4，自整定期间会发出警告
52	初始输出阶跃（STEP）	REAL	输入	输出值中阶跃变化的标准化大小，用于使PV产生振荡（建议的范围：0.0~0.4）
56	看门狗时间（WDOG）	REAL	输入	两次过零之间允许的最大秒数值（范围：60~7 200）
60	建议增益（AT_K_C）	REAL	输出	自整定过程确定的建议回路增益
64	建议积分时间（AT_T_I）	REAL	输出	自整定过程确定的建议积分时间
68	建议微分时间（AT_T_D）	REAL	输出	自整定过程确定的建议微分时间
72	实际阶跃大小（ASTEP）	REAL	输出	自整定过程确定的标准化输出阶跃大小值
76	实际滞后（AHYS）	REAL	输出	自整定过程确定的标准化PV滞后值

PID回路控制和状态字段的具体描述如下。

1. 字段：AT控制（ACNTL）

输入-字节状态如图7-18所示。

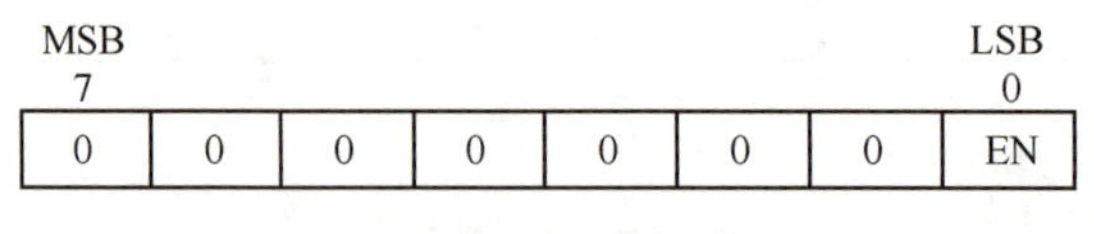

图 7-18　输入-字节状态

当 EN 设为 1 时，可启动自整定；设为 0 时，可终止自整定。

2. 字段：AT 状态（ASTAT）

输出-字节状态如图 7-19 所示。

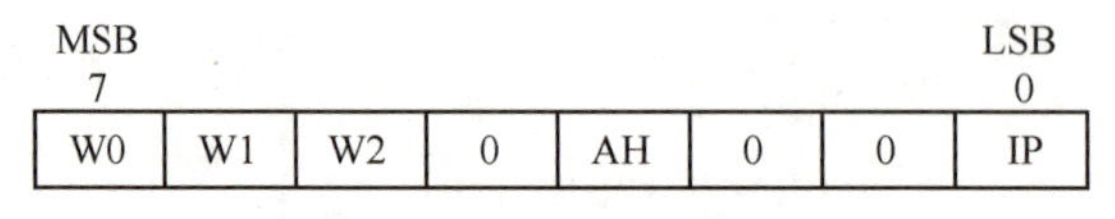

图 7-19　输出-字节状态

W0 警告：偏差设置没有超过滞后设置的四倍。
W1 警告：过程偏差不一致可能导致对输出阶跃值的调整不正确。
W2 警告：实际平均偏差没有超过滞后设置的四倍。
AH：正在进行自动滞后计算：
0-没有进行；
1-正在进行。
IP：正在进行自整定：
0-没有进行；
1-正在进行。

每次自整定序列启动时，CPU 都会清除警告位并置于进行位。自整定完成后，CPU 会清除进行位。

3. 字段：AT 结果（ARES）

输入/输出-字节状态如图 7-20 所示。

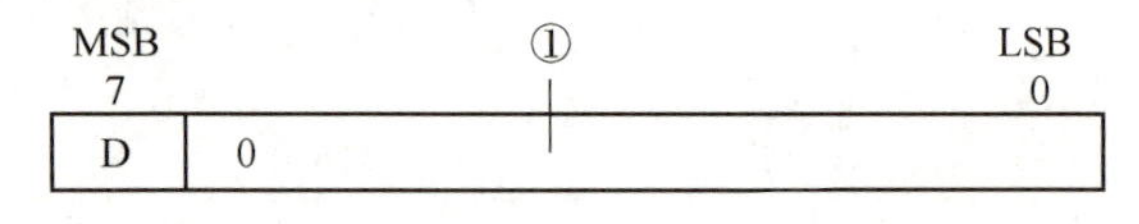

图 7-20　输入/输出-字节状态

D："完成" 位：
0-自整定未完成；
1-自整定完成。
必须设置为 0，自整定才能启动。

结果代码：
00-正常完成（推荐的整定值可用）；
01-用户终止；
02-已终止，过零时看门狗超时；
03-已终止，过程（PV）超出范围；

04-已终止，超出最大滞后值；
05-已终止，检测到非法组态值；
06-已终止，检测到数字错误；
07-已终止，在没有能流时执行 PID 指令（回路处于手动模式）；
08-已终止，自整定只适用于 P、PI、PD 或 PID 回路；
09~7F-保留。

4. 字段：AT 配置（ACNFG）

输入-字节状态如图 7-21 所示。R1、R0 和动态响应对照表见表 7-2。

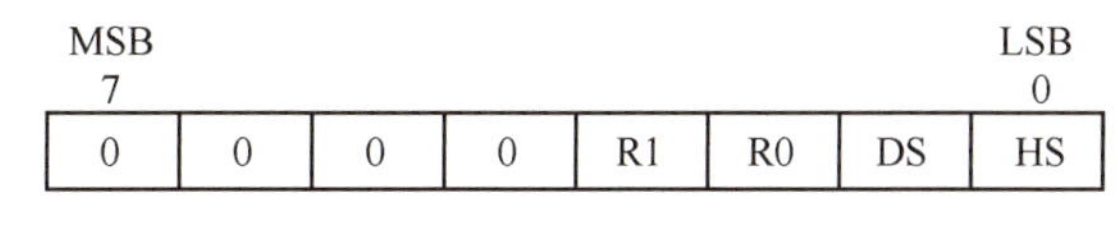

图 7-21 输入-字节状态

表 7-2 R1、R0 和动态响应对照表

R1	R0	动态响应
0	0	快速响应
0	1	中速响应
1	0	慢速响应
1	1	极慢速响应

DS：偏差设置：
0-使用回路表中的偏差值；
1-自动确定偏差值。
HS：滞后设置：
0-使用回路表中的滞后值；
1-自动确定滞后值。

7.5 习题

一、简答题

1. 简述模拟量和数字量的区别，SMART PLC 是如何处理模拟量的？
2. PLC 检测各种物理量的传感器有哪些？
3. 简述什么是 PID 控制，P、I、D 各代表什么？

二、实验题

1. 使用 PLC 读取温度变送器送出的模拟量的值，并将其转换为对应的测量端温度。
2. 使用 PID 整定控制面板来整定 PID 参数。
3. 使用 PID 来控制水温实验模块。
4. 根据输入模拟量的大小，来实现音乐喷泉实验。

第 8 章

高速计数器的应用

【本章要点】

☆ 高速计数器的基本概念
☆ 高速计数器指令
☆ 高速计数器的使用方法
☆ 高速计数器的应用举例

8.1 高速计数器的基本概念

在现在控制领域，会有一些高速脉冲信号需要传送给 PLC，这些脉冲信号的频率一般远远高于 PLC 的扫描频率，而 PLC 的普通计数器是 CPU 每个扫描周期读取一次被检测信号，一般工作频率较低，仅有几十赫兹，当被测信号频率较高时，会丢失计数脉冲。所以 PLC 需要有一个可以快速响应外部高速脉冲信号的机制，这个机制要独立于用户程序，不受扫描时间的限制。PLC 的这个响应外部高速脉冲的机制就是高速计数器。

8.1.1 高速计数器的数量和编号

高速计数器在程序中使用 HSC*n* 来表示，其中 HSC 代表高速计数器，*n* 代表高速计数器的编号。标准型 S 系列的 PLC 有 6 个高速计数器，符号为 HSC0～HSC5；紧凑型 C 系列的 PLC 有 4 个高速计数器，符号为 HSC0～HSC3。在这些高速计数器中 HSC1 和 HSC3 两个只能作为单向计数器，其余的既可以作为单向计数器，也可以作为双向计数器使用。

高速计数器的具体说明见表 8-1。

表 8-1　高速计数器

计数器	时钟 A	方向/时钟 B	复位	单相/双相最大时钟/输入速率	AB 正交相最大时钟/输入速率
HSC0	I0. 0	I0. 1	I0. 4	S 型号 CPU：200 kHz	S 型号 CPU：100 kHz、400 kHz
				C 型号 CPU：100 kHz	C 型号 CPU：50 kHz、200 kHz

续表

计数器	时钟A	方向/时钟B	复位	单相/双相最大时钟/输入速率	AB 正交相最大时钟/输入速率
HSC1	I0.1			S 型号 CPU：200 kHz	
				C 型号 CPU：100 kHz	
HSC2	I0.2	I0.3	I0.5	S 型号 CPU：200 kHz	S 型号 CPU：100 kHz、400 kHz
				C 型号 CPU：100 kHz	C 型号 CPU：50 kHz、200 kHz
HSC3	I0.3			S 型号 CPU：200 kHz	
				C 型号 CPU：100 kHz	
HSC4	I0.6	I0.7	I1.2	SR30 和 ST30 型号 CPU：200 kHz	SR30 和 ST30 型号 CPU：100 kHz、400 kHz
				SR20、ST20、SR40、ST40、SR60 和 ST60 型号 CPU：30 kHz	SR20、ST20、SR40、ST40、SR60 和 ST60 型号 CPU：20 kHz、80 kHz
				C 型号 CPU：不适用	C 型号 CPU：不适用
HSC5	I1.0	I1.1	I1.3	S 型号 CPU：30 kHz	S 型号 CPU：20 kHz、80 kHz
				C 型号 CPU：不适用	C 型号 CPU：不适用
S 型号 CPU：SR20、ST20、SR30、ST30、SR40、ST40、SR60、ST60。 C 型号 CPU：CR20s、CR30s、CR40s 和 CR60s。					

8.1.2 高速计数器的噪声抑制

高速计数器用来对外界的高速脉冲信号进行计数，那么外界信号要能被 PLC 捕捉并被如实地进行计数，必须保证外界信号能够如实地反映在输入端口。在外界信号的输入上，需要使用屏蔽电缆，并且所使用的屏蔽电缆长度不能超过 50 m。另外，S7-200 SMART PLC 内部还可以进行降噪滤波。

要运行高速计数器降噪，可以调整 HSC 通道所用输入通道的“系统块”数字量输入滤波时间。在 HSC 通道对脉冲进行计数前，S7-200 SMART CPU 会应用输入滤波。这意味着，如果 HSC 输入脉冲以输入滤波过滤掉的速率发生，则 HSC 不会在输入上检测到任何脉冲。请务必将 HSC 的每路输入的滤波时间组态为允许以应用需要的速率进行计数的值。这包括方向和复位输入。表 8-2 为 HSC 可检测到的各种输入滤波组态的最大输入频率。

表 8-2　最大输入频率

输入滤波时间	可检测到的最大频率
0.2 μs	200 kHz（S 型号 CPU）；100 kHz（C 型号 CPU）
0.4 μs	200 kHz（S 型号 CPU）；100 kHz（C 型号 CPU）
0.8 μs	200 kHz（S 型号 CPU）；100 kHz（C 型号 CPU）
1.6 μs	200 kHz（S 型号 CPU）；100 kHz（C 型号 CPU）
3.2 μs	156 kHz（S 型号 CPU）；100 kHz（C 型号 CPU）
6.4 μs	78 kHz

续表

输入滤波时间	可检测到的最大频率
12.8 μs	39 kHz
0.2 ms	2.5 kHz
0.4 ms	1.25 kHz
0.8 ms	625 Hz
1.6 ms	312 Hz
3.2 ms	156 Hz
6.4 ms	78 Hz
12.8 ms	39 Hz
S 型号 CPU：SR20、ST20、SR30、ST30、SR40、ST40、SR60、ST60。 C 型号 CPU：CR20s、CR30s、CR40s 和 CR60s。	

另外，如果生成 HSC 输入信号的设备未将输入信号驱动为高电平和低电平，则高速时可能出现信号失真。如果设备的输出是集电极开路晶体管，则可能出现这种情况：晶体管关闭时，没有任何因素将信号驱动为低电平状态；信号将转换为低电平状态，但所需时间取决于电路的输入电阻和电容。这种情况可能导致脉冲丢失。可通过将下拉电阻连接到输入信号的方法来避免，如图 8-1 所示。由于 CPU 的输入电压是 24 V DC，因此电阻的额定功率必须为高功率。100 Ω 5 W 的电阻是一个合适的选择，如图 8-1 所示。

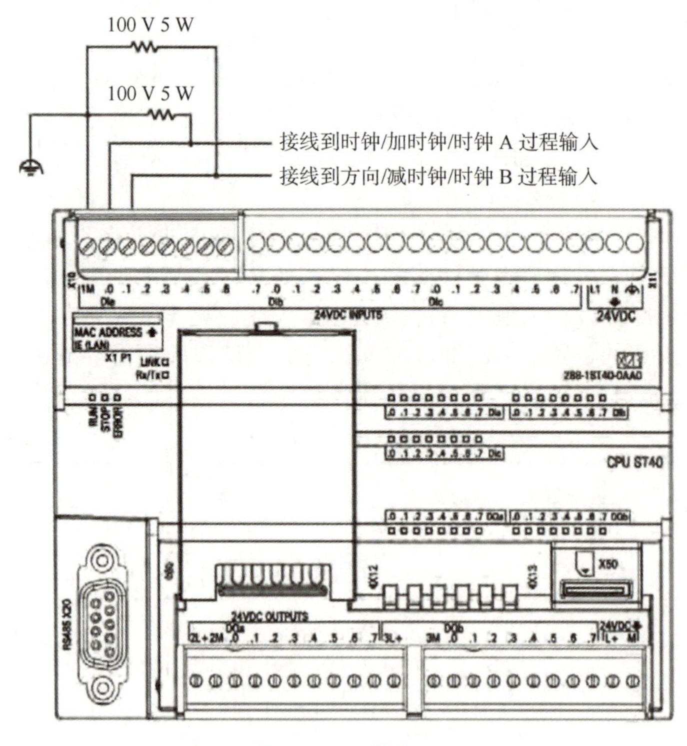

图 8-1　下拉电阻

8.2 高速计数器指令

高速计数器可对标准计数器无法控制的高速事件进行计数。标准计数器以受 PLC 扫描时间限制的较低速率运行。用户可以使用 HDEF 和 HSC 指令创建自己的 HSC 例程，也可以使用高速计数器向导来简化编程任务。

1. 高速计数器指令

高速计数器指令见表 8-3。

表 8-3 高速计数器指令

LAD/FBD	STL	说明
HDEF EN ENO HSC MODE	HDEF HSC，MODE	高速计数器定义指令选择特定高速计数器（HSC0-5）的工作模式。模式选择定义高速计数器的时钟、方向和复位功能
HSC EN ENO N	HSC N	高速计数器指令根据 HSC 特殊存储器位的状态组态和控制高速计数器。参数 *N* 指定高速计数器编号

使用高速计数器（HSC）指令，必须为每个激活的高速计数器各使用一条高速计数器定义指令。高速计数器最多可组态为 8 种不同的工作模式。

每个计数器都有专用于时钟、方向控制、复位的输入，这些功能均受支持。在 AB 正交相，可以选择一倍（1×）或四倍（4×）的最高计数速率。所有计数器均以最高速率运行，互不干扰。高速计数器指令的数据类型见表 8-4。

表 8-4 高速计数器指令的数据类型

输入/输出	数据类型	操作数
HSC	BYTE	HSC 编号常数（0、1、2、3、4 或 5）
MODE	BYTE	模式编号常数：8 种可能的模式（0、1、3、4、6、7、9 或 10）
N	WORD	HSC 编号常数（0、1、2、3、4 或 5）

2. HSC 运行

高速计数器可用作鼓式定时器的驱动，其中有一个装有增量轴编码器的轴，以恒定速度旋转。该轴编码器每转提供指定数量的计数值以及一个复位脉冲。来自轴编码器的时钟和复位脉冲为高速计数器提供输入。

高速计数器载入几个预设值中的第一个，并在当前计数值小于当前预设值的时间段内激活所需输出。计数器设置为在当前计数值等于预设值和出现复位时产生中断。

每次出现“当前计数值等于预设值”中断事件时，将装载一个新的预设值，同时设置输出的下一状态。当出现复位中断事件时，将设置输出的第一个预设值和第一个输出状态，并重复该循环。

由于程序中断发生的频率远低于高速计数器的计数速率，因此能够在对整个 PLC 扫描周期时间影响相对较小的情况下实现对高速操作的精确控制。通过中断，可在独立的中断例程中执行每次的新预设值装载操作，从而实现简单的状态控制。此外，也可在单个中断例程中处理所有中断事件。

3. HSC 输入分配及功能

所有高速计算器的运行方式与相同操作模式的一样，但对于每一个 HSC 编号来说，并不支持每一种模式。HSC 输入连接（时钟、方向和复位）必须使用 CPU 的集成输入通道。信号板或扩展模块上的输入通道不能用于高速计数器。

使用高速计数器计数高频信号，必须确保对其输入进行正确接线和滤波。在 S7-200 SMART CPU 中，所有高速计数器输入均连接至内部输入滤波电路。S7-200 SMART CPU 的默认输入滤波设置为 6.4 ms，这样便将最大计数速率限定为 78 Hz。如需以更高频率计数，必须更改滤波器设置。有关系统块滤波选项、最大计数频率、屏蔽要求及外部下拉电路的详细信息，请参见“高速输入降噪”部分。

4. HSC 计数模式支持

紧凑型型号共支持 4 个 HSC 设备：HSC0、HSC1、HSC2 和 HSC3。

SR 和 ST 型号共支持 6 个 HSC 设备：HSC0、HSC1、HSC2、HSC3、HSC4 和 HSC5。

HSC0、HSC2、HSC4 和 HSC5 支持 8 种计数模式：模式 0、1、3、4、6、7、9 和 10。

HSC1 和 HSC3 只支持 1 种计数模式：模式 0。

5. 可用的 HSC 计数器类型

HSC0、HSC2、HSC4 和 HSC5 支持 8 种计数模式（模式 0、1、3、4、6、7、9 和 10）。其中，模式 1、4、7、10 都含有特殊功能，具体可以分为 4 类：

（1）具有内部方向控制功能的单相时钟计数器，包括：

○ 模式 0：无外部复位功能。

○ 模式 1：具有外部复位功能。

（2）具有外部方向控制功能的单相时钟计数器，包括：

○ 模式 3：无外部复位功能。

○ 模式 4：具有外部复位功能。

（3）具有 2 路时钟输入（加时钟和减时钟）的双相时钟计数器，包括：

○ 模式 6：无外部复位功能。

○ 模式 7：具有外部复位功能。

（4）AB 正交相计数器，包括：

○ 模式 9：无外部复位功能。

○ 模式 10：具有外部复位功能。

6. HSC 操作规则

使用高速计数器之前，必须执行 HDEF 指令（高速计数器定义）选择计数器模式。使用首次扫描存储器位 SM0.1（首次扫描时，该位为 ON，后续扫描时为 OFF）直接执行 HDEF 指令，或调用包含 HDEF 指令的子例程。

可以使用所有计数器类型（带复位输入或不带复位输入）。

激活复位输入时，会清除当前值，并在用户禁用复位输入之前保持清除状态。

8.3 高速计数器的使用步骤

高速计数器使用步骤：

（1）根据实际需求，选择计数器和相应的工作模式。

（2）根据使用的需求，设置计数器的控制字节。

（3）设置高速计数器的工作模式，调用高速计数器定义指令（HDEF）定义高速计数器的时钟、方向和复位功能。

（4）设定高速计数器的当前值和预设值。

（5）设置中断事件，并打开全局中断允许。

（6）执行 HSC 指令，根据 HSC 特殊存储器位的状态组态和控制高速计数器。

（7）确定中断响应函数，当高速计数器的当前值等于预设值，或者高速计数器计数方向发生变化时，进入中断函数。

（8）调试运行程序，最终达到设计目标。

8.4 编码器

高速计数器一般都是和编码器一起使用的，编码器每转一圈，就会发出一定数量的计数脉冲和一个复位脉冲。高速计数器接收到编码器发出的脉冲，通过计算就可以转换为机构旋转角度。编码器可以分为以下几类：

1. 增量式编码器

光电增量式编码器码盘上有均匀排列的光栅，当码盘旋转的时候，输出脉冲和转动的角度增量成正比。增量式编码器根据输出信号的多少，可以分为输出一个脉冲序列的单通道增量式编码器；输出相位差为 90°的两路独立脉冲序列的双通道增量式编码器，也称为 A/B 相型编码器；输出两路独立脉冲序列，另外，每旋转一圈，输出一个脉冲信号的三通道增量编码器，一个脉冲信号也称为 Z 相零位脉冲，可以用来指示坐标原点，减少积累误差。

双通道、三通道增量式编码器由于存在相位差 90°的两路信号，正转和反转的时候，两路脉冲超前和滞后的关系正好相反，根据超前和滞后的关系，可以确定编码器的旋转方向。

2. 绝对式编码器

绝对式编码器有多个码道，每个码道上都有一个光电耦合器，用于读取本码道的信号。绝对式编码器输出 N 位二进制数，这个数字反映了运动物体所处在的绝对位置，根据变化情况，可以判断旋转方向。

8.5 高速计数器应用举例

例题：

通过高速计数器来周期性地控制 Q0.0，使输出端口 Q0.0 产生以 8 s 为周期的方波，其中 3 s 置位，5 s 复位，使用 CPU 外部高速计数器，输入的脉冲周期为 1 ms。

分析和解题：

根据要求，需要产生周期变化的方波，可以使用 PLC 的高速计数器来完成，使用高速计数器设置向导可以简化 HSC 编程任务。向导可帮助用户选择计数器类型/模式、预设值/当前值以及计数器选项，并生成必要的特殊存储器分配、子例程和中断例程。这里结合题目，详细讲解向导设置。

首先，打开向导，可以使用以下方法打开高速计数器向导：

打开向导方法一：在“工具”（Tools）菜单功能区的“向导”（Wizards）区域中选择“高速计数器”（High-Speed Counter）。

打开向导方法二：在项目树的“向导”（Wizards）文件夹中双击“高速计数器”（High-Speed Counter）节点。

打开向导后，分配 HSC 设置值。可浏览向导设置页面、修改参数，然后生成新向导程序代码。界面如图 8-2 所示。

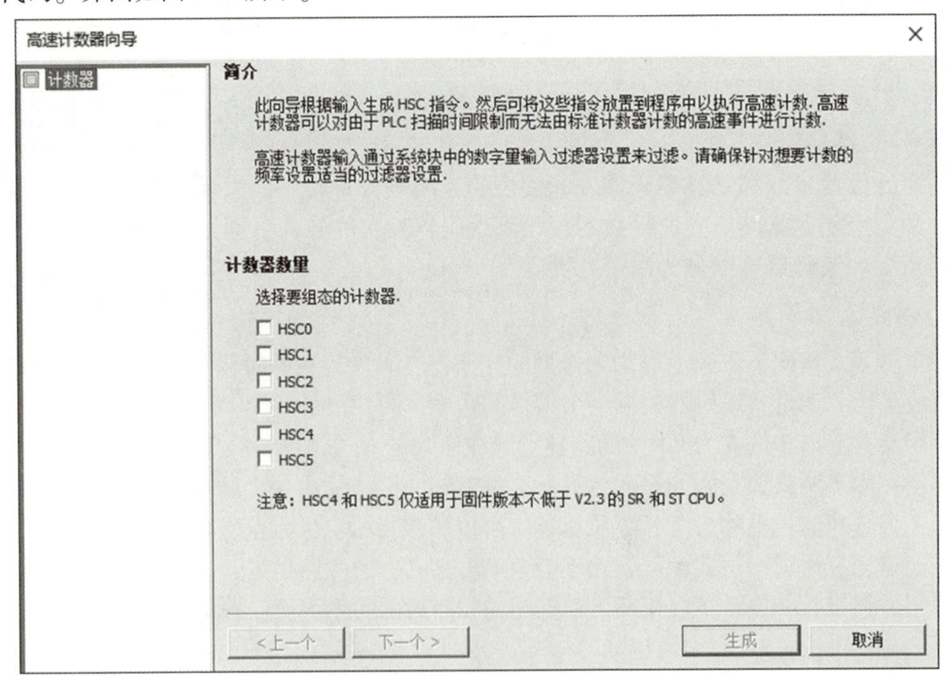

图 8-2　高速计数器向导

在图 8-2 中，选择需要使用的高速计数器后，左边状态树上会根据选择的高速计数器出现对应的详细设置选项，包括模式、初始化、中断、步、组件等设置。这里选择 HSC0，如图 8-3 所示。

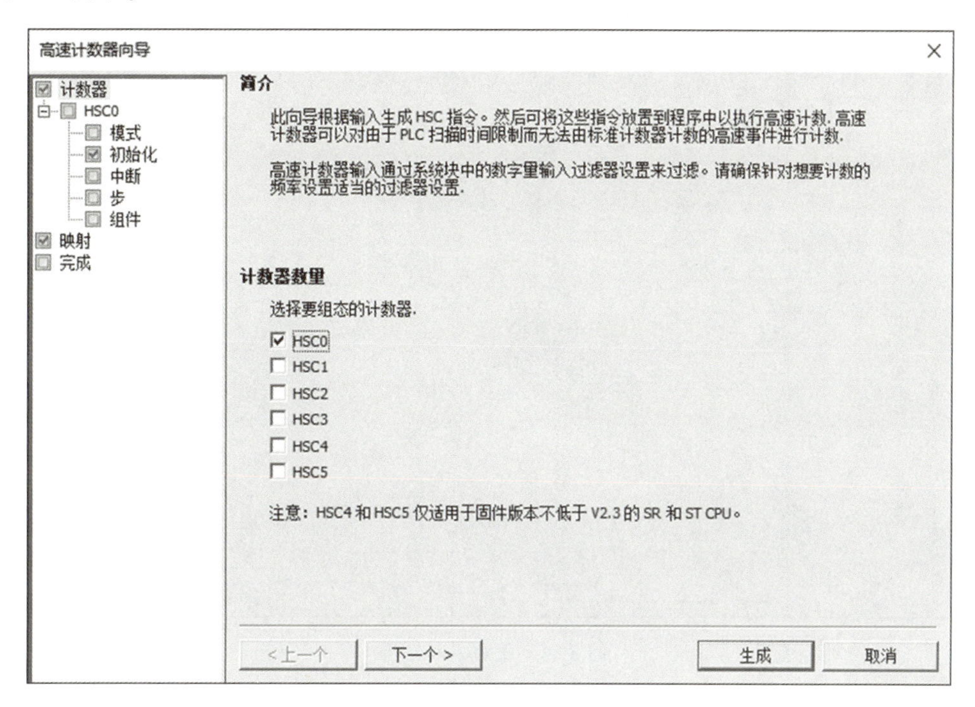

图 8-3　计数器设置对话框

单击 HSC0 计数器，单击“下一个”按钮，进入下一个界面，可以给计数器重新命名。这里默认名称为 HSC0，如图 8-4 所示。

更改计数器名称后，可以单击“下一个”按钮或者直接在项目树中单击模式，进入模式设置界面，可以选择模式，选择任意模式后，下面的注释会对此模式进行说明，根据设计要求选择对应的模式。此处因为输入通道是单相的，不需要复位操作信号，所以选择模式 0：无外部复位的具有内部方向控制功能的单相时钟计数器。单击“下一个”按钮，或者单击项目树中的“初始化”选项后，也同样进入下一步。模式选择如图 8-5 所示。

接着进入创建一个子程序对话框，用户可以使用默认子程序名称，或者指定新的程序名称；还可以设置预设值和当前值。选择计数输入信号的有效值，确定计数速率。这里将子程序命名为 HSC0_INIT1，预设值为 3 000，当前值为 0，输入的初始计数方向为上。单击“下一个”按钮，如图 8-6 所示。

选择“中断”，可以对中断进行设置。不同的计数器，中断是不相同的。有三个中断方式：外部复位计划后的中断、方向输入更改后的中断、当前值等于预设值时的中断。前面选择的 HSC0 只有当前值等于预设值的中断。根据题目，这里勾选“当前值等于预设值（CV=PV）时的中断”，并给中断命名为 COUNT_EQ0，这里的中断名用户也可以修改。中断选择如图 8-7 所示。

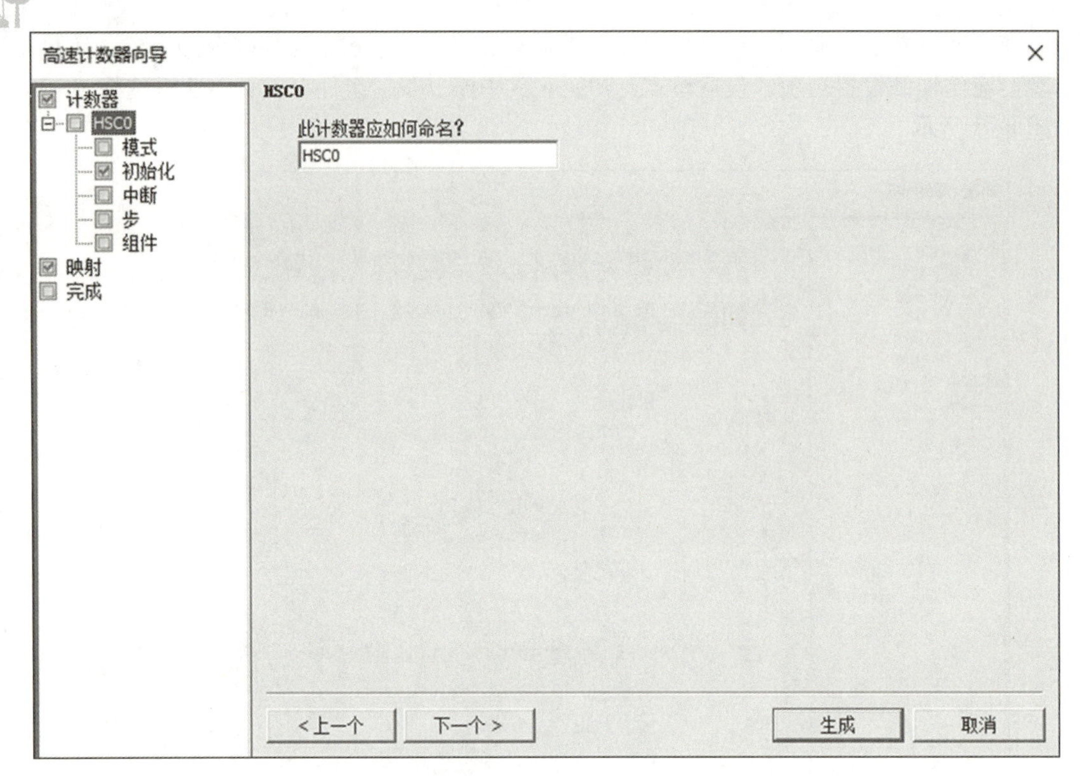

图 8-4　重命名对话框

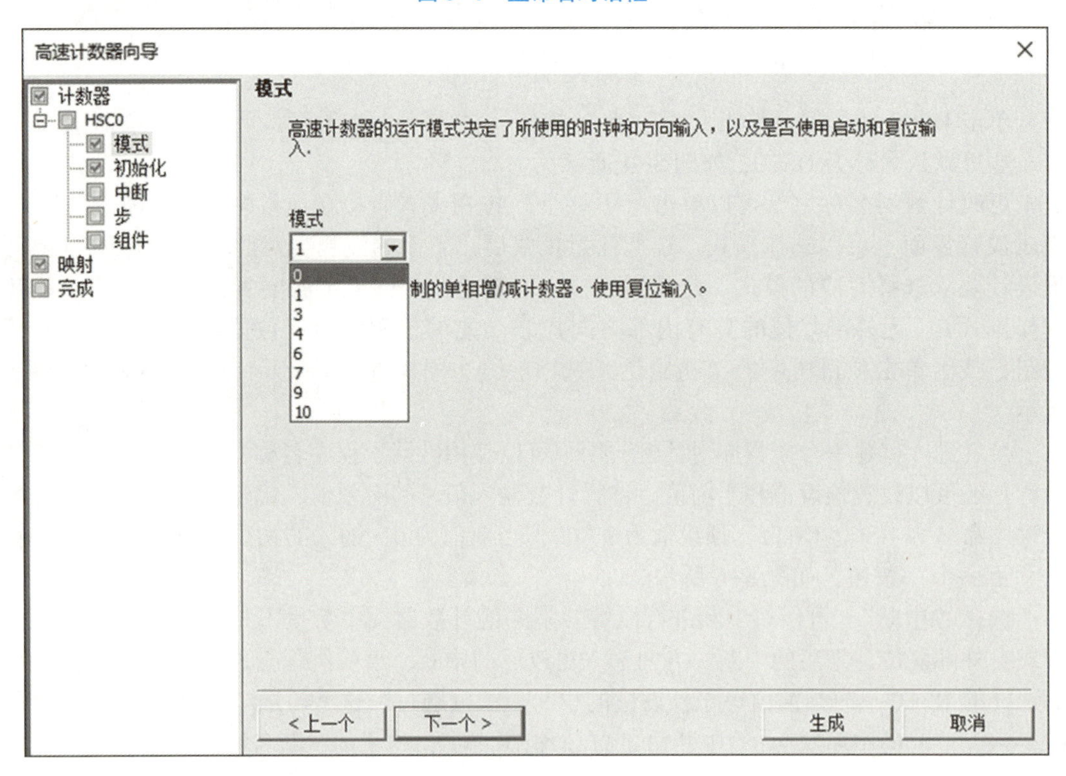

图 8-5　模式选择

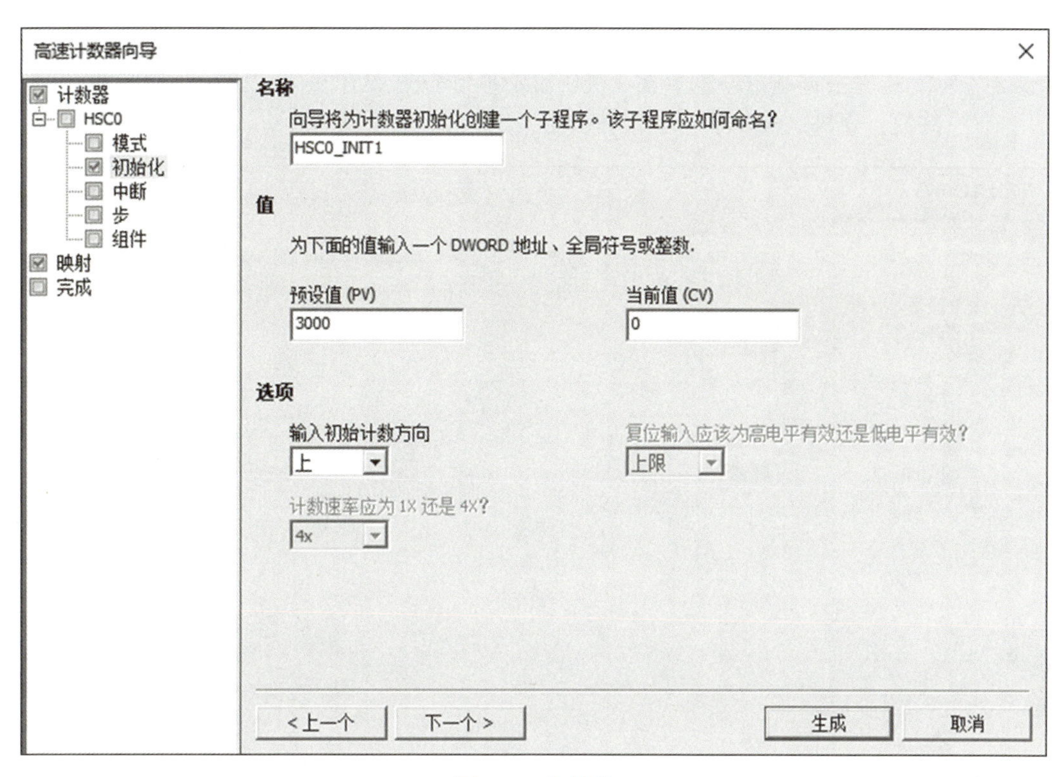

图 8-6　初始化

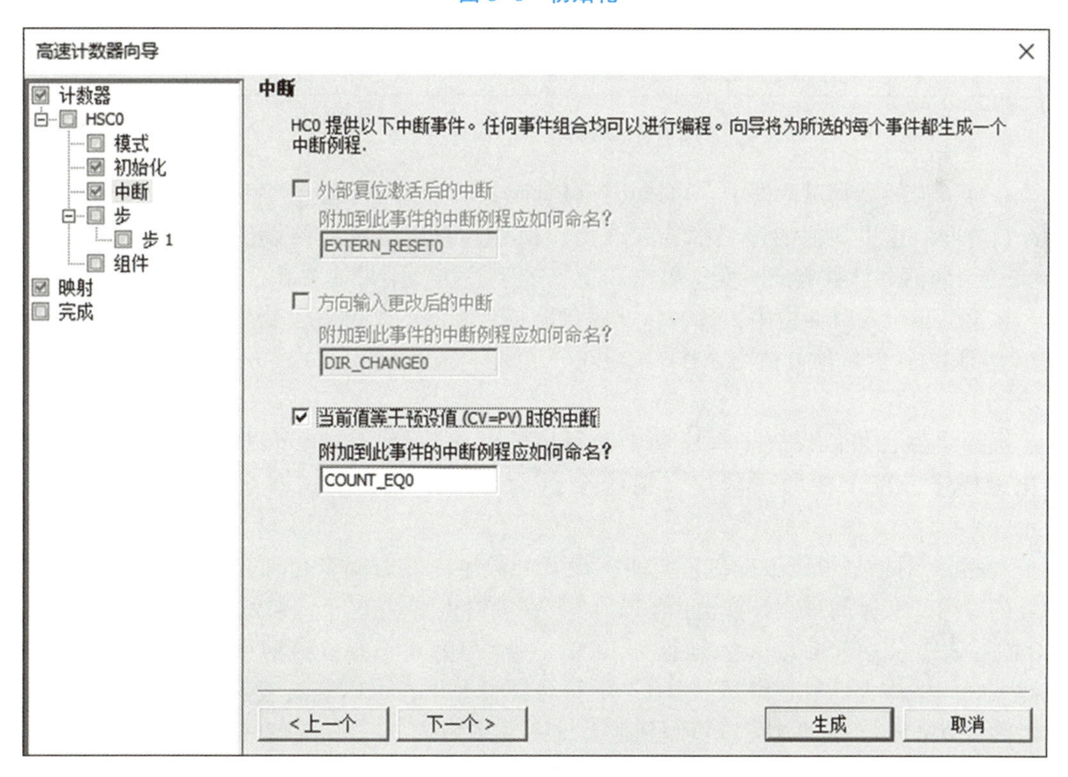

图 8-7　中断选择

选择“步”选项后，可以根据需求选择步数，项目树会出现对应的步设置选项，如图8-8所示。这里根据题意，需要在3 000和8 000时进行动作，所以选择“2”步。单击“下一个”按钮，会进入对第一步的设置界面。

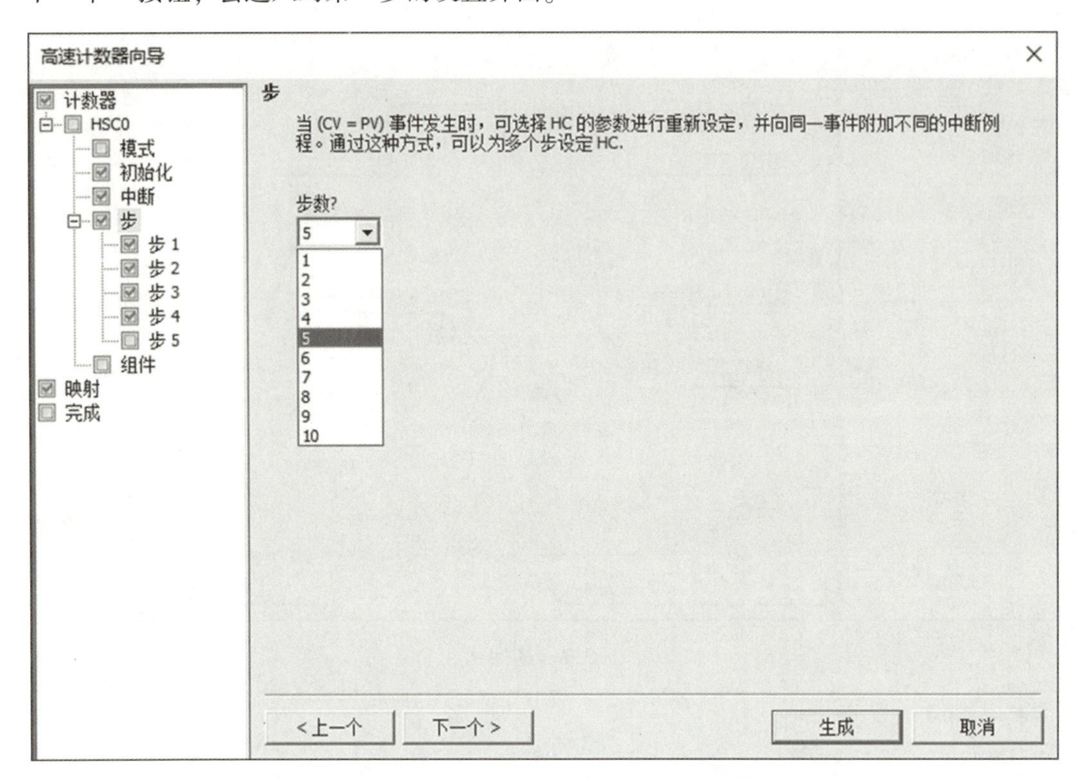

图 8-8　对第一步的设置对话框

在第一步的设置对话框中，可以更新任何参数，包括中断函数名称、预设值、当前值和计数方向。这里其他的选项都选默认值，根据题意，将更新预设值设置为从 3 000 到 8 000，当前值和计数方向不变。单击“下一个”按钮，结果如图8-9所示。

在第二步设置对话框中，选择将此事件附加到新的中断例程，新的中断程序就默认为HSC0_STEP2，更新预设值为8 000~3 000，更新当前值到0，计数方向不变，如图8-10所示。

选择组件，可以设置子程序和中断程序的组态环境。这里可以看到程序有一个初始化子程序，三个中断子程序。系统会自动帮助用户生成这些子程序，如图8-11所示。

“映射”对话框可以根据在系统块中设置的数字滤波时间来合理控制高速计数器过滤信号的时间。实际的最大计数值由CPU的数字量输入特性决定。本例使用了HSC0，所以I/O映射表中只有HSC0，输入地址为I0.0，过滤器为6.4 ms。在这里需要注意的是，默认滤波时间的最大计数频率是78 Hz，不符合题目要求，可以查看表8-2，符合要求的滤波时间为0.4 ms，这样才可以检测到最大计数频率为1.25 kHz的信号。所以应将I0.0的滤波时间设置得不大于0.4 ms，如图8-12所示。

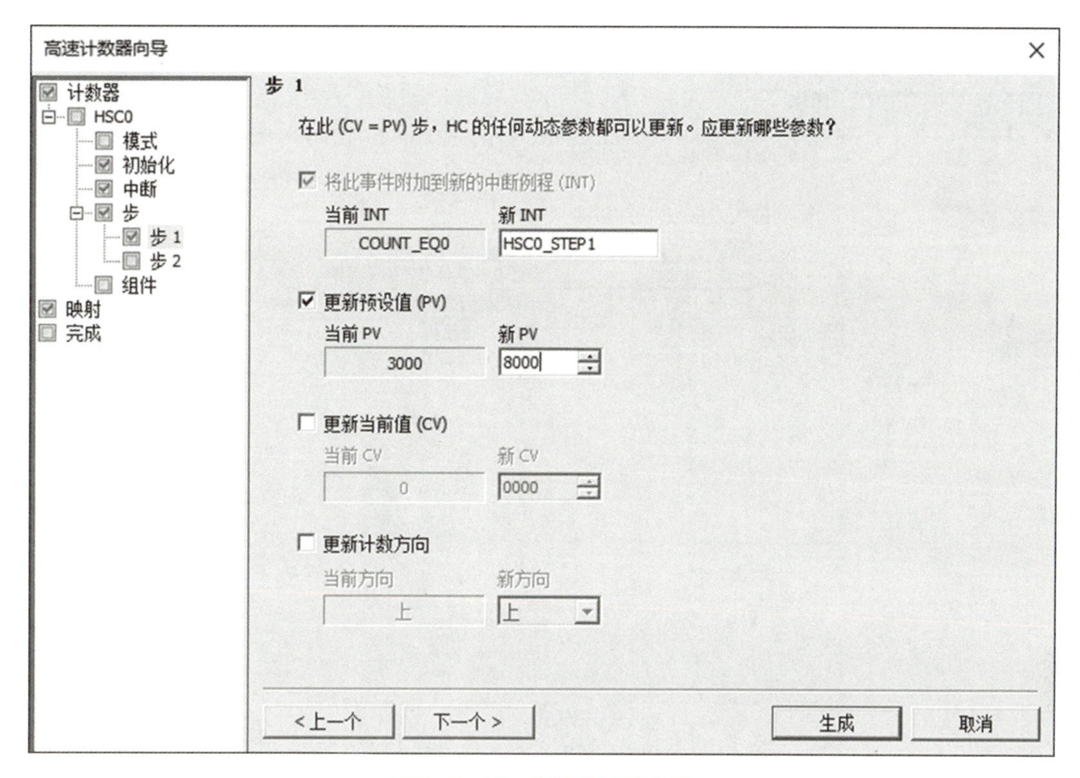

图 8-9 第一步设置后的结果

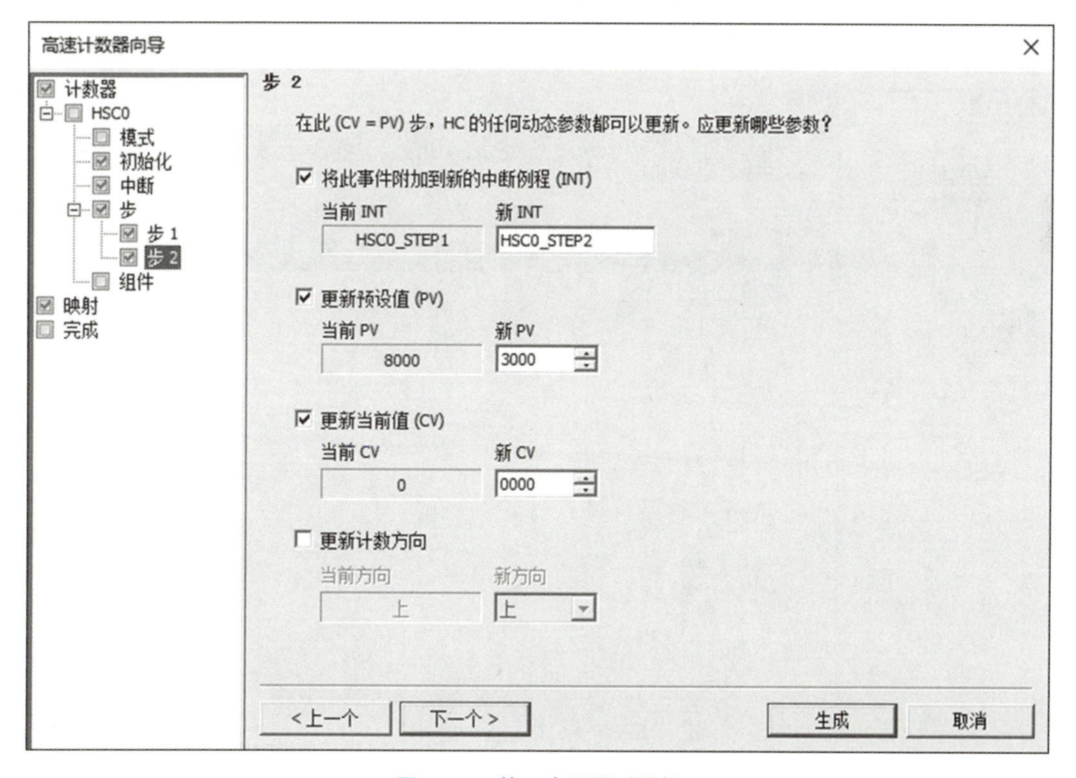

图 8-10 第二步设置对话框

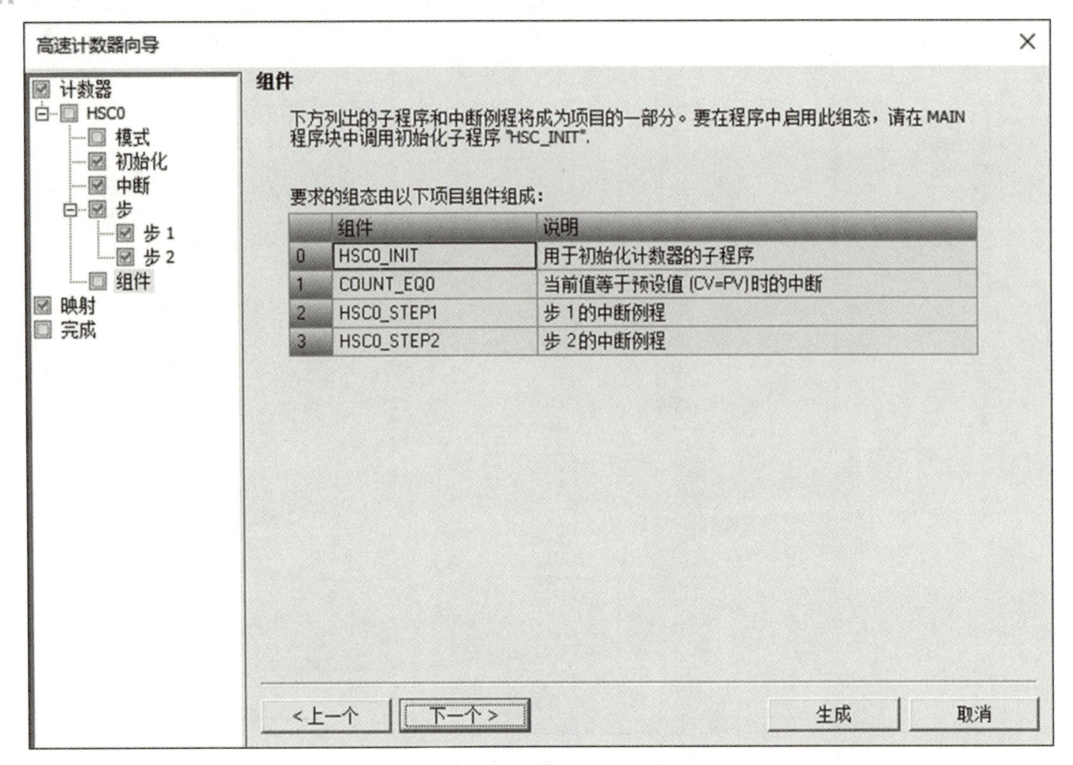

图 8-11 子程序和中断程序组件

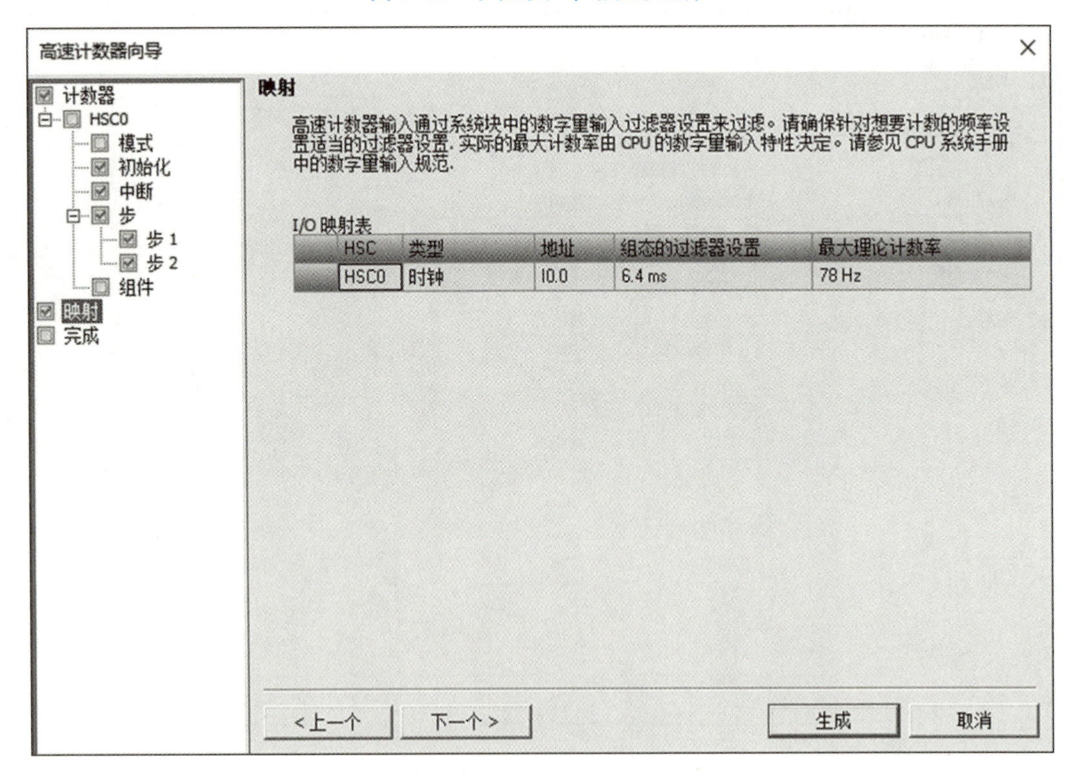

图 8-12 “映射”对话框

进入“系统块”对话框，选择“数字量输入”，将I0.0设置为0.4 ms，对应的输入频率可以满足100 kHz的要求，如图8-13所示。

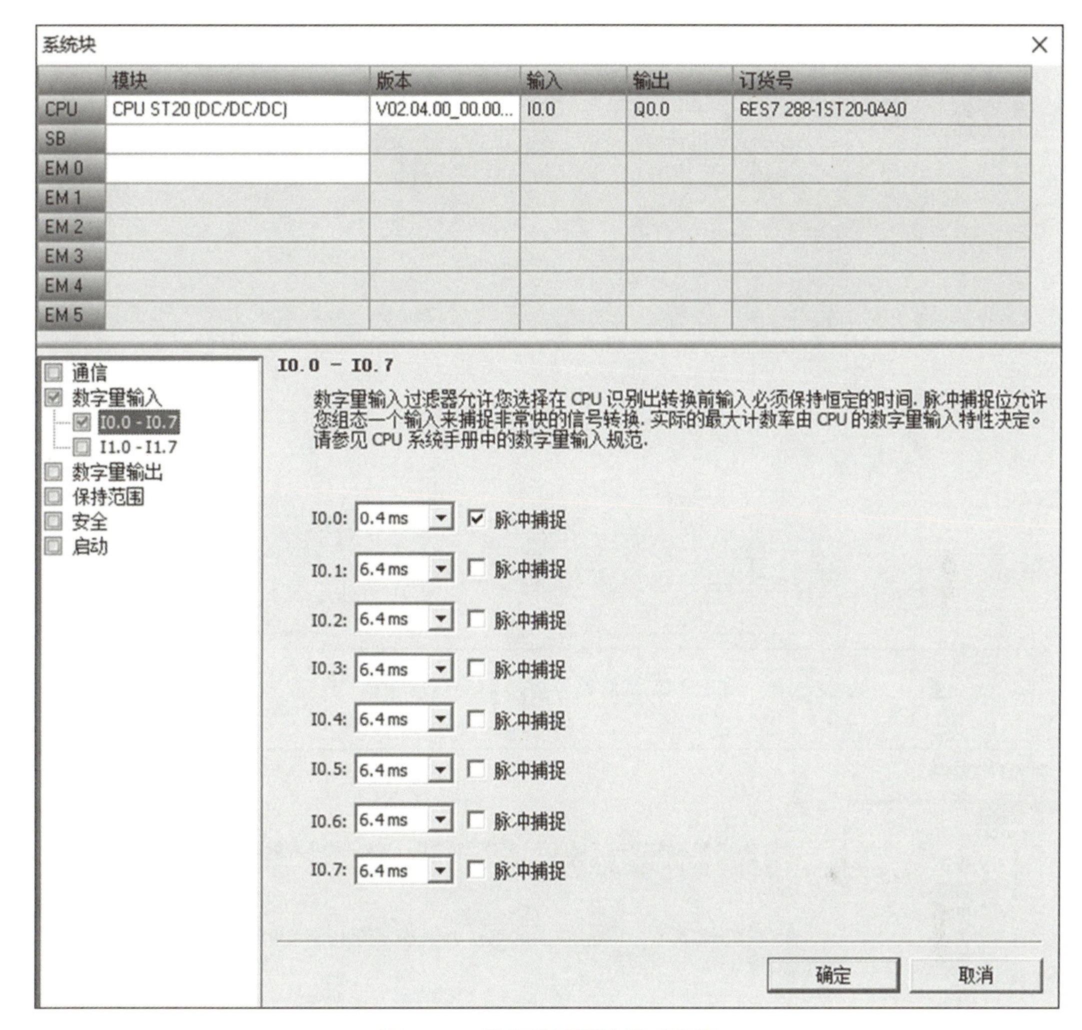

图8-13 输入滤波器选择对话框

再次进入向导，可以看到I0.0的映射最大理论计数率为1 250 Hz，可以满足外部高速脉冲输入响应的要求，如图8-14所示。

最后，在“完成”项中，单击“生成”按钮，完成并退出高速计数器向导设置，如图8-15所示。

完成向导之后，系统会自动生成初始化和中断子程序，这些程序都是框架，用户想要在中断程序中实现相应的功能，需要在对应的中断程序中添加对应的指令。本例程中需要在中断程序中添加对输出Q0.0进行置位和复位动作，这样每当进入中断程序，就可以改变Q0.0的状态，最终实现相应的功能。

在向导生成后的初始化函数HSC0_INIT中添加了Q0.0的置位语句，如图8-16所示。

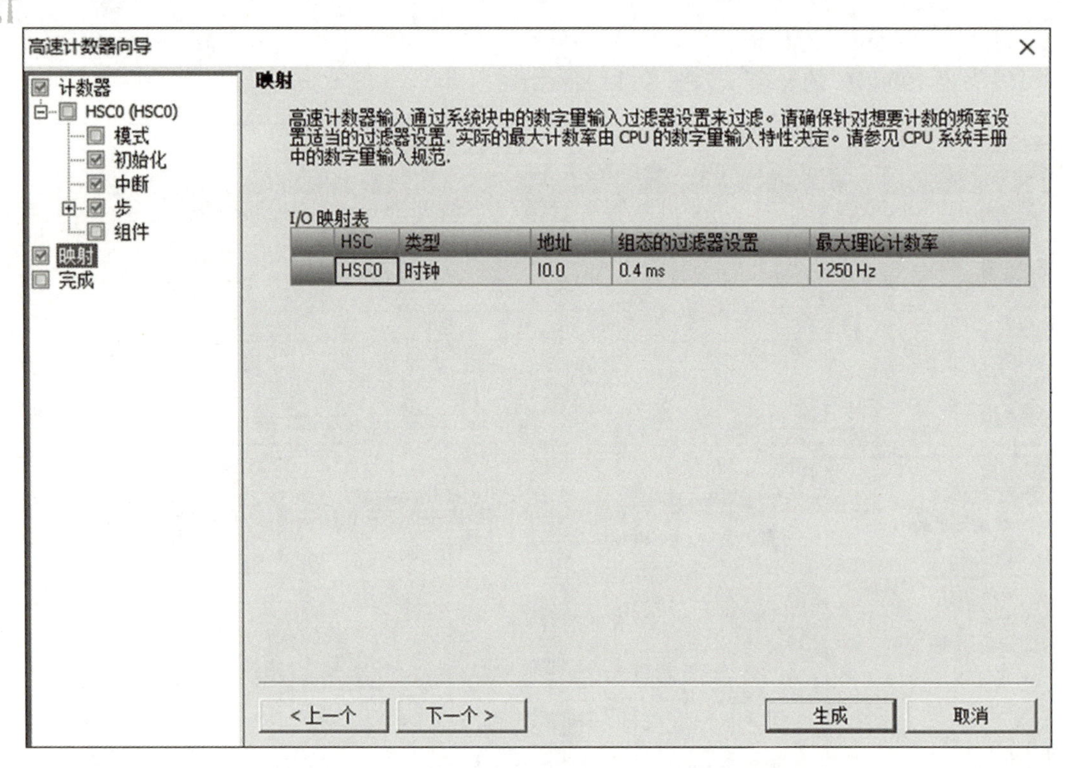

图 8-14　过滤器修改后的 I/O 映射表

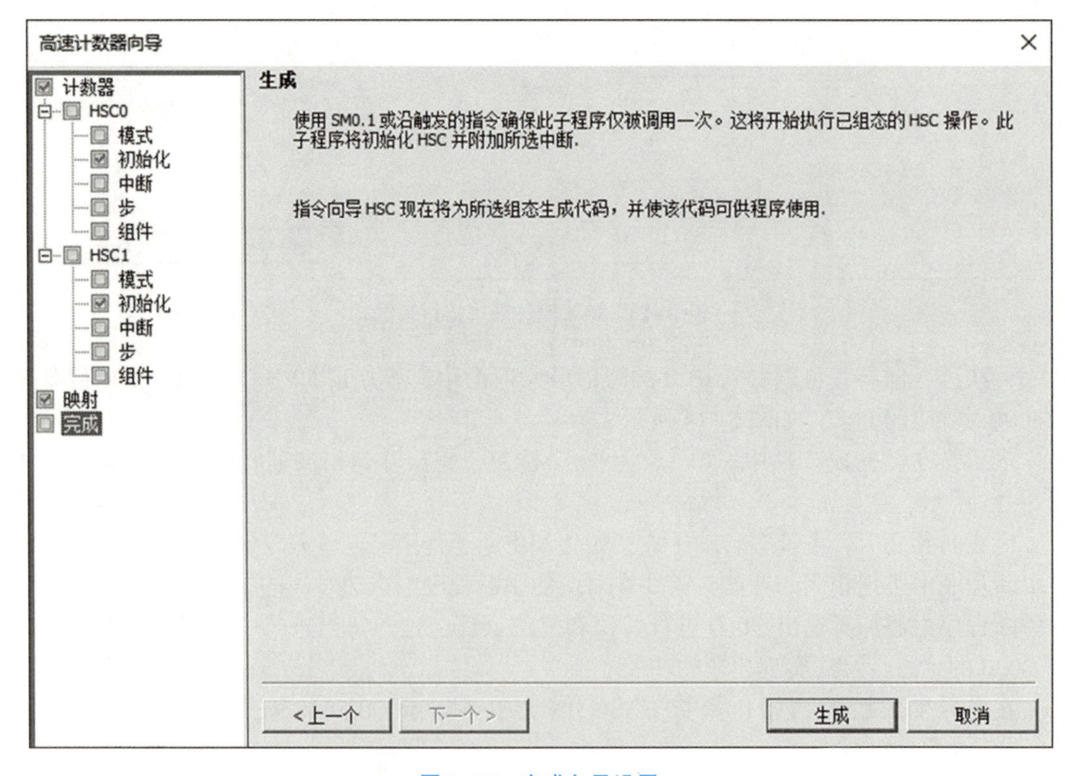

图 8-15　完成向导设置

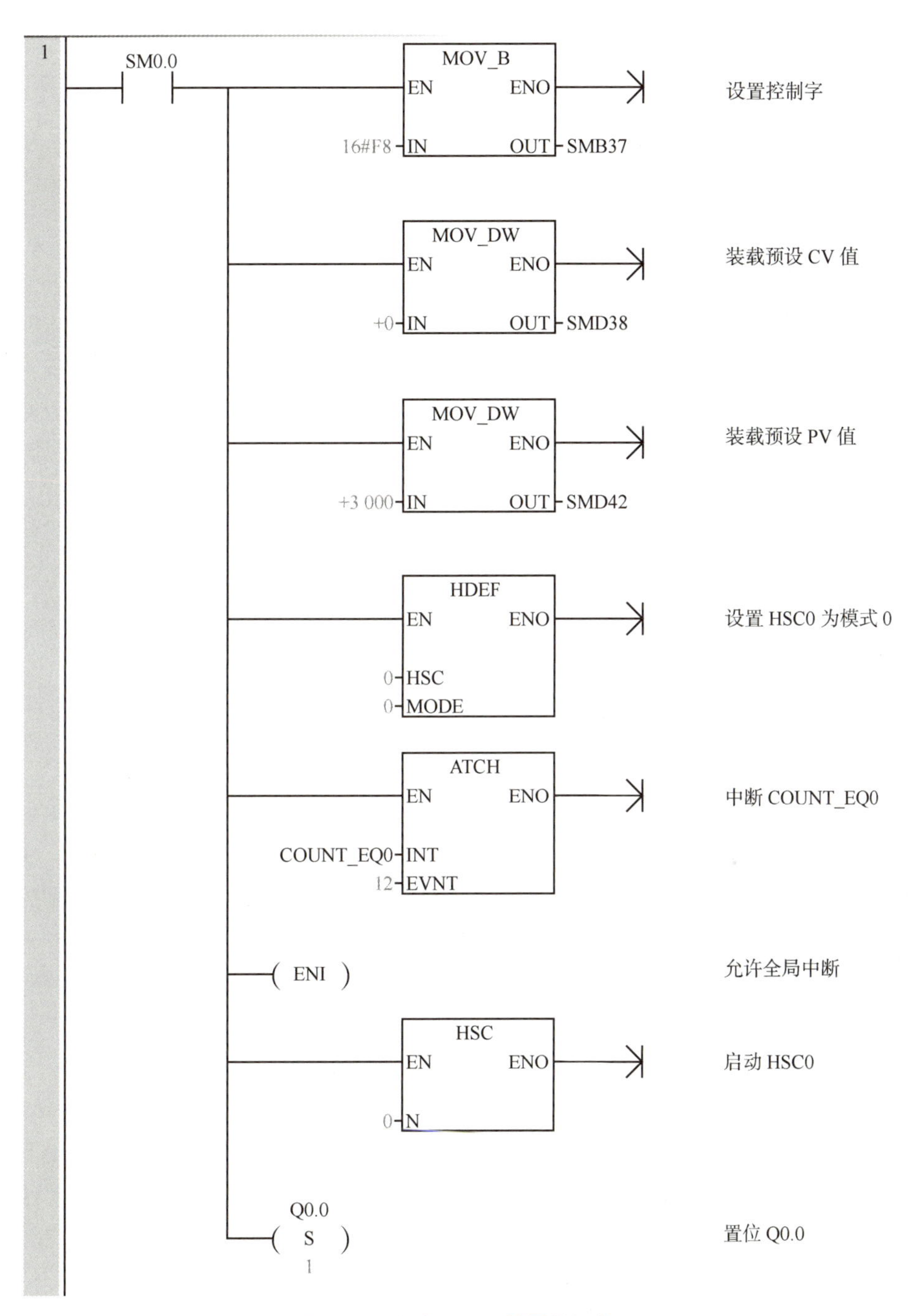

图 8-16　添加 Q0.0 的置位语句

当计数器收到 3 000 脉冲后，进入中断子程序 COUNT_EQ0，在系统给的程序中添加复位 Q0. 0 的语句，如图 8-17 所示。

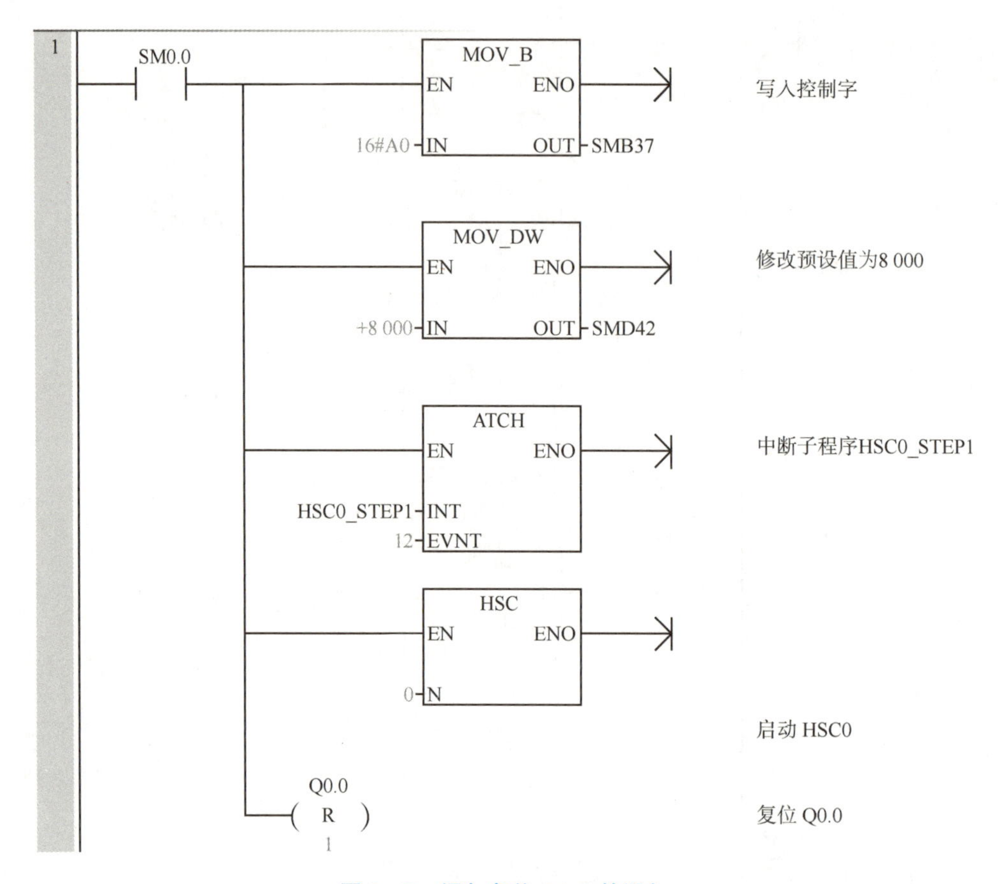

图 8-17　添加复位 Q0. 0 的语句

当计数器计数达到 8 000 后，添加置位 Q0. 0，初始化预设值和当前值，重新开始计数，如图 8-18 所示。

必须在主程序中放置一个对包含初始化代码（HSC0_INIT）的子例程的调用，才能让计数器运行。使用 SM0. 1 或边沿触发指令确保该子例程仅被调用一次。

同 PLC 通信，如图 8-19 所示。

需要注意的是，电脑的网关设置需要和查找到的 PLC 在一个网段里，如图 8-20 所示。

最后就可以下载程序并调试运行了，如图 8-21 所示。

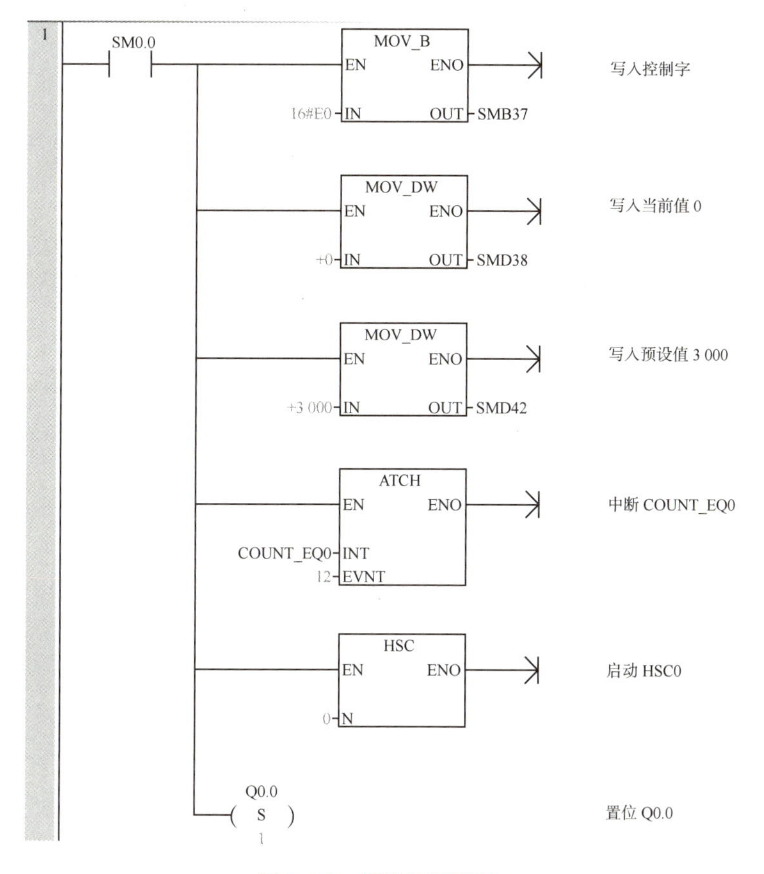

图 8-18 初始化预设值

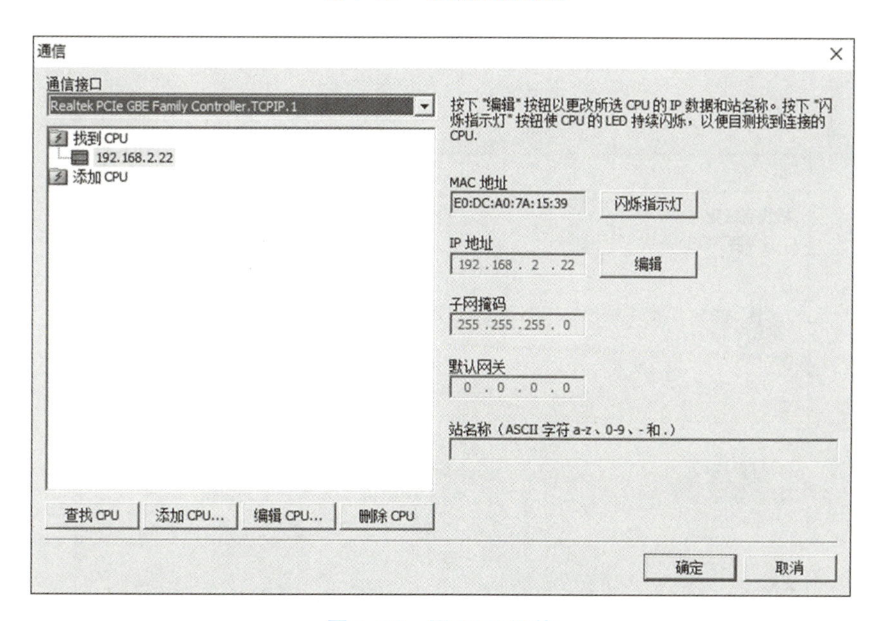

图 8-19 同 PLC 通信

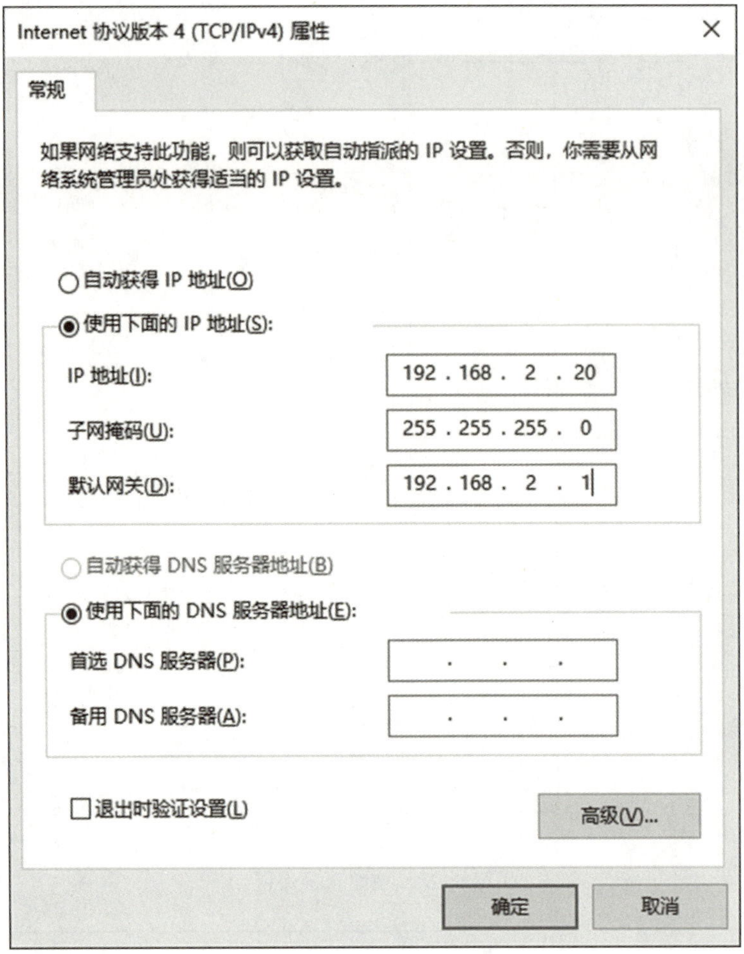

Internet 协议版本 4 (TCP/IPv4) 属性

常规

如果网络支持此功能，则可以获取自动指派的 IP 设置。否则，你需要从网络系统管理员处获得适当的 IP 设置。

○自动获得 IP 地址(O)

◉使用下面的 IP 地址(S):

IP 地址(I): 192 . 168 . 2 . 20

子网掩码(U): 255 . 255 . 255 . 0

默认网关(D): 192 . 168 . 2 . 1

○自动获得 DNS 服务器地址(B)

◉使用下面的 DNS 服务器地址(E):

首选 DNS 服务器(P):

备用 DNS 服务器(A):

☐退出时验证设置(L)　　高级(V)...

确定　　取消

图 8-20　电脑网关设置

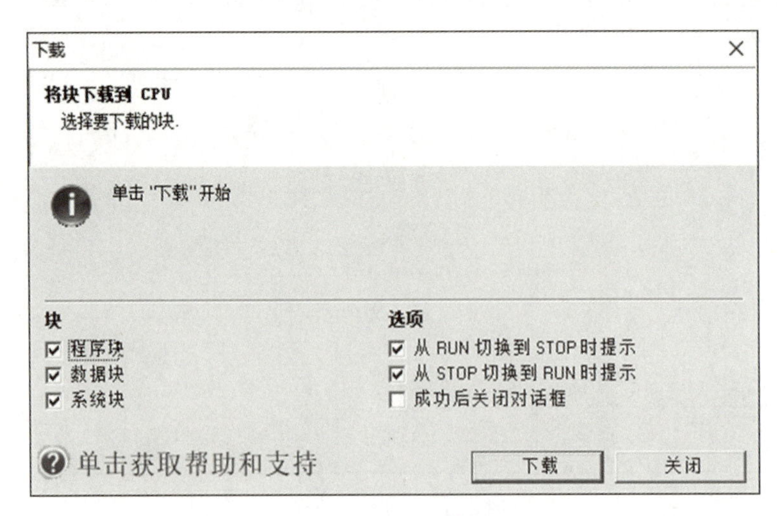

图 8-21　程序下载界面

8.6 习题

一、简答题

1. 简述 PLC 高速计数器的使用方法。
2. 简述 PLC 高速计数器使用的相关寄存器的作用。
3. 简述 HSC 可检测到的各种输入滤波组态的最大输入频率如何调整。

二、实验题

1. 利用 PLC 的高速计数器和编码器来精确控制电动机。
2. 利用 PLC 的高速计数器来测量外接输入脉冲的频率和周期。

第 9 章

高速脉冲输出及运动控制

【本章要点】

☆ 高速脉冲的基本概念
☆ 高速脉冲指令及相关寄存器
☆ PTO 的应用
☆ PWM 的应用
☆ 高速脉冲运动控制向导设置
☆ 高速脉冲运动控制示例

9.1 高速脉冲的基本概念

S7-200 SMART PLC 一般的输出都是在每一次扫描周期后期才进行更新的，在某些实时控制场合，如果想实时、精确地实现负载控制，就比较困难。所以 PLC 有一个不受扫描周期束缚的，实时、高速脉冲输出机制。这种高速脉冲输出在运动控制领域应用非常广泛，在使用高速脉冲输出时，一般的继电器型 PLC 输出速度跟不上，所以应选择晶体管输出型 PLC。S7-200 SMART PLC 提供了两种运动控制方式：一种是脉宽调制，一种是运动轴控制。

1. 脉冲输出的分类

S7-200 SMART PLC 有两种脉冲输出方式：脉冲串输出（Pulse Train Output，PTO）和脉宽调制（Pulse Width Modulation，PWM）。

（1）脉冲串输出。

PTO 是以指定频率和指定脉冲数量提供 50% 占空比输出的方波，如图 9-1 所示。PTO 可使用脉冲包络生成一个或多个脉冲串。用户可以指定脉冲的数量和频率。

（2）脉宽调制。

S7-200 SMART PLC 的 PWM 可以提供 2~3 个通道，这些通道允许占空比可变的固定周期时间输出，如图 9-2 所示。用户可以指定周期时间和脉冲宽度（以微秒或毫秒为增量）。

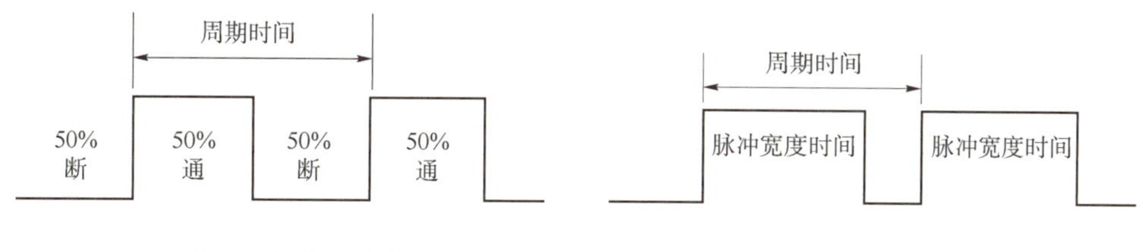

图 9-1　脉冲串输出　　图 9-2　脉宽调制

2. 高速脉冲输出通道

CPU 提供了最多 3 个高速脉冲输出端口，因为其特殊作用和功能，所以提供的端口数很少，这些高速脉冲输出端口是系统指定的，用户不能随意选择。S7-200 SMART 高速脉冲输出点为 Q0.0、Q0.1 和 Q0.3 这 3 个端口。其中，需要注意的是，SMART SR20/ST20 只有 2 个通道：Q0.0 和 Q0.1。如果将这 3 个端口作为高速脉冲输出端口使用，这些端口就不能使用通用端口功能了。

9.2　脉冲输出指令及相关寄存器

1. 脉冲输出指令（PLS）

脉冲输出（PLS）指令控制高速输出（Q0.0、Q0.1 和 Q0.3）是否提供脉冲串输出（PTO）和脉宽调制（PWM）功能，见表 9-1。

表 9-1　脉冲输出指令

LAD	STL	说明
PLS EN　ENO N	PLS N	可使用 PLS 指令来创建最多三个 PTO 或 PWM 操作。PTO 允许用户控制方波（50%占空比）输出的频率和脉冲数量。PWM 允许用户控制占空比可变的固定循环时间输出。 EN：PLS 使能端 N：输出通道，数据类型：WORD 常数，0（代表 Q0.0）、1（代表 Q0.1）、2（代表 Q0.3）

需要注意的是，脉冲输出（PLS）指令最多提供三路输出，其中，SR20/ST20 仅有 2 个通道：Q0.0 和 Q0.1；SR30/ST30、SR40/ST40 以及 SR60/ST60 有 3 个通道：Q0.0、Q0.1 和 Q0.3。

另外，S7-200 SMART CPU 具有 3 个 PTO/PWM 生成器（PLS0、PLS1 和 PLS2），可产生高速脉冲串或脉宽调制波。PLS0 分配给了数字输出端 Q0.0，PLS1 分配给了数字输出端 Q0.1，PLS2 分配给了数字输出端 Q0.3。指定的特殊存储器（SM）单元用于存储每个发生器的以下数据：一个 PTO 状态字节（8 位值）、一个控制字节（8 位值）、一个周期时间或频率（16 位无符号值）、一个脉冲宽度值（16 位无符号值）以及一个脉冲计数值（32 位无符号值）。

PTO/PWM 生成器和过程映像寄存器共同使用 Q0.0、Q0.1 和 Q0.3。若在 Q0.0、

Q0.1 或 Q0.3 上激活 PTO 或 PWM 功能，PTO/PWM 生成器将控制输出，从而禁止输出点的正常用法。输出波形不会受过程映像寄存器状态、输出点强制值或立即输出指令执行的影响。若未激活 PTO/PWM 生成器，则重新交由过程映像寄存器控制输出。过程映像寄存器决定输出波形的初始和最终状态，确定波形是以高电平还是低电平开始和结束。

2. 相关寄存器

PLS 指令读取存储于指定 SM 存储单元的数据，并相应地编程 PTO/PWM 生成器，使用到的寄存器单元可以分成三个部分：一部分显示 PTO/PWM 的状态，一部分用来控制 PTO/PWM 的工作方式的控制，一部分进行 PTO/PWM 的其他功能。

表 9-2 介绍了用于显示 PTO/PWM 状态的寄存器。通过读取不同位中的数据，可以了解 PTO/PWM 当前的状态。根据不同的状态可以进行程序设计，或者了解 PTO/PWM 是否工作及其工作的情况。

表 9-2　PTO/PWM 控制寄存器的状态位

Q0.0	Q0.1	Q0.3	状态位	
SM66.4	SM76.4	SM566.4	PTO 增量计算错误（因添加错误导致）	
			0：无错误	1：因错误而中止
SM66.5	SM76.5	SM566.5	PTO 包络被禁用（因用户指令导致）	
			0：非手动禁用的包络	1：用户禁用的包络
SM66.6	SM76.6	SM566.6	PTO/PWM 管道溢出/下溢	
			0：无溢出/下溢	1：溢出/下溢
SM66.7	SM76.7	SM566.7	PTO 空闲	
			0：进行中	1：PTO 空闲

表 9-3 列出了控制 PTO/PWM 的工作的方式。例如，要想使用 Q0.0 进行 PWM 输出，时基为 ms 级，那么就要改写 SM67.3 为 1，根据 0、1 的不同来改写相应的位，就可以控制 CPU 进行 PTO 或 PWM 输出。SMB67 控制 PTO0 或 PWM0，SMB77 控制 PTO1 或 PWM1，SMB567 控制 PTO2 或 PWM2。

表 9-3　PTO/PWM 控制寄存器的控制位

Q0.0	Q0.1	Q0.3	控制位	
SM67.0	SM77.0	SM567.0	PTO/PWM 更新频率/周期时间	
			0：不更新	1：更新频率/周期时间
SM67.1	SM77.1	SM567.1	PWM 更新脉冲宽度时间	
			0：不更新	1：更新脉冲宽度

续表

Q0.0	Q0.1	Q0.3	控制位	
SM67.2	SM77.2	SM567.2	PTO 更新脉冲计数值	
			0：不更新	1：更新脉冲计数
SM67.3	SM77.3	SM567.3	PWM 时基	
			0：1 μs/时基	1：1 ms/刻度
SM67.4	SM77.4	SM567.4	保留	
SM67.5	SM77.5	SM567.5	PTO 单/多段操作	
			0：单段	1：多段
SM67.6	SM77.6	SM567.6	PTO/PWM 模式选择	
			0：PWM	1：PTO
SM67.7	SM77.7	SM567.7	PWM 使能	
			0：禁用	1：启用

表 9-4 列出了用来控制 PTO/PWM 工作的一些寄存器，其提供了 PTO/PWM 的周期值、脉冲宽度、脉冲数等一些基本设置值。可参考表来确定在 PTO/PWM 其他寄存器中放置什么值才能调用想要的操作。

表 9-4　PTO/PWM 其他寄存器

Q0.0	Q0.1	Q0.3	其他寄存器
SMW68	SMW78	SMW568	PTO 频率或 PWM 周期时间值：1～65 535 Hz（PTO），2～65 535（PWM）
SMW70	SMW80	SMW570	PWM 脉冲宽度值：0～65 535
SMD72	SMD82	SMD572	PTO 脉冲计数值：1～2 147 483 647
SMB166	SMB176	SMB576	进行中段的编号：仅限多段 PTO 操作
SMW168	SMW178	SMW578	包络表的起始单元：仅限多段 PTO 操作

通过前面的 3 张表，可以控制 PTO 或者 PWM 的工作状态，可通过修改 SM 区域（包括控制字节）中的单元，然后执行 PLS 指令，来改变 PTO 或者 PWM 波形的特性。任何时候都可以通过向 PTO/PWM 控制字节（SM67.7、SM77.7 或 SM567.7）使能位写入 0，然后执行 PLS 指令，来实现禁止生成 PTO 或 PWM 波形。输出点将立即恢复为过程映像寄存器控制。

如果在 PTO 或 PWM 操作正在产生脉冲时被禁止，该脉冲将内在地完成其整个周期时间。但是，该脉冲不会出现在输出端，因为此时过程映像寄存器重新获得了对输出的控制。只要以下条件为真，用户的程序可再次无延迟地启动脉冲发生器。启用与禁用的脉冲模式（PTO 或 PWM）相同。

要注意的是，以下情况会导致错误发生：如果程序首先禁用了 PTO，然后又在同一输出通道启用了 PWM，或者程序首先禁用了 PWM，然后又启用了 PTO。

状态字节（SM66.7、SM76.7 或 SM566.4）中的 PTO 空闲位可用来指示编程的脉冲串是否已结束。另外，中断例程可在脉冲串结束后进行调用。如果是使用单段操作，则在每个 PTO 结束时调用中断例程。例如，如果第二个 PTO 已装载到管道中，PTO 会在第一个 PTO 结束时调用中断例程，然后在已装载到管道中第二个 PTO 结束时再次调用。若使用多段操作，PTO 功能在包络表完成时调用中断例程。

还要注意的是，当装载周期时间/频率（SMW68、SMW78 或 SMW568）、脉冲宽度（SMW70、SMW80 或 SMW570）或脉冲计数（SMD72、SMW82 或 SMW572）时，在执行 PLS 指令之前，也要设置控制寄存器中相应的更新位。

对于多段脉冲串操作，在执行 PLS 指令之前，也必须装载包络表的起始偏移量（SMW168、SMW178 或 SMW578）和包络表值。

如果在执行过程中试图改变 PWM 的时基，则该请求将被忽略，并产生非致命错误（0x001B-ILLEGAL PWM TIMEBASE CHG），见表 9-5。

表 9-5　PTO/PWM 控制字节参考

控制寄存器（十六进制值）	启用	PLS 指令的执行结果				
		模式	时基	脉冲计数	脉冲宽度	周期时间/频率
16#80	是	PWM	1 μs			
16#81	是	PWM	1 μs			更新周期时间
16#82	是	PWM	1 μs		更新	
16#83	是	PWM	1 μs		更新	更新周期时间
16#88	是	PWM	1 ms			
16#89	是	PWM	1 ms			更新周期时间
16#8A	是	PWM	1 ms		更新	
16#8B	是	PWM	1 ms		更新	更新周期时间
16#C0	是	PTO				
16#C1	是	PTO				更新频率
16#C4	是	PTO		更新		
16#C5	是	PTO		更新		更新频率
16#E0	是	PTO				

9.3 PTO的应用

9.3.1 PTO的基础知识

脉冲串输出（PTO）是以指定频率和指定脉冲数量提供50%占空比输出的方波。程序可以指定脉冲的数量和频率，占空比无法调节，如图9-3所示。

PTO脉冲计数和频率极限：

PTO的频率是用16位无符号数据存储，脉冲数用的是32位无符号数存储。所以频率理论上最大是65 535 Hz，脉冲数最大为2 147 483 647。但是PTO有两种输出方式，一种为单段管道化，一种为多段管道化。

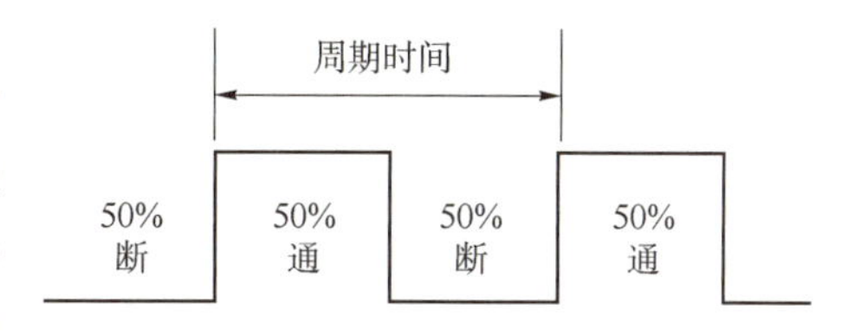

图9-3 PTO波形示意

在单段管道化中，用户负责更新下一脉冲串的SM位置。在初始的PTO段开始后，用户必须立即使用第二个波形的参数修改SM单元。SM的相应值更新后，再次执行PLS指令。PTO功能在管道中保留第二个脉冲串的属性，直到其完成了第一个脉冲串。PTO功能在管道中一次只能存储一个条目。在第一个脉冲串完成时，开始输出第二个波形，然后可在管道中存储一个新脉冲串设置。之后可重复此过程，设置下一脉冲串的特性。若在管道仍然填满时试图装载新设置，将导致PTO溢出位（SM66.6、SM76.6或SM566.6）置位并且指令被忽略。

只有当前有效的脉冲串在PLS指令捕获到新脉冲串设置之前完成，才能在脉冲串之间实现平滑转换。

在单段管道化期间，频率的上限为65 535 Hz。如果需要更高的频率（最高为100 000 Hz），则必须使用多段管道化。

在多段管道化期间，S7-200 SMART CPU从V存储器的包络表中自动读取每个脉冲串段的特性。该模式中使用的SM单元为控制字节、状态字节和包络表的起始V存储器（SMW168、SMW178或SMW578）的偏移量。执行PLS指令将启动多段操作。

每段条目长12字节，由32位起始频率、32位结束频率和32位脉冲计数值组成。表9-6列出了V存储器中组态的包络表的格式。

PTO生成器会自动将频率从起始频率线性提高或降低到结束频率。频率以恒定速率提高或降低一个恒定值。在脉冲数量达到指定的脉冲计数时，立即装载下一个PTO段。该操作将一直重复到到达包络结束。段持续时间应大于500 μs。如果持续时间太短，CPU可能没有足够的时间计算下一个PTO段值。如果不能及时计算下一个段，则PTO管道下溢位（SM66.6、SM76.6和SM566.6）被置“1”，并且PTO操作终止。

在PTO包络作用期间，在SMB166、SMB176或SMB576中提供当前有效段的编号。

表 9-6　多段 PTO 包络表示例

字节偏移量	段	表条目的描述
0		段数量：1~2 552
1	#1	起始频率（1~100 000 Hz）
5		结束频率（1~100 000 Hz）
9		脉冲计数（1~2 147 483 647）
13	#2	起始频率（1~100 000 Hz）
17		结束频率（1~100 000 Hz）
21		脉冲计数（1~2 147 483 647）
（依此类推）	#3	（依此类推）

在多段管道化期间，频率的上限为 100 000 Hz。

9.3.2　PTO 应用举例

使用 PTO 生成器的多段管道化功能对步进电动机进行控制。

使用带有脉冲包络的 PTO 通过简单的斜升（加速）、运行（不加速）和斜降（减速）顺序来控制步进电动机。通过定义脉冲包络可创建更复杂的顺序，脉冲包络最多可由 255 段组成，每段对应一个斜升、运行或斜降操作。运动曲线如图 9-4 所示。

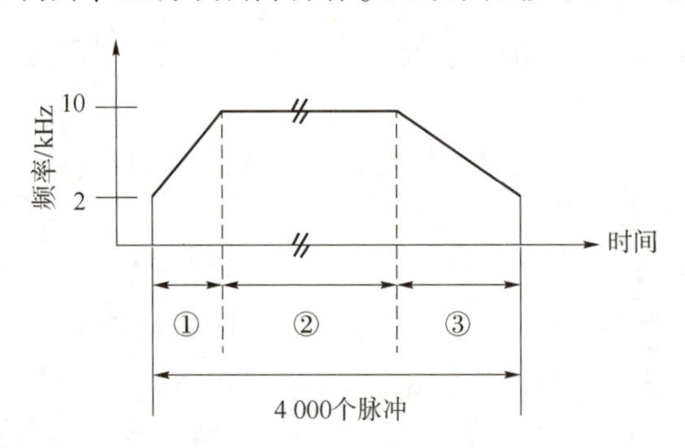

图 9-4　多段 PTO 运动曲线

段①：200 个脉冲。

段②：3 400 个脉冲。

段③：400 个脉冲。

图中步进电动机的启动和停止脉冲频率为 2 kHz，10 kHz 为步进电动机的最大脉冲频率，系统从启动到停止一共用 4 000 个脉冲。

整个过程分成三个阶段：第一段，时间①：频率从2 kHz升到 10 kHz，时间为 200 个脉冲，这个阶段步进电动机是做加速运行的；第二段，时间②：频率保持在 10 kHz，时间为 3 400 个脉冲，这个阶段步进电动机是在做恒定转速运动；第三段，时间③：频率从 10 kHz 降到 2 kHz，时间为 400 个脉冲，这个阶段步进电动机做减速运动。

要使步进电动机按要求运行，必须使用多段管道化功能。设计包络表位于 V 存储器，起始地址为 VB500。可以在程序中使用指令将这些值装载到 V 存储器中，也可以在数据块中定义包络值。

PTO 生成器开始时先运行段 1。PTO 生成器达到段 1 所需脉冲数后，会自动装载段 2。该操作将持续到最后一段。达到最后一段的脉冲数后，S7-200 SMART CPU 将禁用 PTO 生成器。

控制方式确定后，需要具体确定编程方式。

①使用 Q0.0 作为脉冲串输出端口，所以使用 Q0.0 的控制字 SMB67。

因为是多段控制，使用 PTO 输出的多段管线方式。具体控制位选择见表 9-7。

表 9-7　PTO 多段控制位

Q0.0 控制位	取值	说明
SM67.0	0	不更新频率/周期时间
SM67.1	0	PWM 更新脉冲宽度时间：不更新（无影响）
SM67.2	0	PTO 更新脉冲计数值选择：不更新
SM67.3	0	PTO 时间基准选择：1 μs/时基
SM67.4	0	保留（无影响）
SM67.5	1	PTO 单/多段选择：多段
SM67.6	1	PTO/PWM 模式选择：PTO
SM67.7	1	PTO 脉冲输出使能

所以，SMB67 取值为 2#1110 0000（16#E0）。

梯形图中使用如图 9-5 所示指令写入 SMB67。

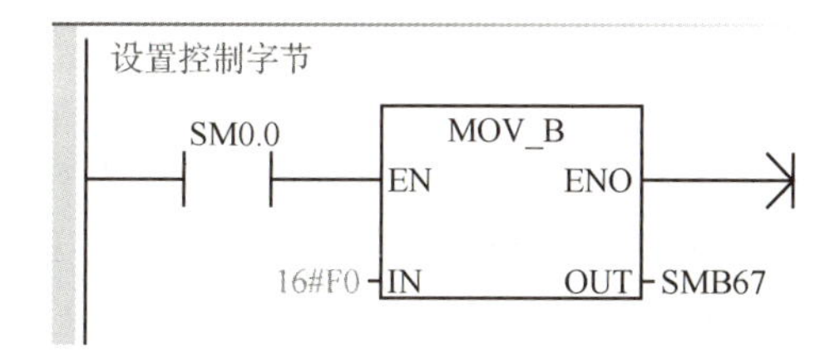

图 9-5　写入 SMB67

②根据分析来确定包络表。将包络线分为三段，确定首地址值为 3，然后再分三段，给出起始频率、结束频率和每段的脉冲数，这样就可以生成表 9-8 所列的包络表。

表 9-8　包络表

地址	值	说明	
VB500	3	总段数	
VD501	2 000	起始频率（Hz）	分段 1（电动机加速）
VD505	10 000	结束频率（Hz）	
VD509	200	脉冲数	
VD513	10 000	起始频率（Hz）	分段 2（电动机匀速运行）
VD517	10 000	结束频率（Hz）	
VD521	3 400	脉冲数	
VD525	10 000	起始频率（Hz）	分段 3（电动机减速）
VD529	2 000	结束频率（Hz）	
VD533	400	脉冲数	

包络表确定后，需要做两件事，第一件事是将包络表的首地址装入 SMW168 中；第二件事是将包络表输入程序中。

将包络表首地址装入 SMW168 中的梯形图如图 9-6 所示。

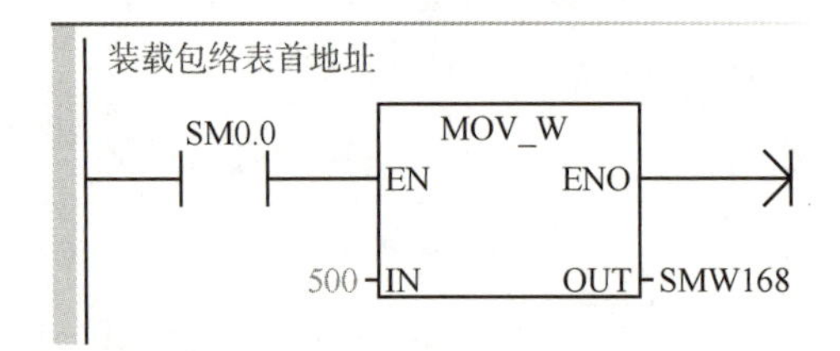

图 9-6　装入 SMW168

将包络表输入程序的梯形图如图 9-7 所示。

③以上初始化完成后，就可以使用 PLS 指令启动多段脉冲串输出了。梯形图如图 9-8 所示。

注意以下几点：

对于 PTO 包络的每一段，脉冲串以表中分配的起始频率开始。PTO 生成器以恒定速率提高或降低频率，从而以正确的脉冲数达到结束频率。但是，PTO 生成器将工作频率限制为表中指定的启动频率和结束频率。

PTO 生成器逐步叠加工作频率，从而使频率随时间呈线性变化。叠加到频率的恒定值的分辨率受到限制。该分辨率限制会在产生的频率中引入截断误差。因此，PTO 生成器无法保证脉冲串频率可以到达为段指定的结束频率。在图 9-9 中，可以看到截断误差会影响 PTO 加速频率。应该测量输出，确定该频率是否在可接受的频率范围内。

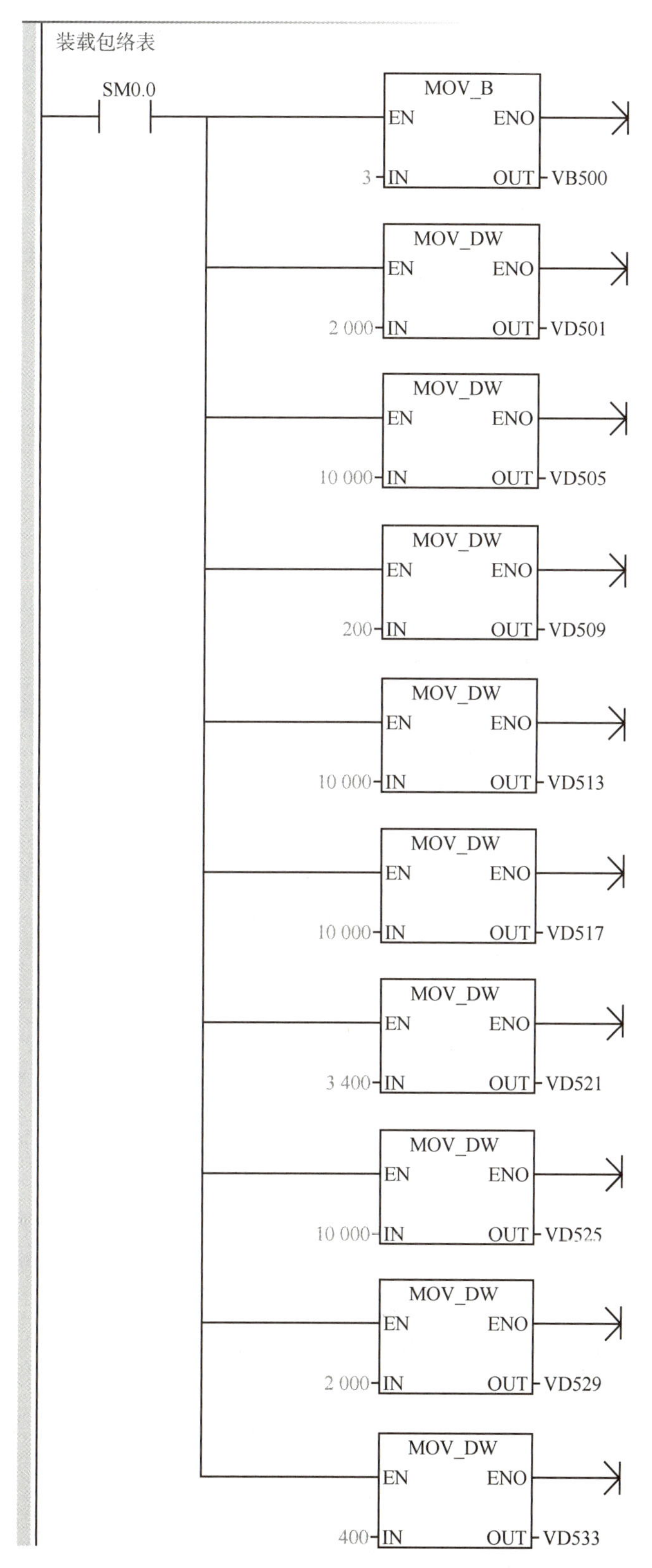
装载包络表
SM0.0
MOV_B
EN
ENO
3
IN
OUT
VB500
MOV_DW
EN
ENO
2 000
IN
OUT
VD501
MOV_DW
EN
ENO
10 000
IN
OUT
VD505
MOV_DW
EN
ENO
200
IN
OUT
VD509
MOV_DW
EN
ENO
10 000
IN
OUT
VD513
MOV_DW
EN
ENO
10 000
IN
OUT
VD517
MOV_DW
EN
ENO
3 400
IN
OUT
VD521
MOV_DW
EN
ENO
10 000
IN
OUT
VD525
MOV_DW
EN
ENO
2 000
IN
OUT
VD529
MOV_DW
EN
ENO
400
IN
OUT
VD533

图 9-7 参考梯形图

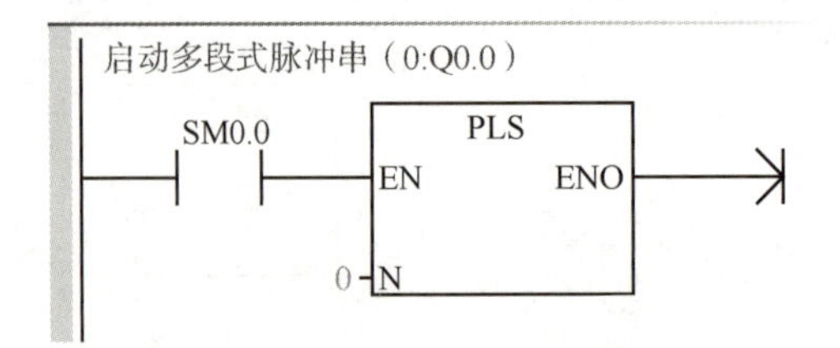

图 9-8　启动多段脉冲串输出

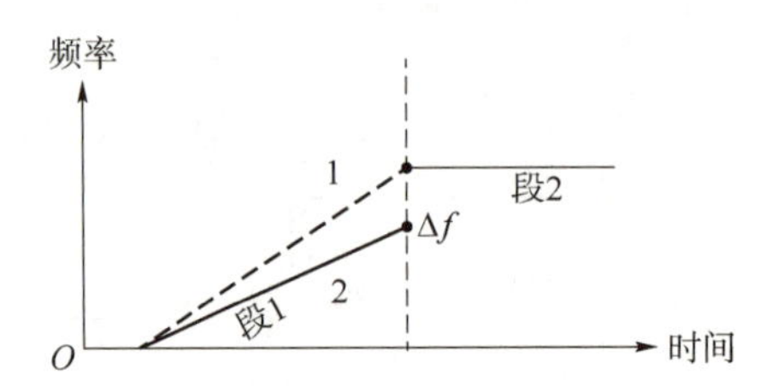

1—期望的频率曲线；2—实际的频率曲线。

图 9-9　期望曲线和实际曲线差

如果一段结束和下一段开始的频率差（Δf）是不可接受的，则尝试通过调整结束频率来对该差值进行补偿。为使得输出位于可接受的频率范围内，可能需要反复进行这种调整。

注意，段参数改变会影响 PTO 完成的时间。可以使用段的持续时间等式（在下文介绍）来了解其对时间的影响。对于给定的段来说，要想获得准确的段持续时间，结束频率值或脉冲数必须具备一定的弹性。

上面的简化示例用于介绍目的，实际应用可能需要更复杂的波形包络。别忘了用户只能分配整数形式的频率，并且必须以恒定速率执行频率更改。S7-200 SMART CPU 可选择该恒定速率，并且每一段的恒定速率可以不同。

对于依照周期时间（而非频率）开发的传统项目，可以使用以下公式来进行频率转换：

$$\mathrm{CT}_{\mathrm{Final}}=\mathrm{CT}_{\mathrm{Initial}}+(\Delta\mathrm{CT}\cdot\mathrm{PC})$$

$$F_{\mathrm{Initial}}=1/\mathrm{CT}_{\mathrm{Initial}}$$

$$F_{\mathrm{Final}}=1/\mathrm{CT}_{\mathrm{Final}}$$

式中，$\mathrm{CT}_{\mathrm{Initial}}$ 为段启动周期时间（s）；ΔCT 为段增量周期时间（s）；PC 为段内脉冲数量；$\mathrm{CT}_{\mathrm{Final}}$ 为段结束周期时间（s）；F_{Initial} 为段起始频率（Hz）；F_{Final} 为段结束频率（Hz）。

给定 PTO 包络段的加速度（或减速度）和持续时间有助于确定正确的包络表值。使用以下公式可计算给定包络的持续时间和加速度：

$$\Delta F=F_{\mathrm{Final}}-F_{\mathrm{Initial}}$$

$$T_{\mathrm{s}}=\mathrm{PC}/[F_{\min}+(|\Delta F|/2)]$$

$$A_{\mathrm{s}}=\Delta F/T_{\mathrm{s}}$$

式中，T_{s} 为段持续时间（s）；A_{s} 为段频率加速度（Hz/s）；PC 为段内脉冲数量；$F_{\min}$ 为段最小频率（Hz）；ΔF 为段增量（总变化）频率（Hz）。

9.4 PWM 的应用

9.4.1 PWM 应用基础

宽度可调脉冲输出 PWM，可以输出可调占空比的脉冲。用户可以指定周期时间和脉冲宽度（以微秒或毫秒为增量）。

PWM 参考图如图 9-10 所示。

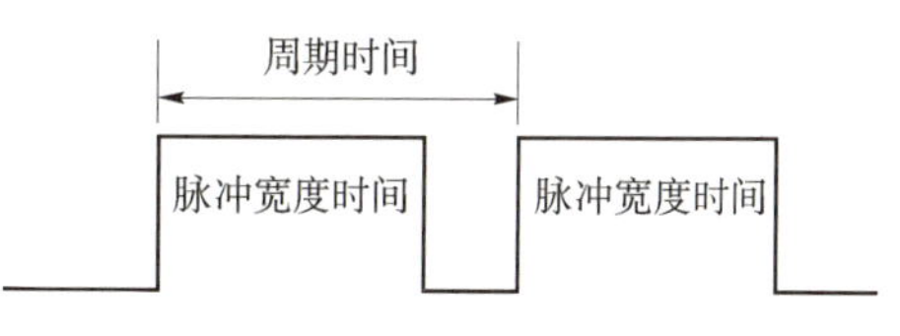

图 9-10 PWM 波形示意

PWM 的周期和脉宽时间：

周期时间：10~65 535 μs 或 2~65 535 ms。

脉冲宽度时间：0~65 535 μs 或 0~65 535 ms。

脉冲宽度时间、周期时间和 PWM 功能的响应的关系见表 9-9。

表 9-9 脉冲宽度和周期时间对应的 PWM 状态

脉冲宽度时间/周期时间	PWM 响应
脉冲宽度时间≥周期时间	占空比为 100%：输出一直接通
脉冲宽度时间=0	占空比为 0%：连续关闭输出
周期时间<两个时间单位	默认情况下，周期时间为两个时间单位

更改 PWM 波形的特性：

只能使用同步更新来更改 PWM 波形的特性。执行同步更新时，信号波形特性的更改发生在周期交界处，这样可实现平滑转换。

配置 PWM 参数，可以使用 STEP 7-Micro/WIN SMART 软件提供的向导。需要注意的是，紧凑型 CPU 不支持 PWM 向导。

①打开软件。

②单击“工具”→“向导”→“PWM”，弹出通道选择对话框，如图 9-11所示。

S7-200 SMART PLC 共有三种内置脉冲输出发生器可用于组态 CPU 输出：

PWM0，用于在 Q0. 0 上产生脉冲。

PWM1，用于在 Q0. 1 上产生脉冲。

PWM2，用于在 Q0. 3 上产生脉冲。

所以这个对话框让程序员选择使用哪个脉冲输出发生器。

每个脉冲前面都有复选框，勾选复选框后，左边的脉冲下面就会多出复选的通道信息，包括 PWM 序号、输入/输出选项，如图 9-12 所示。

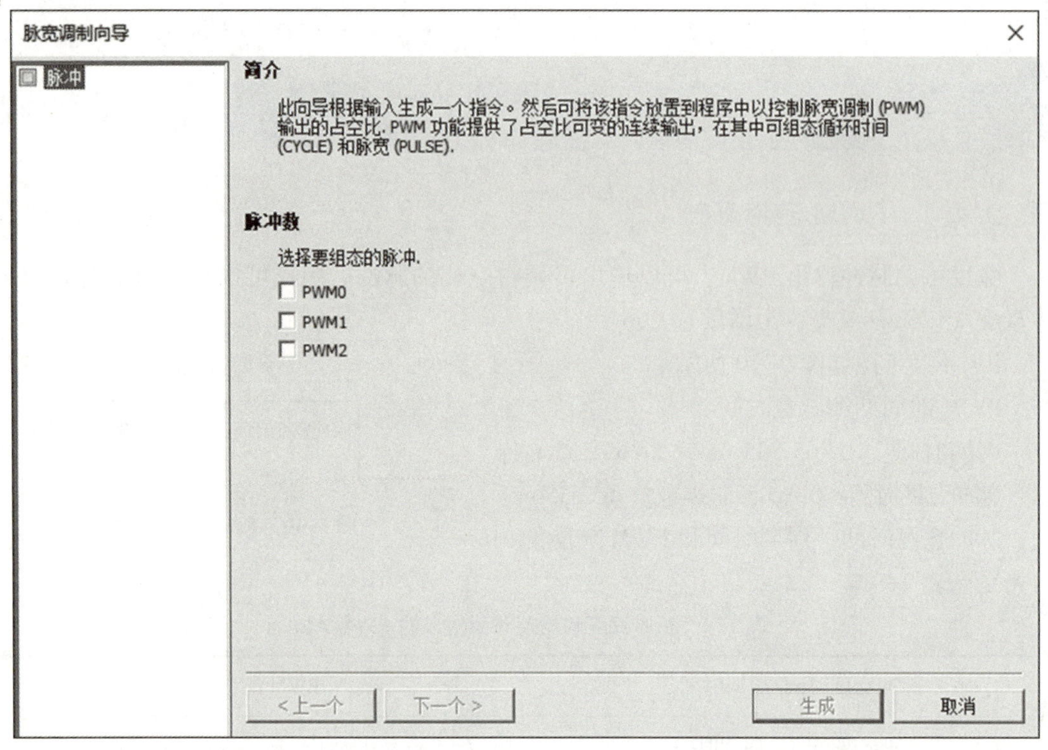

图 9-11　PWM 通道选择对话框

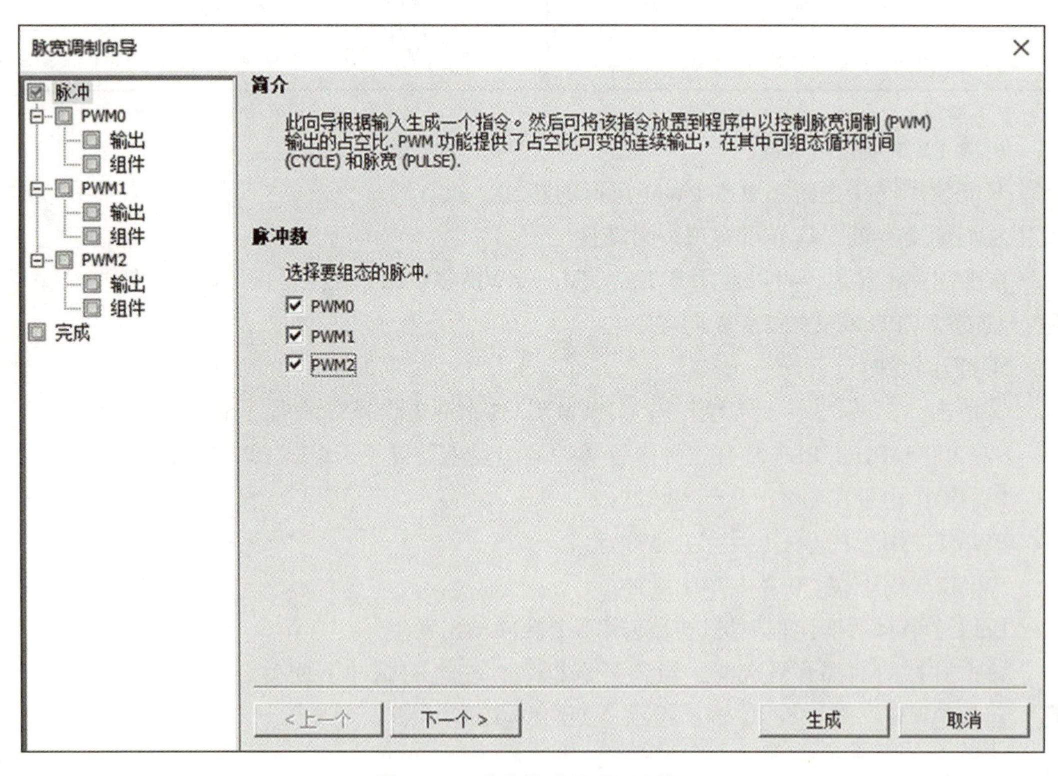

图 9-12　脉冲输出选择对话框

组态的每个 PWM 通道都有硬编码输出。下列输出对该通道执行 PWM 操作：PWM 通道 0，对应的是 Q0.0 输出；PWM 通道 1，对应的是 Q0.1 输出；PWM 通道 2，对应的是 Q0.3 输出。

单击“输出”选项，出现输出参数选择，如图 9-13 所示。

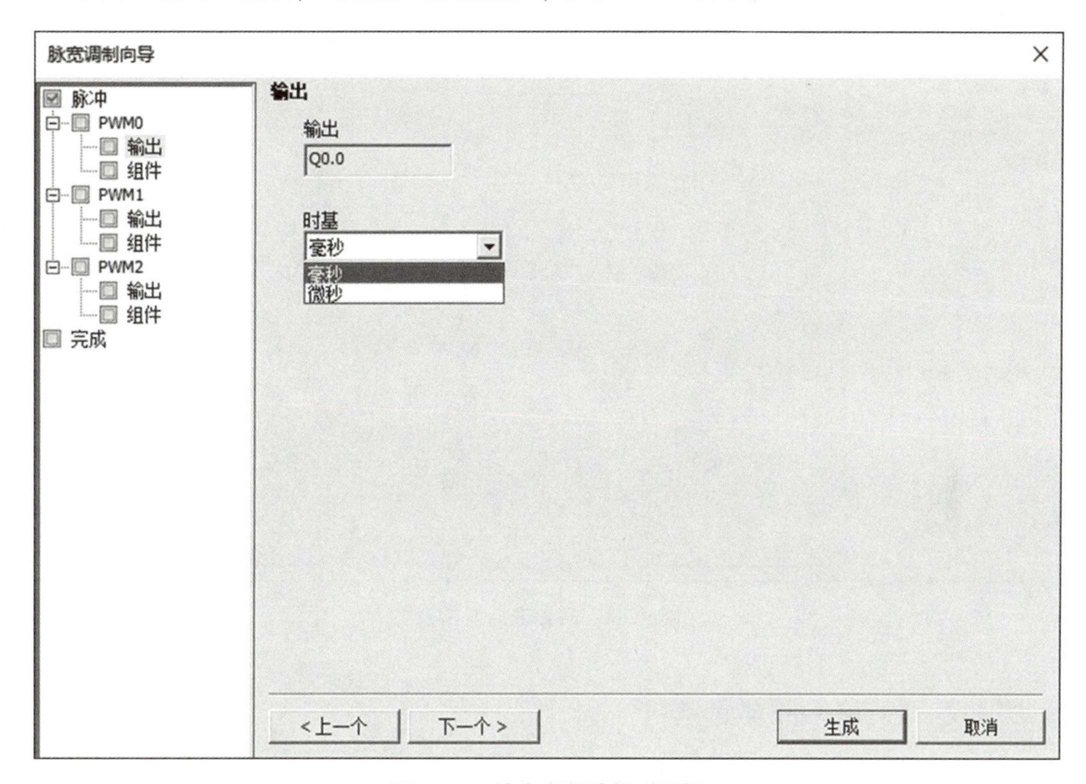

图 9-13　输出参数选择对话框

一共有两个选项，第一个是输出，因为是 PWM0，所以对应的输出端口是 Q0.0，这个输出端口是灰色的，通知用户当前设置的是 Q0.0 端口，无法修改；第二个参数是时基，可以下拉选择毫秒或微秒时基。

“输出”下面是“组件”选项，如图 9-14 所示。

此对话框显示为执行 PWM 操作而创建的子例程。只创建一个子例程 PWMx_RUN。

在上面的组件名称中，“x”将替换为脉冲通道编号。此外，PWM 向导通过在组件名称后追加字符“_Z”来确保组件名称在用户项目中唯一，其中，Z 是从零开始的索引，该值将不断递增，直到产生唯一名称。

为简化在应用中使用脉宽调制（PWM）控制功能，STEP 7-Micro/WIN SMART 提供了 PWM 向导，用于组态板载 PWM 生成器和控制 PWM 输出的负载周期。

PWMx_RUN 子程序用于在程序控制下执行 PWM。

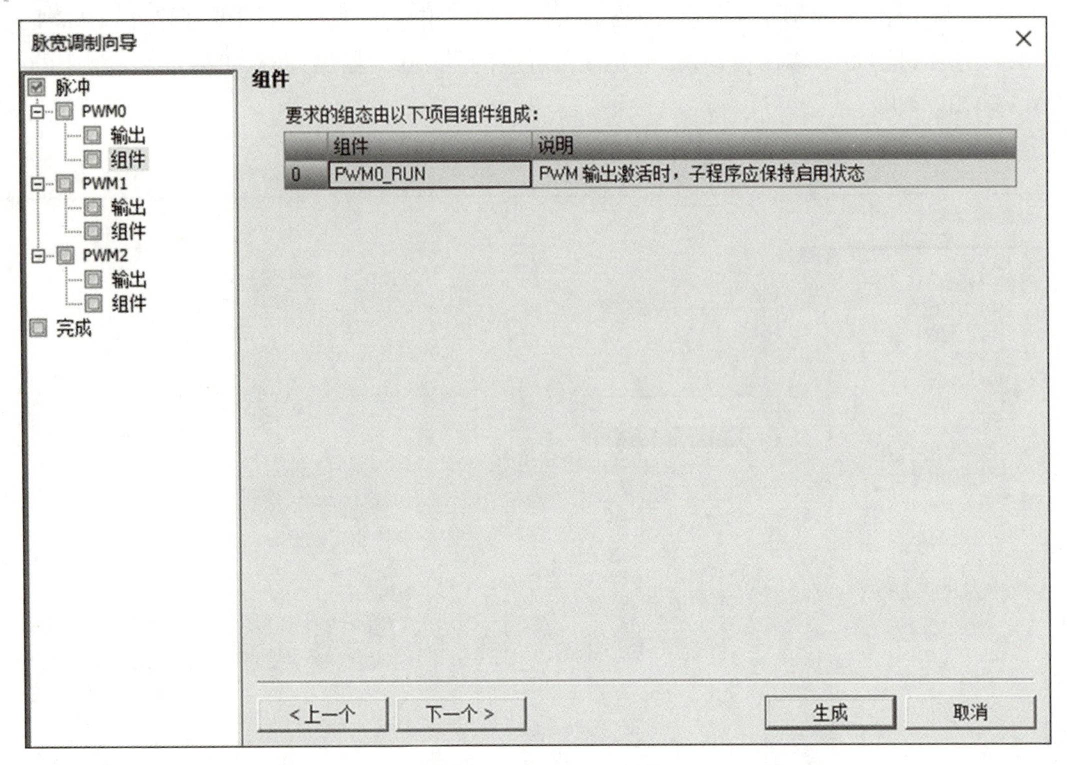

图 9-14　组件选择对话框

9.4.2　PWM 应用举例

设计一段程序，从 PLC 的 Q0.0 输出一串脉冲。要求脉冲的周期为 5 s，脉冲宽度的初始值为 0.5 s，脉冲每个周期增加 0.1 s，当脉宽达到 4.5 s 时，脉宽每个周期减少 0.1 s，直到脉宽减到 0.5 s，然后脉冲每个周期增加 0.1 s，往复循环。

1. 分析过程

因为用到脉冲输出，并且脉宽值需要变化，因此使用 PWM 方式。因为脉宽要递增、递减循环工作，所以需要有一个变量来记录递增、递减。

使用 Q0.0 作为 PWM 输出，所以控制字使用 SMB67，相应位定义见表 9-10。

表 9-10　Q0.0 的控制字 SMB67

Q0.0 控制位	取值	说明
SM67.0	0	不更新频率/周期时间
SM67.1	1	PWM 更新脉冲宽度时间：更新
SM67.2	0	PTO 更新脉冲计数值选择：不更新（无影响）
SM67.3	1	PWM 时间基准选择：1 ms/时基

续表

Q0.0 控制位	取值	说明
SM67.4	0	保留（无影响）
SM67.5	0	PTO 单/多段选择：单段（无影响）
SM67.6	0	PTO/PWM 模式选择：PWM
SM67.7	1	PWM 脉冲输出使能

所以控制字 SMB67 为 2#1000 1010，即 16#8A。

2. 程序编写调试

新建工程，确定好 PLC 类型后，使用 PWM 向导建立“PWM0_RUN”子程序，之后在主程序中添加用户程序进行编程。程序需要包括以下几点：

①初始化：包括控制字 SMB67 的初始化；PWM 周期值 SMW68 的初始化 5 000（5 s）；PWM 初始脉宽值 SMW70 的初始化 500（0.5 s）；用变量 VW0 存储脉宽上限的初始值 4 500（4.5 s）。梯形图如图 9-15 所示。

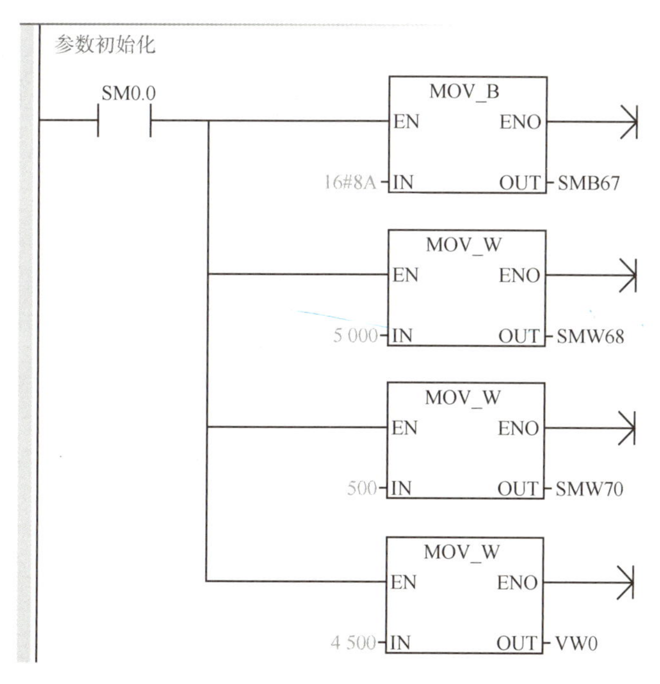

图 9-15 初始化部分梯形图

②PWM 输出脉宽递增 500（0.5 s）。这里要注意，修改 PWM 参数后，需要添加 PLS 指令，以更新 PWM0-RUN 子程序的参数。

递增 PWM 脉宽可以用梯形图表示，如图 9-16 所示。

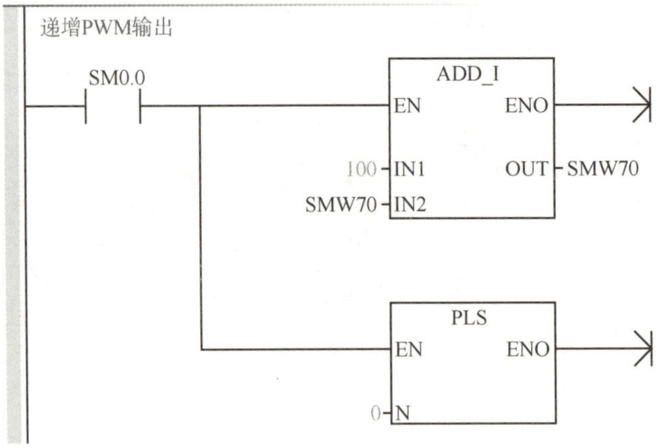

图 9-16　递增 PWM 输出

③PWM 输出脉宽递减 500（0.5 s）。这里要注意修改，PWM 参数后，需要添加 PLS 指令，以更新 PWM0-RUN 子程序的参数。

递减 PWM 脉宽可以用梯形图表示，如图 9-17 所示。

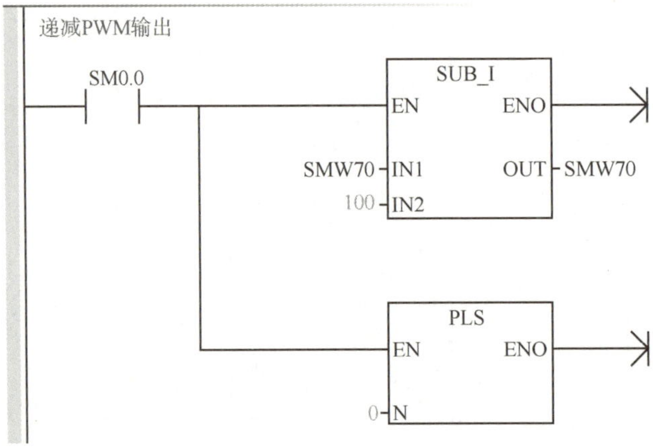

图 9-17　递减 PWM 输出

④判断应该递增还是递减可以用标志位，比如中间存储器 M0.0，通过比较语句来更改 M0.0 的值，比较语句用梯形图表示，如图 9-18 所示。

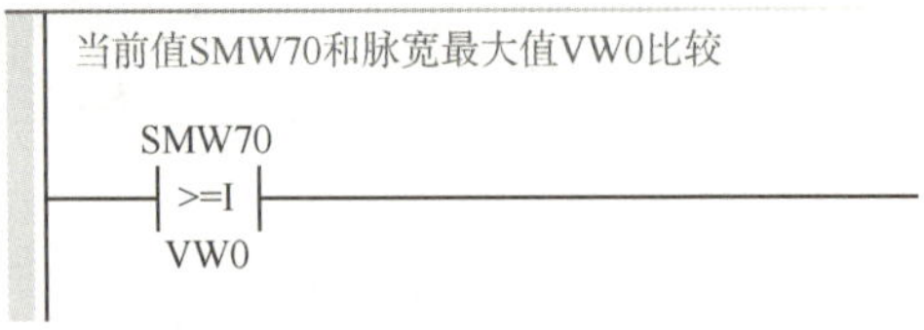

图 9-18　判断增减标志位

以上是部分参考程序，有兴趣的读者可以完成整个程序。

9.5 PLC控制步进电动机

9.5.1 步进电动机简介

步进电动机（Stepping Motor）是一种将电脉冲信号转换成相应角位移或线位移的电动机。每输入一个脉冲信号，转子就转动一个角度或前进一步，其输出的角位移或线位移与输入的脉冲数成正比，转速与脉冲频率成正比。因此，步进电动机又称脉冲电动机。

步进电动机相对于其他控制用途电动机的最大区别是，它接收数字控制信号（电脉冲信号）并转化成与之相对应的角位移或直线位移，它本身就是一个完全数字模拟转化的执行元件。而且它可开环位置控制，输入一个脉冲信号就得到一个规定的位置增量，这样的增量位置控制系统与传统的直流控制系统相比，成本明显减少，几乎不必进行系统调整。步进电动机的角位移量与输入的脉冲个数严格成正比，而且在时间上与脉冲同步，因而只要控制脉冲的数量、频率和电动机绕组的相序，即可获得所需的转角、速度和方向。

1. 步进电动机的分类

步进电动机按励磁方式，分为磁阻式、永磁式和混磁式三种；按相数，可分为单相、两相、三相和多相等形式。在我国所采用的步进电动机中，以反应式步进电动机为主。

2. 步进电动机的主要参数

（1）固有步距角。

步进电动机的步距角表示每接收到一个电脉冲信号，步进电动机转子转动的角位移。它与控制绕组的相数、转子齿数和通电方式有关，每台步进电动机的步距角是出厂时就给定的，步距角越小，运转的平稳性越好。如86BYG250A型电动机给出的固有步距角值为0.9°/1.8°（表示半步工作时为0.9°，整步工作时为1.8°）。它不一定是电动机实际工作时的真正步距角，真正的步距角与使用的驱动器有关。

（2）相数。

步进电动机的相数是指电动机内部的线圈组数，一般常用的有二相、三相、四相、五相等步进电动机。步进电动机的相数不同，其步距角也不同，一般二相电动机的步距角为0.9°/1.8°，三相电动机的步距角为0.75°/1.5°，五相电动机的步距角为0.36°/0.72°。如果不使用细分驱动器来控制步进电动机的话，用户主要靠选择不同相数的电动机来满足对步进角的要求。如果使用带有细分驱动器来控制步进电动机，相数就变得不那么重要了。

（3）空载启动频率。

空载启动频率即步进电动机在空载情况下能够正常启动的脉冲频率，如果脉冲频率高于该值，电动机不能正常启动，可能发生丢步或堵转。在有负载的情况下，启动频率更低。如果要使电动机达到高速转动，脉冲频率应该有加速过程，即启动频率较低，然后以一定的加速度升到所希望的高频（电动机转速从低速升到高速）。

（4）保持转矩。

保持转矩是指步进电动机通电但没有转动时，定子锁住转子的力矩。它是步进电动机最重要的参数之一，通常步进电动机在低速时的力矩接近保持转矩。由于步进电动机的输出力矩随速度的增大而不断衰减，输出功率也随速度的增大而变化，所以保持转矩就成为衡量步进电动机最重要的参数之一。比如，当人们说 2 N·m 的步进电动机，在没有特殊说明的情况下，是指保持转矩为 2 N·m 的步进电动机。

3. 步进电动机的特点

（1）一般步进电动机的精度为步进角的 3%~5%，并且不累积。

（2）步进电动机允许在较高温度下运行。步进电动机温度过高，首先会使电动机的磁性材料退磁，从而导致力矩下降。电动机外表允许的最高温度取决于不同电动机磁性材料的退磁点。一般来讲，磁性材料的退磁点都在 130 ℃以上，有的甚至高达 200 ℃以上，所以步进电动机外表温度在 80~90 ℃完全正常。

（3）步进电动机的力矩会随转速的升高而下降。当步进电动机转动时，电动机各相绕组的电感将形成一个反向电动势；频率越高，反向电动势越大。在它的作用下，电动机随频率（或速度）的增大而相电流减小，从而导致力矩下降。

9.5.2 步进电动机驱动器介绍

以深圳市研控自动化科技有限公司的 YKD2405M 步进电动机驱动器为例。

1. YKD2405M 的特点

YKD2405M 是基于全新一代 32 位 DSP 技术的高性能步进驱动器，驱动电压为 DC 20~50 V/DC 20~80 V。采用单电源供电。适配电流在 5.6 A 以下，外径为 42 mm、57 mm、86 mm的各种型号两相混合式步进电动机。

该驱动器在内部采用类似于伺服的控制原理，独特的电路设计、优越的软件算法处理，即使在低细分条件下，也可以使电动机低速运行平稳，几乎没有振动和噪声；平滑、精确的电流控制技术大大减少了电动机发热；外置 16 挡等角度恒力矩细分，最高 200 细分；光耦隔离差分信号输入，抗干扰能力强；具有过压、欠压、过流保护等出错保护功能；在点胶机、激光雕刻等中、低速应用领域，其平稳性、低振动、低噪声优势明显，可大大提高设备性能。

2. YKD2405M 接线

YKD2405M 驱动器的接线示意如图 9-19 所示。由上而下分别是：

（1）两个指示灯。

绿色的是电源指示灯，当驱动器接通电源后，此灯亮；红色的是故障指示灯，当驱动器电流过高、电压过低或者电压过高时，此灯亮。

（2）通信接口 RS-232。

驱动器和控制器使用 RS-232 通信端口。

（3）PU+、PU-。

这是步进脉冲信号的输入端，控制器在此端口上有光电隔离保护，控制器通过此端口给控制器脉冲信号。PU+接信号电源，+5~+24 V 均可驱动，高于+5 V 时，需在 PU-端接限流电阻。PU-下降沿有效，每当脉冲由高变低时，电动机走一步。输入电阻 220 Ω。要

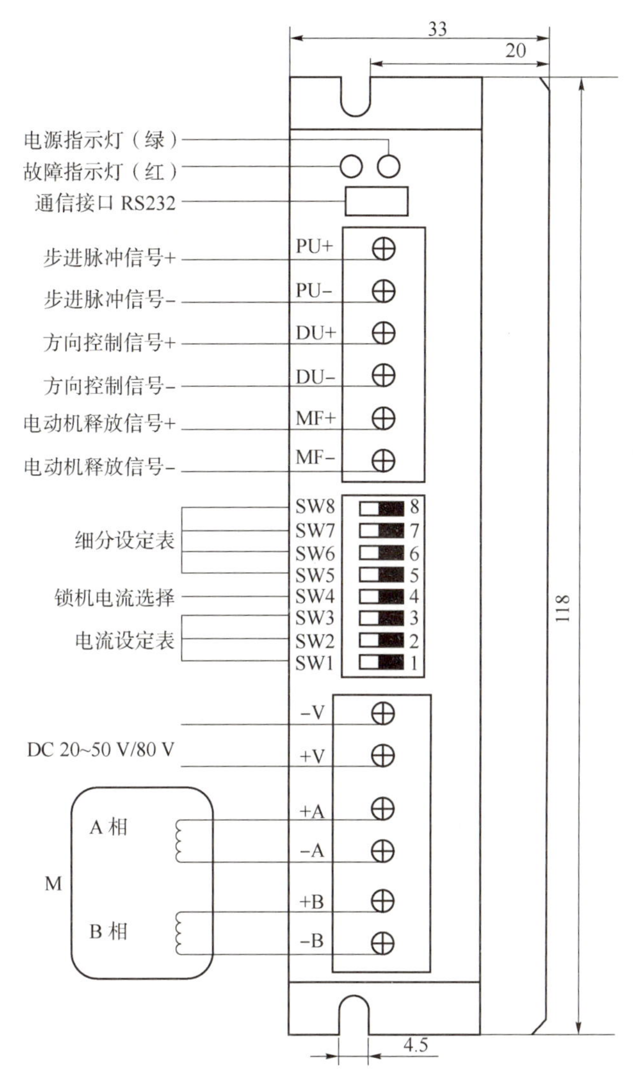

图 9-19　驱动器接线示意

求：低电平 0~0.5 V，高电平 4~5 V，脉冲宽度>2.5 μs。

（4）DR+、DR-。

这是方向信号的输入端，DR+接信号电源，+5~+24 V 均可驱动，高于+5 V 时，需在 DR-端接限流电阻。DR-用于改变电动机转向。输入电阻 220 Ω。要求：低电平 0~0.5 V，高电平 4~5 V，脉冲宽度>2.5 μs。

（5）MF+、MF-。

这是电动机释放信号的输入端。MF+接信号电源，+5~+24 V 均可驱动，高于+5 V 时，需在 MF-端接限流电阻。MF-有效（低电平）时，关断电动机线圈电流，驱动器停止工作，电动机处于自由状态。

（6）SW1~SW8 八位拨码开关。

SW1~SW3 控制驱动器输出电流的有效值和峰值见表 9-11。

表 9-11　SW1~SW3 控制驱动器输出电流

电流有效值/A	1.2	1.5	1.9	2.3	2.7	3.1	3.5	4.0
电流峰值/A	1.7	2.1	2.7	3.2	3.8	4.3	4.9	5.6
SW3	OFF	OFF	OFF	OFF	ON	ON	ON	ON
SW2	OFF	OFF	ON	ON	OFF	OFF	ON	ON
SW1	OFF	ON	OFF	ON	OFF	ON	OFF	ON

SW4 为锁机电流控制拨码。

SW4 为 ON：全流锁机。

SW4 为 OFF：半流锁机。

SW5~SW8 为驱动器细分设定。步进电动机的细分控制，从本质上讲，是通过对步进电动机的励磁绕组中电流的控制，使步进电动机内部的合成磁场为均匀的圆形旋转磁场，从而实现步进电动机步距角的细分。例如，当步进电动机的步距角为 1.8°时，如果细分为 4，则步进电动机收到一个脉冲，转动的角度为 1.8°/4＝0.45°，可见控制精度提高了两倍。驱动器细分设置见表 9-12。

表 9-12　驱动器细分设置

细分数	1	2	4	8	16	32	64	128	5	10	20	25	40	50	100	200
PU/Rev	Default 200	400	800	1 600	3 200	6 400	12 800	25 600	1 000	2 000	4 000	5 000	8 000	10 000	20 000	40 000
SW8	ON	ON	ON	ON	ON	ON	ON	ON	OFF	OFF	OFF	OFF	OFF	OFF	OFF	OFF
SW7	ON	ON	ON	ON	OFF	OFF	OFF	OFF	ON	ON	ON	ON	OFF	OFF	OFF	OFF
SW6	ON	ON	OFF	OFF	ON	ON	OFF	OFF	ON	ON	OFF	OFF	ON	ON	OFF	OFF
SW5	ON	OFF	ON	OFF	ON	OFF	ON	OFF	ON	OFF	ON	OFF	ON	OFF	ON	OFF

（7）-V、+V。

这是驱动器的电源输入端，可以接 DC 20~50 V。

（8）+A、-A、+B、-B。

步进电动机的输入端如图 9-20 所示。

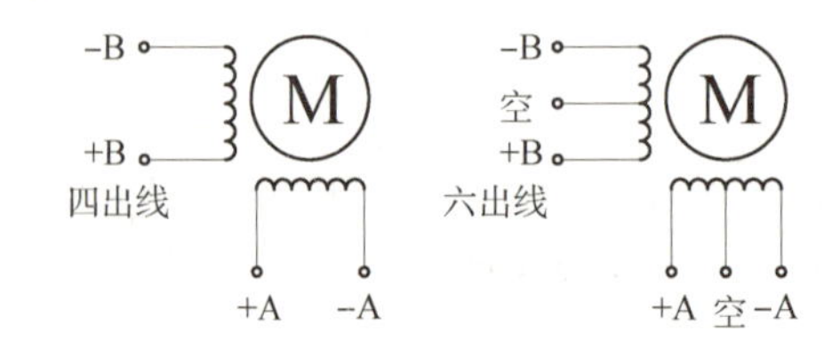

图 9-20　步进电动机+A、-A、+B、-B 接线

9.5.3 PLC 高速输出控制步进电动机

控制要求，使用 S7-200 SMART PLC 控制步进电动机在 200 mm 行程上来回运行，按下“启动”按钮，电动机开始运行，按下“停止”按钮，停止运行。

1. 主要硬件配置

（1）1 台安装 STEP 7-Micro/WIN SMART 软件的电脑。

（2）1 台 S7-200 SMART PLC。

（3）1 台 YKD2405M 步进驱动器。

（4）1 台步进电动机。

2. 地址分配表

地址分配表见表 9-13。

表 9-13　地址分配表

序号	地址	用途
1	I0.0	“启动”按钮，按下则启动系统运行
2	I0.1	“停止”按钮，按下则停止系统
3	I0.2	“E-stop”急停按钮，按下则终止所有运动并立即停止
4	Q0.0	高速脉冲输出端，给步进电动机驱动器脉冲信号
5	Q0.1	步进电动机正反转控制端

3. 使用 STEP 7 软件的运动控制向导进行设置

高速脉冲输出可以有 PWM 向导和运动控制向导两个模式设置，本程序使用运动控制向导来处理比较复杂的运动控制。

（1）打开 STEP 7-Micro/WIN SMART 软件，在“工具”菜单栏中，单击“运动”按钮，打开“运动控制向导”界面，如图 9-21 所示。

（2）选择要配置的轴数。

此处只需要配置一根轴即可，勾选“轴 0”，左侧出现轴 0 的配置树，单击“下一个”按钮，如图 9-22 所示。

（3）可以为轴 0 取新的名称。此处取默认值，单击“下一个”按钮，如图 9-23 所示。

（4）测量系统参数设置。

首先可以选择两种测量系统：工程单位和相对脉冲。选择两者后，会影响后续的距离和速度的运行单位。工程单位会将脉冲折算成运行的长度单位，以后的设置只要说明运行距离，系统就自动计算需要的脉冲数。而相对脉冲就只要指定脉冲数，具体运行距离需要用户自己计算。

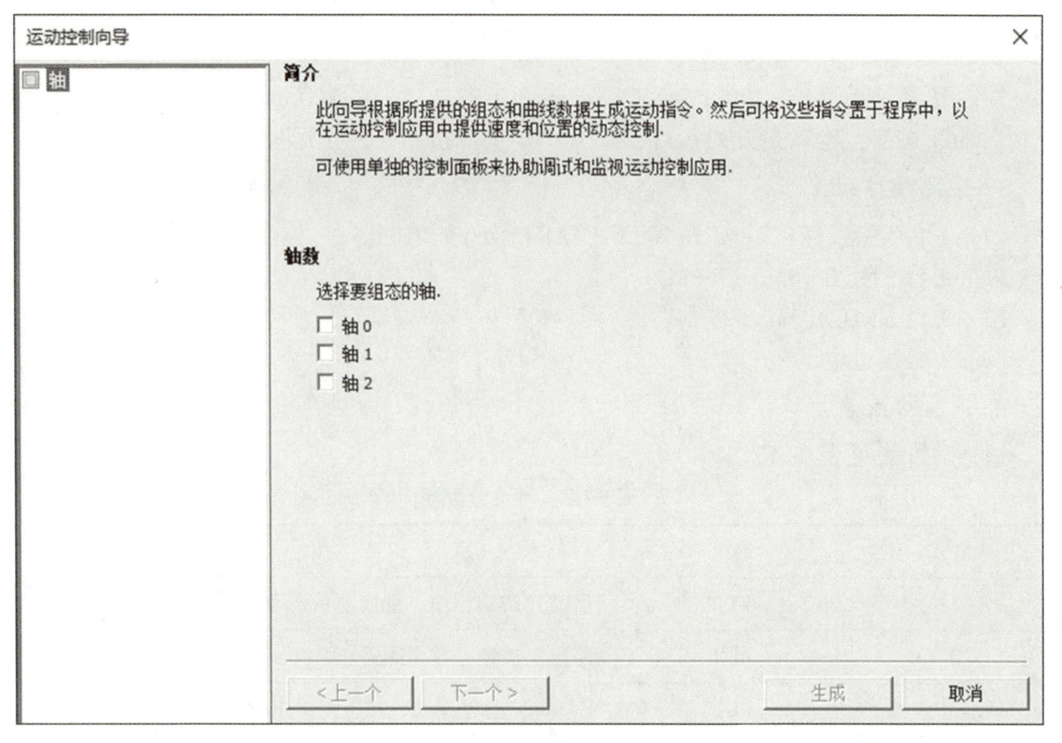

图 9-21 “运动控制向导”界面

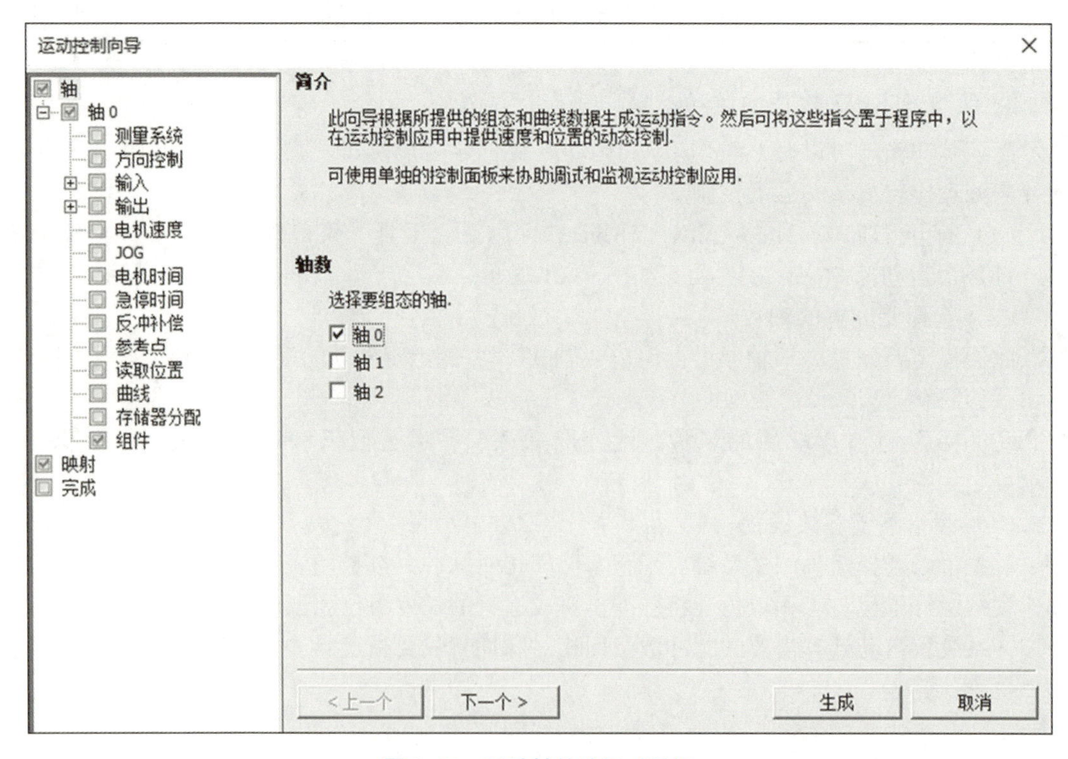

图 9-22 运动轴的选择对话框

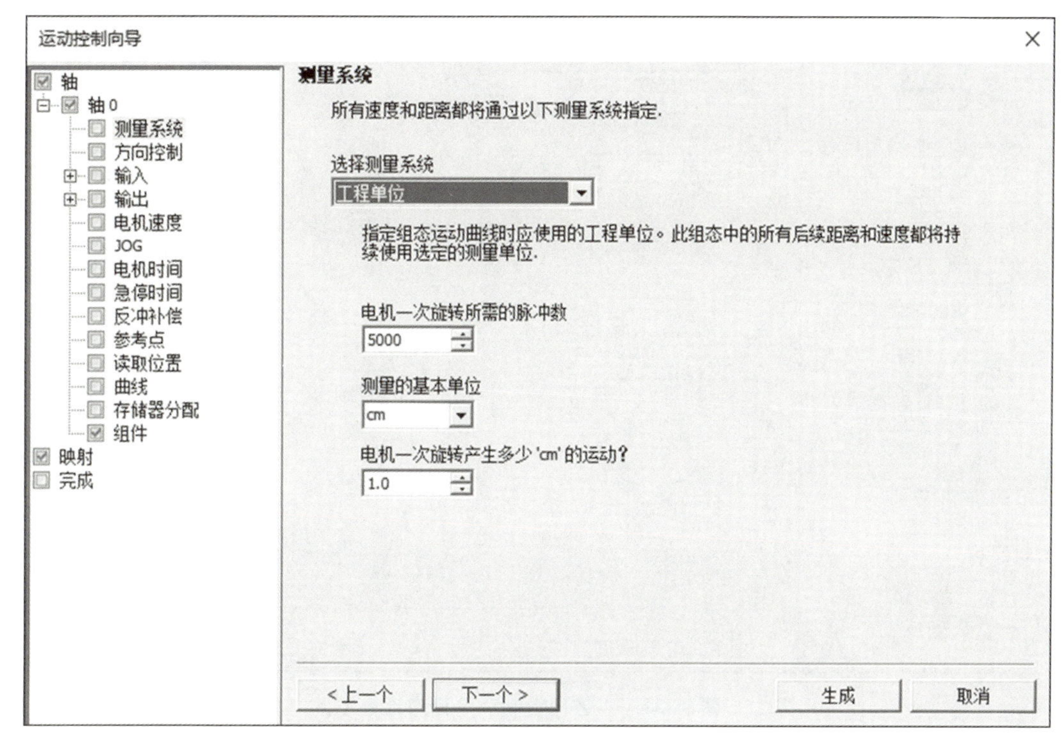

图 9-23 “测量系统”对话框

本例选取工程单位作为测量系统，“电机一次旋转所需的脉冲数”是指电动机旋转360°所需要的脉冲数，这要结合电动机的步距角和驱动器的细分来计算。根据表 9-12，步进电动机选用的是 1.8°的步距角，那么旋转一周需要 200 个脉冲，驱动器使用 25 细分，那么旋转一周就需要 5 000 个脉冲。测量的基本单位可以选择毫米、厘米、英尺、弧度、角度、英寸、米。这根据电动机轴上带着的齿轮或者旋转半径来确定。其和下面的电动机一次旋转产生多少运动距离一起设置。这里选择单位 cm，转动一周运行 10. 0 cm。

都设置好后，单击“下一个”按钮进入“方向控制”设置界面，如图 9-24 所示。

（5）方向控制设置。

方向控制设置可以选择 4 种工作方式，见表 9-14。

这里选择“单相（2 输出）”，极性为“正”，单击“下一个”按钮，进入输入设置对话框，如图 9-25 所示。

（6）输入点设置。

启用时需要设置输入点的功能，包括：

LMT+：正方向运动行程的最大限值。

LMT-：负方向运动行程的最大限值。

RPS：参考点开关输入，为绝对移动操作建立参考点或原点位置。

ZP：零脉冲输入，帮助建立参考点或原点位置。

STP：此输入将使运行中的运动停止。

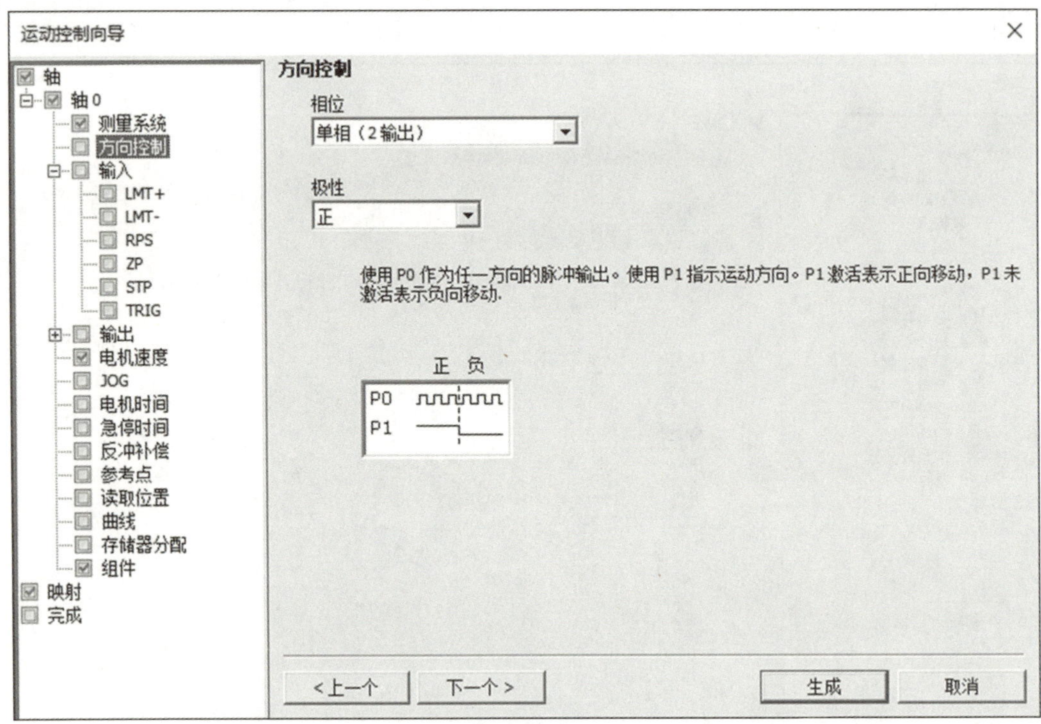

图 9-24　“方向控制”选择对话框

表 9-14　方向控制

相位	极性	脉冲波形	说明
单相（2 输出）	正	P0 P1	使用 P0 作为任一方向的脉冲输出。使用 P1 指示运动方向。P1 激活表示正向移动，P1 未激活表示负向移动
	负	P0 P1	使用 P0 作为任一方向的脉冲输出。使用 P1 指示运动方向。P1 激活表示负向移动，P1 未激活表示正向移动
单相（2 输出）	正	P0 P1	使用 P0 作为正向运动的脉冲输出。使用 P1 作为负向运动的脉冲输出
	负	P0 P1	使用 P0 作为负向运动的脉冲输出。使用 P1 作为正向运动的脉冲输出

续表

相位	极性	脉冲波形	说明
AB 正交相位（2 个输出）	正	P0 P1	P0 和 P1 均以命令的速率发送脉冲。方向由两个脉冲通道的相位决定。如果 P0 在 P1 之前转换（领先），则方向为正向；如果 P0 在 P1 之后转换（滞后），则方向为负向
	负	P0 P1	P0 和 P1 均以命令的速率发送脉冲。方向由两个脉冲通道的相位决定。如果 P0 在 P1 之前转换（领先），则方向为负向；如果 P0 在 P1 之后转换（滞后），则方向为正向
单相（1 个输出）	正	P0	使用 P0 作为正向运动的脉冲输出

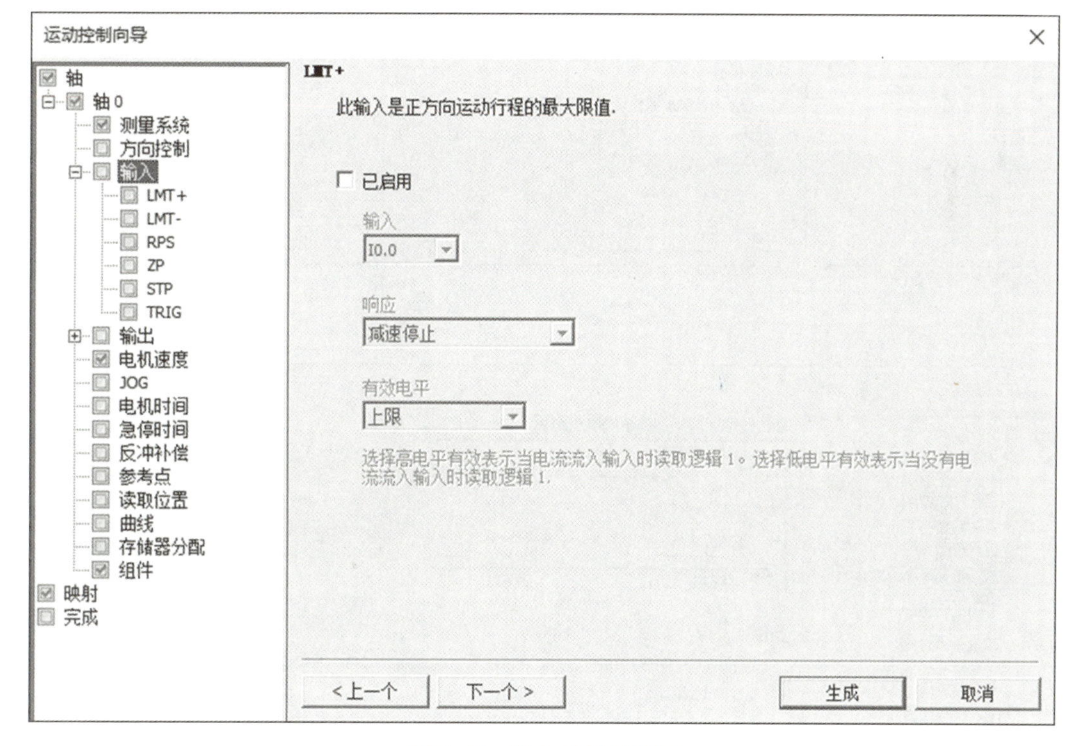

图 9-25　输入设置对话框

TRIG：触发器输入，用于在特定曲线上定义触发停止。

此处设置运动停止输入口 I0.1，响应方式选择“减速停止”，其他不改动。单击“下一个”按钮，进入输出控制。

（7）输出控制主要用于禁用或者启用电动机驱动器或放大器。这里不选，单击“下一个”按钮，进入电动机速度控制对话框，如图 9-26 所示。

（8）电动机速度、电动机时间控制设置。

可以设置电动机运行的最大速度和最小速度、电动机启动/停止的速度，以及从静止到最大速度所需时间、从最大速度到静止所需时间等，如图 9-27所示。

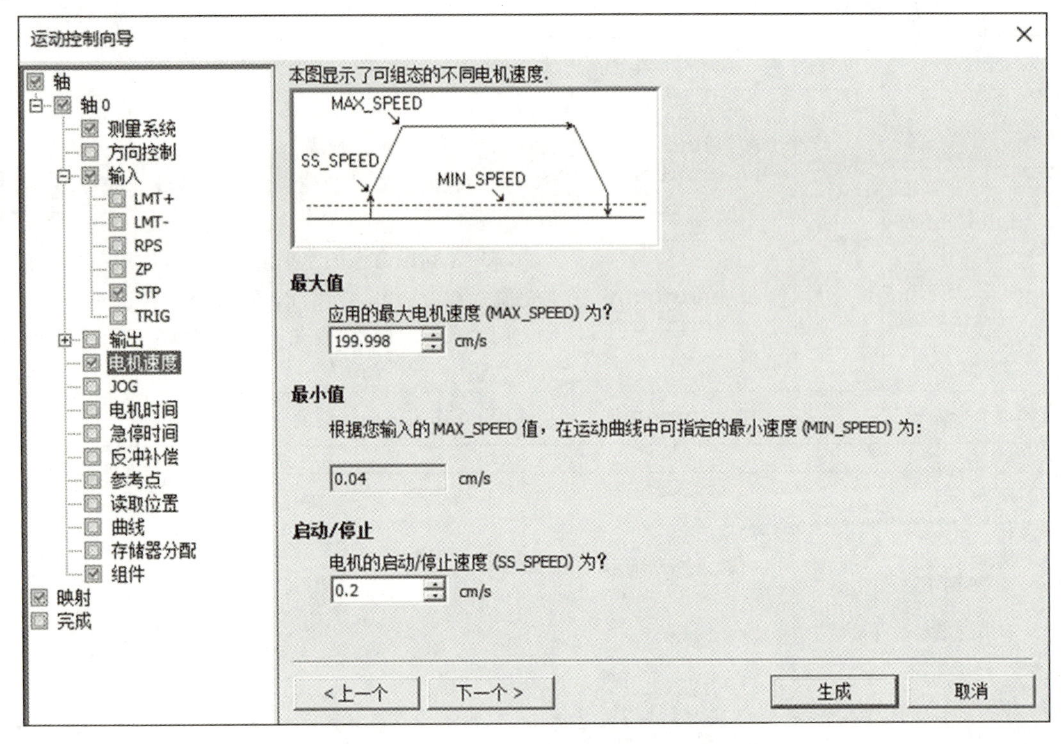

图 9-26　速度选择对话框

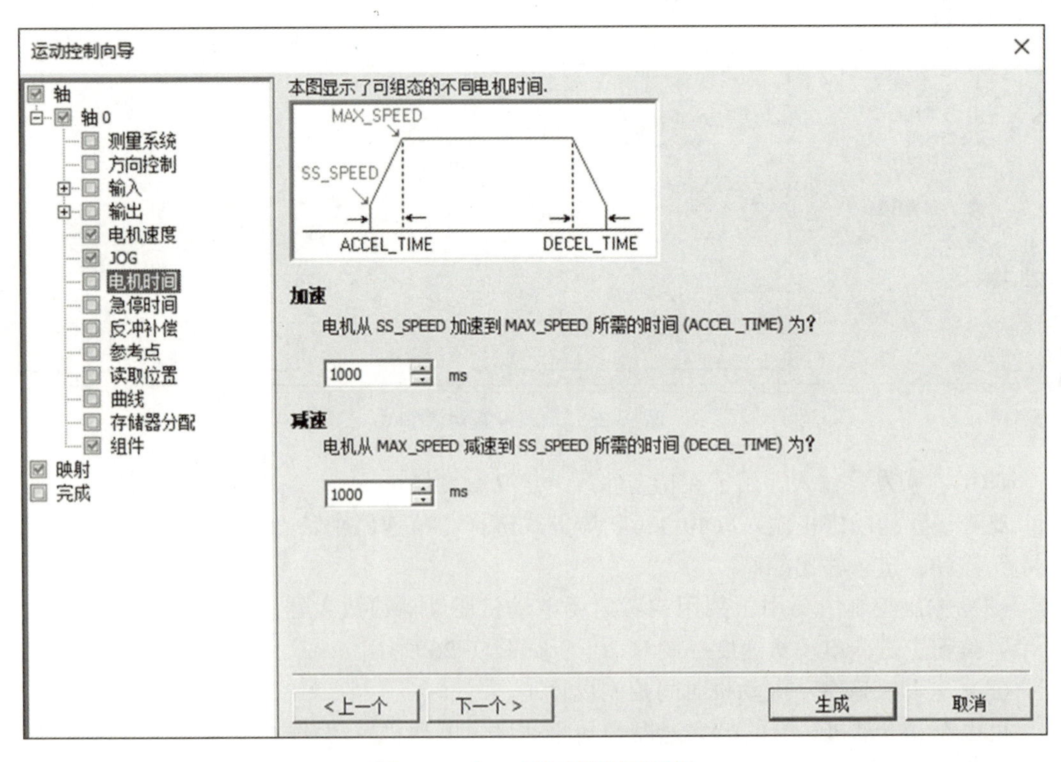

图 9-27　加/减速度控制对话框

设置好电动机速度和电动机时间后，就可以控制电动机运行了。

接下来的几个选项，用户可以根据需要进行设置，这里不再赘述。

最后是组态组件的组成，可以根据需要进行选择，如图 9-28 所示。

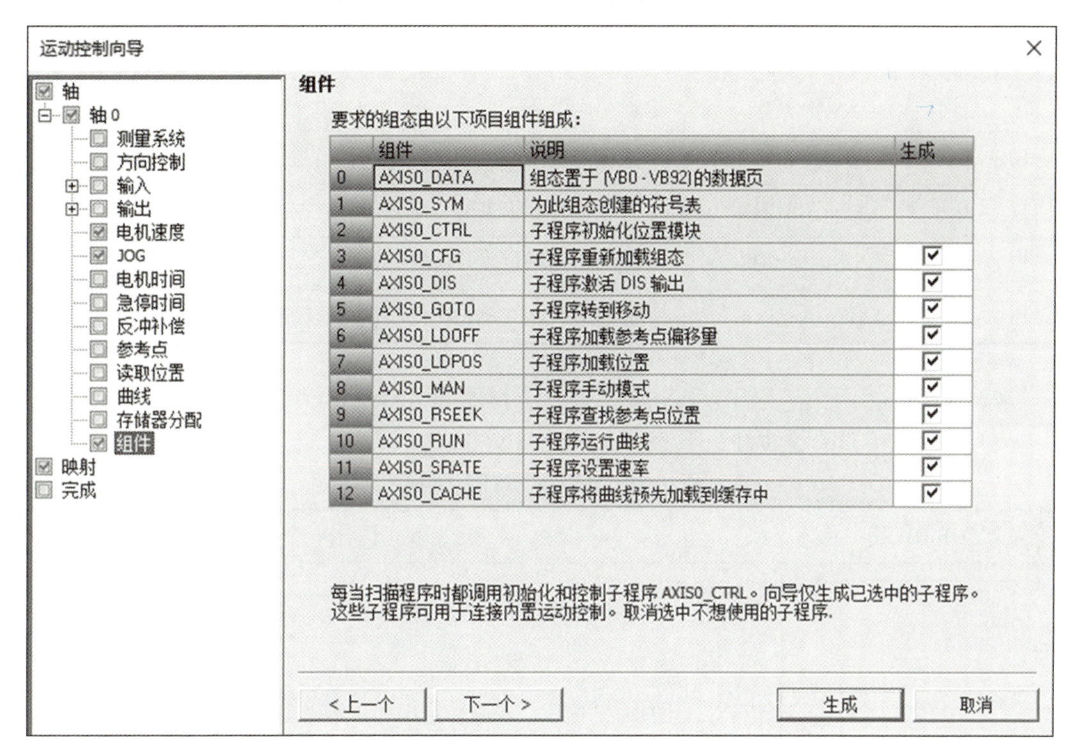

图 9-28　组件确认对话框

最终完成向导设置。

4. 运动控制向导为运动轴创建的子程序简介

除了每次扫描时都必须激活的 AXISx_CTRL 外，每个动作都必须确保一次只有一个运动控制子例程处于激活状态。每个运动子例程都有“AXISx_”前缀，其中“x”代表轴通道编号。共有 13 个运动控制子例程，见表 9-15。

表 9-15　运动控制向导为运动轴创建的子程序

序号	运动控制子例程	说明
1	AXISx_CTRL	提供轴的初始化和全面控制
2	AXISx_MAN	用于轴的手动模式操作
3	AXISx_GOTO	命令轴转到指定位置
4	AXISx_RUN	命令轴执行已组态的运动曲线
5	AXISx_RSEEK	启动参考点查找操作
6	AXISx_LDOFF	建立一个偏移参考点位置的新零点位置

续表

序号	运动控制子例程	说明
7	AXISx_LDPOS	将轴位置更改为新值
8	AXISx_SRATE	修改已组态的加速、减速和急停补偿时间
9	AXISx_DIS	控制 DIS 输出
10	AXISx_CFG	根据需要读取组态块并更新轴设置
11	AXISx_CACHE	预先缓冲已组态的运动曲线
12	AXISx_RDPOS	返回当前轴位置
13	AXISx_ABSPOS	通过 SINAMICS V90 伺服驱动器读取绝对位置值

这里详细介绍两个子程序：AXISx_CTRL 子程序和 AXISx_GOTO 子程序。

(1) AXISx_CTRL 子程序，其参数见表 9-16。

表 9-16 AXISx_CTRL 子程序

LAD	说明
AXISO_CTRL EN MOD_EN Done Error C_Pos C_Speed C_Dir	AXISx_CTRL 子例程（控制）启用和初始化运动轴，方法是自动命令运动轴每次 CPU 更改为 RUN 模式时加载组态/曲线表

注：在用户的项目中，只对每条运动轴使用此子例程一次，并确保程序会在每次扫描时调用此子例程。使用 SM0.0（始终开启）作为 EN 参数的输入，见表 9-17。

表 9-17 AXISx_CTRL 子例程的参数

输入/输出	数据类型	说明	操作数
MOD_EN	BOOL	MOD_EN 参数必须开启才能启用其他运动控制子例程向运动轴发送命令。如果 MOD_EN 参数关闭，则运动轴将终止进行中的任何指令并执行减速停止	I、Q、V、M、SM、S、T、C、L、能流
C_Dir	BOOL	C_Dir 参数表示电动机的当前方向： 信号状态 0，正向；信号状态 1，反向	I、Q、V、M、SM、S、T、C、L
Done	BOOL	AXISx_CTRL 子例程的输出参数提供运动轴的当前状态。当运动轴完成任何一个子例程时，Done 参数会开启	I、Q、V、M、SM、S、T、C、L

续表

输入/输出	数据类型	说明	操作数
Error	BYTE	Error 参数包含该子例程的结果	IB、QB、VB、MB、SMB、SB、LB、AC、* VD、* AC、* LD
C_Pos	DINT、REAL	C_Pos 参数表示运动轴的当前位置。根据测量单位，该值是脉冲数（DINT）或工程单位数（REAL）	ID、QD、VD、MD、SMD、SD、LD、AC、* VD、* AC、* LD
C_Speed	DINT、REAL	C_Speed 参数提供运动轴的当前速度	
注：对于 C_Speed 参数，①如果针对脉冲组态运动轴的测量系统，C_Speed 是一个 DINT 数值，其中包含脉冲数/s。②如果针对工程单位组态的测量系统，C_Speed 是一个 REAL 数值，其中包含选择的工程单位数/s（REAL）。			

AXISx_CTRL 子例程运动轴仅在电源开启或接到指令加载组态时读取组态/曲线表。如果用户使用运动控制向导修改组态，AXISx_CTRL 子例程会自动命令运动轴在每次 CPU 更改为 RUN 模式时加载组态/曲线表。如果使用运动控制面板修改组态，单击“更新组态”（Update Configuration）按钮，命令运动轴加载新组态/曲线表。如果使用另一种方法修改组态，还必须向运动轴发出一个 AXISx_CFG 命令，以加载组态/曲线表；否则，运动轴会继续使用旧组态/曲线表。

（2）AXISx_GOTO 子程序，其参数见表 9-18。

表 9-18　AXISx_GOTO 子程序

LAD	说明
AXIS0_GOTO EN START Pos　Done Speed　Error Mode　C_Pos Abort　C_Speed	AXISx_GOTO 子例程命令运动轴转到所需位置

AXISx_GOTO 子程序的参数见表 9-19。

表 9-19　AXISx_GOTO 子程序的参数

输入/输出	数据类型	说明	操作数
MOD_EN	BOOL	开启 EN 位会启用此子例程。确保 EN 位保持开启，直至 DONE 位指示子例程执行已经完成	I、Q、V、M、SM、S、T、C、L、能流
START	BOOL	开启 START 参数会向运动轴发出 GOTO 命令。对于在 START 参数开启且运动轴当前不繁忙时执行的每次扫描，该子例程向运动轴发送一个 GOTO 命令。为了确保仅发送了一个 GOTO 命令，请使用边沿检测元素，用脉冲方式开启 START 参数	
Pos	DINT、REAL	Pos 参数包含一个数值，指示要移动的位置（绝对移动）或要移动的距离（相对移动）。根据所选的测量单位，该值是脉冲数（DINT）或工程单位数（REAL）	ID、QD、VD、MD、SMD、SD、LD、AC、* VD、* AC、* LD、常数
Speed	DINT、REAL	Speed 参数确定该移动的最高速度。根据所选的测量单位，该值是脉冲数/s（DINT）或工程单位数/s（REAL）	
Mode	BYTE	Mode 参数选择移动的类型： 0：绝对位置 1：相对位置 2：单速连续正向旋转 3：单速连续反向旋转	IB、QB、VB、MB、SMB、SB、LB、AC、* VD、* AC、* LD、常数
Done	BOOL	当运动轴完成此子例程时，Done 参数会开启	I、Q、V、M、SM、S、T、C、L
Abort	BOOL	开启 Abort 参数会命令运动轴停止执行此命令并减速，直至电动机停止	
Error	BYTE	Error 参数包含该子例程的结果	IB、QB、VB、MB、SMB、SB、LB、AC、* VD、* AC、* LD
C_Pos	DINT、REAL	C_Pos 参数包含运动轴的当前位置。根据测量单位，该值是脉冲数（DINT）或工程单位数（REAL）	ID、QD、VD、MD、SMD、SD、LD、AC、* VD、* AC、* LD
C_Speed	DINT、REAL	C_Speed 参数包含运动轴的当前速度。根据所选的测量单位，该值是脉冲数/s（DINT）或工程单位数/s（REAL）	

9.6 习题

一、简答题

1. 简述 S7-200 SMART PLC 的两种脉冲输出方式的区别。
2. 简述高速脉冲输出指令涉及的相关寄存器及其作用。
3. PLC 控制步进电动机的方法有哪些？步进电动机控制器的作用是什么？
4. PLC 和步进电动机控制器是如何连接的？PLC 如何控制步进电动机控制器的？

二、实验题

1. 应用运动控制向导及步进驱动器来控制小车的运动。
2. 使用高速脉冲输出 PWM 波。

第 10 章

PLC 控制系统设计与应用实例

【本章要点】

☆ 三相异步电动机的启动和制动控制
☆ PLC 控制供料小车
☆ PLC 停车场控制系统
☆ PLC 控制交通灯

10.1 三相异步电动机的启动和制动控制

工业现场用得最多的就是三相异步电动机，因为异步电动机启动过程中的启动电流比较大，所以一般对大容量的电动机（10 kW 以上）可以采用“星-三角形启动”方式。当电动机断开电源后，由于惯性，并不会马上停止转动，有些电气依靠惯性旋转不会带来危险，比如电风扇、空压机等，然而有些设备必须立即制动，否则会产生安全隐患，比如运行的车床、起重吊机等。在工程实践中，电动机经常使用能耗制动。

10.1.1 三相异步电动机启动和制动的控制线路图

1. 启动：星-三角形启动

正常运行时定子绕组接成三角形的笼型异步电动机，都可以采用星-三角形降压启动方式来限制启动电流。一般功率在 4 kW 以上的三相笼型电动机均为三角形接法，所以都可以采用星-三角形启动方式。

星-三角形启动时，先将定子绕组接成星形，此时加到电动机的每相绕组上的电压为额定电压的 $1/\sqrt{3}$，从而减小了启动电流，进行星形降压启动。当转速接近额定转速时，再将定子绕组接成三角形，使加到电动机的每相绕组上的电压为额定电压，使电动机正常运行。星-三角形绕组接线图如图 10-1 所示。

2. 停止：能耗制动

能耗制动是一种应用广泛的电气制动方法。当电动机脱离三相交流电源以后，立即将

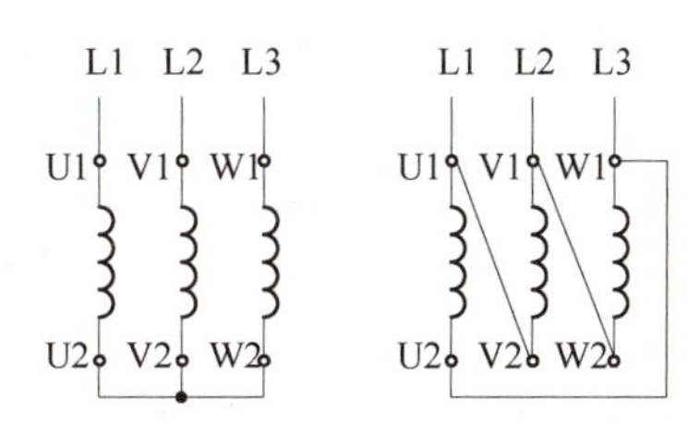

图 10-1　星-三角形绕组接线图

直流电源接入定子的两相绕组，绕组中流过直流电流，产生了一个静止不动的直流磁场。此时电动机的转子切割直流磁通，产生感生电流。在静止磁场和感生电流相互作用下，产生一个阻碍转子转动的制动力矩，因此电动机转速迅速下降，从而达到制动的目的。当转速降至零时，转子导体与磁场之间无相对运动，感生电流消失，电动机停转，再将直流电源切除，制动结束。能耗制动可以采用时间继电器与速度继电器两种控制形式。这里采用按时间原则控制的单向能耗制动控制线路。

从能量角度看，能耗制动是把电动机转子运转所储存的动能转变为电能，并且又消耗在电动机转子的制动上，与反接制动相比，其能量损耗少，制动停车准确。所以，能耗制动适用于电动容量大、要求制动平稳和启动频繁的场合，但制动速度较反接制动慢一些，能耗制动需要整流电路。

3. 三相异步电动机星-三角形启动和能耗制动的线路图

三相异步电动机星-三角形启动和能耗制动的线路图如图 10-2 所示。

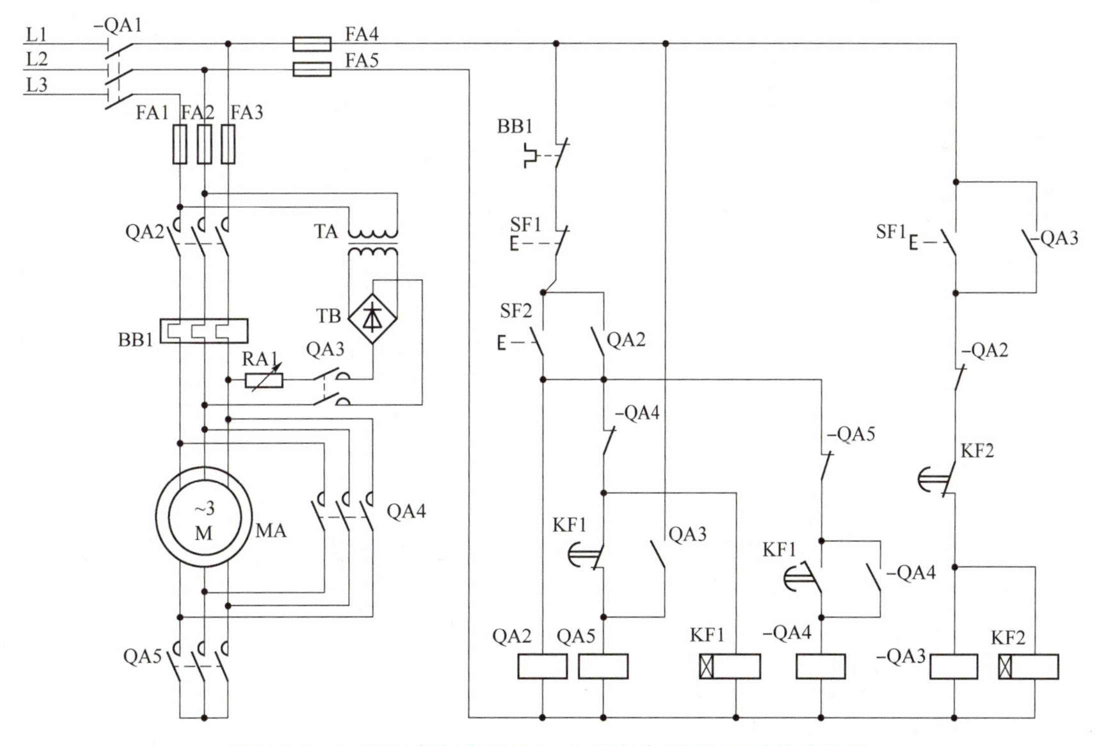

图 10-2　三相异步电动机星-三角形启动和能耗制动的线路图

三相异步电动机星-三角形启动和能耗制动的线路图说明：

（1）合上开关 QA1，系统得电。

（2）按下启动按键 SF2，接触器 QA2 线圈得电，衔铁吸合，进入运行状态；接触器 QA5 线圈得电，衔铁吸合，三相异步电动机绕组接成星形开始降压启动；同时，时间继电器线圈得电，开始计时。

（3）定时器计时时间到，即星形启动完成，开始切换成三角形运行。定时器常闭触点断开，使接触器 QA5 失电，QA4 得电，将三相异步电动机绕组从星形接法切换成三角形接法，全压运行，完成启动过程。这里需要注意的是，星形和三角形接法的两个接触器 QA4 和 QA5 需要硬件互锁，以保证不会同时接通。

（4）当按下停止按键 SF1 时，运行接触器 QA2 断开，电动机停止运行，同时 SF1 联动触点接通，使经过 TB 整流的直流电源经接触器 QA3 接入电动机两相绕组。QA3 同时使接触器 QA5 得电，使三相异步电动机绕组接成星形接法，进行能耗制动，同时，定时器 KF2 开始计时。

（5）当定时器 KF2 计时时间到，切断能耗制动的直流电源，完成能耗制动。

10.1.2 PLC 控制三相异步电动机启动和制动

1. PLC 选型和 I/O 分配表

首先可以参考 S7-200 SMART PLC 选型表，这里根据需要应该选择继电器输出的型号，输入不少于三个，输出不少于四个就行。

系统 I/O 分配表见表 10-1。

表 10-1 系统 I/O 分配表

输入信号		输出信号	
名称	PLC 地址	名称	PLC 地址
启动按键 SF2	I0. 0	主电路接触器 QA2	Q0. 0
能耗制动按键 SF1	I0. 1	星形接法接触器 QA5	Q0. 1
热继电器信号 BB1	I0. 2	三角形接法接触器 QA4	Q0. 2
		能耗制动接触器 QA3	Q0. 3

2. PLC 外部接线图

考虑到 PLC 输出触点的安全使用，本设计采用 PLC 控制中间继电器，用中间继电器的主触点来控制各级接触器。PLC 外部接线图如图 10-3 所示。

间接控制接触器接线图如图 10-4 所示。

3. 参考梯形图

参考梯形图如图 10-5 所示。

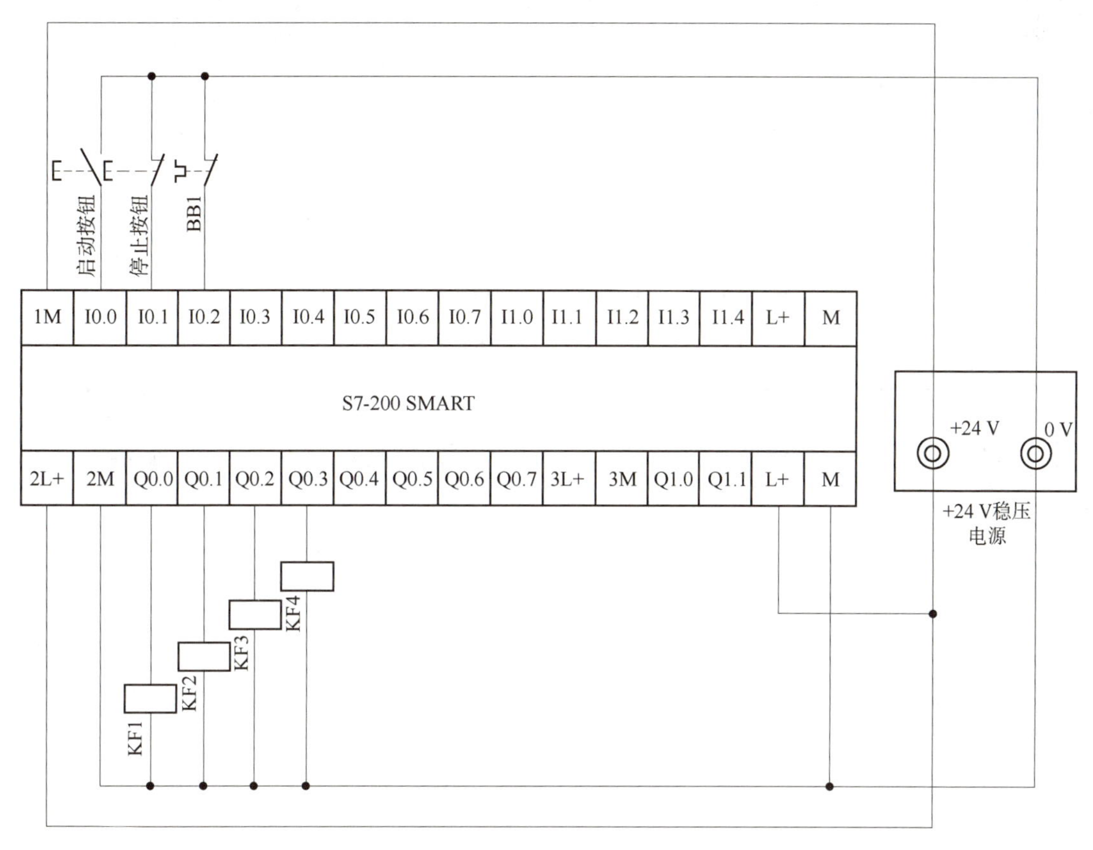

图 10-3　PLC 外部接线图

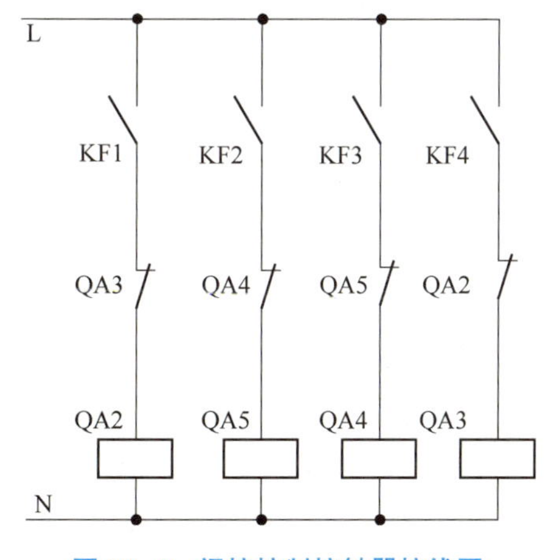

图 10-4　间接控制接触器接线图

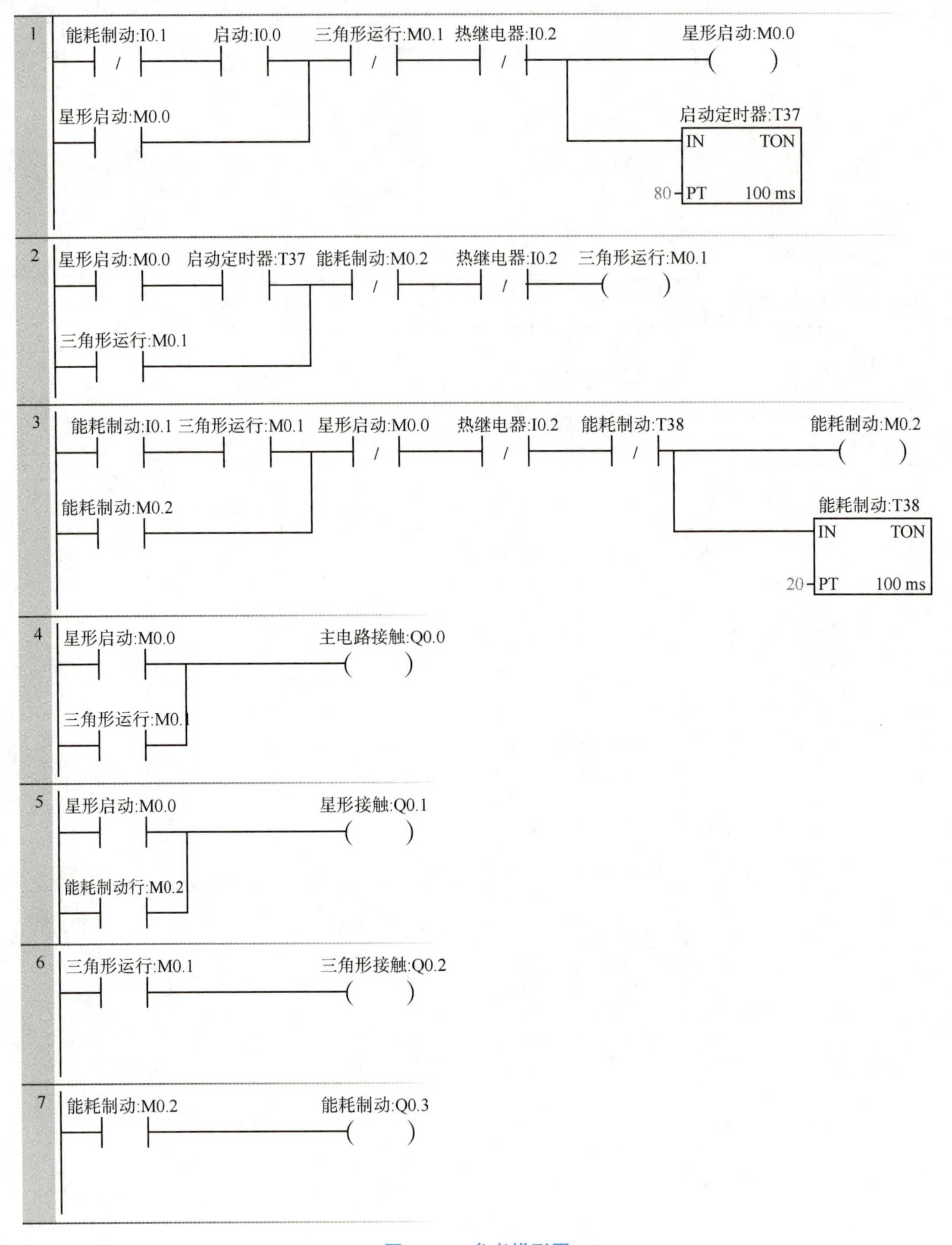

图 10-5　参考梯形图

4. 实践操作及观察现象

（1）按三相异步电动机星-三角形启动和能耗制动的线路图接好主电路，再按照 PLC

外部接线图接好 PLC 电路。

(2) 在电脑端打开 S7-Micro/WIN 端程序，将参考梯形图输入电脑。

(3) 将电脑和 PLC 连接，并将编译好的程序写入 PLC，进行调试。

首先不闭合 QA1 开关，仅观察 PLC 输入/输出指示灯状态。

按下“启动”按钮，PLC 输入端 I0.0 有信号输入，观察主电路接触器控制端 Q0.0 和星形启动接触器控制端 Q0.1 是否点亮，电脑端观察定时器 T37 是否开始计时。定时器 T37 定时 8 s 后，星形启动接触器控制端 Q0.1 熄灭，三角形运行接触器控制端 Q0.2 点亮。

按下“能耗制动”按钮，PLC 输入端 I0.1 有信号输入，观察主电路接触器控制端 Q0.0 熄灭，三角形运行接触器控制端 Q0.2 熄灭，星形启动接触器控制端 Q0.1 点亮，能耗制动接触器控制端 Q0.3 点亮。电脑端观察定时器 T38 开始计时，计时 2 s 后，所有控制端指示灯熄灭。

一切现象都正常后，可以闭合 QA1 开关，带电运行程序。

(4) 如果系统不能正常运行，禁止继续往下进行，立马检查程序和接线，只有排除故障后才能继续调试。

10.1.3 系统改进、反思和考核

1. 系统改进

此系统在切换星形启动和三角形运行时，是通过定时器设定时间来完成的，能耗制动也是根据已经设置好的定时时间来实现的。这个定时时间是需要事先测试整定的，但是由于电动机带载情况等因数，往往这个预定的整定时间并不能满足当时的情况。为了满足各种情况，可以使用转速反馈来作为切换条件。

2. 程序反思

在系统运行过程中，有几个状态是不能同时出现的，比如星形启动和三角形运行、运行启动和能耗制动，为了防止几个状态的并存，需要进行互锁，那么软件互锁和硬件互锁都有哪些优缺点？本例中使用了哪种互锁？有更好的改善方法吗？

3. 实践考核

实践考核可以从四个方面进行：电路原理图的设计和绘制；主电路控制电路的接线；程序的书写规范以及正确率；实验过程中的安全操作规程。

10.2 PLC 控制供料小车

很多需要重复运行的场所，经常使用 PLC 作为控制单元来完成不间断的重复工作。例如，工矿企业使用 PLC 控制供料小车往返于供料点与卸料点，自动完成材料的转运。本例中启动运行后，小车自动开到供料槽下，料槽供料口打开 10 s，给小车装料，之后供料口闭合，小车往卸料端运行，到达卸料口后，小车车内的卸料口打开，进行卸料，5 s 后闭合卸料口，再往供料槽运行，进入下一个循环。直到按下停止按钮，小车完成本次循环后停止运行。

10.2.1 设计目标

1. 供料小车运行

供料小车示意如图 10-6 所示。

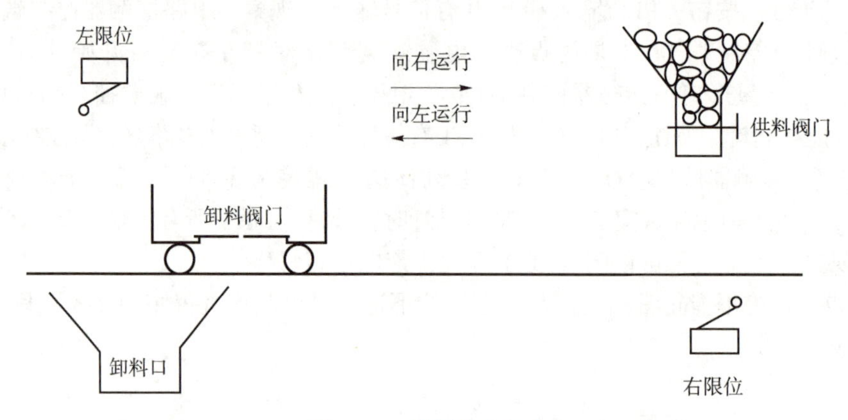

图 10-6 供料小车示意

设计目标：

(1) 按下“启动”按钮，小车向右运行，触碰右限位后，小车停止。

(2) 供料阀门打开 20 s 给小车填料，填料完成后供料阀门关闭。

(3) 小车向左运行，触碰左限位后，小车停止。

(4) 位于小车底部的卸料阀门打开 15 s，往卸料口卸料，卸料完毕后，小车关闭卸料阀门。

(5) 小车向右运行，重复以上循环。

(6) 如果“停止”按钮按下，小车需要完成本次循环后停止工作。

2. 绘制供料小车电路图

供料小车电路图如图 10-7 所示。

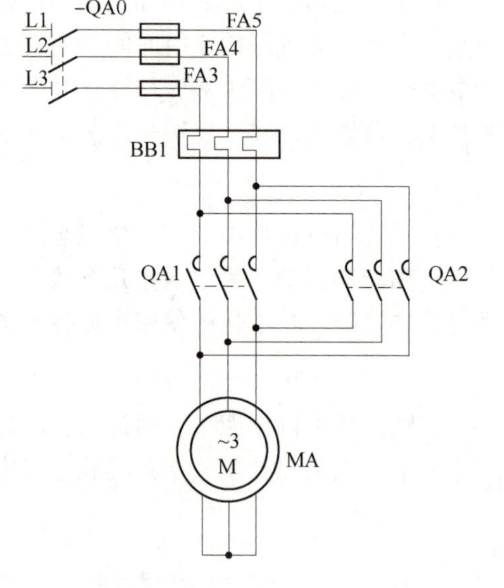

图 10-7 供料小车电路图

10.2.2 PLC 实现

1. 目标分析

根据设计目标可以发现，这是一个顺序执行的过程，可以使用循序功能图来实现设计目标。

本系统存在 5 个状态：①上电后等待启动的初始状态；②小车向右运行；③供料阀门打开，给小车装料；④小车向左运行；⑤小车卸料阀门打开，小车卸料。

5 个状态的转换条件分别是：①按下启动按键；②触碰到右限位；③供料阀门打开

20 s;④触碰到左限位；⑤卸料阀门打开 15 s。

2. 系统 I/O 分配表

这里可以参考 S7-200 SMART PLC 选型表，这里根据需要应该选择继电器输出的型号，输入不少于 4 个，输出不少于 4 个，见表 10-2。

表 10-2 系统 I/O 分配

输入信号		输出信号	
名称	PLC 地址	名称	PLC 地址
启动按键 SF1	I0. 0	向右运动接触器 QA1	Q0. 0
停止按键 SF2	I0. 1	向左运动接触器 QA2	Q0. 1
右限位开关 BG1	I0. 2	供料阀门接触器 QA3	Q0. 2
左限位开关 BG2	I0. 3	卸料阀门接触器 QA4	Q0. 3

3. PLC 外部接线图

供料小车 PLC 外部接线图如图 10-8 所示。

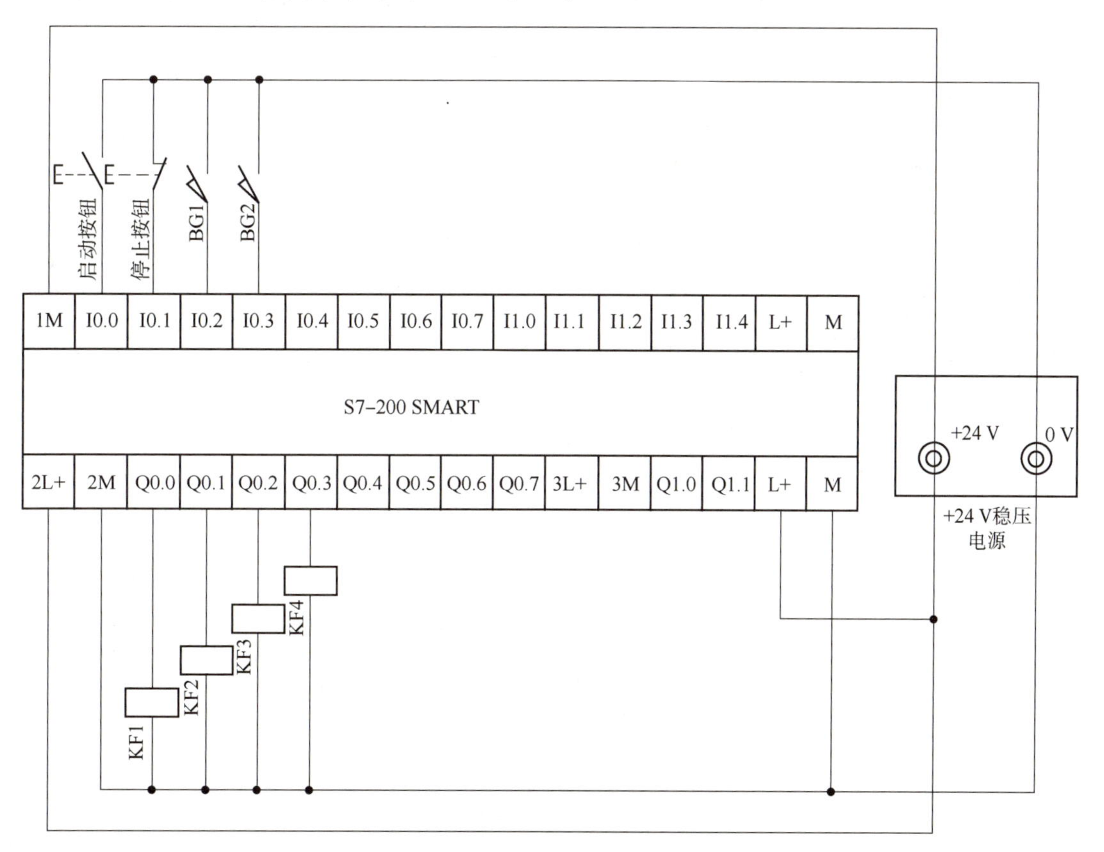

图 10-8 供料小车 PLC 外部接线图

间接控制接触器接线图如图 10-9 所示。

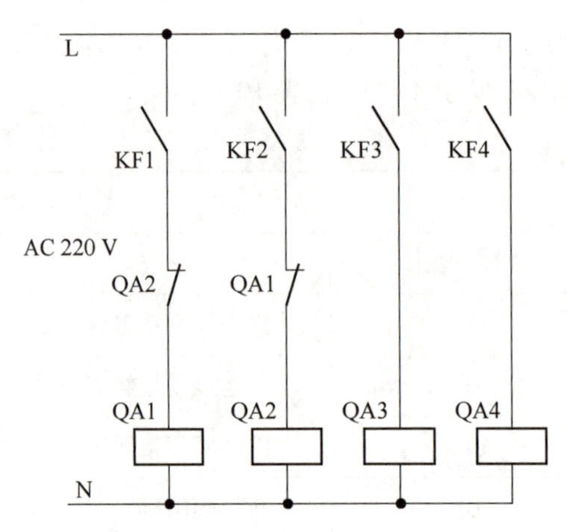

图 10-9 间接控制接触器接线图

4. 绘制顺序功能图

根据目标分析和 I/O 分配表，绘制顺序功能图，如图 10-10 所示。

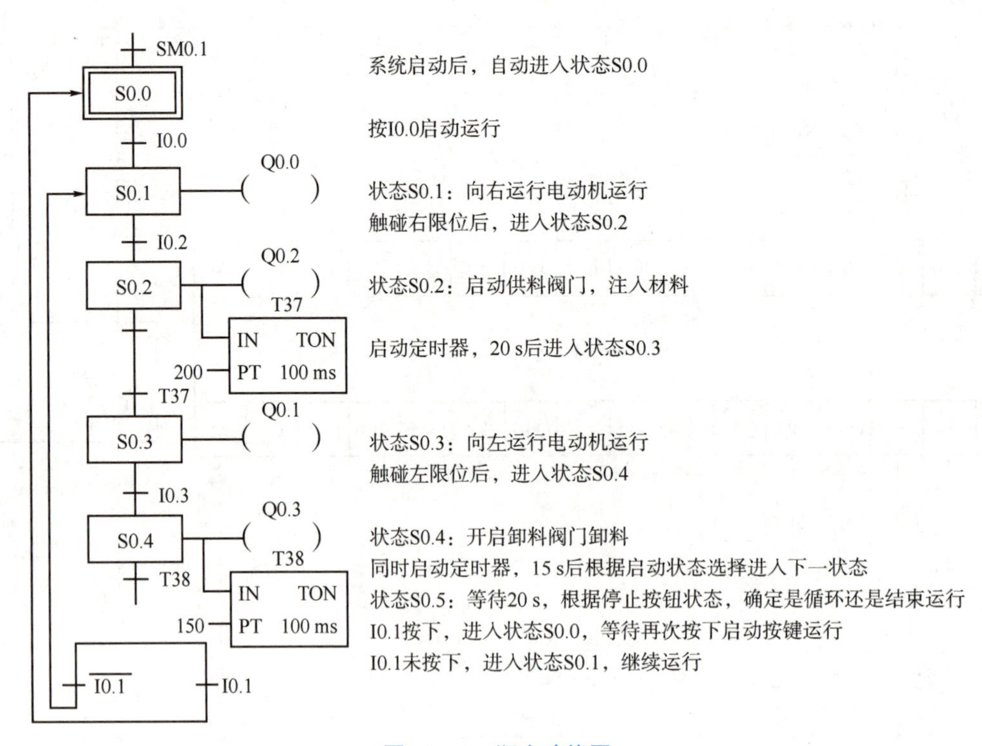

图 10-10 顺序功能图

10.2.3 系统改进、反思和考核

1. 系统改进

本系统装料、卸料都是使用定时器来完成的，小车可能存在装料不足，浪费资源，或者装填过量，溢出小车的情况。卸料的时候也可能存在已经卸完料，但定时时间未到而空耗时间，或者还没卸完就关闭卸料口的情况，那么如何避免这些情况的产生呢？可以将定时器更换为相应的传感器，传感器检测装满了，就停止装货；传感器检测已经卸完，就闭合卸料口。

2. 程序反思

工矿企业需要特殊电动机，左转/右转电动机是需要互锁的。当然，也可以使用一台电动机，利用接触器完成正/反转切换。

3. 实践考核

可以从四个方面进行实践考核：电路原理图的设计和绘制；主电路控制电路的接线；程序的书写规范以及正确率；实验过程中的安全操作规程。

10.3 PLC停车场控制系统

很多停车场需要根据车位情况确认是否可以放入场行入场车辆，本例程设计一套PLC控制的停车场控制系统，如果有车辆要入场，可以根据停车场空位情况来确定是否放行。

10.3.1 设计目标

设计一个由PLC控制的停车场控制系统，本系统可以修改停车场车位情况和现有车辆情况，有入场车辆检查传感器、出场车辆传感器。如果入场车辆传感器检测到有入场请求，根据停车场现有车辆的情况来确定是否可以放入场车辆进场；如果可以入场，开放入场道闸，放入场车辆入场，如果没有空余车位，闪灯提醒入场车辆等待。如果有出场车辆传感器检测到出场请求；开放出场道闸放车辆出场。

本实例的基本功能并不复杂，主要是系统的改进、其他功能的添加。

10.3.2 PLC实现

系统I/O分配表见表10-3。

表10-3 系统I/O分配表

输入信号		输出信号	
名称	PLC地址	名称	PLC地址
启动按键SF1	I0.0	入场道闸	Q0.0

续表

输入信号		输出信号	
停止按键 SF2	I0. 1	出场道闸	Q0. 1
入场检测信号	I0. 2	车位已满指示灯	Q0. 2
出场检测信号	I0. 3		

程序比较简单，设两个变量，一个为停车场车位总数，一个为停车场现有车辆数。可以利用比较指令对比停车场车辆数是否和车位总数一致，如果车辆数和车位总数一致，则不能再放入车辆；如果车辆数小于车位总数，则可以放车辆入场。放入一辆车后，将停车场现有车辆数加 1；有出场车辆后，将停车场车辆数减 1。

10. 3. 3　系统改进、反思和考核

1. 系统改进

本系统主要是在基本入场/出场功能上添加新功能，例如：

①计时收费功能；

②空余车位显示功能；

③空余车位引导功能；

④和其他路网、停车系统交换信息功能；

⑤自动泊车功能；

⑥远程预约取车功能。

智能停车系统是目前发展迅速、需求量巨大的系统，要使其智能化便捷、高效地完成指令，对系统提出更高的要求，所以可以在系统改进中做出创新。

2. 程序反思

停车场车位总数和停车场现有车辆数这两个变量在 PLC 断电后就会初始化，所以，每次上电后，需要修改停车场现有车辆数这个变量，那么如何能将断电前的数据保存，引入下次 PLC 上电使用？如何使程序自动读取停车场现有车辆数、空余车位数？

3. 实践考核

实践考核可以从四个方面进行：电路原理图的设计和绘制；主电路控制电路的接线；程序的书写规范以及正确率；实验过程中的安全操作规程。

10. 4　PLC 控制交通灯

这里的交通灯是指给机动车看的，通常指由红、黄、绿三种颜色灯组成用来指挥交通通行的信号灯。绿灯亮时，准许车辆通行；黄灯闪烁时，已越过停止线的车辆可以继续通行，没有通过的，应该减速慢行到停车线前停止并等待；红灯亮时，禁止车辆通行。

10.4.1 设计目标

设计一个由PLC控制的十字路口交通灯系统，本系统有东西、南北两个方向，只设计汽车信号灯，每个路口有红、绿、黄三种颜色的灯，如图10-11所示。按下“启动”按钮，东西红灯点亮20 s，同时南北绿灯点亮20 s；之后，变化为东西红灯点亮3 s，南北绿灯闪烁3 s；紧接着，东西红灯点亮2 s，南北黄灯点亮2 s；然后，东西绿灯点亮20 s，南北红灯点亮20 s；之后，东西绿灯闪烁3 s，南北红灯点亮3 s；最后，东西黄灯点亮2 s，南北红灯点亮2 s。一个循环结束后，继续循环，直到按下“停止”按钮，当前循环结束后，停止所有工作。

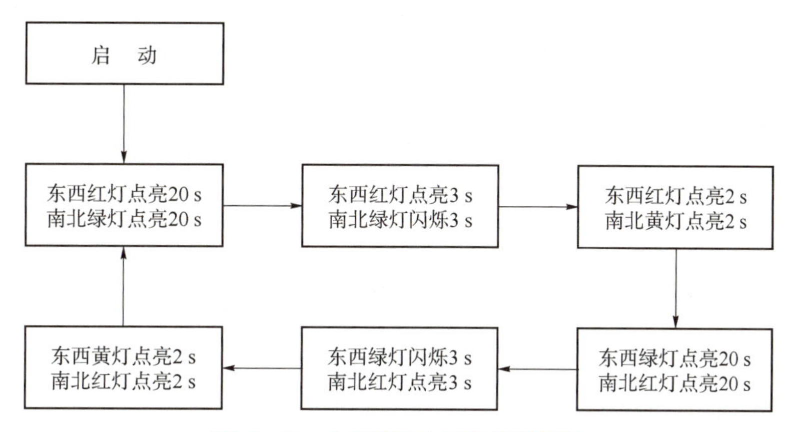

图10-11 十字路口交通灯控制目标

10.4.2 PLC实现

1. 确认I/O分配表

系统I/O分配表见表10-4。

表10-4 系统I/O分配表

输入信号		输出信号	
名称	PLC地址	名称	PLC地址
启动按键SF1	I0.0	东西红灯	Q0.0
停止按键SF2	I0.1	东西绿灯	Q0.1
		东西黄灯	Q0.2
		南北红灯	Q0.3
		南北绿灯	Q0.4
		南北黄灯	Q0.5

2. 程序时序图

程序时序图如图 10-12 所示。

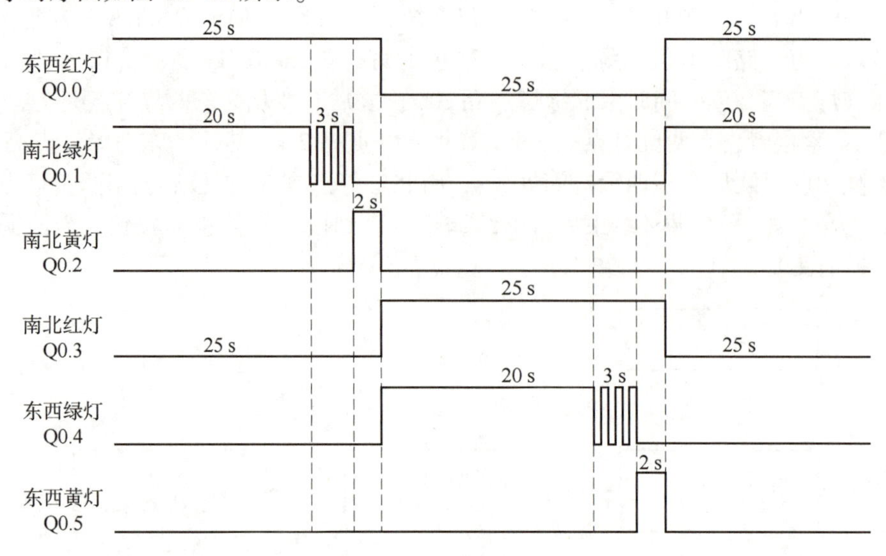

图 10-12　程序时序图

3. PLC 与外部电器连接电路接线图

PLC 与外部电器连接电路接线图如图 10-13 所示。

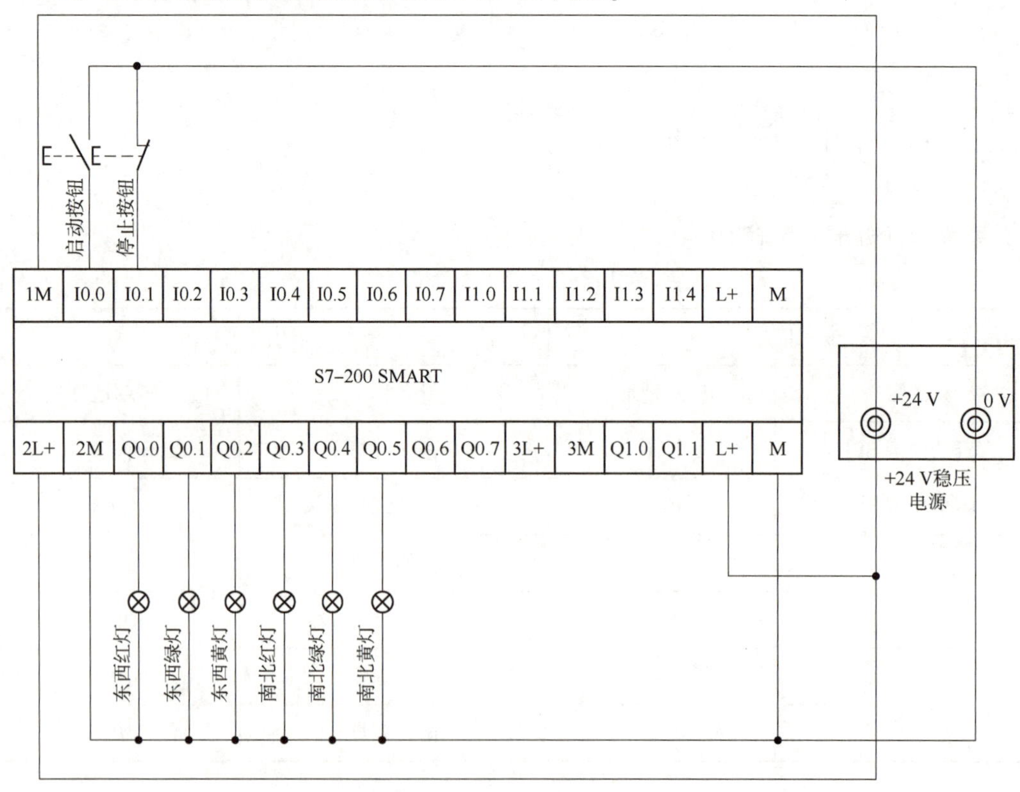

图 10-13　PLC 外部接线图

交通灯的基本功能程序比较简单，可以用顺序功能图完成，或者用定时器加比较指令完成。这里注意绿灯的闪烁功能，可以使用系统状态位 SMB0 中的 SM0.5 位，SM0.5 提供一个周期为 1 s 方波脉冲。

10.4.3 系统改进、反思和考核

1. 系统改进

本系统主要是在基本功能上添加新功能，例如：

①计时显示功能；

②车流量测量功能；

③高峰期、低峰期分段功能；

④紧急通行功能；

⑤远程控制功能；

⑥“绿波带”功能。

2. 程序反思

路口交通系统是参与交通者必然经过的系统，那么如何智能化？如何满足未来的需求？程序还需要改进哪些？接口数据的定义必须统一，和无人驾驶车辆的数据交换也需要程序之间的协调运行，这些都是程序需要完善的环节。

3. 实践考核

实践考核可以从四个方面进行：电路原理图的设计和绘制；主电路控制电路的接线；程序的书写规范以及正确率；实验过程中的安全操作规程。

10.5 习题

一、简答题

1. 电动机的正、反转控制电路中，正、反转接触器为什么要进行互锁控制？互锁控制的方法有哪几种？

2. 电动机的主电路中既然装有熔断器，为什么还要安装热继电器？两者的保护作用有何区别？

3. 三相笼型异步电动机的制动方法有哪几种？其各自的适用范畴如何？

4. PLC 编程中，为何故意设置中间软元件？

5. 在 PLC 控制系统设计过程中，可采用哪些方法节省输入/输出点？

二、实验题

1. 设计电动机控制系统，该系统可以点动控制，也可以连续运转控制。

2. 设计有主持人按键的抢答器系统。

3. 水塔水位控制系统。

4. 邮件分拣控制系统。

5. PLC 控制音乐喷泉实验。

第 11 章

电气控制基础及常见传感器

【本章要点】

☆ 电气控制基础
☆ 电气控制电路的设计与实现
☆ 常见传感器

11.1 电气控制基础

11.1.1 常用低压电器

工作在交流 1 200 V 和直流 1 500 V 以下电路中，起接通、分断、控制调节及保护等作用的电器为低压电器。各类低压电器是电气控制系统的基本组成要素。

按用途分为低压配电电器和低压控制电器。低压配电电器用于供配电系统，控制电源通/断的电器（如，隔离开关 QB、断路器 QA、熔断器 FA 等）。低压控制电器用于控制电动机等用电设备，或控制电路通/断的电器（如，接触器 QA、继电器 BB 和 KF、按钮 SF、行程开关 BG 等）。

1. 低压配电电器

(1) 隔离开关（刀开关）QB，用于控制电源的接通、分断。刀开关电气符号如图 11-1所示，刀开关示意图及实物图如图 11-2 所示。

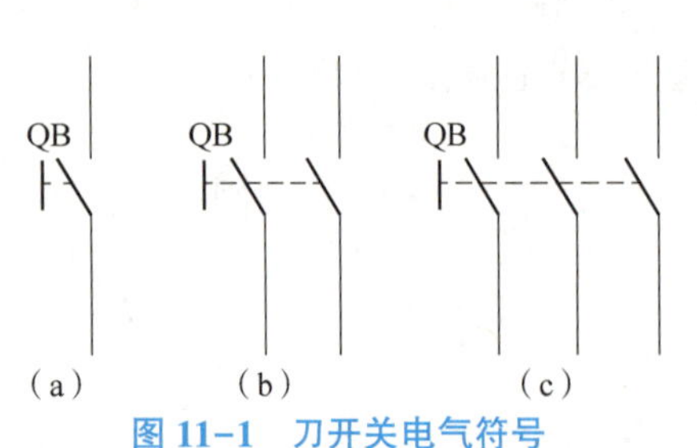

图 11-1 刀开关电气符号

(a) 单极；(b) 双极；(c) 三极

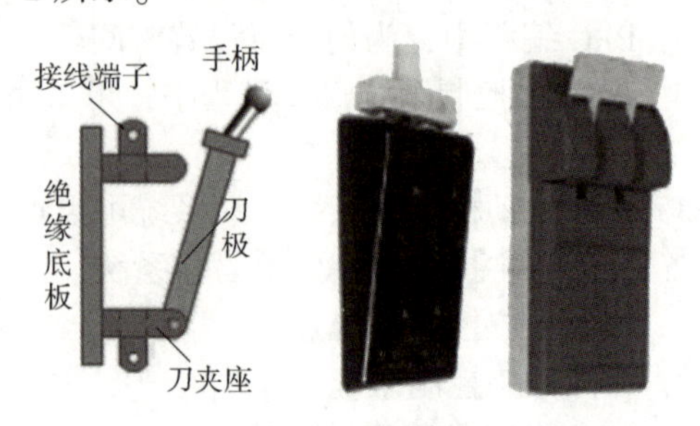

图 11-2 刀开关示意图及实物图

(2) 低压断路器（自动空气开关）QA。

用于控制电源的通/断，并具有欠压、失压、过载和短路自动保护功能。可用于电源电路、照明电路等的通/断控制和保护。低压断路器分为单极、双极、三极、四极。低压断路器实物如图 11-3 所示，低压断路器电气符号如图 11-4 所示。

图 11-3 低压断路器实物

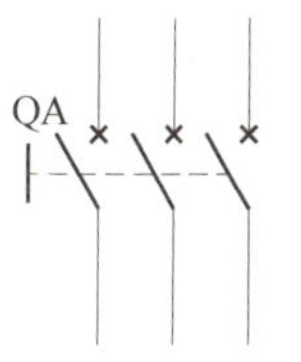

图 11-4 低压断路器电气符号

结构：主触头、操作机构、灭弧装置及脱扣器（过流、过载、欠压等）。

低压断路器工作示意如图 11-5 所示。

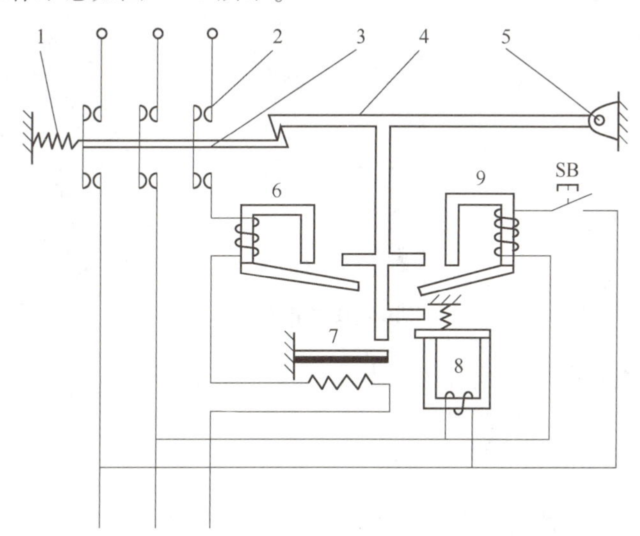

1—分闸弹簧；2—主触头；3—传动杆；4—搭钩；5—转轴；6—过电流脱扣器；7—热脱扣器；8—欠压失压脱扣器；9—分励脱扣器。

图 11-5 低压断路器工作示意

(3) 漏电断路器 QA。

在断路器功能上，增加了漏电保护功能，对操作者进行电气安全保护。当漏电电流大于 30 mA 时，断路器自动脱扣，防止操作者触电。

(4) 熔断器 FA。

熔断器 FA 是一种有效的保护电器，在电路中起过载与短路保护作用。当电路发生短路或严重过载时，熔体中流过很大电流，持续一定时间后，电流产生的热量使熔体熔断，并立即切断电路，以保护电路中的用电设备。熔断器电气符号和实物如图 11-6 所示。

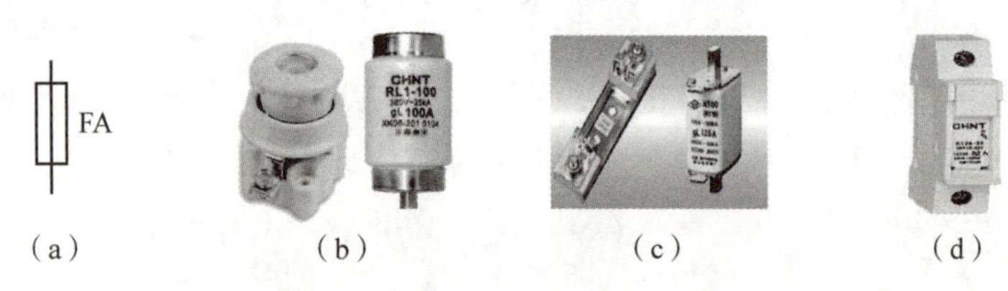

(a)　(b)　(c)　(d)

图 11-6　熔断器电气符号和实物

(a) 熔断器电气符号；(b) 螺旋式熔断器；(c) 封闭管式熔断器；(d) 导轨安装式熔断器

2. 低压控制电器

(1) 接触器。

利用电磁机构操作运行，可频繁通/断控制主电路或大容量负载的自动控制电器。用于控制电动机、电焊机、电热设备等大容量用电设备，可实现中远距离自动控制。

主要由电磁机构（线圈、铁芯、衔铁），触点（主触点、辅助触点），灭弧装置（灭弧罩/灭弧栅）组成。接触器结构示意图及实物如图 11-7 所示。

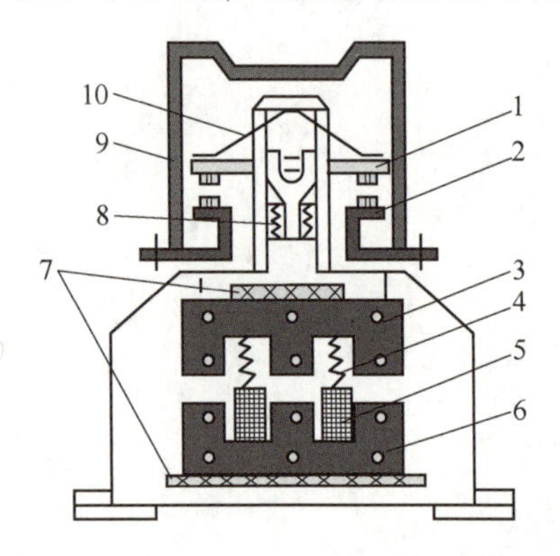

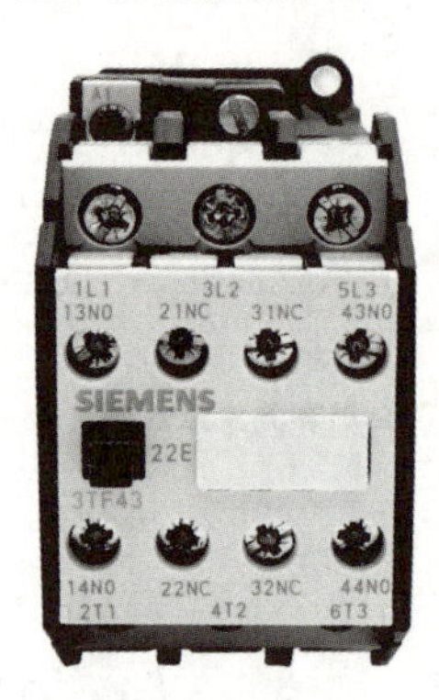

1—动触头；2—静触头；3—动衔铁；4—弹簧；5—线圈；6—静铁芯；7—垫毡；

8—触头弹簧；9—灭弧罩；10—触头压力簧片。

图 11-7　接触器结构示意图及实物

当电磁线圈通电时，静铁芯产生电磁吸引力，使动衔铁吸合，动衔铁带动触头动作，使常开触点（NO）闭合，常闭触点（NC）断开。

当电磁线圈失电后，电磁吸引力消失，衔铁在弹簧作用下释放，所有触点复位（恢复到线圈通电前的状态）。

接触器具有低压释放保护功能，当线圈电压低于额定值 85%时，电磁吸引力减弱，使衔铁释放，所有触头复位。接触器电气符号如图 11-8 所示。

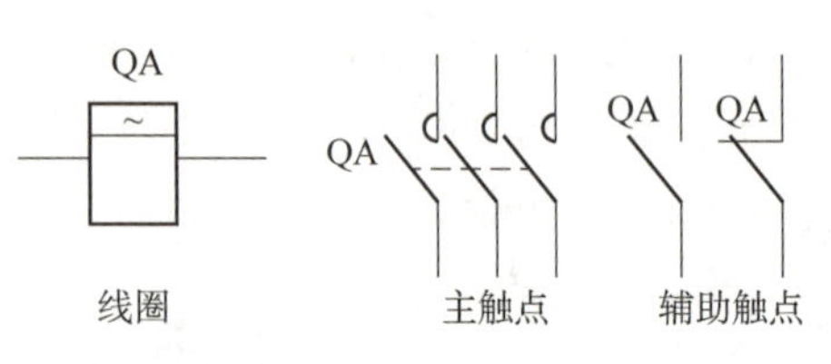

图 11-8　接触器电气符号

主要技术参数：

①额定电压：主触点的额定工作电压。AC：220 V、380 V、660 V；DC：220 V、440 V。

②额定电流：主触点长期工作允许通过的电流。AC：10 A、20 A、…、400 A；DC：25 A、40 A 等。

③线圈额定电压：电磁线圈正常工作电压。AC：36 V、127 V、220 V、380 V 、500 V；DC：24 V、48 V、110 V、220 V。

④主触点和辅助触点的类型/数量。

⑤主触头通断能力。主触头可靠接通/分断的电流值。

⑥操作频率。即每小时接通的次数。交流 600 次/h；直流 1 200 次/h。

⑦寿命。机械 1 000 万次；电气 100 万次。

（2）继电器。

利用电压、电流、时间、温度等信号变化来控制电路的通/断，以实现自动控制或保护的自动电器。

按信号性质分类：中间继电器 KF、时间继电器 KF、热过载继电器 BB、速度继电器 BS 等。

①中间继电器 KF。

利用中间继电器多组触点可同时控制多个电路的通/断，触点容量较小（<5 A），只用于控制小容量电路和负载（如控制“电磁阀”等）。

主要技术参数：

线圈额定电压、触点额定电压和额定电流，通常在继电器上标注其参数及端子接线图。

中间继电器与接触器的区别（两者结构相似，工作原理相同）：接触器用于主电路中，控制大电流电路（>10 A），有灭弧装置，体积大；继电器用于控制电路中，控制小电流电路（<5 A），无灭弧装置，体积小。

中间继电器电气符号及实物如图 11-9 所示。

图 11-9　中间继电器电气符号及实物

②时间继电器 KF。

利用电磁、电子或机械原理，实现触点延时动作的自动控制电器，用于定时控制。

按动作，分为通电延时型、断电延时型；按原理，分为电磁式、空气阻尼式、电子式等。

主要技术参数：延时类型、延时范围、线圈电压、触点额定电压和电流。

空气阻尼式特点：结构简单，延时范围大：0.4~60 s 或 0.4~180 s，但定时精度差，体积大。

电子式特点：延时范围广，精度高，延时调节方便，功耗小，寿命长，使用广泛。

通电延时型空气式时间继电器及断电延时型空气式时间继电器结构示意如图 11-10 所示。

③热过载继电器 BB。

利用电流的热效应控制电路通断的自动保护电器。对连续运转的电动机进行过载及断相保护，以防电动机过热而烧毁。

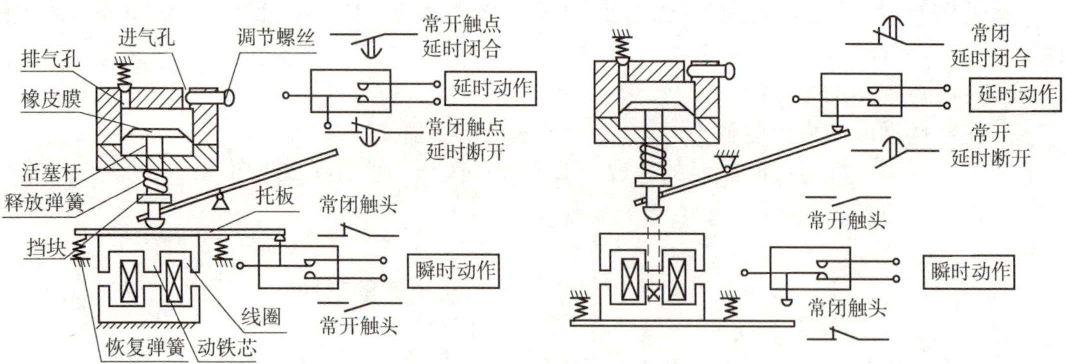

图 11-10　通电延时型空气式时间继电器及断电延时型空气式时间继电器结构示意

热元件串接在电动机线路中，当电动机长时间过载运行时，电流增大，使双金属片受热变形，通过动作机构推动辅助触点动作。

过载故障排除后，需采用手动/自动复位，使所有触点复位；将整定旋钮调至相应整定电流 I_{th} 位置，整定电流 I_{th} 是能长期通过热元件而不引起热继电器动作的电流值，当流过热元件的电流超过 I_{th} 的 20%持续大约 20 min 后，热继电器的辅助触点动作。根据电动机额定电流选定热继电器的整定电流 $I_{th}=(0.95\sim1.05)I_{LN}$，即 $I_{th}\approx I_{LN}$（I_{LN} 为电动机额定电流），选择整定电流范围（对应热元件号），见表 11-1。

表 11-1　整定电流范围

型号	热元件号	整定电流范围/A	型号	热元件号	整定电流范围/A
JR36-20	1#	0.25~0.3~0.35	JR36-20	7#	2.2~2.8~3.5
	2#	0.32~0.4~0.5		8#	3.2~4~5
	3#	0.45~0.6~0.72		9#	4.5~6~7.2
	4#	0.68~0.9~1.1		10#	6.8~9~11
	5#	1~1.3~1.6		11#	10~13~16
	6#	1.5~2~2.4		12#	14~18~22

例如：某电动机的额定电流为 9 A，额定电压为 380 V，若选用 JR36-20 型热继电器，可选热元件号 10#，其整定电流范围为 6.8~11 A，设置 $I_{th}=9$ A。

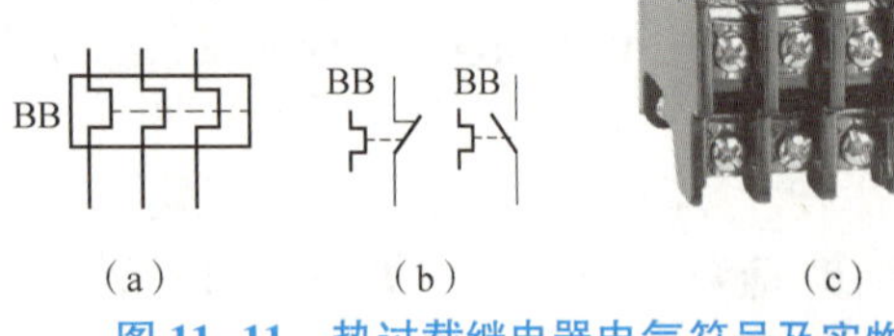

（a）　（b）　（c）

图 11-11　热过载继电器电气符号及实物

（a）热元件；（b）辅助触点；（c）常见外观

对于长期连续运行的电动机，应设置热过载保护。将热继电器的热元件串接于主电路电动机线路中，将其辅助常闭触点串接于接触器线圈电路中。当电动机出现长期过载运行时，热继电器的触点动作，立即断开接触器线圈电压，而使其主触点复位，电动机停转。热过载继电器电气符号及实物如图 11-11 所示。

注意：必须正确选择整定电流 I_{th}，并将整定旋钮调至 I_{th} 值位置，才能对电动机起有效的过载保护作用。

④速度继电器 BS。

利用转子转速的变化，使触点动作的自动控制电器。其由转子、定子及触点等组成。速度继电器的电气符号及机构如图 11-12 所示。

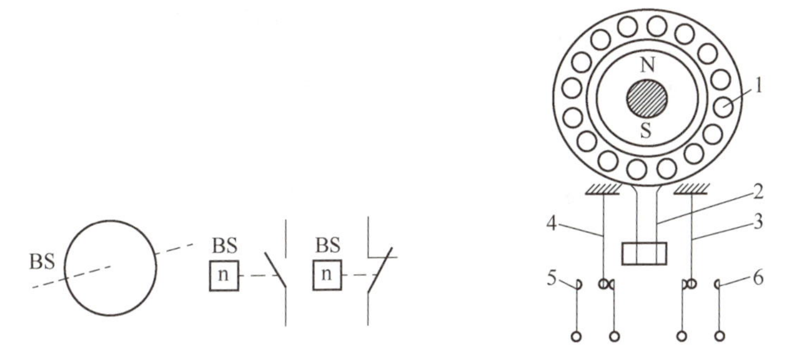

1—绕组；2—摆锤；3，4—弹片；5，6—静触点。

图 11-12　速度继电器电气符号及机构

将速度继电器的转子与电动机同轴相连，以检测电动机的转速。当电动机转速大于动作转速 n_d(120 r/min)时，速度继电器摆锤推动弹片使触点动作；当电动机转速低于复位转速 n_f（100 r/min）时，产生的转矩较小，使摆锤释放，触点复位。

用于异步电动机的反接制动控制。当电动机转速低于 100 r/min 时，自动切断电动机的电源。

⑤主令电器。

用于控制和信号回路中，发出控制信号或指令的电器（包括按钮 SF、指示灯 PG、行程开关 BG、万能转换开关 SF 等）。

- 按钮 SF、指示灯 PG。

按钮结构示意图及电气符号如图 11-13 所示。

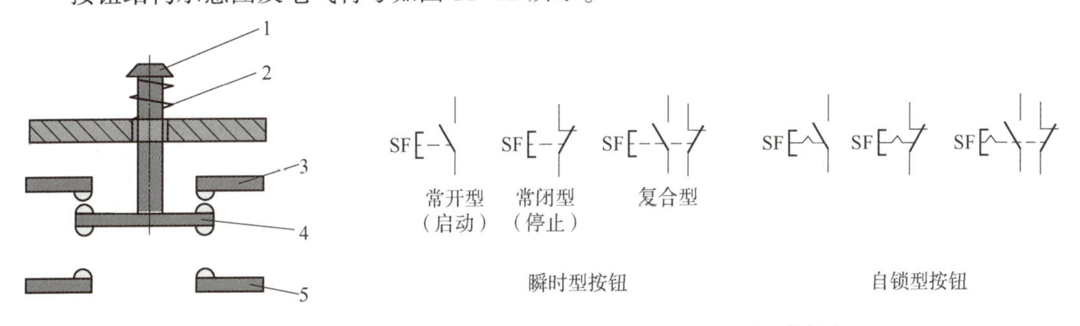

1—按钮；2—复位弹簧；3—常闭静触头；4—动触头；5—常开静触头。

图 11-13　按钮结构示意图及电气符号

按钮按结构，分为嵌压式、紧急式、钥匙式、带信号灯等；按操作方式，分为瞬时型(自动复位)、自锁型（无自动复位)、旋转式；按颜色，分为红、绿、黄、白、蓝等（代表不同的运行状态)；按防护类型，分为开启式、防水式、防腐式。应考虑触点额定电压及电流（<5 A)、触点类型、结构形式、操作方式、颜色等因素进行按钮选型。

指示灯的额定电压主要有 AC/DC 6.3 V、12 V、24 V、36 V、110 V、127 V、220 V、380 V 等；指示灯发光器件类型有氖灯、半导体发光器件 LED 等；指示灯的颜色表示运行状态主要有红色（停止）、绿色（运行）、黄色（报警）、白色（电源指示）等。指示灯电气符号及实物如图 11-14所示。

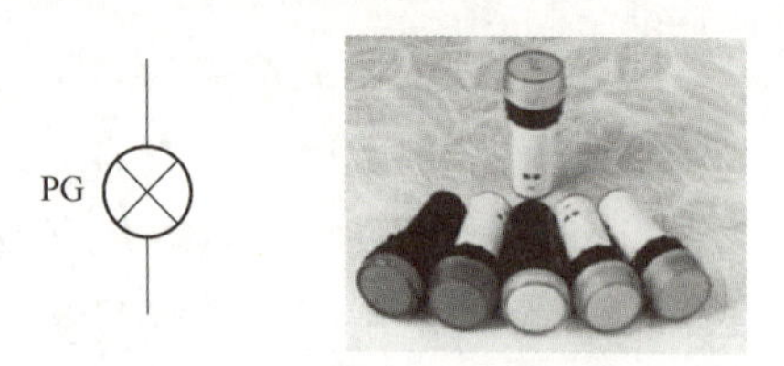

图 11-14　指示灯电气符号及实物

● 行程开关（限位开关）BG。

由机械部件撞击使其触点动作，通常用于限位保护控制等；按机械碰撞部位，分为微动式、直动式、滚轮式。行程开关结构图、电气符号及实物如图 11-15 所示。

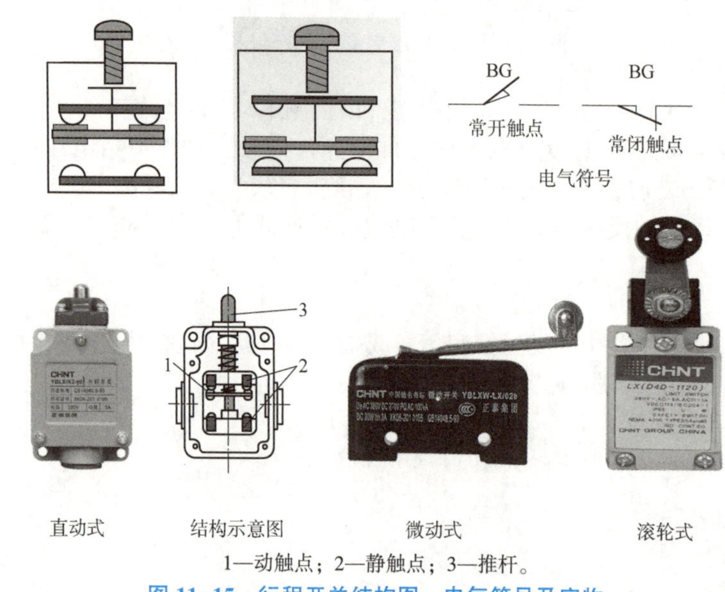

1—动触点；2—静触点；3—推杆。

图 11-15　行程开关结构图、电气符号及实物

● 万能转换开关 SF。

具有多挡位、多触头，可同时控制多个线路。万能转换开关示意图及实物如图 11-16 所示。技术参数主要有额定电压、额定电流、触头数量等，见表 11-2。

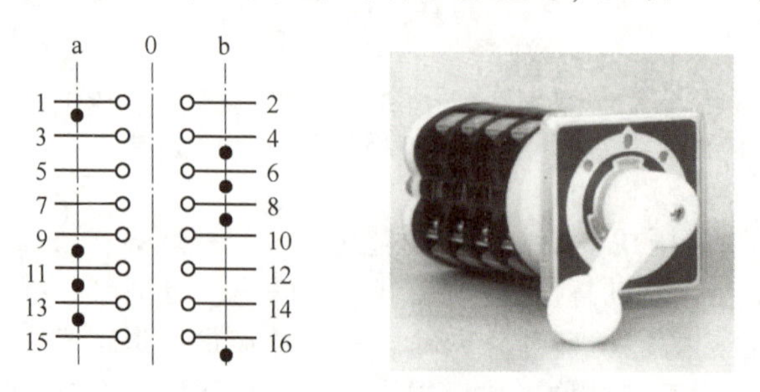

图 11-16　万能转换开关示意图及实物

表 11-2 技术参数

类别		电器名称、电器符号	电路中作用	保护功能	应用时触点连接	选用主要依据
低压配电电器	1	低压断路器 QA（自动空气开关）	控制电源通、断	过载、短路、欠压、失压保护	主触点串接于主电路中	额定电压、额定电流、极数
	2	漏电断路器 QA	同上	同上、漏电保护	同上	额定电流、极数、漏电流
	3	隔离（负荷）开关 QB	同上	无	同上	额定电流、极数
	4	熔断器 FA	用于线路短路保护	短路保护	熔体串接于主电路或控制电路中	熔断器额定电流、熔体额定电流
低压控制电器	5	接触器 QA	控制主电路	低压释放保护	主触点串接于主电路中；线圈及辅助触点接于控制电路中	额定电压、电流、线圈电压等
	6	热过载继电器 BB	保护电动机	过载、缺相保护	热元件串接于主电路中；辅助触点串接于控制电路中	整定电流及其范围
	7	时间继电器 KF	定时控制	无	线圈及触点均接于控制电路中	线圈电压、触点电流、定时范围
	8	中间继电器 KF	同时控制多个线路或控制小容量负载	无	同上	线圈电压、触点电流
	9	速度继电器 BS	检测电动机转速，用于电动机反接制动控制	无	转子与电动机同轴相连，触点接于控制电路	额定电压、电流
	10	按钮 SF	发出控制信号指令	无	触点接于控制电路	额定电压、电流，按钮类型、颜色等
	11	万能转换开关 SF	发出信号指令	无	同上	额定电压、电流
	12	行程开关 BG	用于限位保护/自动切换控制	无	同上	额定电压、电流、开关类型

11.1.2 常用电工仪表

仪器仪表是获取信息以认识世界的工具，有延伸扩展补充或代替人的听觉、视觉、触觉等器官的功能。有测量仪表、分析仪器、计量仪表、生物医疗仪器、天文仪器、航空航天航海仪表、汽车仪表、电力、石油、化工仪表等，遍及国民经济各个部门，深入人民生活的各个角落。

仪器仪表技术发展很快，有第一代的模拟指针式、第二代的数字式、第三代的智能式仪器仪表。电工电子类仪表有很多，如电流表、电压表、功率表、万用表、静电仪、示波器、信号发生器、频谱分析仪等，这里主要介绍常用的几种电工仪表。

1. 万用表

功能：现在的万用表除了具有测量电压、电流、电阻、电容、音频电平、温度、晶体管参数等功能外，还具有数字计算、自检、读数保持、字长选择、微机通信等诸多功能。

分类：模拟式（指针）、数字式（目前应用广泛）。

万用表实物如图 11-17 所示。

（a）

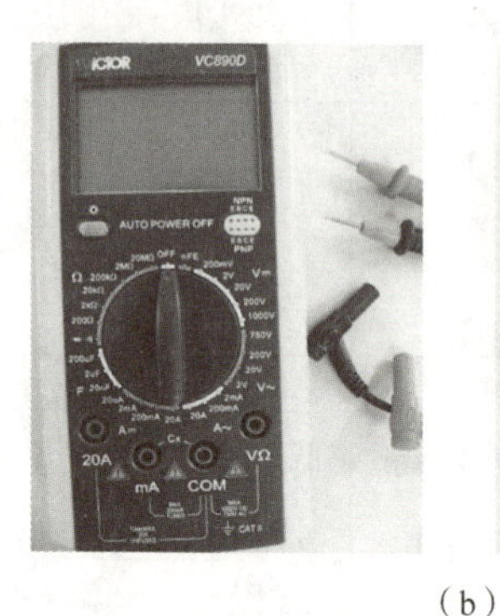

（b）

图 11-17　万用表

（a）MF-47 型指针万用表；（b）VC890D 型数字万用表

使用注意事项：

（1）操作前注意事项。

①将 ON-OFF 开关置于 ON 位置，检查 9 V 电池，如果电池电压不足，“- +”或“BAT”将显示在显示器上，这时应更换电池；如果没有出现，则按以下步骤进行。

②测试表笔插孔旁边的△！符号，表示输入电压或电流不应超过标示值，这是为了保护内部线路免受损伤。

③测试前，功能开关应放置于所需量程上，不用时，应将转换开关置于 OFF 或者交流电压的最大挡位。

（2）电压测量注意事项。

①如果不知道被测电压范围，将功能开关置于大量程并逐渐降低量程（不能在测量中改变量程）。

②如果显示“1”，表示过量程，功能开关应置于更高的量程。

③当测高压时，应特别注意避免触电。

（3）电流测量注意事项。

①使用前不知道被测电流范围，将功能开关置于最大量程并逐渐降低量程。

②如果显示器只显示“1”，表示过量程，功能开关应置于更高量程。

③⚠上表示最大输入电流为 200 mA 或 20 A（10 A），取决于所使用的插孔，过大的电流将烧坏保险丝，20 A（10 A）量程无保险丝保护。

（4）电阻测量注意事项。

①如果被测电阻值超出所选择量程的最大值，将显示过量程“1”，应选择更高的量程，对于大于 1 MΩ 或更高的电阻，要几秒钟后读数才能稳定。

②当无输入时，如开路情况，显示为“1”。

③当检查内部线路阻抗时，要保证被测线路所有电源断电，所有电容放电。

④200 MΩ 短路时约有四个字，测量时应从读数中减去，如测 100 MΩ 电阻时，显示为 101.0，第四个字应被减去。

⑤在测量电阻时，应注意一定不要带电测量。

（5）电容测试注意事项。

①仪器本身已对电容挡设置了保护，在电容测试过程中，不用考虑电容极性及电容充放电等情况。

②测量电容时，将电容插入电容测试座中（不要通过表笔插孔测量）。

③测量大电容时，稳定读数需要一定时间。

（6）数字万用表保养注意事项。

数字万用表是一种精密电子仪表，不要随意更改线路；万用表由于使用不当，在实际检测时易造成表内元件损坏，产生故障，注意以下 4 点：

①不要超量程使用。

②不要在电阻挡时，接入电压信号。

③在电池没有装好或后盖没有上紧时，不要使用此表。

④只有在测试表笔从万用表移开并切断电源后，才能更换电池和保险丝。注意 9 V 电池的使用情况，如果需要更换电池，打开后盖螺丝，用同一型号电池更换；更换保险丝时，请使用相同型号的保险丝。

2. 兆欧表（摇表）

兆欧表用于测量机电设备或线路的绝缘电阻。应用时，一般需要摇动手柄，故俗称摇表。

常用手摇直流发电机由永久磁铁固定在同一转轴上 2 个动圈，外部有 3 个端子线路 L、地线 E、屏蔽接地 G；当以 120 r/min 均匀摇动手柄时，表输出额定电压；当被测电阻为 0 时，指针指向 0 刻度；当开路时，指针指向 ∝；但兆欧表无游丝，不能产生反作用力矩，故不测时指针停留在任意位置，而不是回到 0。

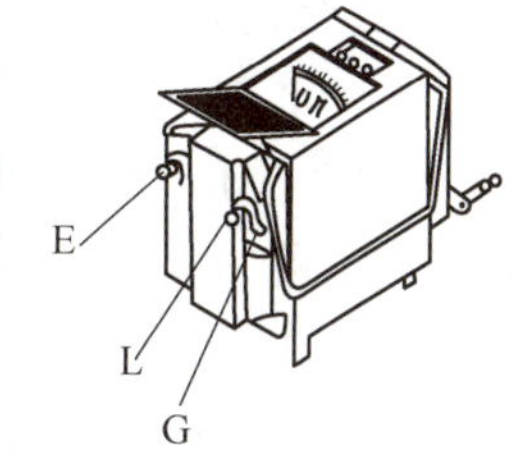

图 11-18 兆欧表

根据量程，有 500 V、1 000 V、2 500 V 等级的兆欧表，如图 11-18 所示。额定电压为 500 V 以下的电气设备，应选用 500 V 或 1 000 V 级兆欧表；额定电压为 500 V 以上的电气设备，应选用 1 000~2 500 V 级兆欧表。

一般电动机绕组间、相间、相与外壳间绝缘电阻应大于 0.5 MΩ；移动电动工具大于 2 MΩ。

使用注意事项：

①做绝缘电阻测定时，将被测物的两端分别接至“线路 L”和“接地 E”端上。

②做接地测量时，将被测端接至“线路 L”端，用良好的地线接至“接地 E”端。

③进行电缆的缆芯对外缆壳的绝缘测量时，要将被测两端分别接至“线路 L”和“接地 E”端上，同时，将“屏蔽接地 G”接至电缆壳芯之间的内层绝缘物上，以消除因表面漏电而引起的测量误差。

④进行测量前，对被测物一定要充分放电；绝不允许设备带电进行测量，以保证人身

和设备的安全；转动手柄时，应由慢渐快，当指针指在零位时，切勿继续用力摇动。

⑤被测物表面要清洁，减少接触电阻，确保测量结果的正确性。

⑥测量前，要检查兆欧表“0”和“∞”两点。即摇动手柄，使电动机达到额定转速，开路时，指针应指向“∞”位置。慢慢摇动手柄，兆欧表在短路时，指针应指向“0”位置。

绝缘测量方法如图 11-19 所示。

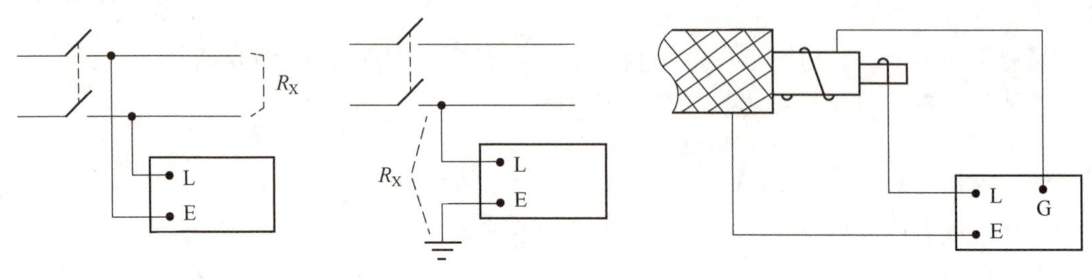

图 11-19　绝缘测量方法

3. 钳形电流表

钳形电流表是低压电工常用的测量仪表之一，目前有指针式和数字式。由于它具有携带方便，不需断开线路即可测量线路电流或电压的特点，很受电工电气工作者的欢迎。钳形电流表一般准确度不高，通常为 2.5~5 级。

（1）结构及工作原理。

钳形电流表的结构实际上由一只电流表和穿心式电流互感器组成，穿心式电流互感器铁芯制成活动开口且成钳形，故名钳形电流表。互感器的一次线圈一般为被测载流导线（单匝穿心），二次接有电流表。当钳形电流表夹入一相交流线路时，在钳形电流表的环状铁芯中产生感应交变磁通，磁通穿过钳形电流表的二次线圈感应出二次电动势，于是在钳形电流表的二次回路表头内产生二次电流，从而根据电流互感器的变流比可测量出被测线路的电流。

（2）应用注意问题。

钳形电流表使用中一定要注意正确的方法，否则轻者会使测量数据不准，重者可能引起仪表损坏、电气短路或人身触电事故。为了保证安全、正确地使用该表，使用中应注意以下几点：

①测量前，应先检查钳形铁芯的橡胶绝缘是否完好无损。钳口应清洁、无锈，闭合后无明显的缝隙。

②测量前，应先估计被测电流大小，选择适当量程。若无法估计，可先选较大量程，然后逐挡减少。转换量程挡位时，必须在不带电情况下或者在钳口张开情况下进行，以免损坏仪表。（钳口未套入导线前，应调节好量程，不准在套入后再调节量程。因为仪表本身电流互感器在测量时副边是不允许断路的。当套入后发现量程选择不合适时，应先把钳口从导线中退出，然后才可调节量程。）

③测量时，被测导线应尽量放在钳口中部，钳口的接合面如有杂声，应重新开合一次，仍有杂声，应处理接合面，以使读数准确。另外，不可同时钳住两根导线。

④测量 5 A 以下电流时，为得到较为准确的读数，在条件许可时，可将导线多绕几圈，放进钳口测量，其实际电流值应为仪表读数除以放进钳口内的导线匝数。

⑤测量回路电流时，钳形电流表的钳口必须钳在有绝缘层的导线上，同时要与其他带电部分保持安全距离；测量低压母线电流时，如各相间安全距离不足，测量前应将各相母线测量处用绝缘材料加以保护隔离后再测量，以免引起相间短路；禁止在裸露的导体和高压线路上使用钳形电流表。

钳形电流表如图 11-20 所示。

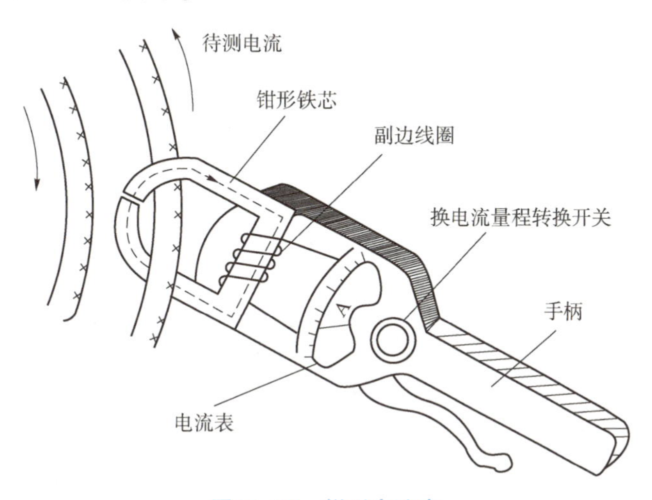

图 11-20　钳形电流表

4. 功率表（Wattmeter）

功率表用于直流或交流电路中测量电功率，分为有功功率表和无功功率表；模拟式和数字式功率表；单相、三相三线和三相四线式等功率表。目前有些数字功率表已经具备有功功率、无功功率、功率因数的测量功能。功率表如图 11-21 所示。这里首先以模拟式功率表为例进行介绍。

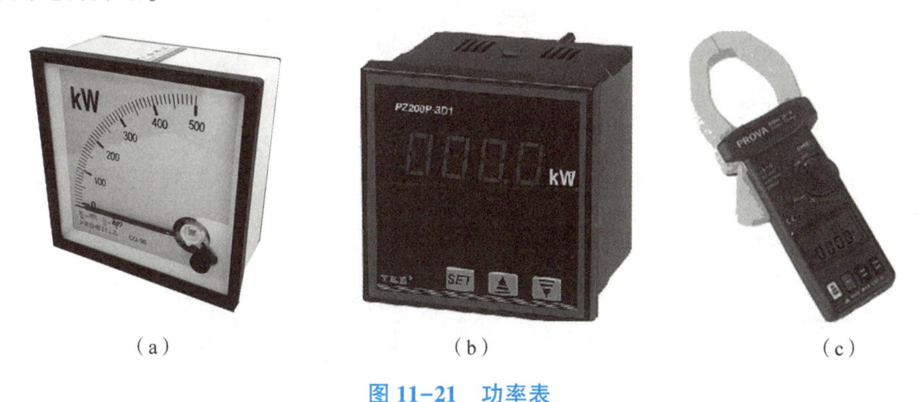

（a）　（b）　（c）

图 11-21　功率表

（a）指针式；（b）数字式；（c）钳形数字式

（1）基本原理。

传统的模拟式功率表是电动系仪表，其测量结构主要由固定的电流线圈和可动的电压线圈组成，电流线圈与负载串联反映负载的电流；电压线圈与负载并联，反映负载的电压。电表测量机构的转动力矩，I_1 为静圈电流，I_2 为动圈电流，将负载电压施加于动圈及与动圈串联的大电阻 R 上，则动圈中电流 $=U/R$。这样 $\theta=\varphi$，θ 为两电流相量间夹角，其反映了功率 P 的大小。

（2）功率表连接和读数。

用功率表测量功率时，需使用四个接线柱：两个电压线圈接线柱和两个电流线圈接线柱，电压线圈要并联接入被测电路，电流线圈要串联接入被测电路。通常情况下，电压线圈和电流线圈的带有 * 标端应短接在一起，否则功率表有可能损坏。接线如图 11-22 所示。

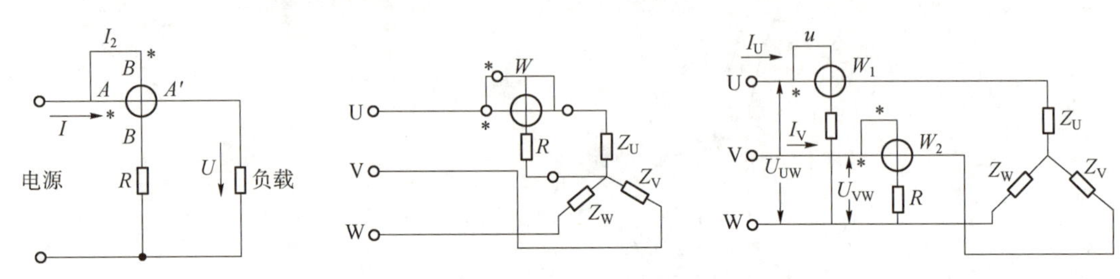

图 11-22　功率表接线方式

模拟功率表与其他仪表不同，功率表的表盘上并不标明瓦特数，而只标明分格数，所以从表盘上并不能直接读出所测的功率值，而须经过计算得到。当选用不同的电压、电流量程时，每分格所代表的瓦特数是不相同的，设每分格代表的功率为 C，知道了 C 值和仪表指针偏转后指示格数 α，即可求出被测功率：

$$P=C\alpha$$

（3）使用注意事项。

①模拟功率表在使用过程中应水平放置。

②仪表指针如不在零位，可利用表盖上零位调整器调整。

③测量时，如遇仪表指针反向偏转，应改变仪表面板上的“+”“-”换向开关极性，切忌互换电压接线，以免使仪表产生误差。

④功率表与其他指示仪表不同，指针偏转大小只表明功率值，并不显示仪表本身是否过载，有时表针虽未达到满度，只要 U 或 I 之一超过该表的量程就会损坏仪表。故在使用时，通常需接入电压表和电流表进行监控。

⑤如果输入电流比较大（如 10 A 以上），应通过外接次级电流为 5 A/1 A 的电流互感器。

11.2　电气控制电路的设计与实现

11.2.1　电气控制基本规律

1. 自锁

依靠接触器自身辅助触点保持其线圈通电的控制方式，起自锁作用的触点称为自锁触

点。自锁通常用于对电动机的连续运行控制。

2. 互锁

为了防止两个接触器同时通电运行，利用两个接触器常闭辅助触点的互相控制，形成相互制约的控制方式。互锁通常使用两个接触器的常闭触点交叉串联在对方线圈电路中来实现。

互锁通常用于对电动机的正/反转、星-三角形转换、双速转换等控制电路中。

3. 按行程控制原则

按照机械运动部件的行程位置实现自动控制。

在实际生产过程中，对于一些大型机械设备（如机床工作台、龙门刨床、导轨磨床等），需要进行自动往复运动控制。

如图 11-23 所示，应用各类行程开关或接近开关对检测机械部件的运动位置，在规定的行程范围内，实现自动换向控制，组成工作台的自动往复运动控制电路。

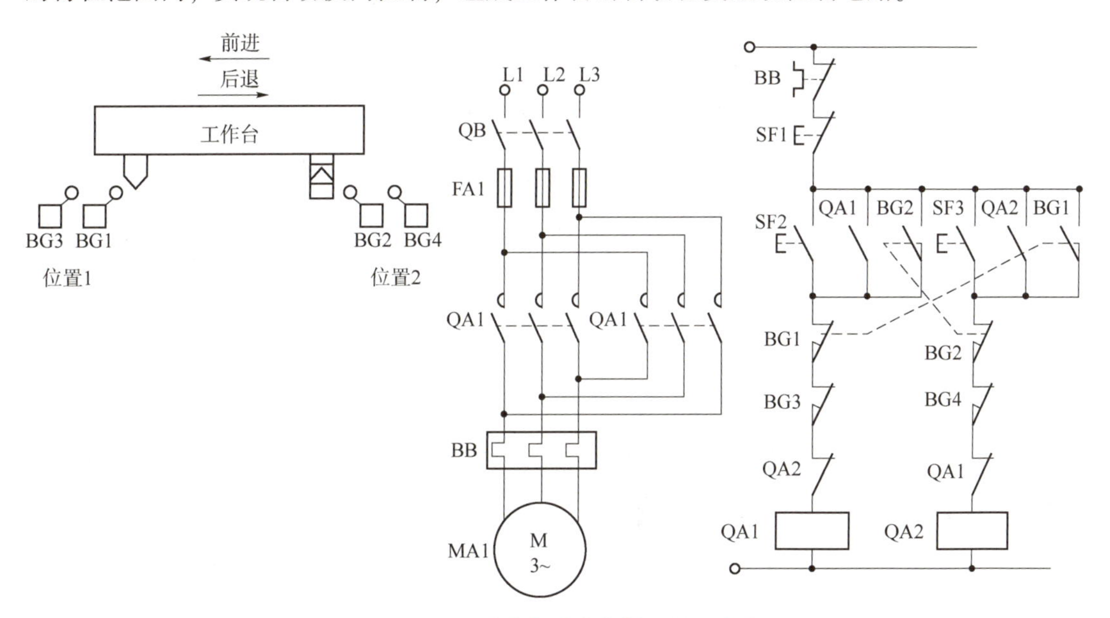

图 11-23 工作台自动往复循环控制电路

4. 按时间控制原则

应用时间继电器的延时控制功能，实现电动机各类拖动控制的延时转换自动控制。在延时控制结束后，应及时使时间继电器复位，避免使其长期通电运行。

按时间控制原则广泛应用于电动机的启动、制动等拖动控制电路，并且应用于各类通风设备、消毒设备中，实现定时运行、自动关闭的控制。

如图 11-24 所示，按动 SF2 启动按钮，KF 和 QA1 线圈得电，控制电动机按照定子串电阻降压启动方式运行，当启动结束后，KF 延时时间到使 QA1 线圈失电，而使 QA2 线圈得电，接入电动机的额定电压、保持电动机在额定状态下连续运行。

应用时，应根据电动机从启动达到稳定运行的实际状态，合理设置 KF 的定时时间。

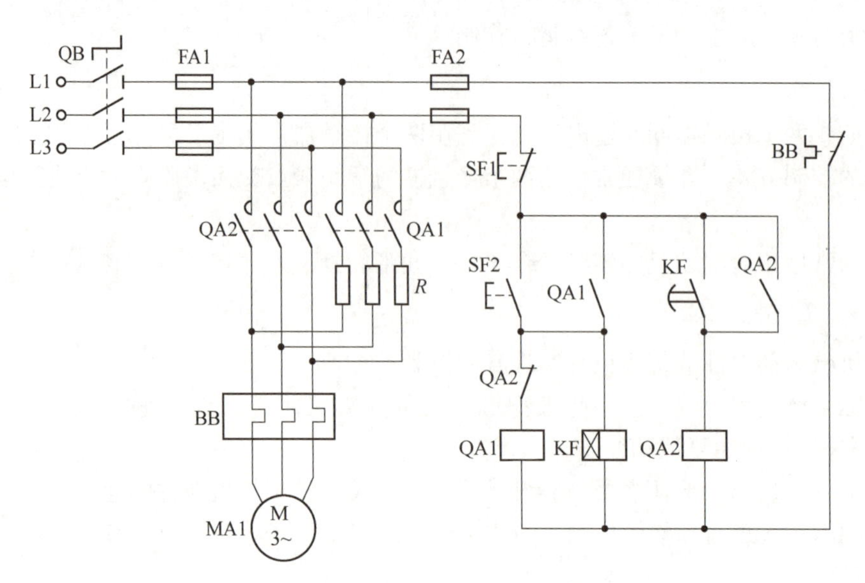

图 11-24 抽水机控制电路

5. 按速度控制原则

如图 11-25 所示，应用速度继电器组成的电动机制动控制电路。

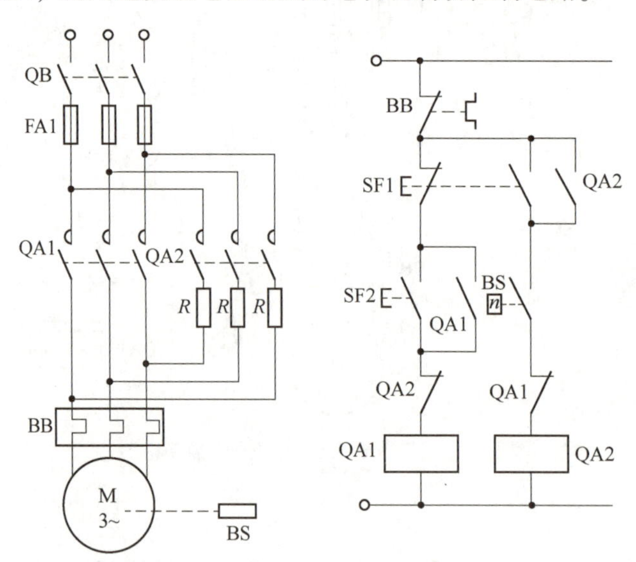

图 11-25 异步电动机反接制动控制电路

将速度继电器的转子与电动机转子同轴相连，自动检测电动机的转速变化，在电动机的反接制动控制过程中，要求当电动机转速下降到接近零时，速度继电器触点复位、自动切断电动机的电源，以避免电动机反转。

11.2.2 典型电气控制环节

广泛应用于工业生产设备中的各类典型电气控制环节，主要包括自动往复运动控制、定时运行控制、多地控制、顺序联锁控制。

（1）自动往复运动控制。

许多大型工业机械设备（如机床工作台、龙门刨床、导轨磨床等）需要自动往复运动控制。

（2）定时运行控制。

广泛应用于各类设备的定时运行、自动关闭控制，如通风排风、消毒杀菌、公共照明等设备。

通风机定时运行控制电路如图 11-26 所示。

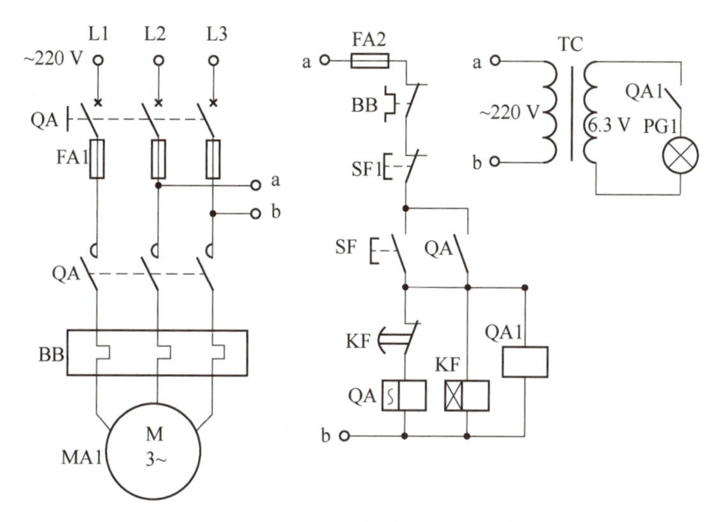

图 11-26　通风机定时运行控制电路

（3）多地控制。

应用于大型机电设备中，实现在不同位置的操作控制。如图 11-27 所示，若 SF1 和 SF2 设置在甲地，SF3 和 SF4 设置在乙地，可实现对电动机的两地控制。

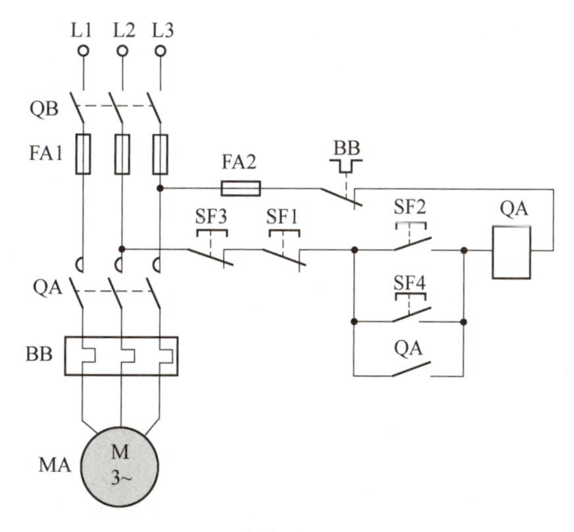

图 11-27　异步电动机两地控制电路

(4) 顺序联锁控制。

应用于多台电动机之间的制约协调控制。通常自动化生产设备中的多台电动机要求按照一定的顺序相互制约、协调控制，称为“电气联锁”。各类电动机的电气联锁控制是保证生产设备安全、可靠运行的重要措施。

例如：①机床设备中，主轴电动机和油泵电动机需“顺序联锁”控制。

②皮带运输机中，要求多台电动机按照一定顺序启动或停止。

[实例 1]

某机床中包含有润滑油泵电动机 MA1 和主轴电动机 MA2。按照生产加工工艺要求，必须先启动油泵电动机，使润滑系统足够润滑后，再启动主轴电动机进行加工。并且要求主轴电动机停转后才允许油泵电动机停转。即启动时，按照 MA1→MA2 顺序依次启动电动机；停车时，按照 MA2→MA1 顺序依次控制电动机停止。试设计该机床设备控制系统的电气原理图。

设计方案一：该设计方案是通过手动控制方式实现两台电动机的顺序启动、顺序停止的控制的。

手动顺序连锁控制如图 11-28 所示。

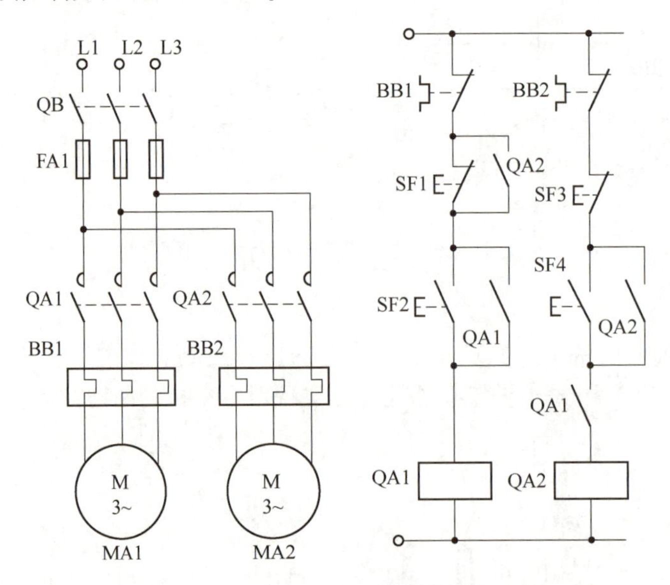

图 11-28 手动顺序连锁控制

思考：如何实现两台电动机顺序启动、顺序停止的自动控制过程？

设计方案二：保持图 11-28 中的主电路不变，将控制电路更改为图 11-29 所示的控制电路。

启动的工作过程：按动 SF2→QA1 和 KF1 线圈得电并自锁→QA1 主触点闭合→启动 M1 连续运行→经 KF1 延时 t_1 后→QA2 线圈得电并自锁→QA2 主触点闭合→启动 M2 连续运行。

停止的工作过程：按动 SF1→QA2 线圈失电→QA2 主触点断开→MA2 停转，同时 KF2 线圈得电→经 KF2 延时 t_2 后→QA1 线圈失电→QA1 主触点断开→MA1 停转。

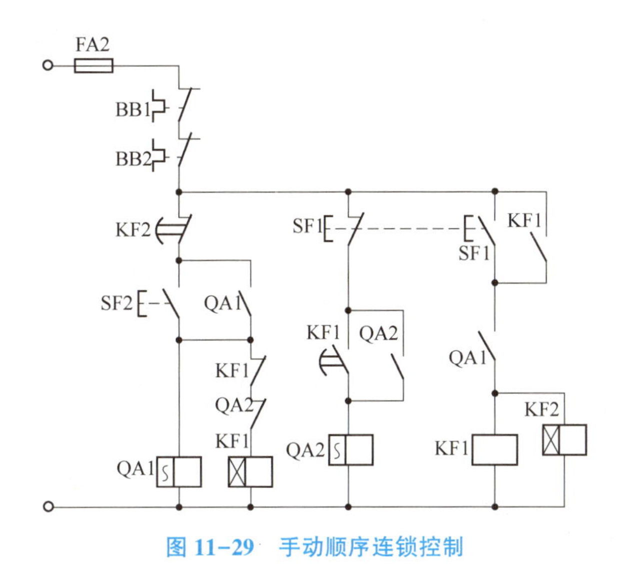

图 11-29 手动顺序连锁控制

11.3 常见传感器

11.3.1 接近开关

1. 接近开关的特点及特性

接近开关又称无触点行程开关。它能在一定的距离（几毫米至几十毫米）内检测有无物体靠近。当物体与其接近到设定距离时，就可以发出信号，而不像机械式行程开关那样需要施加机械力。它给出的是开关信号（高电平或低电平），多数接近开关具有较大的负载能力，能直接驱动中间继电器。

接近开关的核心部分是“感辨头”，它必须对正在接近的物体有很高的感辨能力。在生物界里，眼镜蛇的尾部能感辨出人体发出的红外线；电涡流探头能感辨金属导体的靠近，但是应变片、电位器之类的传感器就无法用于接近开光，因为它们属于接触式测量。

多数接近开关已将感辨头和测量转换电路做在同一壳体内，壳体上多带有螺纹或安装孔，以便于安装和调整。接近开关的应用已远超出行程开关的行程控制和限位保护范畴。它可以用于高速计数、测速，确定金属物体的存在和位置，测量物位和液位，用于人体保护和防盗以及无触点按钮等。即使仅用于一般的行程控制，接近开关的定位精度、操作频率、使用寿命、安装调整的方便性和耐磨性、耐腐蚀性等也是一般行程开关所不能相比的。

（1）常用的接近开关分类。

位移传感器可以根据不同的原理和不同的方法做成，而不同的位移传感器对物体的“感知”方法也不同，所以常见的接近开关有以下几种：

①涡流式接近开关。

这种开关有时也叫电感式接近开关。它是利用导电物体在接近这个能产生电磁场接近开关时，使物体内部产生涡流。这个涡流反作用到接近开关，使开关内部电路参数发生变化，由此识别出有无导电物体移近，进而控制开关的通或断。这种接近开关所能检测的物体必须是导电体。

②电容式接近开关。

这种开关的测量通常是构成电容器的一个极板，而另一个极板是开关的外壳。这个外壳在测量过程中通常是接地或与设备的机壳相连接。当有物体移向接近开关时，不论它是否为导体，由于它的接近，总要使电容的介电常数发生变化，从而使电容量发生变化，使得和测量头相连的电路状态也随之发生变化，由此便可控制开关的接通或断开。这种接近开关检测的对象，不限于导体，可以是绝缘的液体或粉状物等。

③霍尔接近开关。

霍尔元件是一种磁敏元件。利用霍尔元件做成的开关，叫作霍尔开关。当磁性物件移近霍尔开关时，开关检测面上的霍尔元件因产生霍尔效应而使开关内部电路状态发生变化，由此识别附近有磁性物体存在，进而控制开关的通或断。这种接近开关的检测对象必须是磁性物体。

④光电式接近开关。

利用光电效应做成的开关叫光电开关。将发光器件与光电器件按一定方向装在同一个检测头内。当有反光面（被检测物体）接近时，光电器件接收到反射光后便有信号输出，由此便可“感知”有物体接近。

⑤其他型式的接近开关。

当观察者或系统对波源的距离发生改变时，接近到的波的频率会发生偏移，这种现象称为多普勒效应。声呐和雷达就是利用这个效应的原理制成的。利用多普勒效应可制成超声波接近开关、微波接近开关等。当有物体移近时，接近开关接收到的反射信号会产生多普勒频移，由此可以识别出有无物体接近。

（2）接近开关的特点。

与机械开关相比，接近开关具有如下特点：

①非接触检测，不影响被测物的运行工况。

②不产生机械磨损和疲劳损伤，工作寿命长。

③响应快，一般响应时间可达几毫秒或几十毫秒。

④采用全密封结构，防潮、防尘性能较好，工作可靠性强。

⑤无触点、无火花、无噪声，所以适用于要求防爆的场合。

⑥输出信号大，易于与计算机或可编程控制器（PLC）等接口。

⑦体积小，安装、调整方便。它的缺点是触点容量较小，输出短路时易烧毁。

（3）接近开关的主要特性。

①额定动作距离。

在规定的条件下所测定到的接近开关的动作距离。

②工作距离。

接近开关在实际使用中被设定的安装距离。在此距离内，接近开关不应受环境变化、电源波动等外界干扰而产生误动作。

③动作滞差。

指动作距离与复位距离之差的绝对值。滞差大，对外界的干扰以及被测物的抖动等的抗干扰能力就强。

④重复定位精度。

它象征多次测量动作距离。其数值的离散性的大小一般为动作距离的1%~5%。离散性较小，重复定位精度越高。

⑤动作频率。

指每秒连续不断地进入接近开关的动作距离后又离开的被测物个数或次数。若接近开关的动作频率太低而被测物又运动得太快时，接近开关就来不及相应物体的运动状态，有可能造成漏检。

2. 电涡流接近开关

电涡流传感器的实物图如图 11-30 所示。

图 11-30 电涡流传感器实物图

（1）电涡流效应。

根据法拉第电磁感应定律，块状金属导体置于变化的磁场中或在磁场中做切割磁力线运动时，导体内将产生呈旋涡状流动的感应电流，称为电涡流，这种现象称为电涡流效应。涡流的大小与金属体的电阻率ρ、磁导率μ、金属板的厚度以及产生交变磁场的线圈与金属导体的距离x、线圈的励磁电流频率f等参数有关。若固定其中若干参数，就能按涡流大小测量出另外的参数。

电涡流式传感器是基于电涡流效应而工作的传感器，其工作原理示意图如图 11-31 所示，可以对位置、位移、振动、表面温度、速度、应力、金属板厚度及金属物件的无损探伤等物理量实现非接触式测量，具有结构简单、体积较小、灵敏度高、频率响应宽等特点，应用极其广泛。

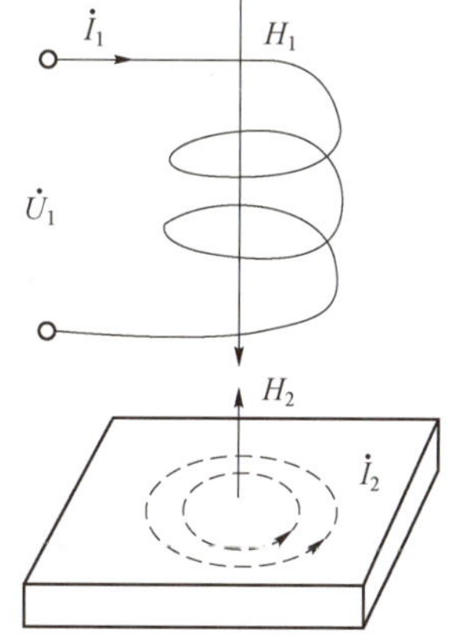

图 11-31 电涡流传感器工作原理示意

（2）电涡流接近开关工作原理。

电涡流接近传感器属于一种有开关量输出的位置传感器，它由 LC 高频振荡器和放大处理电路组成，利用金属物体在接近这个能产生电磁场的振荡感应头时，使物体内部产生涡流。这个涡流反作用于接近传感器，使接近传感器振荡能力衰减，内部电路的参数发生变化，由此识别出有无金属物体接近，进而控制传感器的通或断。这种接近传感器所能检测的物体必须是金属物体。其工作模型如图 11-32 所示。

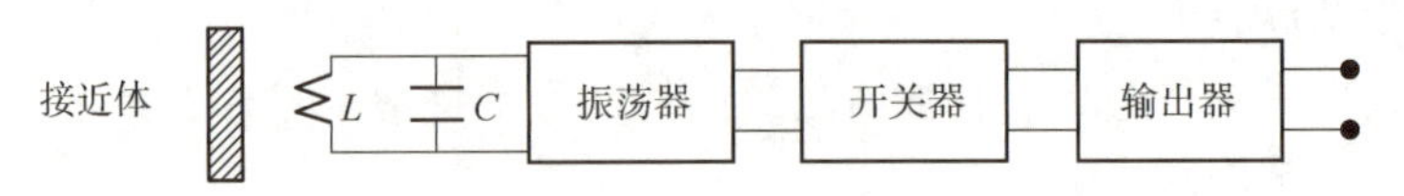

图 11-32 电涡流接近传感器工作模型

电涡流传感器对于不同的金属材料，其检测的范围是不同的，这主要与材料的衰减系数有关。衰减系数越大，其检测结果的范围越大。表 11-3 列出了常用金属的衰减系数。

表 11-3 部分常用材料的衰减系数

材料	衰减系数
钢	1
不锈钢	0. 85
黄铜	0. 3
铜	0. 4

3. 电容式接近开关

图 11-33 所示为电容式传感器实物示意图。电容式传感器的检测面由两个同轴金属电极构成，很像打开的电容器电极，该电极串接在 RC 振荡回路内。当检测物接近检测面时，电极的容量产生变化，使振荡器起振，通过后级整形放大转换成开关信号，从而检测有无物体存在；使得和测量头相连的电路状态也随之发生变化，由此便可控制电容式传感器的接通和关断。这种电容式传感器的检测物体并不限于金属导体，也可以是绝缘的液体或粉状物体，不同的物体，其介电常数也不一样，因此，检测到的距离也不相同。在检测较低介电常数 ε 的物体时，可以顺时针调节多圈电位器（位于电容式传感器后部）来增加感应灵敏度，一般调节电位器使电容式传感器在 0. 7~0. 8 Sn 的位置动作。

图 11-33 电容式传感器实物

如图 11-34 所示，电容式传感器在接通工作电源，并且无被检测介质时，电容 C 两端（两个极板）的电荷大小相等，极性相反（红色圆圈假设为“+”电荷，黑色圆圈假设为“-”电荷）。那么，在电容式传感器表面（头部）所产生的静电场是平衡的。

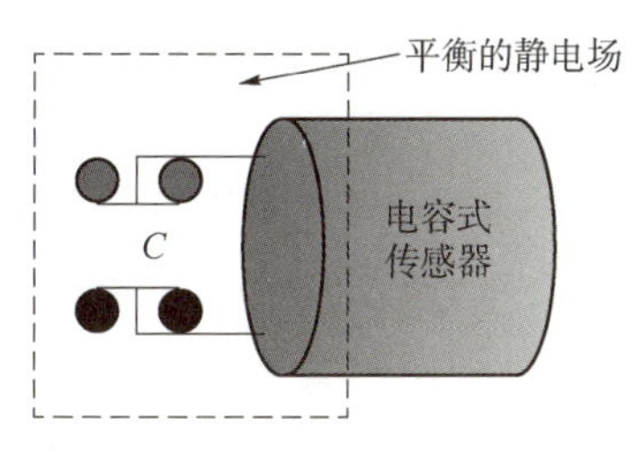

图 11-34　电容式传感器模型

在大气中，任何有一定厚度的介质两边都有一个平衡的静电场（图中，假设介质左边为“-”电荷，介质右边为“+”电荷），如图 11-35 所示。当介质接近电容式传感器的头部时，电容式传感器表面（头部）原有的平衡电场被打破，这样就使得传感器内部的振荡器工作，再通过放大、比较等，传感器就有一个信号输出，表明已检测到工件。

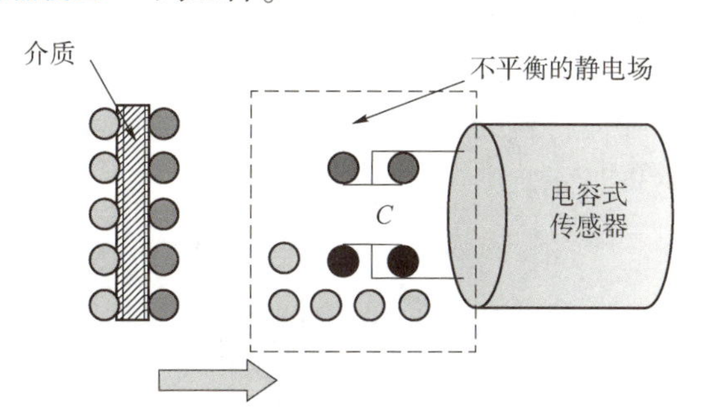

图 11-35　电容式传感器工作原理示意

表 11-4 给出了部分常用材料的介电常数。

表 11-4　部分常用材料的介电常数

材料	介电常数	材料	介电常数
水	80	软橡胶	2.5
大理石	8	松节油	2.2
云母	6	酒精	25.8
陶瓷	4.4	电木	3.6
硬橡胶	4	电缆	2.5
玻璃	5	油纸	4
硬纸	4.5	汽油	2.2
空气	1	米	3.5
合成树脂	3.6	聚丙烯	2.3
赛璐珞	3	碎纸屑	4
普通纸	2.3	石英玻璃	3.7
有机玻璃	3.2	硅	2.8
聚乙烯	2.3	变压器油	2.2
苯乙烯	3	木材	2~7
石蜡	2.2	石英砂	4.5

4. 霍尔传感器

（1）霍尔传感器原理。

半导体薄片置于磁感应强度为 B 的磁场中，磁场方向垂直于薄片，当有电流 I 流过薄片时，在垂直于电流和磁场的方向上将产生电动势 E，这种现象称为霍尔效应。霍尔效应是磁电效应的一种，这一现象是霍尔（A. H. Hall，1855—1938）于 1879 年在研究金属的导电机构时发现的。后来发现半导体、导电流体等也有这种效应，而半导体的霍尔效应比金属强得多，利用这现象制成的各种霍尔元件，广泛地应用于工业自动化技术、检测技术及信息处理等方面。霍尔效应是研究半导体材料性能的基本方法。通过霍尔效应实验测定的霍尔系数，能够判断半导体材料的导电类型、载流子浓度及载流子迁移率等重要参数。霍尔效应原理图如图 11-36 所示。

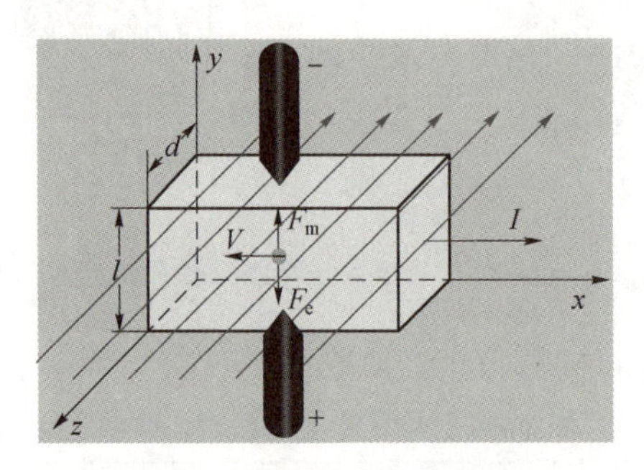

图 11-36　霍尔效应原理图

如图 11-37 和图 11-38 所示，当一块通有电流的金属或半导体薄片垂直地放在磁场中时，薄片的两端就会产生电位差，这种现象就称为霍尔效应。两端具有的电位差值称为霍尔电势 U，其表达式为

$$U=KIB/d$$

式中，K 为霍尔系数；I 为薄片中通过的电流；B 为外加磁场（洛伦兹力）的磁感应强度；d 为薄片的厚度。由此可见，霍尔效应的灵敏度高低与外加磁场的磁感应强度成正比。

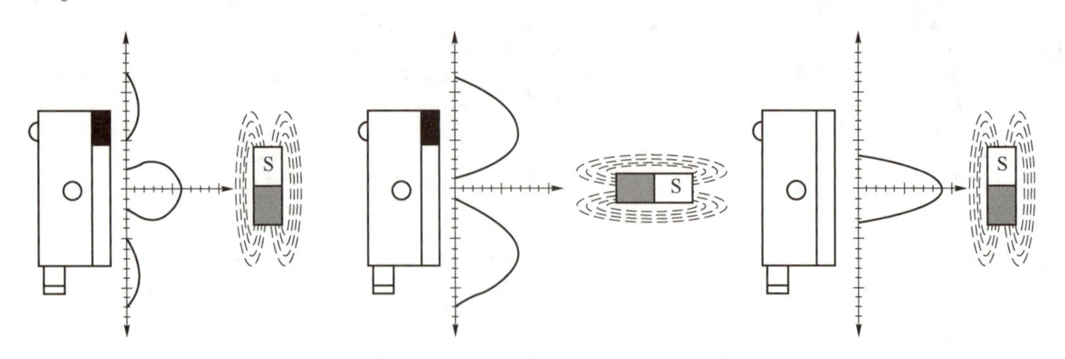

图 11-37　霍尔（磁感应）传感器工作特性示意图

霍尔器件和霍尔集成电路是目前国内外应用较为广泛的一种磁传感器。前者是分立型

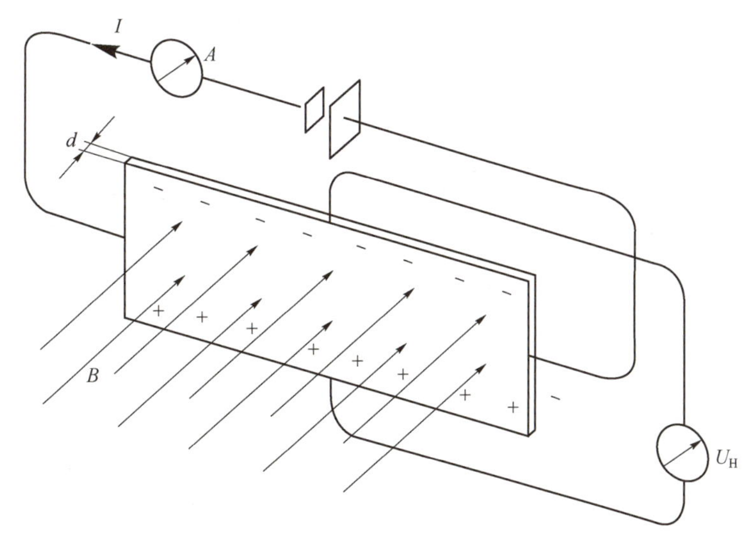

图 11-38　霍尔传感器工作原理示意图

结构，后者是将它与放大器等制作在一片半导体材料上的集成电路型结构。两者相比，霍尔集成电路有更微型化、可靠性高、寿命长、功耗低，以及负载能力强等优点。

霍尔传感器实物外形如图 11-39 所示，霍尔传感器适用于气动、液动、气缸和活塞泵的位置测定，也可用作限位开关。当磁性目标接近时，产生霍尔效应，经放大后输出开关信号。与电感式传感器比较，有以下优点：可安装在金属中，可并排紧密安装，可穿过金属进行检测。缺点是：距离受磁场强度的影响及检测体接近方向的影响，有可能出现 2 个工作点，固定时不允许使用铁质材料。

图 11-39　霍尔传感器实物外形图

霍尔传感器属于有源磁电转换器件，它是在霍尔效应原理的基础上，利用集成封装和组装工艺制作而成的，它可方便地把磁输入信号转换成实际应用中的电信号，同时又具备工业场合实际应用易操作和可靠性的要求。

霍尔传感器的输入端是以磁感应强度 B 来表征的，当 B 值达到一定的程度（如 B_1）时，霍尔传感器内部的触发器翻转，霍尔传感器的输出电平状态也随之翻转。输出端一般采用晶体管输出，和接近开关类似，有 NPN、PNP、常开型、常闭型、锁存型、双信号输出之分。

霍尔传感器具有无触电、低功耗、长使用寿命、响应频率高等特点，内部采用环氧树脂封灌成一体化，所以能在各类恶劣环境下可靠地工作。霍尔传感器可应用于接近开关、压力开关、里程表等，作为一种新型的电器配件。图 11-40 所示为其输入/输出的转移特性。

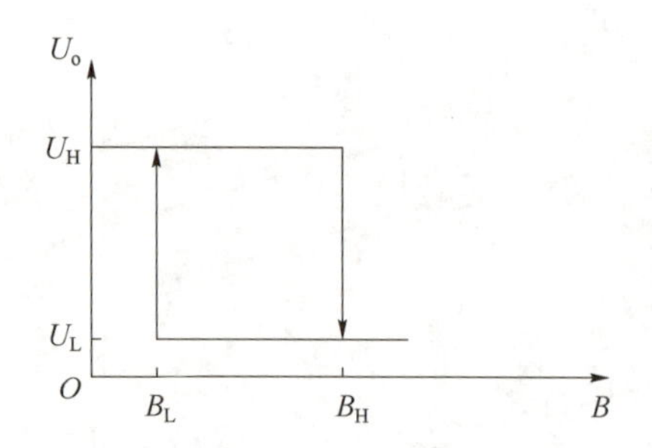

图 11-40　霍尔传感器的输入/输出转移特性

磁感应传感器是一种具有将磁学量信号转换为电信号功能的器件或装置。利用磁学量与其他物理量的变换关系，以磁场作为媒介，也可将其他非电物理量转变为电信号。

磁性干簧开关的内部结构类似于通常所说的干簧继电器，如图 11-41 所示。它是一种触点传感器。它由两片具有高导磁率 μ 和低矫顽力 H_c 的合金簧片组成，并密封在一个充满惰性气体的玻璃管中。两个簧片之间保持一定的重叠和适当的间隙，末端镀金作为触点，管外焊接引线。当干簧管所处位置的磁场强度足够大，使触点弹簧片磁化后所产生的磁性吸引力克服矫顽力时，两弹簧片互相吸引而使触点导通。当磁场减弱到一定程度，借助弹簧片本身的弹力使它释放。磁性干簧开关体积小、惯性小、动作快是它的突出优点。

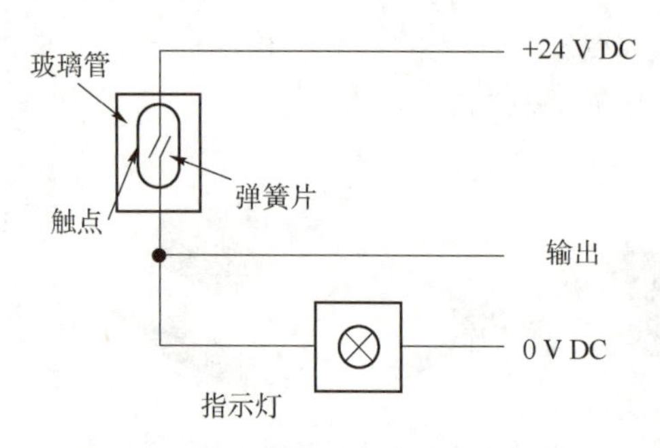

图 11-41　磁性干簧开关原理示意

（2）应用举例。

①转速检测。

如图 11-42 所示，可以使用传感器检测转子的运动速度，假设该转子上有 40 个磁性齿，那么传感器每检测到 40 个输入信号，就表示转子转了一圈。也就是说，只要统计在1 min 内传感器检测到多少个信号，就可以推算出转子的转速。假设 1 min 内传感器检测到 40 000 个信号，那么，转子的转速为

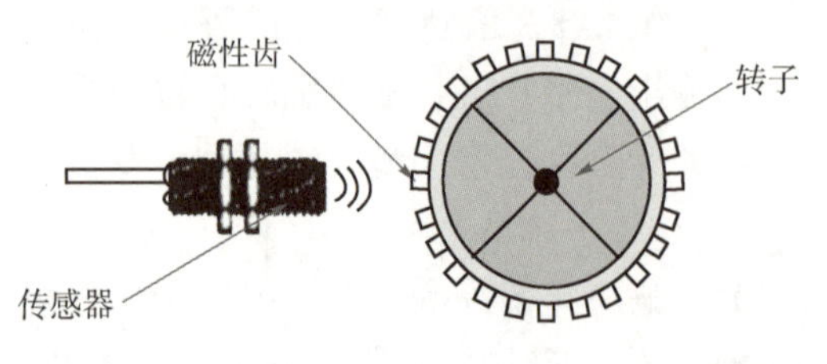

图 11-42　转速检测

$$400\ 000/40=1\ 000(\text{r/s})$$

式中，r/s 表示每分钟的转速。

②位置控制装置。

如图 11-43 所示，为了知道气缸活塞的两个绝对位置（最内端和最外端），就可以用两个磁感应传感器来检测。在气缸活塞环上，包有一层“永久磁铁”。当活塞往外运动到最外端时，传感器 A 就发出信号（一般传感器上有指示灯）；当活塞往内运动到最内端时，传感器 B 就发出信号。这样就可以检测气缸活塞的位置。

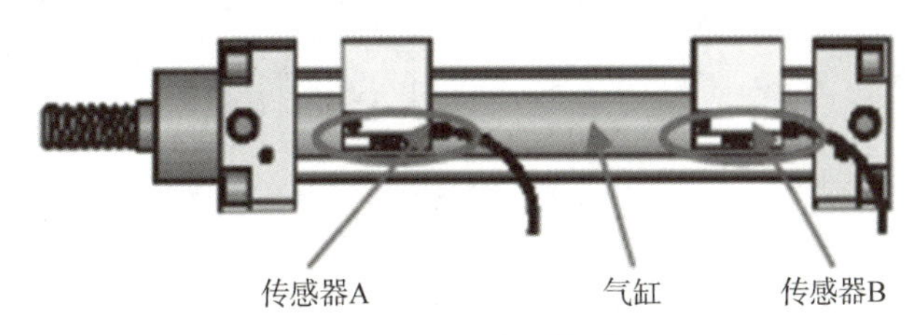

图 11-43　控制检测

5. 光电式接近开关

光电式传感器主要有两大类：发射端和接收端合成在一起的传感器，即反射式（Reflective Type）；另一种为透光式（Thrubeam Type），即发射端和接收端是分离的。

光电传感器由它的发射元件（发光二极管）发出光线（可见光或红外线）。

（1）反射式光电传感器。

反射式光电传感器，从结构上来看，发射端和接收端是做在一起的，如图 11-44 所示。在实际的工业生产系统中，用得最多的是“漫反射”和“镜反射”光电传感器。

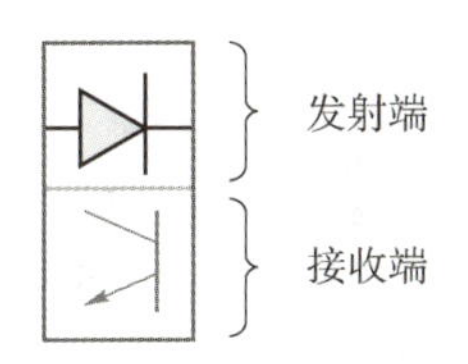

图 11-44　反射式光电传感器模型示意图

①漫反射式光电传感器。

漫反射光电传感器是一种集发射器和接收器于一体的传感器，当有被检测物体经过时，将光电传感器发射器发射的足够量的光线反射到接收器，于是光电传感器就产生了传感器信号。当被检测物体的表面光亮或其反光率极高时，漫反射式的光电传感器是首选的检测模式。如图 11-45 所示，图中“S”表示“发射端（Sender）”，可以理解为“发光二极管”；“R”表示“接收端（Receiver）”，可以理解为“光敏三极管”及其电路。

当传感器接通电源 E 时，“S”端发射出红外光线。如果没有被检测物体（介质），“R”端就接收不到光线，“R”端的光敏三极管截止，从而三极管 T 也截止；那么，比较器的“+”“-”两端都是高电平，输出端是低电平（逻辑 0）。如果此时有被检测物体接近，那么，发射光就被被检测物体的表面反射到“R”端，“R”端的光敏三极管饱和导通，从而三极管 T 也饱和导通，比较器的“+”端是高电平、“-”端是低电平，那么，比

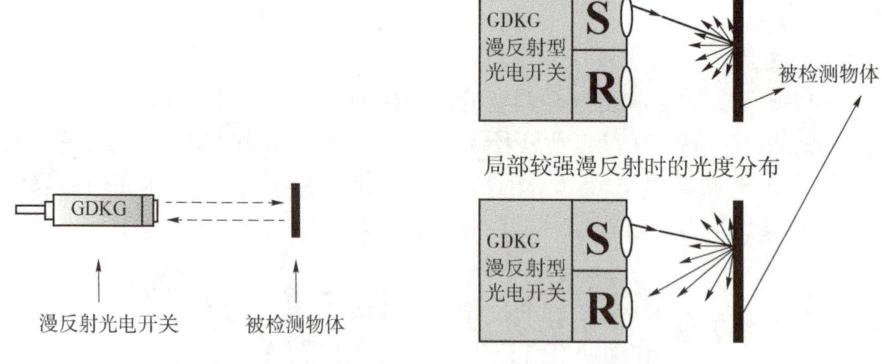

图 11-45　漫反射光电传感器示意图

较器就翻转，输出端是高电平（逻辑 1），传感器因此就发出一个信号，表示有物体被检测到。

反射型光电传感器可以安装在物体的一侧，使用方便。通过被检测物体反射光的大小来判断信号的有无，因而希望被检测物体的信号与背景的反差要大些。例如，在被检测物体的有关部位贴上白纸或镜片之类的高反射率的东西，用于检测从目标物体上反射回来的光线。如能接收到该光线，则输出信号（绿色或红色发光二极管被点亮），同时输出一个电平为“1”的信号，可作为 PLC 的输入信号或用于其他用途。反射式光电传感器对于距离也比较敏感，为了减少外部光线的干扰，应仔细调整安装位置和方向。为了防止信号与噪声混淆，必须在电路中设置电平检测器（电压比较器）。反射式光电传感器可以作为位置传感器。例如，在机械加工自动线上，利用它可以检测工件的到位情况。它也可用于计数检测。例如手持式转速表在旋转部件上贴上一块白色胶带，将光电传感器的光源对准它，便可对转速脉冲计数。

对于漫反射式光电传感器发出的光线，需要被检测物表面将足够的光线反射回漫反射传感器的接收器，所以检测距离和被检测物体的表面反射率将是决定接收器接收到光线的强度大小，粗糙的表面反射回的光线必将小于光滑表面反射回的强度，而且，被检测物体的表面必须垂直于光电传感器的发射光线。常用材料的反射率见表 11-5。

表 11-5　常用材料的反射率

材料	反射率/%	材料	反射率/%
白画纸	90	不透明黑色塑料	14
报纸	55	黑色橡胶	4
餐巾纸	47	黑色布料	3
包装箱硬纸板	68	未抛光白色金属表面	130
洁净松木	70	光泽浅色金属表面	150
干净粗木板	20	不锈钢	200

续表

材料	反射率/%	材料	反射率/%
透明塑料杯	40	木塞	35
半透明塑料瓶	62	啤酒泡沫	70
不透明白色塑料	87	人的手掌心	75

②镜反射式光电传感器。

镜反射式光电传感器也是集发射器与接收器于一体。光电传感器发射器发出的光线经过反射镜反射回接收器，当被检测物体经过且完全阻断光线时，光电传感器就产生了检测传感器信号，如图 11-46 所示。

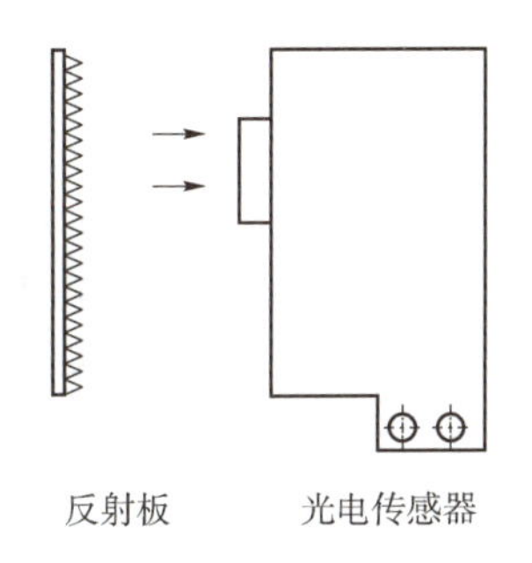

图 11-46 镜反射式光电传感器示意图

镜反射型光电传感器利用角矩阵反射板作为反射面。由于它的反射率远远大于一般物体，同轴反射型抗外界干扰性能较好，反射距离远，因此具有广泛的实用意义。

（2）透射型光电传感器。

发光器件（Transmitter）和光敏元件（Receiver）面对面安装。

若有物体从其间通过，光路被切断；若无物体通过，光路通畅。用于检测从发射端到接收端的光通量的变化：当有物体穿过光轴时，接收端的光通量会有变化。可以输出高、低两种不同的状态；可用作位置检测和脉冲发出的计数。

（3）特征。

非接触检测：可避免传感器或物体的损伤，确保元件长期工作。

①可检测所有的物体。如玻璃、金属、塑料、木料和液体等。

②检测距离长。反射型光电传感器检测距离可达 1 m，透射型光电传感器检测距离可达 10 m。

③响应快。响应速度可达 50 μs（1/20 000 s）。可检测颜色的变化，准确率极高。

11.3.2 位移传感器

1. 电阻式位移传感器及应用

电阻式传感器是一种应用较早的电参数传感器，它的种类繁多，应用十分广泛，其基本原理是将被测物理量的变化转换成与之有对应关系的电阻值的变化，再经过相应的测量电路后，反映出被测量的变化。

电阻式传感器结构简单、线性和稳定性较好，与相应的测量电路可组成测力、测压、称重、测位移、测加速度、测扭矩、测温度等检测系统，已成为生产过程检测及实现生产自动化不可缺少的手段之一。直线位移式电位器和角度位移式电位器的原理图如图 11-47 和图 11-48 所示。

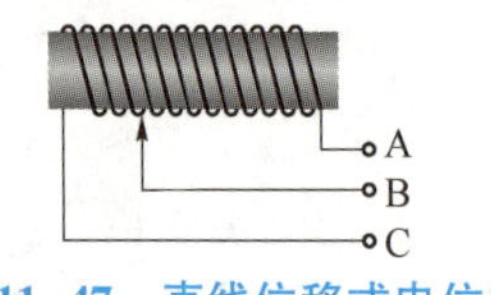

图 11-47　直线位移式电位器传感器原理图

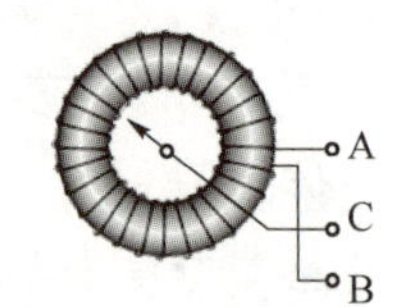

图 11-48　角度位移式电位器传感器原理图

电位器是一种常用的机电元件，广泛应用于各类电器和电子设备中。电位器式电阻传感器可将机械的直线位移或角位移输入量转换为与其成一定函数关系的电阻或电压输出。

它除了用于线位移和角位移测量外，还广泛应用于测量压力、加速度、液位等物理量。电位器式传感器结构简单，体积小，质量小，价格低廉，性能稳定，对环境条件要求不高，输出信号较大，一般不需放大，并易实现函数关系的转换。但电阻元件与电刷间由于存在摩擦（磨损）及分辨率有限，故其精度一般不高，动态响应较差，主要适用于测量变化较缓慢的量。

电位器式传感器种类较多，根据输入-输出特性的不同，电位器式电阻传感器可分为线性电位器和非线性电位器两种；根据结构形式的不同，又可分为绕线式、薄膜式、光电式等。

2. 光电传感器及应用

光电传感器是基于光电效应的传感器。光电传感器在受到可见光照射后即产生光电效应，将光信号转换成电信号输出。它除能测量光强之外，还能利用光线的透射、遮挡、反射、干涉等测量多种物理量，如尺寸、位移、速度、温度等，因而是一种应用极广泛的重要敏感器件。光电测量时，不与被测对象直接接触，光束的质量又近似为零，在测量中不存在摩擦和对被测对象几乎不施加压力。因此，在许多应用场合，光电传感器比其他传感器有明显的优越性。其缺点是在某些应用方面，光学器件和电子器件价格较高，并且对测量的环境条件要求较高。

光电传感器可应用于检测多种非电量。由于光通量对光电元件作用方式的不同，所确定的光学装置是多种多样的，按其输出性质，可分为两类：模拟量光电传感器检测系统和开关量光电传感器检测系统。

光电转速传感器工作在脉冲状态下，它是将轴的转速变换成相应频率的脉冲，然后测出脉冲频率就测得转速的数值。这种测速方法具有传感器结构简单、可靠、测量精度高等优点。

图 11-49 所示即为直射式光电转速传感器的结构原理。它是由装在输入轴上的开孔盘、光源、光敏元件以及缝隙板组成的，输入轴与被测轴相连接。从光源发射的光，通过开孔盘和缝隙照射到光敏元件上，使光敏元件感光。开孔盘上开有一定数量的小孔，当开

孔盘转动一周，光敏元件感光的次数与盘的开孔数相等，因此产生相应数量的电脉冲信号。

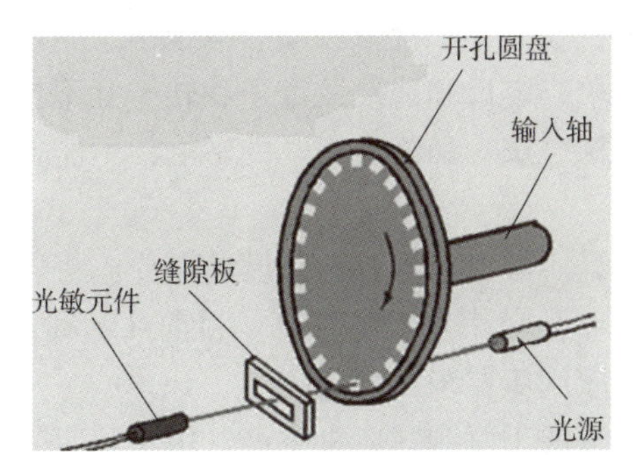

图 11-49 直射式光电转速传感器结构示意图

这种结构的传感器由于开孔盘尺寸的限制，其开孔数目不可能太多，使应用受到限制。

3. 感应同步器及应用

感应同步器是利用两个平面形绕组板的互感随位置不同而变化的原理组成的。其可用来测量直线或转角位移。测量直线位移的称长感应同步器，测量转角位移的称圆感应同步器。长感应同步器由定尺和滑尺组成。圆感应同步器由转子和定子组成，其结构示意如图 11-50所示。这两类感应同步器是采用同一种工艺方法制造的。一般情况下。首先用绝缘粘贴剂把铜箔粘牢在金属（或玻璃）基板上，然后按设计要求腐蚀成不同曲折形状的平面绕组。这种绕组称为印制电路绕组。定尺和滑尺及转子和定子上的绕组分布是不相同的。在定尺和转子上的是连续绕组，在滑尺和定子上的则是分段绕组。分段绕组分为两组，布置成在空间相差 90°相角，又称为正、余弦绕组。感应同步器的分段绕组和连续绕组相当于变压器的一次侧和二次侧线圈，利用交变电磁场和互感原理工作。安装时，定尺和滑尺及转子和定子上的平面绕组面对面地放置。由于其间气隙的变化要影响到电磁耦合度的变化，因此气隙一般必须保持在（0. 25±0. 05）mm 的范围内。工作时，如果在其中一种绕组上通以交流激励电压，由于电磁耦合，在另一种绕组上就产生感应电动势，该电动势随定尺与滑尺（或转子与定子）的相对位置不同而呈正弦、余弦函数变化。再通过对此信号的检测处理，便可测量出直线或转角的位移量。

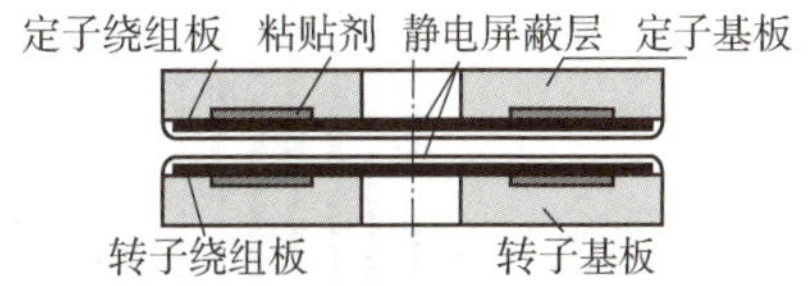

图 11-50 圆感应同步器结构示意

感应同步器的优点是：

①具有较高的精度与分辨力。其测量精度首先取决于印制电路绕组的加工精度，温度变化对其测量精度影响不大。感应同步器是有许多节距同时参加工作，多节距的误差平均效应减小了局部误差的影响。目前长感应同步器的精度可达到±1. 5 μm，分辨力 0. 05 μm，重复性 0. 2 μm。直径为 300 mm 的圆感应同步器的精度可达±1″，分辨力 0. 05″，重复性 0. 1″。

②抗干扰能力强。感应同步器在一个节距内是一个绝对测量装置，在任何时间内都可以给出仅与位置相对应的单值电压信号，因而瞬时作用的偶然干扰信号在其消失后不再有影响。平面绕组的阻抗很小，受外界干扰电场的影响很小。

③使用寿命长，维护简单。定尺和滑尺及定子和转子互不接触，没有摩擦、磨损，所以使用寿命很长。它不怕油污、灰尘和冲击振动的影响，不需要经常清扫。但需装设防护罩，防止铁屑进入其气隙。

④可以做长距离位移测量。可以根据测量长度的需要，将若干根定尺拼接。拼接后总长度的精度可保持（或稍低于）单个定尺的精度。目前几米到几十米的大型机床工作台位移的直线测量，大多采用感应同步器来实现。

⑤工艺性好，成本较低，便于复制和成批生产。由于感应同步器具有上述优点，长感应同步器目前被广泛地应用于大位移静态与动态测量中，例如用于三坐标测量机、程控数控机床、高精度重型机床及加工中测量装置等。圆感应同步器则被广泛地用于机床和仪器的转台以及各种回转伺服控制系统中。

4. 光栅传感器及应用

在玻璃尺或玻璃盘上类似于刻线标尺或度盘那样，进行长刻线（一般为 10~12 mm）的密集刻划，得到如图 11-51 所示的黑白相间、间隔相同的细小条纹，没有刻划的白的地方透光，刻划的发黑，不透光，这就是光栅。w 为栅距，a 为线宽，b 为缝宽，一般取 $a=b$。按形状和用途光栅可分为长光栅和圆光栅两种。

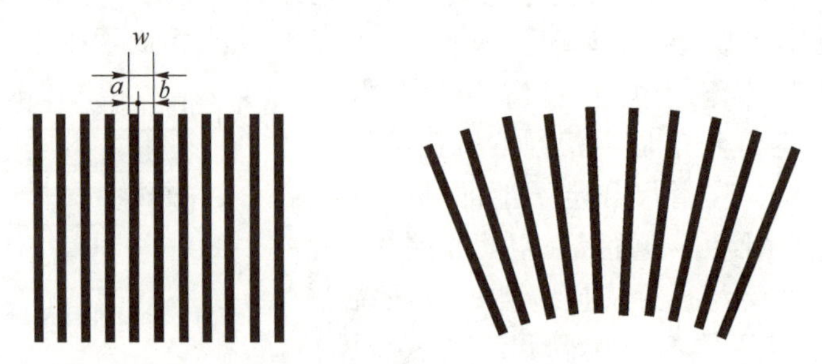

图 11-51　光栅条纹

光栅传感器是采用光栅叠栅条纹原理测量位移的传感器。通常光栅传感器是由光源、透镜、主光栅、指示光栅和光电接收元件组成的，其结构原理图如图 11-52 所示。

（1）光源。

供给光栅传感器工作时所需光能。

（2）透镜。

将光源发出的光转换成平行光。

（3）主光栅和指示光栅。

主光栅又叫标尺光栅，是测量的基准，另一块光栅为指示光栅，两块光栅合称光栅付。

（4）光栅付。

光栅付是光栅传感器的主要部分，整个测量装置的精度主要由主光栅的精度决定。

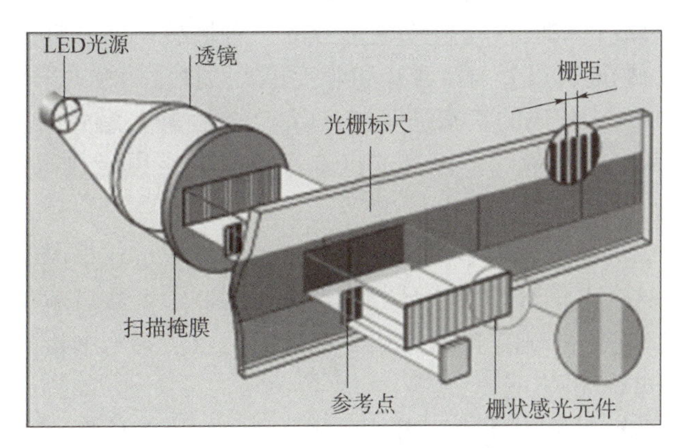

图 11-52 光栅传感器结构原理图

（5）光电接收元件。

将光栅付形成的莫尔条纹的明暗强弱变化转换为电量输出。

光栅式传感器应用在程控、数控机床和三坐标测量机构中，可测量静、动态的直线位移和整圆角位移。在机械振动测量、变形测量等领域也有应用。光栅传感器是依靠光电学机理实现位移量检测，其分辨率高，测量精确，安装使用方便。封闭式的光栅传感器对工作环境适应性强，光栅传感器性能价格比的提高和技术复杂性的降低使其在测量长度方面有比感应同步器更普遍的应用。

5. 编码器及应用

（1）原理及分类。

编码器是将信号或数据编制、转换为可用于通信、传输和存储的形式的设备，其实物如图 11-53 所示，编码器的码盘示意如图 11-54 所示。

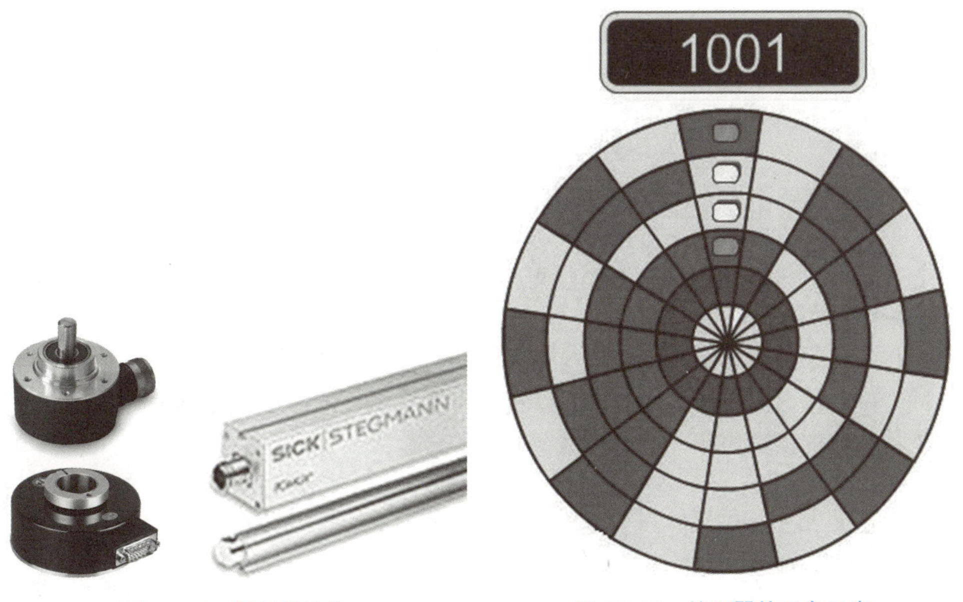

图 11-53 编码器实物　　图 11-54 编码器的码盘示意

编码器是把角位移或直线位移转换成电信号的一种装置。前者称为码盘，后者称为码尺。按照读出方式，编码器可以分为接触式和非接触式两种。接触式采用电刷输出，以电刷接触导电区或绝缘区来表示代码的状态是“1”还是“0”；非接触式的接受敏感元件是光敏元件或磁敏元件，采用光敏元件时，以透光区和不透光区来表示代码的状态是“1”还是“0”。

按照工作原理，编码器可分为增量式和绝对式两类。增量式编码器是将位移转换成周期性的电信号，再把这个电信号转变成计数脉冲，用脉冲的个数表示位移的大小。绝对式编码器的每一个位置对应一个确定的数字码，因此它的示值只与测量的起始和终止位置有关，而与测量的中间过程无关。

增量式编码器，转动时输出脉冲，通过计数设备来知道其位置，当编码器不动或停电时，依靠计数设备的内部记忆来记住位置。

绝对式编码器，因其每一个位置都绝对唯一、抗干扰、无须掉电记忆，已经越来越广泛地应用于各种工业系统中的角度、长度测量和定位控制。

由于绝对式编码器在定位方面明显优于增量式编码器，已经越来越多地应用于工控定位中。

（2）光电编码器的测量方法。

可以利用定时器/计数器配合光电编码器的输出脉冲信号来测量电动机的转速。具体的测速方法有 M 法、T 法和 M/T 法 3 种。

①M 法测速。

在规定的时间间隔内，测量所产生的脉冲数来获得被测转速值，这种方法称为 M 法。设 P 为脉冲发生器每一圈发出的脉冲数，采样时间为 T，测得的脉冲数为 m，则电动机的转速为

$$n=\frac{60fm_1}{pm} \qquad n=60\,\frac{m}{PT}(\mathrm{r/min}) \tag{11-1}$$

M 法测速的分辨率为

$$Q=\frac{60(m+1)}{PT}-\frac{60m}{PT}=\frac{60}{PT} \tag{11-2}$$

可见，Q 值与转速无关，当电动机的转速很小时，在规定的时间 T 内只有少数几个脉冲，甚至只有一个或者不到一个脉冲，则测出的速度就不准确了。欲提高分辨率，可以改用较大 P 值的脉冲发生器，或者增加检测的时间。

②T 法测速。

测量相邻两个脉冲的时间来确定被测速度的方法叫作 T 法测速。用一已知频率为 f 的时钟脉冲向一个计数器发送脉冲数，此计数器由测速脉冲的两个相邻脉冲控制其起始和终止。如果计数器的读数为 m，则电动机每分钟的转速为

$$n=60\,\frac{f}{Pm}(\mathrm{r/min}) \tag{11-3}$$

T 法的分辨率为

$$Q=\frac{60f}{Pm}-\frac{60f}{P(m+1)}=\frac{n^2p}{60f+nP} \tag{11-4}$$

可见，转速越高，Q 值越大；转速越低，Q 值越小。所以 T 法在低速时有较大的分辨率。而且，随着转速的升高，同样两个脉冲检测时间将减小，所以确定两个脉冲的间隔的原则是又要使检测的时间尽量小，又要使计算机在电动机最高运行时有足够的时间对数据进行处理。

③M/T 法测速。

M/T 法是同时测量检测时间和在此检测时间内脉冲发生器发送的脉冲数来确定被测转速的。它是利用规定时间间隔 T_1 以后的第一个测速脉冲去终止时钟脉冲计数器，并由此计数器的读数 m 来确定检测时间 T。显然检测时间为

$$T=T_1+\Delta T \tag{11-5}$$

设测速脉冲数为 m_1，则被测转速为

$$n=\frac{60fm_1}{pm} \tag{11-6}$$

可以看出，这种测速方法兼有 M 法和 T 法的优点，在高速和低速段均可获得较高的分辨能力，所以在本章的速度检测中，使用 M/T 法测速。

具体实现时，首先设置定时器件的中断响应频率为 f，在一定时间里定时器中断次数为 m，与此同时，在这段时间由 PLC 测出光电编码器的输出脉冲个数，这样就可以获得最终电动机的实际转速。

6. 旋转变压器及应用

旋转变压器的典型结构与一般绕线式异步电动机相似，由定子和转子两部分构成。

定子、转子铁芯采用高磁导率的铁镍软磁合金片或硅钢片经冲制、绝缘、叠装而成。定子、转子之间的气隙是均匀的，定子铁芯内圆和转子铁芯外圆都有齿槽，在槽内分别嵌入两个轴线在空间互相垂直的分布绕组。定子、转子绕组如图 11-55 所示。定子绕组用 D_1D_2 和 D_3D_4 表示，两个绕组完全相同；转子绕组用 Z_1Z_2 和 Z_3Z_4 表示，两个绕组也完全相同。

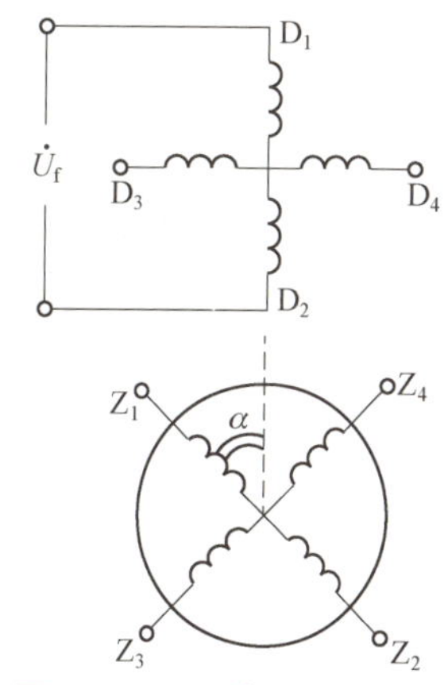

图 11-55 正余弦旋转变压器的原理示意

转子绕组和滑环相接并经电刷引出。线性旋转变压器因其转子转角较小，因此转子绕组引出线通常做成弹性卷带状引到固定的接线板上。

旋转变压器的结构和外形虽然与普通变压器的不同，但其基本工作原理完全一样，定子绕组相当于普通变压器的原边线圈，转子绕组相当于副边线圈，转子相对于定子可以旋转。随着转子的旋转，原边、副边绕组之间的磁耦合程度（互感）要发生变化，副边输出电压与转子的转角 e 成一定的函数关系。

转子转轴两端的轴承杆和端盖的轴承室之间装有轴承，以达到转子能自由旋转的目的。转子绕组引出线和滑环相接，滑环应有 4 个，都固定在转轴的一端。

电刷固定在后端盖上与滑环摩擦接触，转子绕组引出线经过滑环和电刷接在固定的接线柱上。对于线性旋转变压器，由于转子并非连续旋转，而是仅转过一定角度，因此一般用软导线直接将转子绕组接到固定的接线柱上，省去滑环和电刷装置，简化了结构。

为了提高旋转变压器的精度，整个电动机经过了精密的加工，电动机绕组也进行了特殊设计，各部分材料经过严格选择和处理。旋转变压器的绕组通常采用正弦绕组，以提高精度；电刷和滑环采用金属合金，以提高接触可靠性及寿命；转轴采用不锈钢材料，机壳采用经阳极氧化处理的铝合金；电动机各零部件之间的连接采用波纹垫圈及档圈；整个电动机采取了全封闭结构，以适应冲击、振动、潮湿、污染等恶劣环境。

按照输出电压和转子转角的函数关系，旋转变压器有四种基本形式：

（1）正余弦旋转变压器（代号 XZ）。旋转变压器的原边加单相交流电源励磁时，副边的两个输出电压分别与转角呈正弦或余弦函数关系。

（2）线性旋转变压器（代号 XX）。旋转变压器在一定的工作转角范围内，输出电压与转子转角（弧度）呈线性函数关系。

（3）比例式旋转变压器（代号 XL）。旋转变压器在结构上增加一个带有调整和固定转子位置的装置，其输出电压也与转子转角成正余弦关系，在自动控制系统中常作为调整电压的比例元件。

（4）特殊函数旋转变压器。在一定工作转角范围内，旋转变压器的输出电压与转子转角呈一定的函数关系（正切函数、倒数函数、圆函数、对数函数等），工作原理和结构与正余弦旋转变压器的基本相同。

旋转变压器的绕组分别嵌入各自的槽状铁芯内。定子绕组通过固定在壳体上的接线柱直接引出。转子绕组有两种不同的引出方式。根据转子绕组两种不同的引出方式，旋转变压器分为有刷式和无刷式两种结构形式。

有刷式旋转变压器，它的转子绕组通过滑环和点刷直接引出，其结构原理如图 11-56 所示。它的特点是结构简单，体积小，但因点刷与滑环是机械滑动接触的，所以旋转变压器的可靠性差，寿命也较短。

无刷式旋转变压器分为两大部分，即旋转变压器本体和附加变压器，其结构原理图如图 11-57 所示。附加变压器的原、副边铁芯及其线圈均成环形，分别固定于转子轴和壳体上，径向留有一定的间隙。旋转变压器本体的转子绕组与附加变压器原边线圈连在一起，在附加变压器原边线圈中的电信号，即转子绕组中的电信号，通过电磁耦合，经附加变压器副边线圈间接接地送出去。这种结构避免了点刷与滑环之间的不良接触造成的影响，提高了旋转变压器的可靠性及使用寿命，但其体积、质量、成本均有所增加。

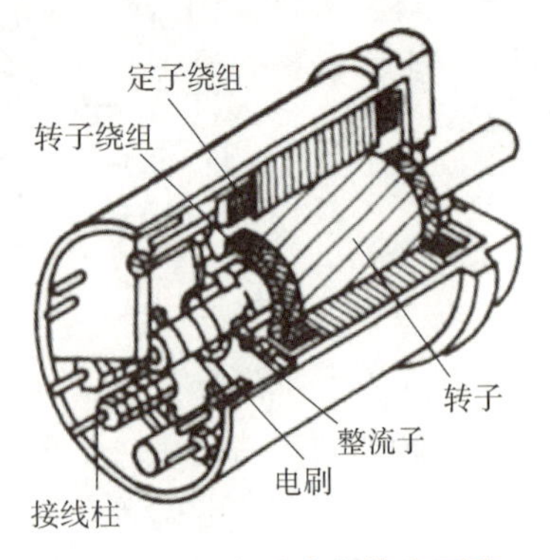

图 11-56　有刷式旋转变压器

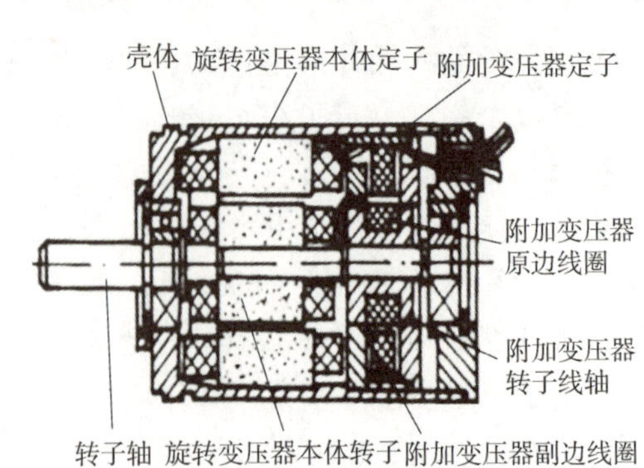

图 11-57　无刷式旋转变压器

11.4 习题

一、填空题

1. 电气照明基本电路一般由________、________、________和________四部分构成。

2. 一般情况下，一个照明支路允许安装的灯数不应超过________个，同时，该支路的电流不应超过________A。

3. 常用的机床设备根据功能用途，可以分为________、________、________、________、________。

4. 常见磨床主要有________、________以及________三种。

5. 钻床主要作用是对工件进行________、________、________、________以及________等操作。

6. 铣床的种类主要有________、________、________、________和________等几种。

7. 主轴电动机主要用来带动机床的________和________。

8. 主轴电动机是通过________来实现变速的。

9. 变频电力拖动电路主要应用在生产过程中，可对________、________、________等电力拖动设备进行控制。

10. 由于锅炉炉前温度较高，采用变频调速实现风量调节时，最好将________放在较远处的配电柜内。

二、选择题

1. 铣床的主运动是主轴带动（　　）和（　　）的旋转运动。

A. 刀杆　　B. 铣刀　　C. 钻头　　D. 悬梁

2. 铣床的辅助运动是工作台在（　　）个方向的快速移动。

A. 2　　B. 4　　C. 6　　D. 8

3. （　　）与PLC结合使用，可实现现代自动化生产线。

A. 按钮　　B. 交流接触器　　C. 继电器　　D. 变频器

三、实验题

根据本章所学知识，可以进行如下实验加以巩固。

1. 使用传感器组区分不同材料工件。

使用传感器组区分金属工件、普通塑料工件、黑色不反光塑料工件、无工件这四种情况。

2. 电动葫芦电气控制系统。

电动葫芦广泛用于工厂、矿山、码头仓库、建筑工地等安装机器设备、吊运工件和材料的场合。一般安装在车间上方或采用支架结构。

电动葫芦是由驱动电动机、减速机和钢丝绳组成为一体的小型起重设备，带限位开关，多数还带有行走小车，配合单梁桥式或门式起重机，组成一个完整的起重机械。电动葫芦一般有吊起或落下重物的主电动机，以及带动重物向左/右运动的电动机，两台电动机均为正/反转点动控制。通过滑线将四芯电源线送入电动葫芦控制箱内，然后从控制箱引下一个按钮操作盒。主体是钢丝绳卷筒居中，一端是电动机，将动力传递到另一端的减速机，减速机带动卷筒钢丝绳起重。图 11-58 所示是工业电动葫芦的外形图。

图 11-58　电动葫芦外形图

请设计出电动葫芦的电气控制原理图，包括控制回路和主回路，如图 11-59 所示。简述该线路的基本结构组成，并对该线路的工作流程进行描述。

升降电动机	行走电动机	控制回路

图 11-59　电动葫芦的电气控制原理图基本组成

第 12 章

电气绘图软件及其使用

【本章要点】

☆ 电气绘图软件的初步使用
☆ 电气绘图软件的功能
☆ 电气绘图项目举例

12.1 电气绘图软件的初步使用

PCschematic ELautomation 是用于电气和电子类设计的专业电气绘图软件，是基于 Windows 环境平台的 CAD 软件，软件中使用了 *. pro 和 *. sym 的图形文件格式，也可以输入其他 CAD 应用程序格式的文件，如 DWG 和 DXF 格式的文件。

12.1.1 软件的安装与卸载

1. 系统需求

对硬件的最低要求是 CPU 为 500 MHz 主频、128 MB 以上内存、SVGA 显示器、操作系统为 Windows 98 以上版本。

2. 安装

要安装本软件，最好关闭所有其他正在运行的程序。请注意，这里演示的是试用版的安装，正式版特别是网络版的安装，比这个要复杂一些。

具体步骤：

①把 PCschematic ELautomation CD 插入光驱中，稍等一下就会自动显示安装画面。

②单击安装 PCschematic ELautomation，按照提示操作，直至安装完成。

如果插入 CD 后没有自动出现安装画面，可以找到 CD 中的文件 cdmenu. exe，双击它，也会显示安装画面。

3. 启动 PCschematic ELautomation

选择“开始”→“程序”→“PCschematic”→“PCschematic ELautomation”，单击它就可以运行程序了。如果是正式版，则没有 Demo 字样，如图 12-1 所示。

另外，找到PCschematic ELautomation所在的硬盘后，打开PCSLDEMO（正式版为PC-SELCAD）文件夹，用鼠标双击PCschematic ELautomation图标，也可以启动程序。

4. 退出PCschematic ELautomation

打开“PCschematic ELautomation”窗口的“文件”菜单，选取其中的“退出”选项，即可退出，如图12-2所示。也可以用鼠标双击图框右上方的控制钮，同样也可以退出。

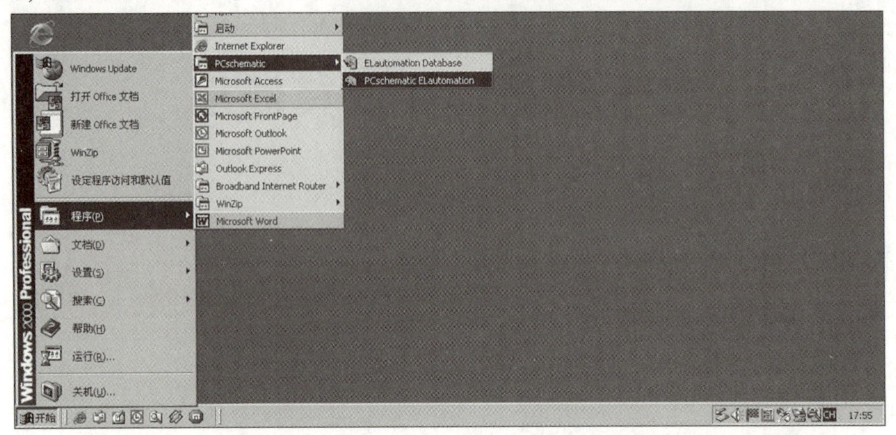

图12-1 启动PCschematic ELautomation

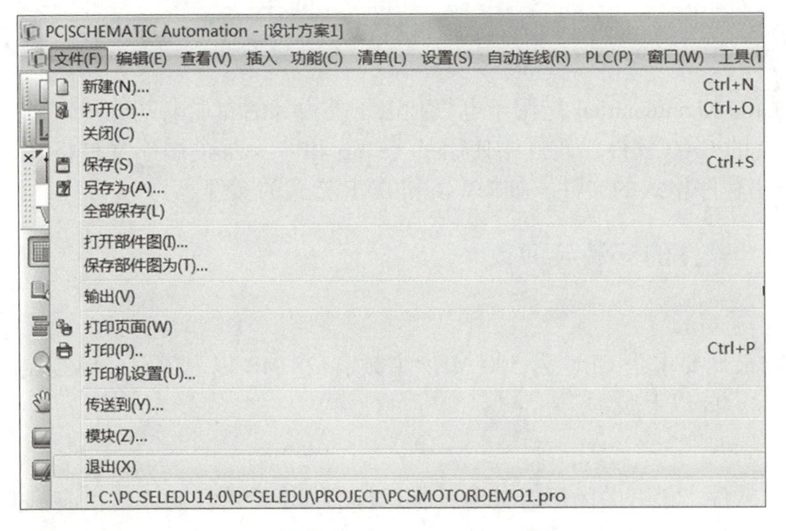

图12-2 退出PCschematic ELautomation

如果有修改过而未保存的文件，那么当试图退出时，程序会出现提示，询问是否保存对原文件的修改。单击“是”按钮则保存，单击“否”按钮则放弃，单击“取消”按钮表示不退出PCschematic ELautomation。

12.1.2 软件的工作区域

启动程序后，可以选择是新建一个设计方案，还是打开一个已有的设计方案。如果不想打开一个设计方案，就选择“文件”→“新建”，或单击“新建文件”按钮，这时会显示“设置”对话框，其中包含“设计方案数据”“页面数据”“页面设置”三个选项。可以在这里输入此设计方案的数据信息，以及指定图纸的页面设置和使用绘图模板等，如图 12-3所示。单击“取消”“确认”按钮或按下 Esc 键，都可以离开这个对话框。

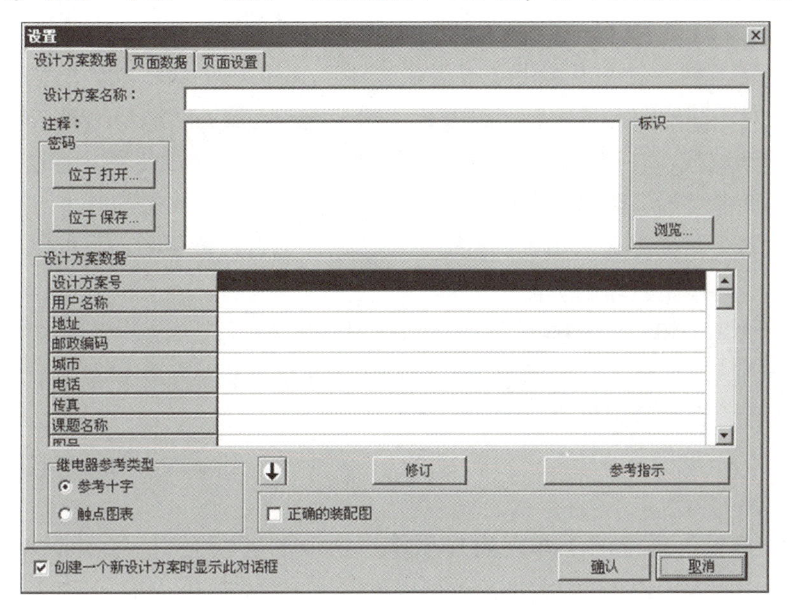

图 12-3 “设置”对话框

打开一个设计方案时，屏幕的显示如图 12-4 所示。

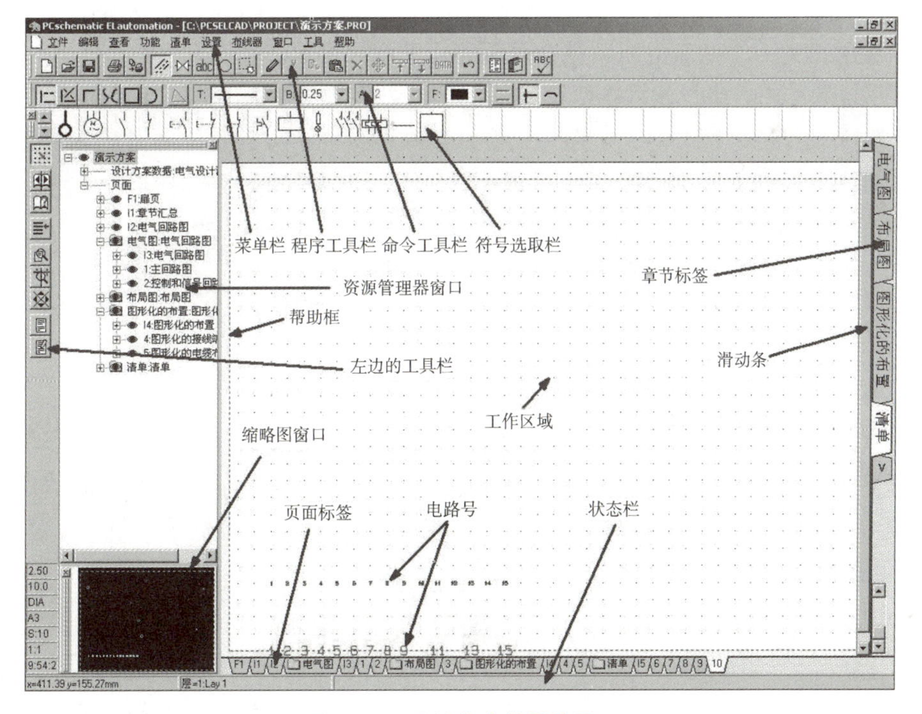

图 12-4 设计方案的屏幕显示

(1) 菜单栏：在菜单栏中，可以看到包含程序中所有功能的菜单。可以使用鼠标在菜单栏内选中一个主题。

(2) 程序工具栏：程序工具栏中包含程序按钮。在这里可以选择不同的程序功能。这里布置了最常用的文件和打印功能，以及最常用的绘图和编辑工具。

(3) 命令工具栏。命令工具栏会根据在程序工具栏中所选的对象类型而有不同的显示。它包含针对不同绘图对象：线、符号、文本、圆和区域的功能与编辑工具。

(4) 符号选取栏：在这里可以布置一些最常用的符号，这样就可以随时使用它们，把它们布置到图纸中。单击选取栏左边的箭头，可以在不同的选取栏菜单间切换。

(5) 帮助框：帮助框显示出了图纸的标准边距。它可以被关闭，也可以激活打印机帮助框（它显示了打印机打印的页面边距）。

(6) 资源管理器窗口：在这里可以显示出设计方案信息，以及设计方案页面的缩略图。单击设计方案页面前的“眼睛”符号，相应的页面就会显示在屏幕上。所有激活的设计方案都会显示在资源管理器窗口中。

(7) 左边的工具栏：左边的工具栏包含一些页面功能和缩放功能，在它的下面还包含了页面设置方面的信息。

(8) 工作区域：屏幕的工作区域对应于所选取的图纸大小。在对话框“设置”→“页面设置”中可以指定图纸的大小，也可以直接插入一个绘图模板。

(9) 缩略图窗口：缩略图窗口中显示出了整个页面的小的缩略图。当前屏幕上显示的页面部分会以一个黑色的框显示。

(10) 状态栏：在这里可以看到坐标、层的标题，以及不同的提示文本信息。当鼠标指针停留在屏幕的一个按钮上时，就会显示相应的解释文本。

(11) 电路号：电路号显示在两个不同的位置：在设计方案中指定的位置，以及屏幕的下方。放大图纸的一部分时，电路号仍会显示在屏幕的下方，这样能时刻知道自己在图纸中的位置。

(12) 页面标签：单击“页面标签”，可以在不同的页面间切换。

(13) 滑动条：放大一个区域后，可以拖动滑动条来移动区域。

(14) 章节标签：单击“章节标签”，可以跳转到所选章节的第一页。

12.1.3 屏幕/图像功能

本节介绍了和屏幕有关的一些功能。相应的功能按钮都布置在左边的工具栏中。

请注意，在程序中可以使用很多预先定义的快捷键。当然，也可以指定和改变这些快捷键。所有的快捷键都可以被改变。详情见后面叙述的内容。

1. 缩放、滑动、刷新

在 PCschematic ELautomation 中，可以决定在屏幕上显示页面的哪些部分。

(1) 缩放。

要放大页面的一部分时，可以单击“缩放”按钮（快捷键 Z），然后用鼠标在屏幕上选取一个区域。按以下方法（图 12-5）：

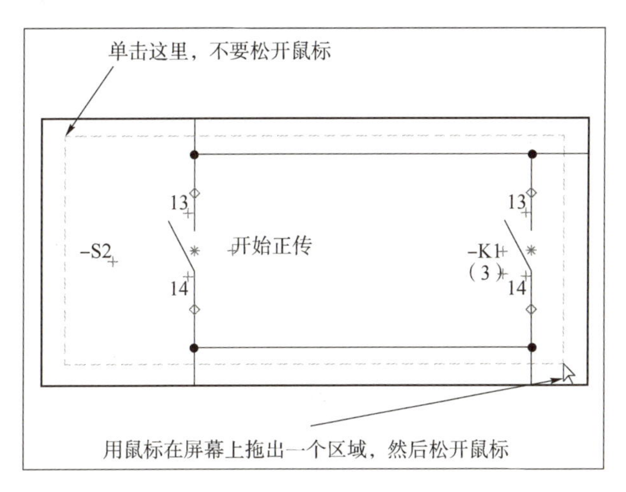

图 12-5 缩放

①单击并按下鼠标（不要松开）。

②拖动鼠标，在屏幕上选取需要的区域，再松开鼠标键。现在选取的区域会被放大。

选择“查看”→“缩放”，也有同样的结果。另外，鼠标的滚轮也可以用于缩放。

（2）缩放全部。

选择“查看”→“缩放全部”，就会显示出工作区域中的所有对象。如果只有很少几个对象，则这些对象会被放大。如果有一些对象布置到了页面外面，则这些对象会被缩小，以使所有的对象都显示在屏幕上。

（3）放大/缩小按钮。

单击“放大/缩小”按钮的“-”部分，就会缩小页面，这意味着可以看到图纸的更多部分。单击按钮的“+”部分，就会放大页面，这意味着图纸上的一个小区域在屏幕上放大了。

也可以选择“查看”→“放大”（快捷键 Ctrl+Home）和选择“查看”→“缩小”（快捷键 Ctrl+End）来进行相应的放大和缩小功能。

（4）滑动按钮和滑动条。

“滑动”按钮可以使窗口按照箭头的方向移动（窗口内的对象会向相反的方向移动）。滑动按钮如图 12-6 所示。

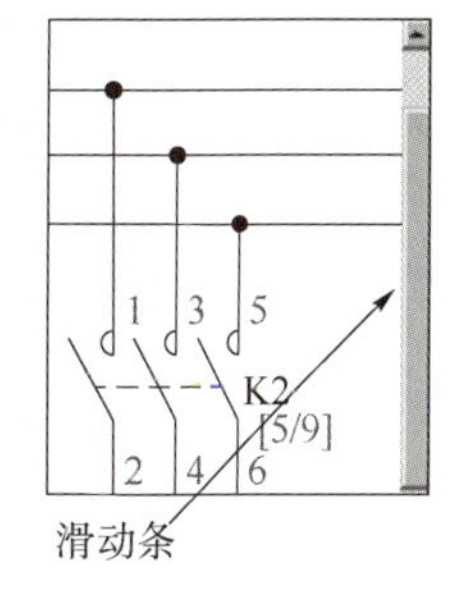

图 12-6 滑动

按下 Ctrl 键，也可以使用箭头键移动窗口，如快捷键 Ctrl+向右箭头。放大一个区域后，也可以使用屏幕右边和下边的滑动条来移动窗口。单击滑动条，并把它拖动到另一位置，则显示的窗口就会相应地移动。

（5）使有带滚轮的鼠标来缩放和滑动。如果使用的鼠标带有滚轮，则也可以用滚轮来实现缩放功能。滚轮使用效果见表 12-1。

表 12-1　滚轮使用效果

按下	效果
滚轮向前	窗口向上移动
滚轮向后	窗口向下移动
Shift+滚轮向前	窗口向左移动
Shift+滚轮向后	窗口向右移动
Ctrl+滚轮向前	以十字线为中心放大窗口
Ctrl+滚轮向后	以十字线为中心缩小窗口

（6）保持页面缩放。选择“设置”→“指针/屏幕”，可以决定在设计方案页面间切换时，是否要保持缩放。可以选择或取消选择“保持缩放”和“保持页面缩放”来激活或关闭此功能。

2. 看完整画面和刷新

单击“缩放到页面”按钮，屏幕上会显示出完整页面。选择“查看”→“看完整画面”有同样的效果。相应的快捷键为 Home 或按两次 Z 键。

要刷新屏幕上的图像，可以单击“刷新”按钮。也可以选择“查看”→“刷新”，或使用快捷键 Ctrl+G 来执行此功能。这样会更新屏幕上的图像，以及缩略图窗口。

3. 自定义要查看的完整画面

如果需要单击“缩放到页面”按钮时只显示页面上的指定区域，可以按下列步骤进行：

①选择“查看”→“设定用户初始查看”。

②鼠标指针现在变为双向箭头：单击要查看窗口的一个角，再单击指定另一个对角（也可以使用“缩放”功能）。

下一次单击“缩放到页面”按钮时（或按 Home 键），屏幕上会显示出指定的区域。设计方案中所有和设定初始查看的页面相同的页面，都会有同样的结果，如“A4 图框模板”。也可以为其他页面格式设定初始查看。

（1）设定用户初始查看的快捷键。

①单击“缩放”按钮。

②鼠标指针变为双向箭头，单击指定新初始查看的一个角，按下 Ctrl 键，再单击指定的另一个角。

（2）显示整个页面，而不只是用户定义的部分画面。

要重新显示整个页面，而不只是自定义的完整画面，可以按两次 Z 键。

（3）去掉“缩放到页面”设定。

要使“缩放到页面”按钮能重新显示完整页面，可以再次选择“查看”→“设定用户初始查看”，会出现图 12-7 所示信息。

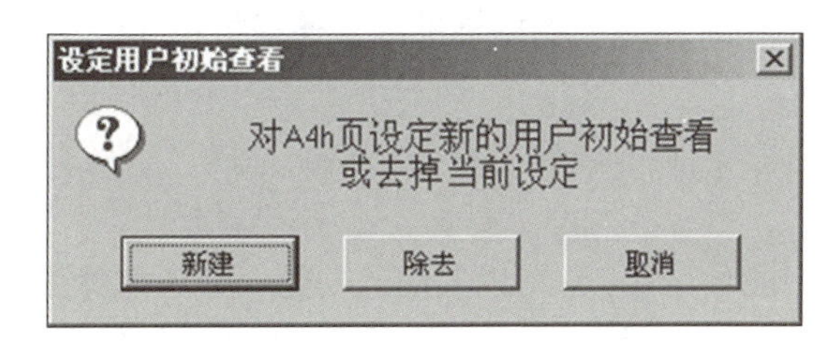

图 12-7 设定用户初始查看

单击“除去”按钮，可以使用“缩放到页面”按钮重新显示完整页面；或单击“新建”按钮，创建新的初始查看。

4. 缩略图窗口

缩略图窗口是一个独立的窗口（图 12-8），被固定在“资源管理器”窗口中，或者布置在屏幕的任一位置。

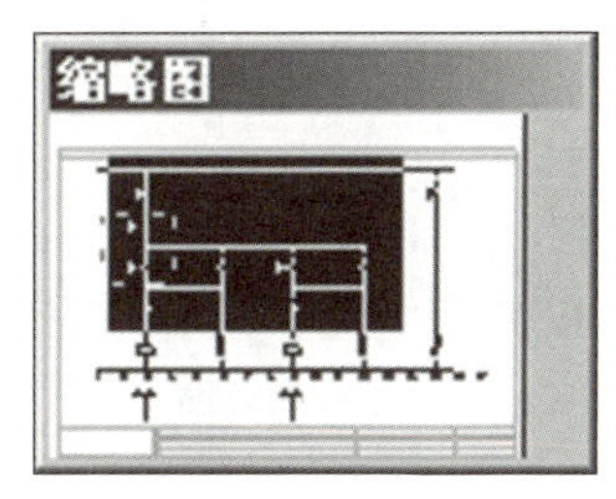

图 12-8 缩略图窗口

（1）移动显示的区域。窗口内的黑框显示了当前图纸的哪一部分（放大后）显示在屏幕上。单击黑框，拖动它，让它覆盖要在屏幕上显示的图纸部分。当鼠标指针指向黑框时，可以移动这个框。

（2）在缩略图窗口中缩放。可以使用缩略图窗口来缩小或放大。把鼠标指针布置到黑框的边界时，它会变为一个双向箭头。现在就可以拖动边界来调整窗口的大小。

（3）显示在缩略图窗口中的对象。页面中的对象也可以显示在缩略图窗口中，这样在放大页面的一部分后，仍然可以看到整个页面的情况。可以使用已布置的对象来选择一个新窗口。文本不会显示在“缩略图”窗口中。

要打开或关闭窗口，选择“查看”→“缩略图窗口”，或使用快捷键 F12。

单击“刷新”或显示另一个新的设计方案页面时，缩略图窗口会被更新。

（4）布置缩略图窗口。单击缩略图的窗口菜单栏，按下鼠标键，把它拖动到一个新位置，就可以在屏幕上移动缩略图窗口。可以拖动它的角来放大或缩小它。

（5）资源管理器窗口。在屏幕的左边，有一个“资源管理器”窗口。在这里可以选择要在屏幕上显示的部分，改变页面数据和设计方案数据，改变符号和电缆的项目数据，查找符号和关闭设计方案。

（6）捕捉。

在页面上布置对象时，可以对它精确定位。可以决定对象只会布置在固定间隔为 2.50 mm的点上。例如，要布置一个符号时，只可以在屏幕上每次移动 2.50 mm，这样就可以精确地布置符号了。

如果所能布置符号的点间的距离为 2.50 mm，就说“捕捉”为 2.50 mm。

单击左边工具栏中的“捕捉”按钮，可以在普通捕捉（比如 2.50 mm）和精确捕捉（比如 0.50 mm）间切换。

如果使用精确捕捉，则左边工具栏下方的“捕捉”按钮上会有红色的背景。

选择“设置”→“页面设置”，可以改变捕捉的设置。如果十字线中有一个要布置的对象，可以按下 Shift 键来使用精确捕捉来布置此对象。布置了对象后，程序会自动变为普通捕捉。请注意，2.50 mm 是电气图中标准的普通捕捉尺寸。

（7）栅格。

布置在整个图纸页面上的点，叫作图纸的栅格。选择“设置”→“页面设置”，可以改变这些点的间隔。

选择“设置”→“指针/屏幕”，可以关闭此功能，或者选择使用方格来代替点。

栅格的尺寸以 mm 为单位，尺寸只和屏幕上显示的内容有关，并不是图纸的真实尺寸。当把页面缩放比例从 1∶1 改变为 1∶50 时，并不会改变屏幕上的栅格。

（8）十字线。

在设计方案图纸中，光标的位置以垂直和水平交叉的两条线显示，这叫作十字线。在“设置”→“指针/屏幕”中，可以看到十字线被设置为显示在右角的十字线。

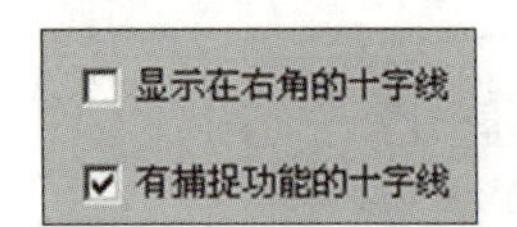

图 12-9　十字线选项

画直线时，会显示出一条线，起点为上次单击的地方，并指向十字线。如果取消勾选“显示在右角的十字线”（图 12-9）功能，将会看到当前单击时会画出的线。这条线不会总是显示结束于十字线，这和使用的捕捉有关。

如果激活“有捕捉功能的十字线”，则十字线中的图形（如一个符号）会显示在最近的捕捉处，单击时它就会准确定位。也可以选择小十字线或指针。

5. 直接进入菜单和标签

在屏幕的左下方可以看到不同的信息，比如捕捉设置和当前层标题等。单击这些区域会直接进入可以改变这些设置的菜单，如图 12-10 所示。

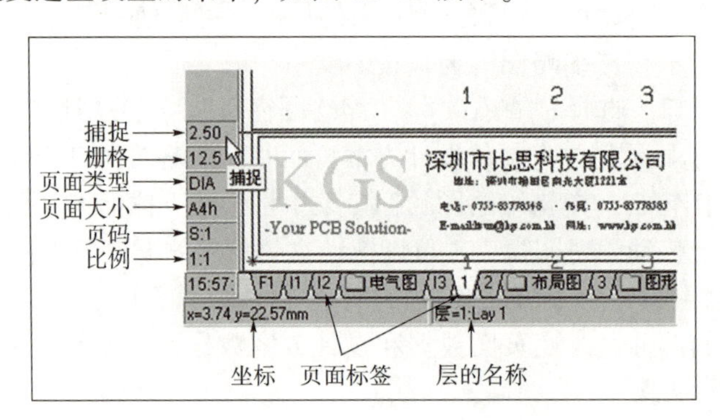

图 12-10　屏幕左下角信息

把鼠标指针停留在一个区域上时，会出现相应的解释文字，如图 12-10 中的“捕捉”所示。

（1）页面标签：单击页面标签，可以在设计方案的页面间自由切换。也可以使用快捷键 PageUp 和 PageDown 来切换页面。

（2）章节标签：单击屏幕右边的章节标签，可以显示选中章节的第一个页面。

6. 常规性的保护错误

如果发生常规性的保护错误，屏幕底部的状态栏就会开始闪烁一个红色的背景，提出一个警告，要求用另一个名称保存设计方案，并重新启动系统。请按照提示操作。

要保存设计方案时，会自动进入“另存为”对话框。这样可以防止保存一个有错误的设计方案，而这次保存会覆盖掉上次保存时的信息。

但是，如果一定要使这个设计方案替换掉上次保存时的内容，PCschematic ELautomation 会自动创建一个备份文件（扩展名为 . pro），这时，设计方案的原始内容也可以被找到。

12.2 电气绘图软件的功能

12.2.1 基本绘图功能

1. 绘图对象

（1）按钮。

在这个软件中，绘制的任何图形对象都属于以下四种类型绘图对象中的一种：“符号”“文本”“线”“圆”。还有一个“区域”命令，它可以包含不同的对象类型，如线［l］

、符号［s］、文本［t］、圆［c］、区域［a］。其中，［ ］中是对应的功能快捷键。

在菜单栏和程序工具栏中，选取不同的绘图对象时，相应的可操作选项也会发生变化：

—程序工具栏的改变；

—程序菜单栏的改变；

—此时只允许对所选类型的对象进行操作。

（2）对选取的对象进行操作。

可以有两种操作模式，这取决于“铅笔”按钮的状态。

①绘制/布置新对象（激活/按下“铅笔”按钮），按以下步骤：

* 选择要操作的对象类型。
* 激活“铅笔”按钮。
* 绘制/布置对象。

比如，要画一条线，可以先单击“线”按钮，然后单击“铅笔”按钮，开始画线。

注意，有时程序会自动激活“铅笔”按钮。比如在文本框区域输入文本时，或者当选中一个符号要布置时。

②对已布置的对象进行操作（不激活“铅笔”按钮），按下列步骤：

* 选择要操作的对象类型。
* 关闭铅笔按钮（按 Esc 键）。
* 选中要操作的对象。
* 进行操作。

例如，要复制一个符号，首先单击“符号”按钮，按Esc键关闭“铅笔”按钮，单击选中要操作的符号，单击“复制”按钮进行复制操作。

复制的符号现在可以被布置到图中。

显示相对坐标：当移动或复制对象时，对象坐标会在屏幕底部的状态栏显示出来。

（3）选取对象。

要对已有的对象进行操作时，首先必须选中对象。可以按下列办法：

每一个选中的对象周围都会有一个彩色底色标明（如“文本”或“符号”按钮），关闭“铅笔”按钮（单击它或按Esc键），然后单击要操作的对象。

每一个选中对象的周围都会有一个彩色区域标明。

当进行符号操作时，请注意选中的是整个符号还是它的一个连接点。

如果选中文本，文本工具栏将会指示出所选取的是哪一种类型的文本。

①所选线的标记。线是一段一段的，这取决于它包含多少个端点。第一次单击线时，它的所有段都会被选中。如果在线上再单击一次，那么只有单击的段被选中。电气的线会显示电气连接点。

②通过右键单击选择。在一个对象上单击鼠标右键（已选中此种对象类型），会选中此对象，同时会出现一个快捷键的菜单。在这个菜单中可以选择“移动”“复制”或“删除”等命令。

③在窗口中选择同一类型的多个对象。可以同时选取同一类型的多个对象。例如，如果想选择区域中的所有文本，单击“文本”按钮，用鼠标选中相应区域——在区域的一个角单击，不要松开鼠标，拖动鼠标到区域的另一个对角。现在会出现一个虚线组成的矩形，这就是选中的区域，如图12-11（a）所示。

当希望选取的对象都包括在矩形中时，松开鼠标按键。现在已经选中了区域中的文本，如图12-11（b）所示。

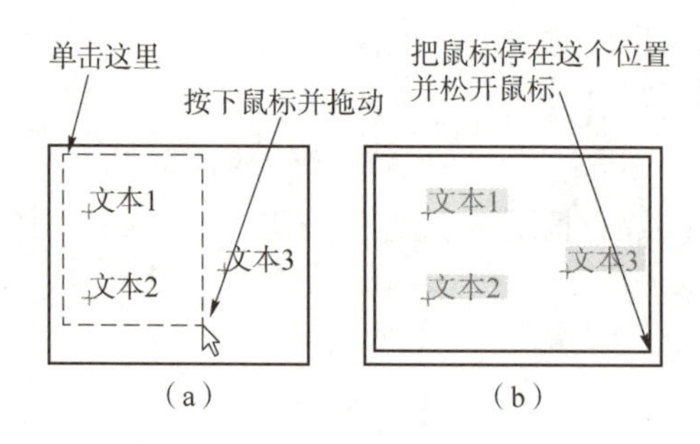

图12-11　选择同一类型的对象

如果想取消选择窗口中的一个或多个对象，按下Ctrl键，同时单击对象。

④用鼠标选取同一类型的多个对象。选择要进行操作的对象类型，比如符号。

按Ctrl键，同时单击对象。如果选中了一个符号后，又想取消选择，可以再次按下Ctrl键并单击符号。

⑤选取区域中不同类型的对象。单击“区域”按钮，在要选取的对象周围拖出一个窗口。这时，窗口中的所有对象都会被选中。如果要取消选择其中的一个对象，可以按下Ctrl键，再单击这个对象。如果要选择区域外的对象，也可以按下Ctrl键，再单击这些

对象。

⑥选取位于不同的层和不同高度的对象。上面介绍的选取对象的方法的前提，是这些对象都位于相同的层和相同的高度。选取不同的层和不同高度的对象的方法在以后的章节中会有叙述。

⑦选取页面上的所有对象。可以选择“编辑”→“全选”→“当前页面上所有对象”（快捷键 Ctrl+A）。如果区域按钮被激活，则当前页面上所有对象都被选中；如果符号按钮被激活，则页面上的所有符号都被选中。依此类推。

（4）复制、移动、删除或旋转对象。

要复制、移动、删除或旋转对象，可以：选择相应的对象类型；选取要操作的对象；复制、移动、删除、旋转对象。

如果没有特别说明，下面的功能都适用于“符号”“文本”“线”“圆”和“区域”。

1）移动选取的对象。

要移动选取的对象时，可以有三种选择：

①单击“移动”按钮，这时选取的对象已经在十字线中，单击要布置的地方。

②应用单击和拖动：单击所选对象，不要松开鼠标，拖动对象到要布置的地方，松开鼠标。

③在窗口中单击鼠标右键，出现一个菜单，选择“移动”。这时对象位于十字线中，移动到要布置的地方，单击鼠标。

关于移动符号的说明：

要移动一个连接线的符号时，有两种方法：单击和电气线连接的符号，拖到要布置的地方；如果线是自由线，符号可以被自由移动，则按下 Ctrl 键，同时单击符号，拖动到要布置的地方。

也可以自由移动符号：单击符号，按下 Ctrl 键，同时单击“移动”选项。

另外，如果在导线上布置了具有两个连接点的符号，符号会自动和导线连接起来。

2）复制选取的对象。

要复制一个或多个选取对象时，有两种方法可选择：

①单击“复制”按钮，复制的对象已经位于十字线中，可以通过单击来复制一个或多个对象。

②在选取的一个对象上单击鼠标右键，出现一个菜单，选择“复制”。现在同样在十字线中有一个复制对象，可以通过单击来复制一个或多个对象。

3）删除选取对象。

要删除对象，可以单击“删除”按钮或按 Del 键，则对象就会从屏幕上消失；在选中的一个对象上单击鼠标右键，在出现的菜单里选择“删除”，对象就会从屏幕上消失。

按“撤销”按钮可以撤销刚才的操作。

如果删除的对象还在屏幕上，单击“刷新”按钮，刷新页面。

删除符号时的说明：

如果删除了一个连接导线的符号，线会变为临时线。

4）旋转选取对象。

这个功能对“文本”“符号”和“圆”有效，但对“线”无效。这个功能也适用于

“区域”，同时，在选取区域内的线也会旋转。所有对象都是逆时针旋转。

有四种方法可以旋转对象：

①按空格键，对象会逆时针旋转 90°。

②在选取的对象上单击鼠标右键，选择“旋转”。

③单击工具栏中的“旋转”按钮。

④在角度区域内单击，输入旋转角度，按 Enter 键。角度可以精确到 0. 1°。也可以单击区域内的下拉箭头，选择一个角度，按 Enter 键。

关于旋转符号的说明：一个两端已连接了导线的符号，当旋转 180°时，两个管脚会对调。如果只想旋转 90°，可以按下 Ctrl 键，同时单击“旋转”按钮。相应地，线也会保持原来的连接。

5）旋转区域。

也可以旋转整个区域。这时，首先必须选中区域，再进行“移动”或“复制”，使选中的区域位于十字线中，然后就可以进行“旋转”了。

（5）撤销。

操作对象时，有一个很重要的功能，那就是“撤销”功能。

单击“撤销”功能一次，会撤销程序进行的最后一个操作。注意，只可以撤销最近的五个操作。

注意，有些功能不能撤销，比如自动编排线号，或者布置页面的图纸模板。对前一种情况，可以在开始分配线号之前保存设计方案。对后一种情况，必须手工去掉绘图模板。

当鼠标停留在“撤销”按钮上时，会有提示说明可以撤销的操作内容。

2. 对齐和间隔功能

（1）对齐功能。

可以在图中对齐对象。在下面的例子中会用到符号，当然，这个功能对文本或圆都有效。对图 12-12 中的三个符号进行对齐，使它们都处于和最左边的符号相同的高度。

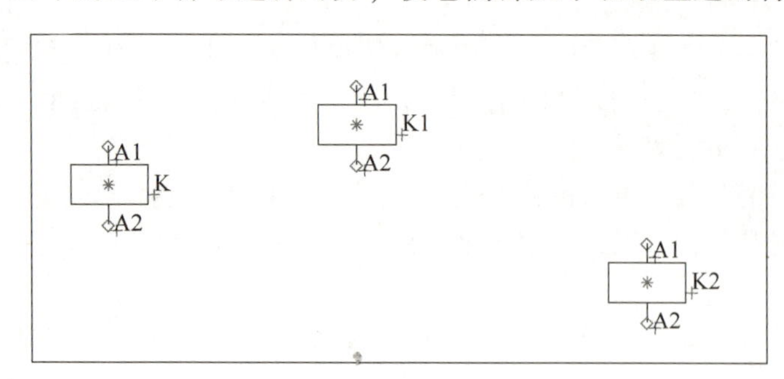

图 12-12　准备对齐的三个符号

激活“符号”按钮，再单击最右边的符号。按下 Ctrl 键，单击中间的符号（也可以拖出一个窗口选中这两个符号）。现在选中了这两个符号，如图 12-13 所示。

选择“编辑”→“对齐”，或者在窗口中单击鼠标右键，再选择“对齐”。现在出现一条线，起点在中间的符号处，终点在十字线的中心。屏幕底部的状态栏中有相应的提示性文字。

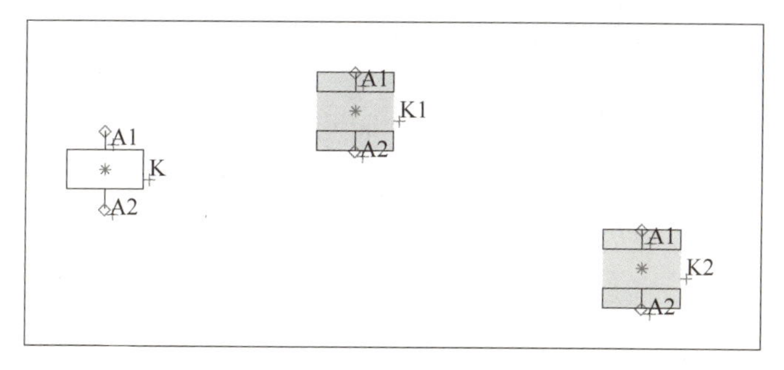

图 12-13　选中符号

单击左边的符号，则两个选中的符号会和它对齐，如图 12-14 所示。

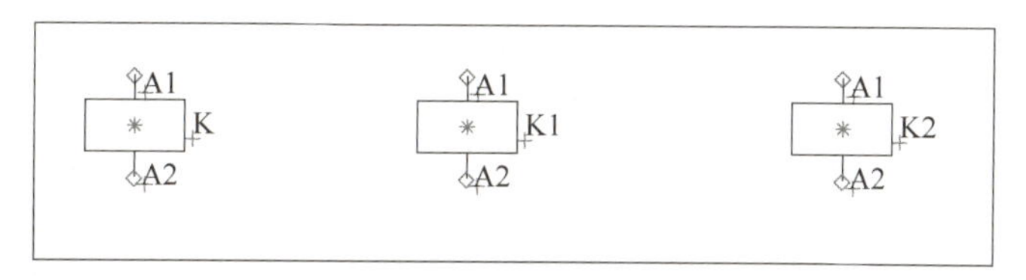

图 12-14　对齐的符号

如果符号是竖向排列，则它们会竖向对齐。请注意，作为参照的符号也可以是所选中的符号之一。

（2）间隔功能。

这个功能可以使布置符号时，符号之间有相同的间隔。和“对齐”功能不同，使用“间隔”功能时可以重新定位所有的符号。

在下面的例子中，会再次以符号做示范。当然，也可以使用文本和圆。

首先激活“符号”按钮，然后在符号周围拖出一个窗口，选中符号，再选择“编辑”→“间隔”，或单击鼠标右键，选择“间隔”。此时画面显示如图 12-15 所示。注意屏幕下方状态栏中的提示性文字。

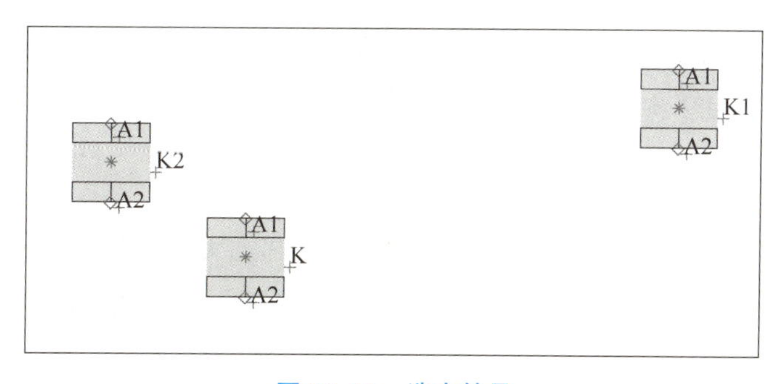

图 12-15　选中符号

现在出现一条线，起点是中间的符号处，终点是十字线的中心。单击要布置第一个符号的位置。出现一个对话框，如图 12-16 所示。设置后单击“确认”按钮。现在符号会对齐排列，间隔为 20 mm，按照名称排序，如图 12-17 所示。

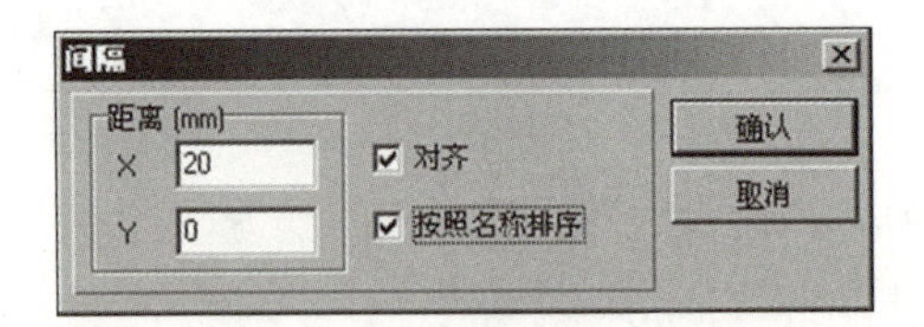

图 12-16 “间隔”对话框

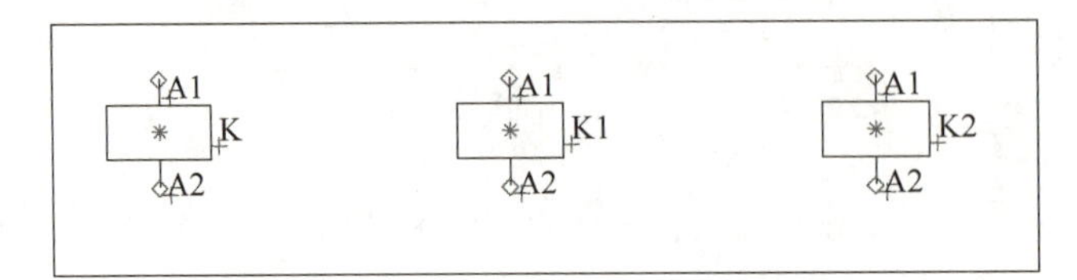

图 12-17 “间隔”后的符号

如果把“X”和“Y”的间隔设置为0，则要求指出布置第一个和最后一个符号的位置。如果选择“按照名称排序”（只对符号而言），则符号会根据名称的排序布置。如果从左到右拖出一个窗口，则符号会从左到右布置。排序的首要标准是符号名，其次是元件组号。如果这些都相同，则根据第一个连接名排序。

3. 线的绘制

要对线进行操作时，必须先激活“线”按钮，或按下快捷键l。如果要画线，就单击程序工具栏中的“铅笔”按钮。

“铅笔”按钮的常用快捷键为Ins。不过，在激活“线”按钮的情况下，也可以使用l作为它的快捷键。按下Ins或l键可以激活/关闭“铅笔”功能。

关于如何移动、复制和删除线，以及在线间传送数据的操作，请参考前面的叙述。

（1）线的两种类型。

在PCschematic ELautomation中，有两种类型的线：导线（电气线）和非导线/自由线条。

如果激活了“导线”按钮，那么这些线只能被用于电气连接；如果没有激活这个按钮，则这些线就是自由线条，可以用于设计方案中的任何地方。

单击“线”按钮时，“导线”按钮会被自动激活。

（2）线的命令工具栏。

线的命令工具栏如图12-18所示。在这里可以选择画直线、斜线、直角线、曲线、矩形和圆弧/圆形线，可以指定是否填充（只对非导线有效），还可以指定线型、线宽、线的颜色、是否导线等。

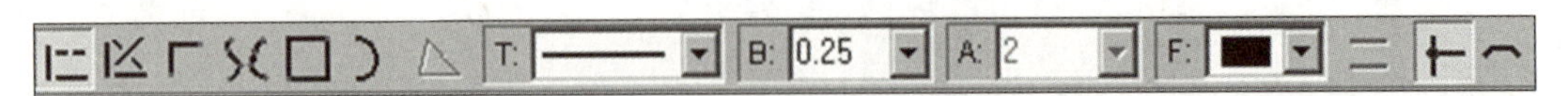

图 12-18 线的命令工具栏

1）直线。

画直线时，会自动地画出直角线或折线，如图 12-19 所示。

关闭“导线”按钮（如果它被激活），激活“直线”按钮，在线的起始位置单击。

在每次要改变线的方向时单击鼠标，双击则停止画线，或单击鼠标，再按 Esc 键，也能停止画线。如果关闭“铅笔”按钮（按 Esc 键），可以单击或拖动线的顶点或线的端点来改变线的形状。当拖动线的连接点以移动线时，会在线上插入一个端点。

如果要插入一个线的端点，可以在线上单击鼠标右键，选择“插入线的端点”。

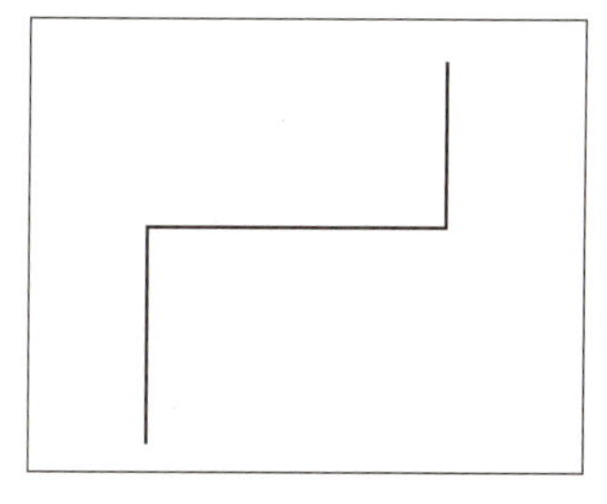

图 12-19　折线

2）斜线。

画斜线时，可以自己决定线的角度。

单击“斜线”按钮，画出如图 12-20 所示的一条斜线。画出的线还和设定的捕捉有关系。如果关闭“铅笔”按钮（按 Esc 键），可以单击或拖动线的顶点来改变线的形状。斜线的端点和直线中描述的一样。

3）直角线。

画“直角线”时，只需指出线的起点和终点，程序会自动创建一条直角连接线。要让线反向弯折，按空格键。这些在安装模式下绘图时，会自动连接。

这个功能可以被用于正确地装配图模式中元件之间的连接，如图 12-21 所示。

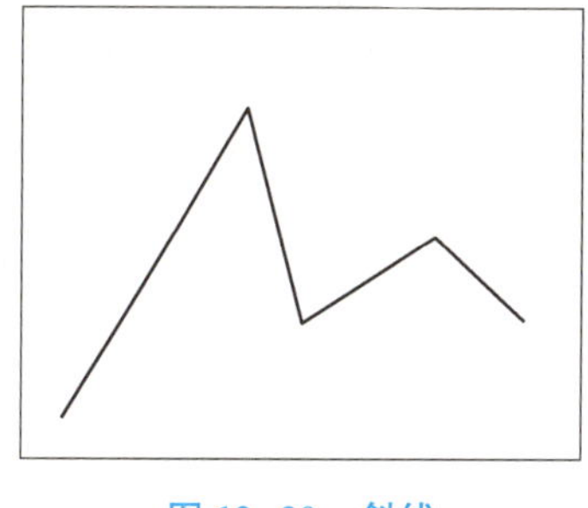

图 12-20　斜线

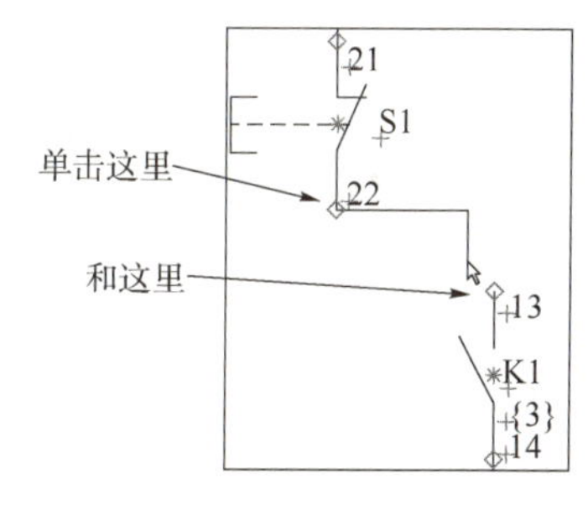

图 12-21　直角线

4）曲线。

单击“曲线”按钮，可以画出如图 12-22 所示的曲线。在曲线转折的地方单击鼠标。请注意，完成后，曲线上显示（+）标记。

如果关闭“铅笔”按钮（按 Esc 键），可以单击和拖动（+）标记来改变曲线的形状。“曲线”只能被用于画实线。

5）半圆线。

单击“半圆线”按钮，可以绘制出连贯的半圆线，以用于一些特殊的图形，如图 12-23所示。半圆线是半个圆，逆时针方向画出。“半圆线”只可以用于绘制实线。和曲线一样，也可以单击和拖动（+）来标志改变半圆线。

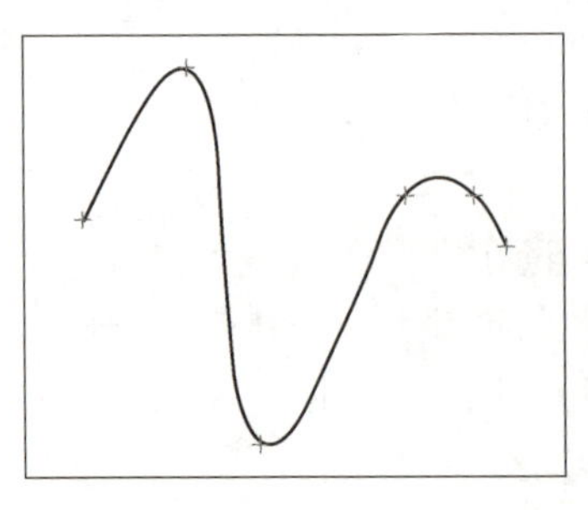

图 12-22　曲线

图 12-23　半圆线

6）矩形。

单击“矩形”按钮，再单击矩形的一个角，拖动鼠标，直到出现想要的矩形时，再单击一下鼠标，就画出了矩形。

7）填充区域。

如果绘图前已经激活“填充区域”按钮，那么可以在画出的矩形、圆和椭圆中填充颜色。如果不能选择“填充区域”，此按钮会是暗色的。

8）线的类型：T。

在指定线的类型的区域单击，选择要在绘图时使用的线的类型，如图 12-24 所示。

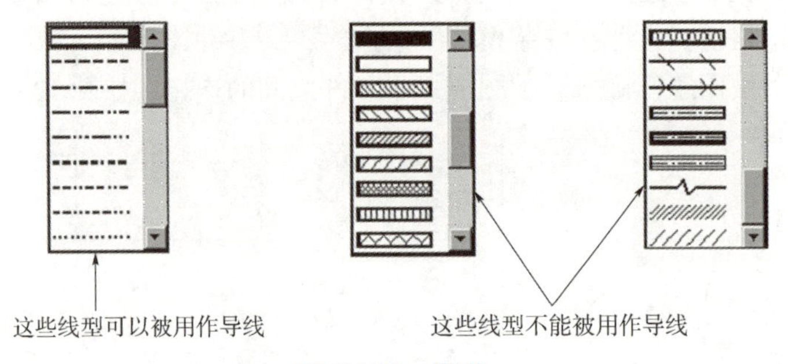

图 12-24　线型

9）线宽：B。

在这里可以决定画线时使用的线宽。如果线的类型是如图 12-25 所示的阴影线，线宽就是线的两个边界之间的宽度。

10）线距：A。

对有些线的类型，比如阴影线，必须指定两条线之间的距离，这叫作线距。它的计算，是从一条线的中心到另一条线的中心，如图 12-25 所示。

11）线的颜色：F。

选择线的颜色时，可以选择 14 种不同的颜色。颜色“NP”（不打印）可以在屏幕上显示，但不会被打印出来。

（3）精确绘图。

可以使用坐标功能来精确绘图。

图 12-25　线宽线距

在屏幕底部的状态栏，可以看到屏幕上鼠标位置的 *X*-*Y* 坐标。单击状态栏中的 *X*-*Y* 坐标区域，或使用快捷键 Ctrl+I，会出现一个“坐标”对话框，如图 12-26 所示。也可以选择“功能”→“坐标”打开这个对话框。

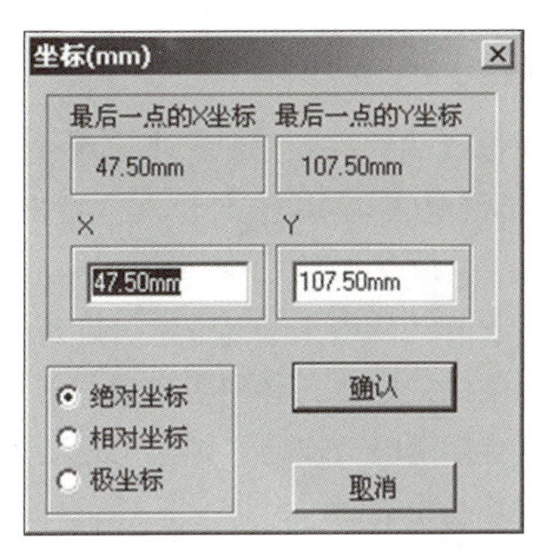

图 12-26 “坐标”对话框

精确绘图时，有三种选择：

绝对坐标：其中的数值是相对于页面的起点计算出的（起点位于页面的左下角）。

相对坐标：其中的数值是相对于上次在页面中所选的点计算出的。

极坐标：使用这个坐标，可以决定线的长度，以及线和水平线之间的角度。

以画一个 100 mm×50 mm 的矩形为例，介绍绝对和相对坐标的用法。单击“线”按钮，选择线的类型，关闭“导线”按钮，激活“铅笔”按钮。

1）使用绝对坐标。

单击 *X*-*Y* 坐标区域（或按 Ctrl+I 组合键），再单击“绝对坐标”按钮。

输入 *X* 和 *Y* 坐标的数值，这表明线从相对于页面原点的多少的位置开始，如开始于点（50，100），则在 *X* 区域输入 50，在 *Y* 区域输入 100。不需要注明计算单位，系统的默认值为 mm。然后单击“确认”按钮。起始点的设置可以在“设置”→“屏幕/指针”中改变。按以下操作：

单击 *X*-*Y* 坐标区域：设定 *X* 为 150，*Y* 为 100，单击“确认”按钮。

单击 *X*-*Y* 坐标区域：设定 *X* 为 150，*Y* 为 150，单击“确认”按钮。

单击 *X*-*Y* 坐标区域：设定 *X* 为 100，*Y* 为 150，单击“确认”按钮。

单击 *X*-*Y* 坐标区域：设定 *X* 为 100，*Y* 为 100，单击“确认”按钮。

按 Esc 键，画出矩形。

2）使用相对坐标。

在屏幕上任一处单击开始画线。

单击 *X*-*Y* 坐标区域，或按 Ctrl+I 组合键，单击“相对坐标”按钮。

按 Ctrl+I 组合键，设定 *X* 为 100，*Y* 为 0，单击“确认”按钮。

按 Ctrl+I 组合键，设定 *X* 为 0，*Y* 为 50，单击“确认”按钮。

按 Ctrl+I 组合键，设定 X 为-100，Y 为 0，单击“确认”按钮。

按 Ctrl+I 组合键，设定 X 为 0，Y 为-50，单击“确认”按钮。

按 Esc 键，画出矩形。

3）应用带相对坐标的矩形命令。

单击“线”“矩形”和“铅笔”按钮。

单击矩形的一个对角。单击 $X-Y$ 坐标区域（或使用快捷键 Ctrl+I），选择“相对坐标”。指定矩形的另一个对角：设定 X 为 100，Y 为 50。单击“确认”按钮完成矩形绘制。

（4）导线（电气线）。

一条导线必须开始和结束于电气节点。电气节点可以是另一条导线、符号上的一个连接点或者一个信号。要指定一条线是导线，必须激活“导线”按钮。

新画一条导线时，如果没有指定电气连接，则会出现图 12-27 所示的对话框，要求输入信号名称，或者可以指定这条线为临时线。

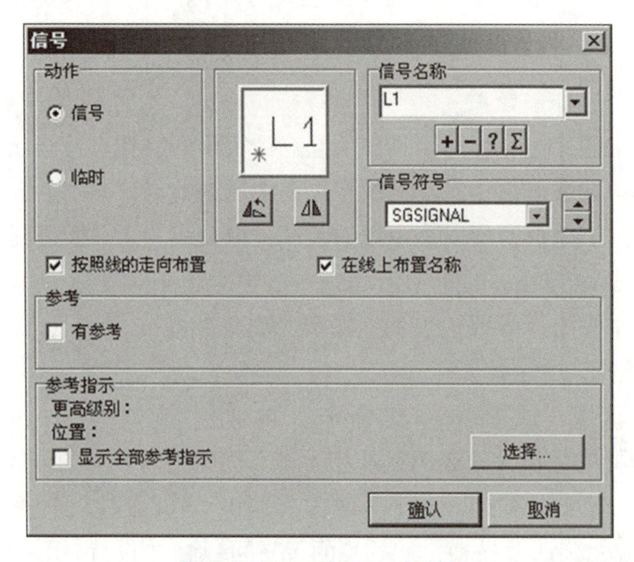

图 12-27 “信号”对话框

有名称的信号符号表明一个电气连接。这意味着有相同信号名称的电气节点有着相同的电势（电位）。因此，它们是相连的。

1）临时线。

如果一时决定不了导线连接的对象，可以选择临时线。这时的线没有电气连接。但是，这只是暂时的，以后必须加上指定要连接的对象。在一个完整的设计方案中不应该出现临时线。

如果把一条非导线连接到符号，会出现警告。但是，如果坚持那样做，程序也是允许的，这时不会出现连接点。

2）显示导线。

在任何时候，单击菜单中的“功能”，再激活“查看导线”，可以查看设计方案中哪些线是导线。导线变为绿色，非导线变为红色。要关闭此功能，可以再次选择“功能”→“查看导线”。

不能使用传送数据功能使非导线变为导线。

4. 圆弧/圆的绘制功能

要画圆时，可以单击“圆弧/圆”按钮，激活“铅笔”按钮。圆弧/圆的快捷键是 C。

“铅笔”按钮的常用快捷键为 Ins。不过，在激活“圆弧/圆”按钮的情况下，也可以使用 C 键作为它的快捷键。按下 Ins 或 C 键可以激活/关闭“铅笔”功能。

（1）圆/圆弧工具栏。

如图 12-28 所示，R 是圆/圆弧的半径。V1 是圆弧的起始角度，V2 是圆弧的终止角度——依逆时针方向。如图 12-29 所示，要画出一个完整的圆，V1 应设为 0，V2 应设为 360；要画四分之一个圆，V1 可以设为 180，V2 设为 270；要画半圆，V1 可以设为 45，V2 设为 225。

图 12-28　圆/圆弧工具栏

可以激活/关闭“填充圆/圆弧”按钮，决定圆/圆弧是否填充。

B 是线宽；F 是线的颜色和填充的颜色。按下空格键，可以旋转选中的圆弧。

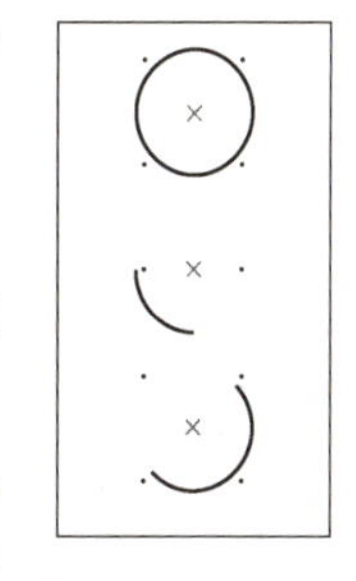

图 12-29　画圆

（2）椭圆。

使用“圆/圆弧”命令也可以画出椭圆。圆/圆弧工具栏中最后的 E 区域是椭圆因数。

如果因数被设为 1，画出的是一个普通的圆。如果不是 1，则为各种形状的椭圆，如图 12-30 所示。如果这时填写 V1 和 V2，可以画出椭圆形的圆弧。

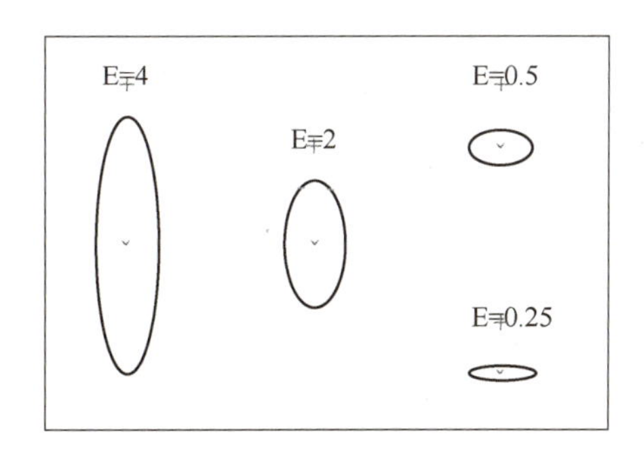

图 12-30　椭圆

（3）把圆/圆弧和椭圆转换为线。

要把一个圆转换为线时，先选中圆，再选择“编辑”→“转换成线”，如图 12-31 所示。

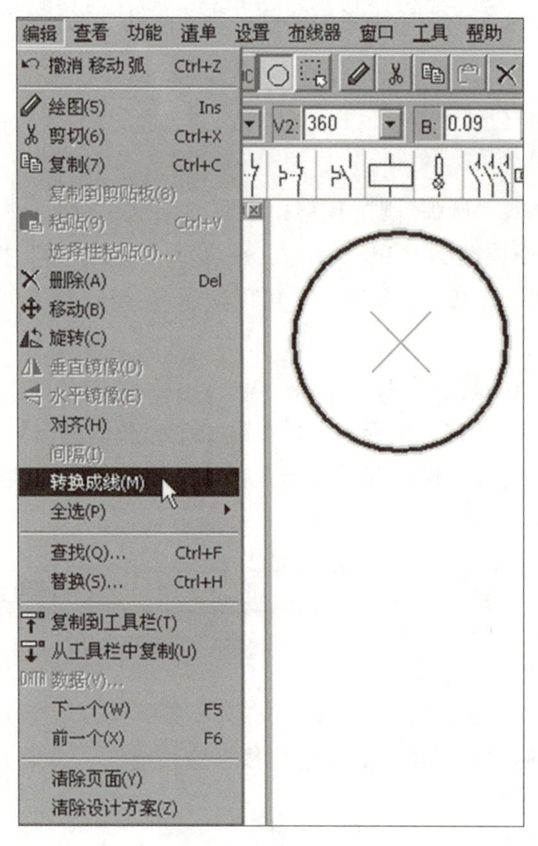

图 12-31 转换成线

使用这个功能后，圆就被转换为线。现在要选中这些线，必须先单击“线”按钮。

5. 文本功能

要输入文本（文字），必须先单击“文本”按钮或按下快捷键 T，再单击“铅笔”按钮。“铅笔”按钮的常用快捷键为 Ins。不过，在激活“文本”按钮的情况下，也可以使用 T 键作为它的快捷键。按下 Ins 键或 T 键可以激活/关闭“铅笔”功能。

6. PCschematic ELautomation 中的文本类型

PCschematic ELautomation 中有不同的文本类型，见表 12-2。

表 12-2 PCschematic ELautomation 中的文本类型

文本类型	描述
自由文本	可以被用于设计方案中任何地方的文本
符号文本	每一个符号自身的文本，包含了符号所代表的元件信息
连接点文本	每一个符号连接点自身的文本
数据区域	自动填充的文本区域

在本书中提到的文本，如果没有特别说明，都是指自由文本。

（1）自由文本。

自由文本可以被用到图纸中、符号定义中或图纸模板中的任何地方。自由文本不能像其他类型的文本那样传送到设计方案清单中。如果自由文本是符号定义中的一部分，那么它在图纸中是不可改变的。

①输入和布置自由文本：单击“文本”按钮，再单击“铅笔”按钮，或者在文本工具栏中的文本区域（空白区域）内单击，就可以输入文本了。输入如图12-32所示文本后，按Enter键。注意，工具栏会显示出正在进行自由文本的操作。现在文本位于十字线中。单击要布置文本的位置，这时已经在设计方案页面中布置了一个自由文本。

图12-32 文本工具栏

另外，按快捷键K，会进入“布置文本”对话框，如图12-33所示，在其中输入文本后，也可以布置到页面中。

图12-33 布置文本对话框

②编辑设计方案中的文本：要编辑设计方案中的文本，可以按下列步骤进行。

关闭“铅笔”按钮（按Esc键）；单击文本，再按下快捷键K；更改文本，并按Enter键（或单击“确认”按钮）。

如果按F7键进入“对象列表”对话框，可以查看设计方案中的所有文本，并编辑它们。

③连接到符号的文本：符号中有一些连接到符号的文本。如果符号有连接点，那么连接点中还有一些连接到连接点的文本。

（2）符号文本。

符号文本包含了符号所代表的元件信息。这些符号文本的描述见表12-3。

表12-3 符号文本

文本类型	描述
符号名	符号/元件名，例如K1、Q34
符号类型	描述了元件类型，可以使用数据库填写
符号的项目号	文本确切地描述了符号所代表的元件。可以是EAN号或者库存号，可以使用数据库填写
符号功能	文本用于描述符号的功能，可以使用数据库填写

输入符号文本中的信息可以被自动加入零部件清单中。

①填写符号文本：当布置符号时，会自动进入“符号项目数据”对话框。在这里可以现在输入符号的不同信息，也可以单击“确认”按钮，以后再填写这些信息。

如果不能自动进入“符号项目数据”对话框，可以单击“设置”→“指针/屏幕”，选择“要求名称”，激活这个功能。

如果以后要输入符号文本，必须先单击“符号”按钮，或使用快捷键 S。然后在符号上单击鼠标右键，在出现的菜单中选择“符号项目数据”。

另一种方法是，单击选中符号，然后单击程序工具栏中的“数据”按钮，进入“符号项目数据”对话框，可以按图 12-34 所示进行填写。

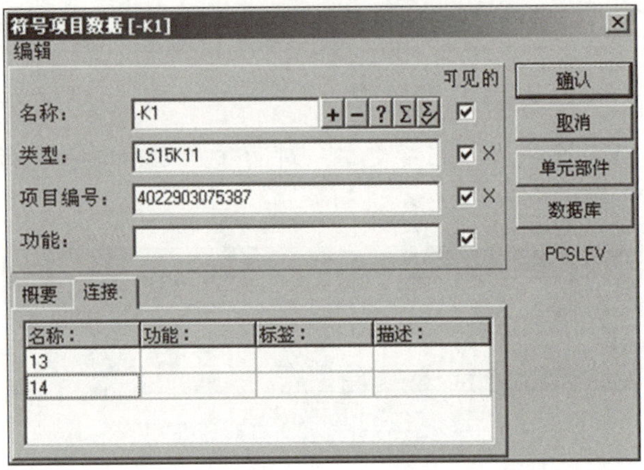

符号项目数据 [-K1]
编辑
可见的
名称： -K1
类型： LS15K11
项目编号： 4022903075387
功能：
确认
取消
单元部件
数据库
PCSLEV
概要 连接.

名称：	功能：	标签：	描述：
13			
14			

图 12-34 符号项目数据

在这里填写符号文本，决定哪些符号文本跟随符号在设计方案中显示。也可以输入连接点名。填写完成后，单击“确认”按钮。

②直接改变页面中的符号文本：一个符号有如图 12-35 所示的四个可显示的符号文本。可以直接改变页面中显示出来的符号文本内容：先单击“文本”，然后关闭“铅笔”按钮（按 Esc 键），单击要改变的文本的参考点，在文本工具栏中会看到所选中的符号文本类型，如图 12-36 所示。从符号的参考点到符号文本之间会显示出一条线，这表明了符号文本属于哪一个符号。单击工具栏中的文本区域，编辑文本，按 Enter 键。现在已经改变了符号文本。

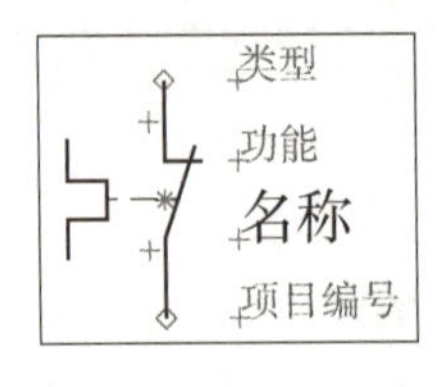

图 12-35 符号文本

符号名

图 12-36 符号文本类型

选中了一个符号文本后，可以按下 F5 和 F6 键，在同一个符号的不同文本间切换。

③在页面中移动符号文本：要移动符号文本，先激活“文本”按钮，然后可以像前

面介绍的那样移动文本，比如用鼠标拖曳。选择文本时，必须要确认选中了文本的参考点（文本旁边红色的小十字）。如果移动文本时按下 Shift 键，可以应用精确捕捉功能布置文本。

（3）连接点文本。

这些文本和符号的连接点（符号和导线连接点）联系在一起，包含了关于这方面的信息。连接点文本的类型见表 12-4。连接点文本的填写和移动与符号文本的一样。

表 12-4　连接点文本类型

连接点文本	内容
名称（连接点名）	连接点的连接数目
功能（连接点功能）	连接点的功能
标签（连接点标签）	简单描述（比如 PLC 图）
描述（连接点描述）	详细描述（比如 PLC 图）

选中了一个连接点文本后，可以按下 F5 和 F6 键，在连接点的各个文本间切换。

（4）数据区域。

另一种类型的文本叫作数据区域。这些可以被自动填写。比如自由文本，它们可以被应用到原理图中、符号中和图纸模板中的任何地方。

选择“设置”，可以指定一些数据区域的内容。这里输入的内容会在布置数据区域时随时插入设计方案中。如果在“设置”中改变了数据区域的内容，设计方案会自动更新。

要插入一个数据区域，按以下步骤：单击“文本”按钮，选择“功能”→“插入数据区域”，进入“数据区域”对话框，如图 12-37 所示。

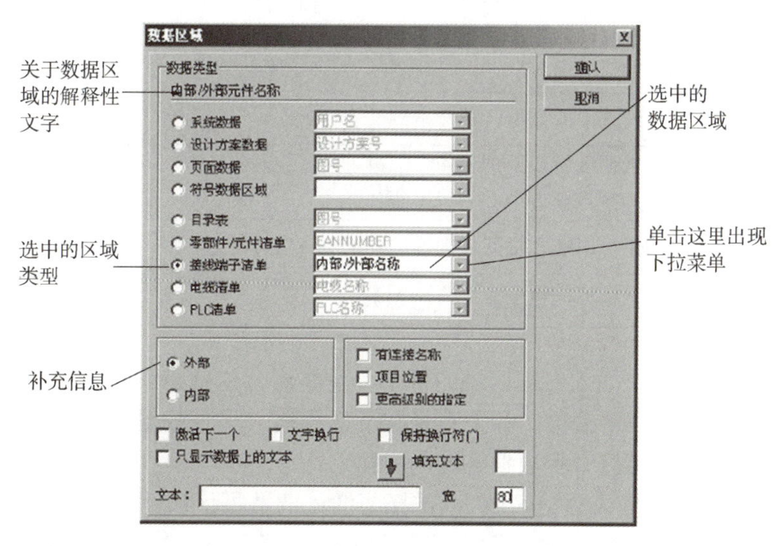

图 12-37　“数据区域”对话框

数据区域的内容见表 12-5。

表 12-5　数据区域的内容

数据区域	内容
系统数据	关于系统的数据。比如用户名，可以在“设置”→“系统”中输入一个人的名字，日期和时间是确切的日期和时间
设计方案数据	关于设计方案的数据。可以在“设置”→“设计方案数据”中定义
符号数据区域	可以自己定义的数据区域
目录表	关于目录表的数据区域
零部件/元件清单	关于零部件/元件清单的数据区域
接线端子清单/电缆清单	关于接线端子清单和电缆清单的数据区域。在辅助信息框中，可以决定一个数据区域属于清单中的外部还是内部
PLC 清单	关于 PLC 清单的数据区域

菜单中其他区域的功能见表 12-6。

表 12-6　菜单中其他区域中的功能

区域	功能
激活下一个	当某一组信息在页面中多次重复时，可以被用于列表。每一次激活下一个时，列表中的下一组信息就会被填写到清单
限制文本	如果文本包含的字符太多，超过了区域的宽度，则文本的其他部分不会被显示出来。如果激活了限制文本，文本上会多出一条线
允许换行	选择了保留换行符（^），设计方案清单中的数据区域里也会有相应的换行符
只显示数据上的文本	这个选项只有当在文本区域输入信息时才会显示。有时候，文本区域被填写了，但数据区域本身没有实际的数据。这时如果激活这个功能，将不会打印屏幕上的任何内容
红色箭头	传送选中的数据区域文本到文本区域
填写字符	在数据区域余下的宽度，文本的最后会填入一个字符。例如，页面标题和页码间会在目录表中有一行虚线
文本	这里可以在数据区域内容的前面输入文本
宽度	数据区域的最大宽度（字符数）

图 12-38 所示为两个插入数据区域的例子。请注意，这就是编辑符号时所看到的数据区域的样子。如要创建一个清单，如果只是在页面中插入一个数据区域，将不会看到数据区域自身的名称，但是可以看到数据区域的内容。

单击“功能”→“插入数据区域”，选择要插入的数据区域。设置完成后，单击“确认”按钮。现在选中的数据区域在十字线中，单击要布置的地方。

要编辑一个已有的数据区域，可以在数据区域上单击鼠标右键，选择“数据区域”，打开“数据区域”对话框。

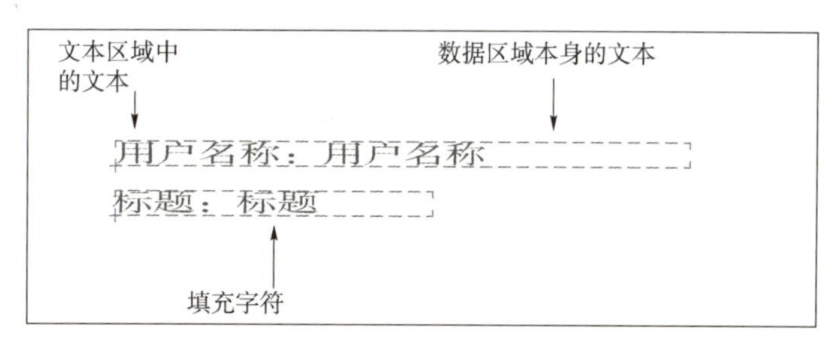

图 12-38 插入数据区域的例子

在文本中插入数据区域的内容：应用%字符，可以在文本区域中的文本内插入数据区域内容。这个功能适用于表示数字的区域，比如元件的价格。有表 12-7 所列选项。

表 12-7 %字符的使用方法

插入	描述
%s	插入未改变的数据区域的值/内容。 如果输入“价格:%s $”，数据区域的内容为 25，文本中的结果就会是“价格:25 $”。 如果输入的内容没有小数，则不会显示小数；如果输入的内容有小数，也会相应地显示小数
%f	把浮点值插入数据区域
%. 1f	把带小数的浮点值插入数据区域内容。可以选择从 0 到 9 的小数。如果输入“价格:%. 2f $”，数据区域内容为 25，则文本结果为“价格:25. 00 $”
%-	如果输入“%. 3fkg”，数据区域内容为 17. 65，则文本结果为“17. 650 kg”。 没有插入数据区域值时，文本在“%”字符前结束。比如输入“总价:%”，则输入数据区域内容时，文本“总价:”就会插入进去。 这可以被应用到清单的最下面一行，在这里数据区域总价 1 没有内容，只有清单中所有页面都添加进来时，它才会有计算结果。要达到这个目的，必须把数据区域总价 1 和文本“总价:%-”布置到左边最下一行。 把数据区域总价和文本“%s $”布置到右边最下一行。 对所有数据区域选择只显示数据上的文本

要在文本中使用“%”字符，只需输入“%”字符两次。比如输入“%. 2f%%”，则结果就是“25. 00%”。

7. 符号功能

在 PCschematic ELautomation 中可以用一个符号在图中代表电气元件。比如，要布置一个灯，可以查找灯的符号，把它布置到图中。

对符号进行操作时，先单击“符号”按钮，或使用快捷键 S。

“铅笔”按钮的通用快捷键是 Ins，也可以在对符号进行操作时应用 S 键。按 Ins 或 S 键激活/关闭“铅笔”按钮。

(1) 取出符号。

单击“符号”按钮，或按快捷键 S，可以进入符号模式，对所有符号进行操作。除了复制一个已布置的符号外，还有其他几种方法可以取出符号：

①从符号选取栏取出符号；

②从符号菜单中取出符号；

③从数据库中取出符号；

④输入符号文件名；

⑤输入项目号；

⑥输入符号类型；

⑦直接创建符号；

⑧从 Windows 资源管理器中取出符号；

⑨使用条码扫描器。

使用数据库时，应用有些功能会非常方便。比如知道需要元件的完整的项目号，或者知道元件的类型，却不知道完整的项目号，可以使用数据库找到改元件。

布置符号时自动画线：布置符号时，使用“布线器”功能，可以在图中自动画出到符号的连接线，如图 12-39 所示。更详细内容会在后面的章节中叙述。

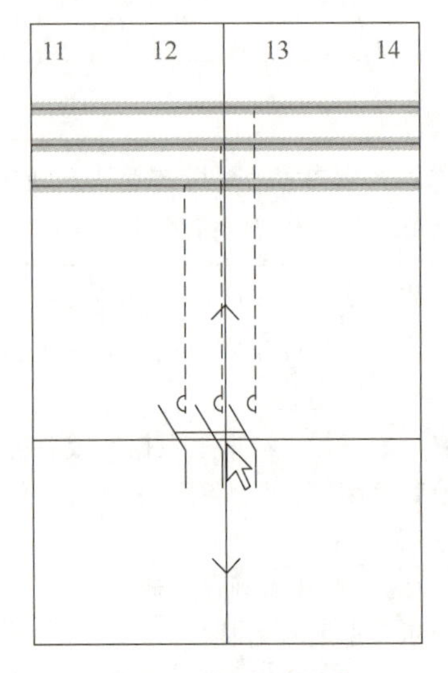

图 12-39　自动连线

1）从符号选取栏取出符号。

在屏幕的上方可以看到符号选取栏，如图 12-40 所示。在这里布置一些最常用的符号。

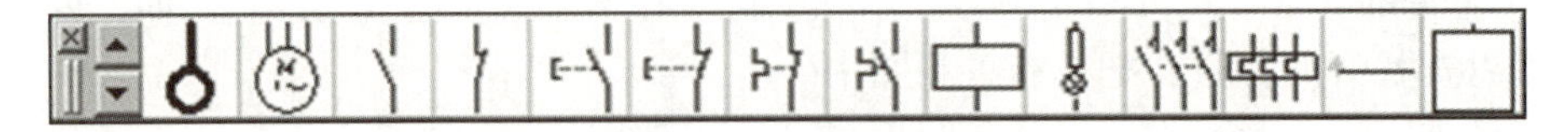

图 12-40　符号选取栏

单击选取栏中的一个符号，它就会位于十字线中。可以把它布置到设计方案的页面上。程序会自动转到“符号”工作模式，“铅笔”被激活。

如果选取栏没有显示出来，选择“设置”→“指针/屏幕”，选中“符号选取栏”。

使用符号选取栏时，有一些选项：符号选取栏中有项目数据的符号；使用选取栏进入数据库；可选择的电气符号；使用可选择的符号时的其他选项；使用选取栏时的功能限制。

①符号选取栏中有项目数据的符号：符号选取栏中的符号可以和数据库中的元件联系起来。这样，在布置符号时，会自动为符号指定项目数据。单击数据库中包含多个功能的符号/元件，会得到包含元件所有电气符号的一个选取栏，如图12-41所示。

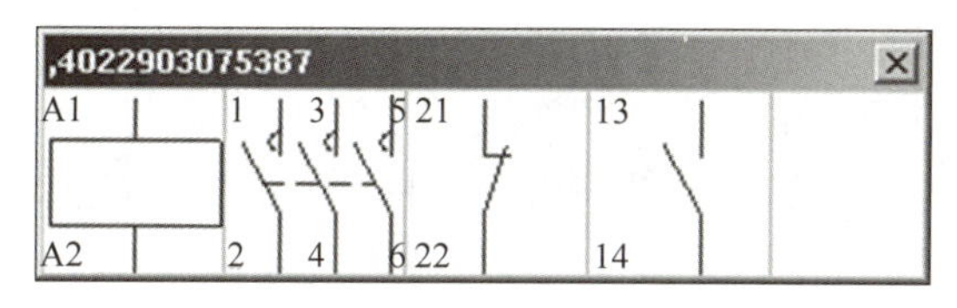

图12-41　选取栏

单击其中一个符号，布置到页面。按快捷键Ctrl+F9，可以再次显示出选取栏。

如果鼠标停留在选取栏中的一个符号上，会在符号下方和屏幕底部的状态栏中显示出符号项目数据的提示。

②使用选取栏进入数据库：在选取栏中单击符号时，按下Ctrl键，就会进入数据库。在数据库的“符号”区域，可以看到包含相应电气符号的元件。

也可以在符号选取栏中的符号上单击鼠标右键，选择“数据库”。进入数据库后，选取需要的元件，单击“确认”按钮。

③可选择的电气符号：如果通过数据库（比如使用符号选取栏）取出了一个元件，有时可以为元件的功能选择不同的电气符号。比如，一个元件有继电器线圈和两个开关功能，开关功能可以是一个双向开关，也可以是一个常开或一个常闭。元件的符号选取栏如图12-42所示。如果选取了其中的一个符号，则其他的符号都会消失。比如，对第一个开关功能选取了常开触点后，则另外的双向开关和常闭触点符号就会从选取栏消失，如图12-43所示。

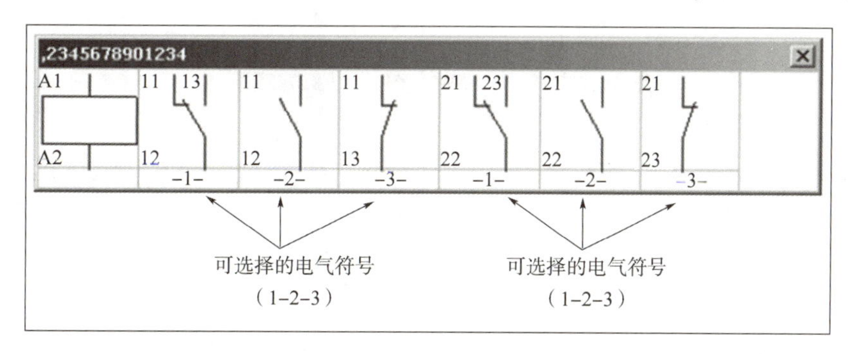

图12-42　元件的符号选取栏

④使用可选择的符号时的其他选项：上面介绍的只是使用可选择的符号的一种方法。比如画主回路控制图时，可以画一般的三相图，也可以画单线图。可以选择使用PLC模块或者是单个的I/O符号。

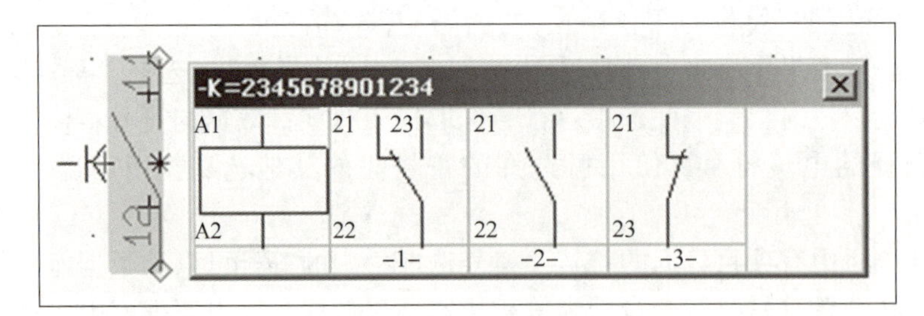

图 12-43 选取后的触点符号

⑤使用选取栏时的功能限制：可以创建多达 999 个不同的符号选取栏。单击选取栏左边的上、下箭头，可以在不同的选取栏间切换。

符号选取栏可以像一般的窗口那样在屏幕上移动，也可以被锁定。如果被锁定，它会一直在屏幕上显示。

2）使用符号菜单取出符号。

单击“符号”按钮，再单击“符号菜单”按钮（或按快捷键 F8）。在“符号菜单”中，选取需要的符号，如图 12-44 所示。要布置查找到的符号，则先单击需要的符号，单击“确认”按钮，或双击这个符号，返回绘图页面，同时符号位于十字线中。把符号布置到页面，按 Esc 键，去掉十字线中的符号。

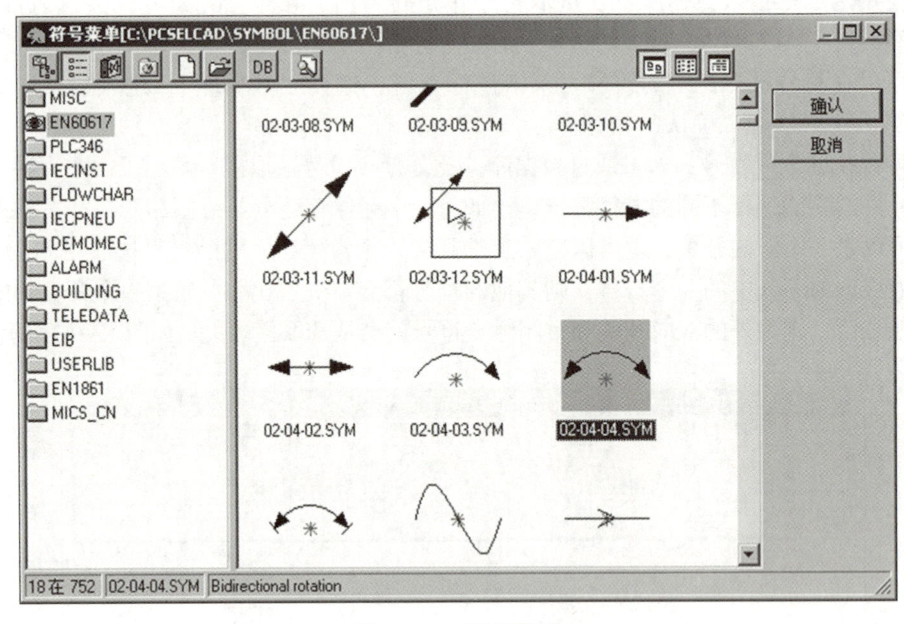

图 12-44 符号菜单

在符号菜单中，可以在符号菜单中显示符号库/设计方案符号；符号菜单中的代表符号；在符号菜单中搜索；在符号菜单中创建书签；从符号菜单进入数据库；从符号菜单创建新符号或编辑已有符号。

①在符号菜单中显示符号库/设计方案符号：要在符号菜单中查找符号，可以按下面的方法，选择要显示哪些符号。

* 通过文件夹显示库。单击从“文件夹选择库”按钮，则会在符号菜单的左边显示一个浏览结构，可以在其中找到有需要的符号库的文件夹。在 C:\盘的 Pcselcad 文件夹中可以找到 Symbol（符号）文件夹。其中有许多子文件夹，包含不同的符号库。选中一个文件夹后，比如 EN60617，就可以在“符号菜单”窗口中看到这些符号。如果显示出来的符号太多，可以使用窗口上的滚动条。

* 通过别名选择库。单击“通过别名选择库”按钮，符号菜单左边会出现已创建的别名清单。每一个别名都指向一个文件夹，其中包含着符号库。

安装软件时，会自动为符号库创建别名。也可以编辑或创建任何一个指向符号库的别名。

* 显示设计方案中的符号。单击“显示设计方案中的符号”按钮，则其中的所有符号都显示出来。

* 显示最近使用过的符号。单击“历史”按钮，则最近从“符号菜单”中取出的 50 个符号都显示出来。这包括在所有设计方案中使用的符号。

②符号菜单中的代表符号：在符号菜单的右上角会发现三个按钮，它们指定了符号菜单中的符号如何显示。

* 以大图标方式显示符号。单击“大图标”按钮，则符号以大图标方式显示。把鼠标停留在符号上，则符号的标题、名称和类型都会显示出来，如图 12-45 所示。

* 在列表中显示符号名。单击“列表”按钮，会显示出符号文件名列表。把鼠标停留在符号上，则符号的标题、名称和类型都会显示出来，如图 12-46 所示。

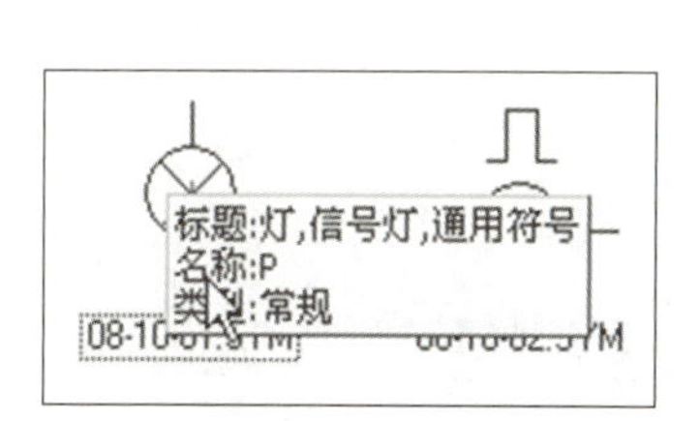

图 12-45　大图标显示

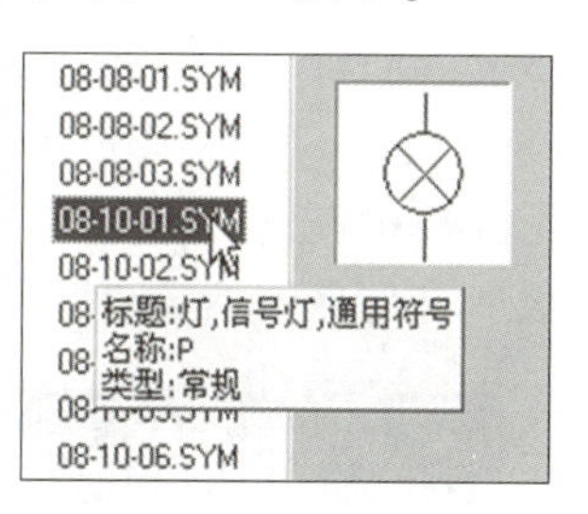

图 12-46　列表显示

* 显示符号名的详细资料。单击“详细资料”按钮，会显示出符号文件名列表，还包含了选中符号的详细信息，如图 12-47 所示。鼠标停留在列表中的一行时，相应的符号会在菜单右边显示出来。

08-08-02.SYM	Master clock	P	常规
08-08-03.SYM	Clock with switch	P	常规
08-10-01.SYM	灯,信号灯,通用符号	P	常规
08-10-02.SYM	Signal lamp,flashing type	P	常规
08-10-03.SYM	Indicator, electromechanical	P	常规
08-10-04.SYM	Electromechanical position indicator	P	常规
08-10-05.SYM	Horn	P	常规

图 12-47　详细资料

③在符号菜单中搜索：要在选中的库中搜索符号，可以单击“搜索”按钮，或按快捷键 Ctrl+F。这时会出现一个搜索区域，如图 12-48 所示，可以在其中输入要搜索的文本。

图 12-48 搜索

单击“搜索”按钮右边的下拉箭头，指定要搜索的类型信息，如图 12-49 所示。在搜索区域输入要查找的符号文本。当输入文本时，程序会自动查询相应的符号。

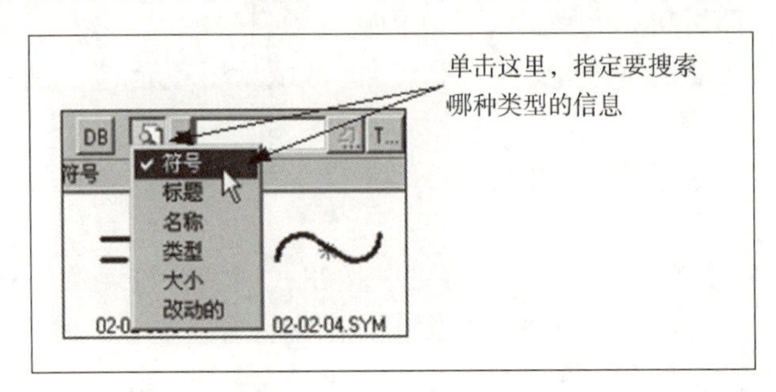

图 12-49 指定搜索类型

要继续查询，单击“再次搜索”按钮或按 F3 键。输入大写或者小写字母时，查询的结果是一样的。

通常，程序会搜索以输入的文本开始的符号文件名。如果要搜索包含输入文本的符号文件名，则单击“开始于/包含”按钮，这样按钮“T…”会变为“…T…”，这时程序会搜索包含输入文本的符号文件名。要搜索以输入的文本开始的符号文件名，只需再次单击“开始于/包含”按钮，这样按钮“…T…”会变为“T…”。

④在符号菜单中创建书签：符号菜单显示别名或文件夹时，可以插入书签。单击一个书签，会跳转到文件夹中相应的符号上，如图 12-50 所示。

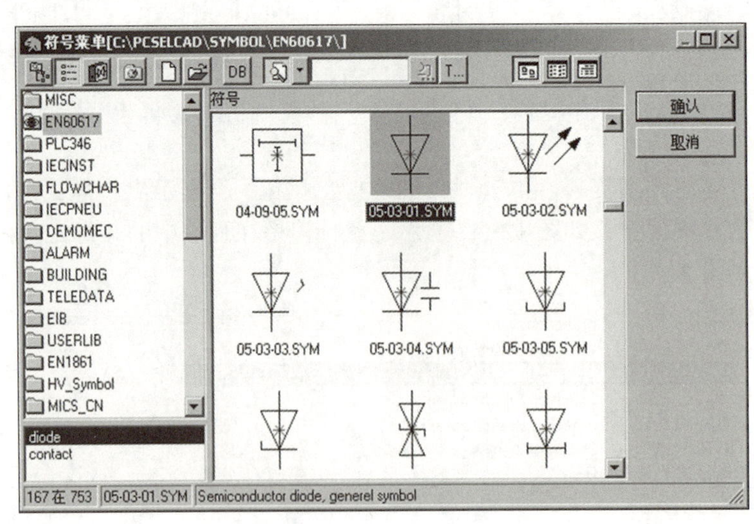

图 12-50 符号菜单中的书签

＊在符号菜单中创建书签：要创建书签，可以在符号菜单中的符号上单击鼠标右键，

选择“创建书签”，如图 12-51 所示。打开“创建书签”对话框，如图 12-52 所示。输入书签的名称，单击“确认”按钮。这样，当选中书签所在的文件夹时，它就会显示在对话框的左下角。

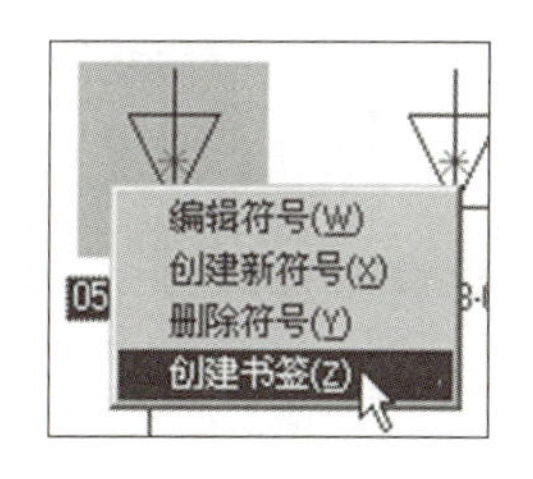

图 12-51 选择创建书签

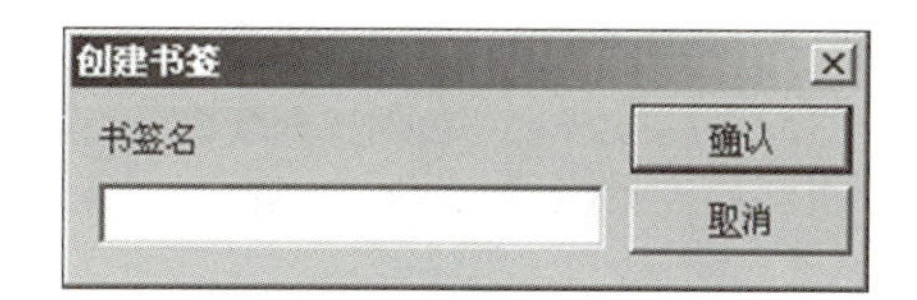

图 12-52 “创建书签”对话框

* 编辑或删除书签：在书签上单击鼠标右键，选择“编辑书签”或“删除书签”，可以进行相应的操作。

* 书签和复制符号库：书签信息被保存在相应的符号库中。如果从网络上的其他计算机进入这个符号库，也会看到书签。复制符号库时，使用的书签也被自动包括进去。

⑤从符号菜单进入数据库：要在相关的数据库中查找符号，按以下步骤进行。

* 进入“符号菜单”界面。

* 查找需要的符号，单击它。

* 单击“数据库”按钮，打开“数据库菜单”对话框。

在数据库中，可以看到有此种类型符号的全部元件。

⑥从符号菜单创建新符号或编辑已有符号：要创建一个新符号，单击“创建新符号”按钮；要编辑一个已有符号，在“符号菜单”中单击它，再单击“编辑符号”按钮。

3）从数据库取出符号。

如果已经确定要使用哪些元件，可以直接从数据库取出相应的符号。

①进入数据库：单击“符号”按钮，按下 Ctrl 键，同时单击“符号菜单”按钮，就会直接进入数据库。也可以按快捷键 D，打开“数据库”对话框，如图 12-53 所示。

数据库菜单中的选项：在数据库中选取符号；从数据库布置选中的符号；再次显示元件的符号选取栏。

②在数据库中选取符号：单击一个文件夹，比如 automatic switches/connection material，在对话框的右上角选择“Fabricate”，选中一个元件，比如选择 EAN 号为 4022903075387 的元件，如图 12-53 所示，单击“确认”按钮。

③从数据库布置选中的符号：现在就会出现一个包含元件所有电气符号的符号选取栏，如图 12-54 所示。如果元件只包含一个符号，那么它会自动位于十字线上；如果有多个符号，就可以一个一个地选取，逐一布置到页面。当单击一个符号时，选取栏就会自动消失。

④再次显示元件的符号选取栏：要再次显示选取栏，选择“功能”→“再次显示可用的”或按快捷键 Ctrl+F9。

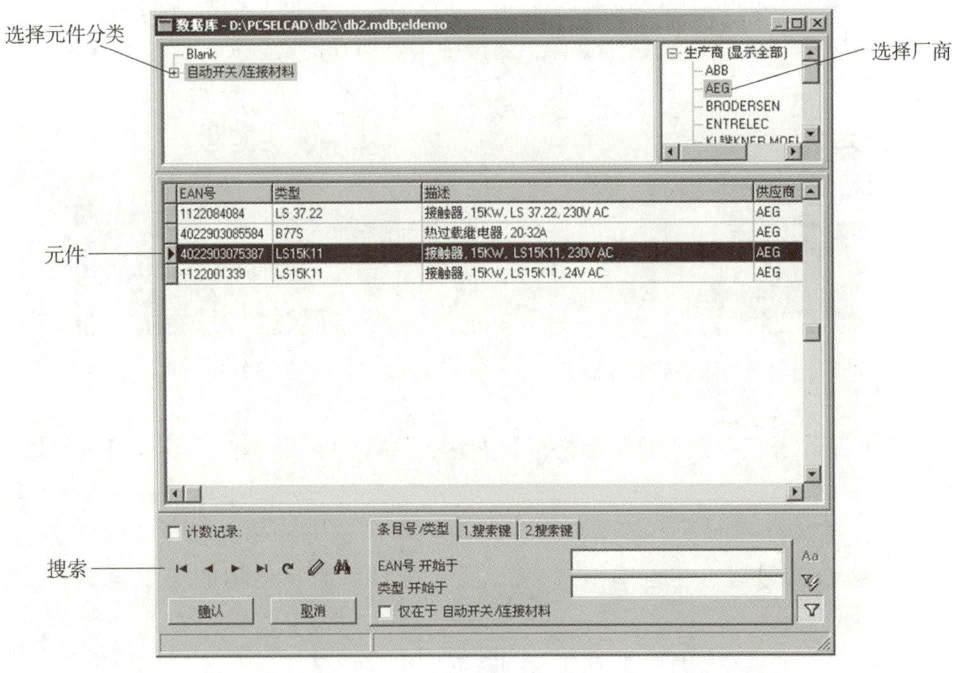

图 12-53 “数据库”对话框

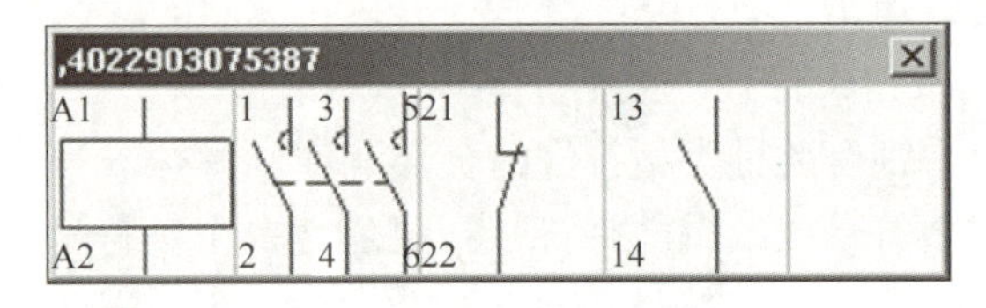

图 12-54 电气符号

4）直接输入符号文件名。

激活“符号”按钮，按快捷键 K，打开图 12-55 所示的对话框。输入需要的符号文件名，按 Enter 键。程序会在符号菜单中上次使用的文件夹内搜索符合条件的符号。如果没有找到需要的符号，程序会搜索符号库中的别名。如果找不到匹配的符号，会进入符号菜单。如果符号菜单中有以输入的文本开头的符号文件名，这个符号就会被选中。

图 12-55 输入符号文件名

5）直接输入项目号。

激活“符号”按钮，选择“功能”→“数据库”→“查找项目”，或按快捷键 V，打开图 12-56 所示的对话框。在这里输入尽可能完整的项目号，单击“确认”按钮。进入数据库，全部有匹配项目号的元件都会显示出来。如果输入 40，如图 12-56 所示，则数据库如图 12-57 所示。选择需要的元件，单击“确认”按钮。现在会出现元件的符号选取栏，或符号位于十字线中。如果输入完整的项目号，则不会进入数据库，而是直接在十字线中得到符号。

图 12-56　输入 40

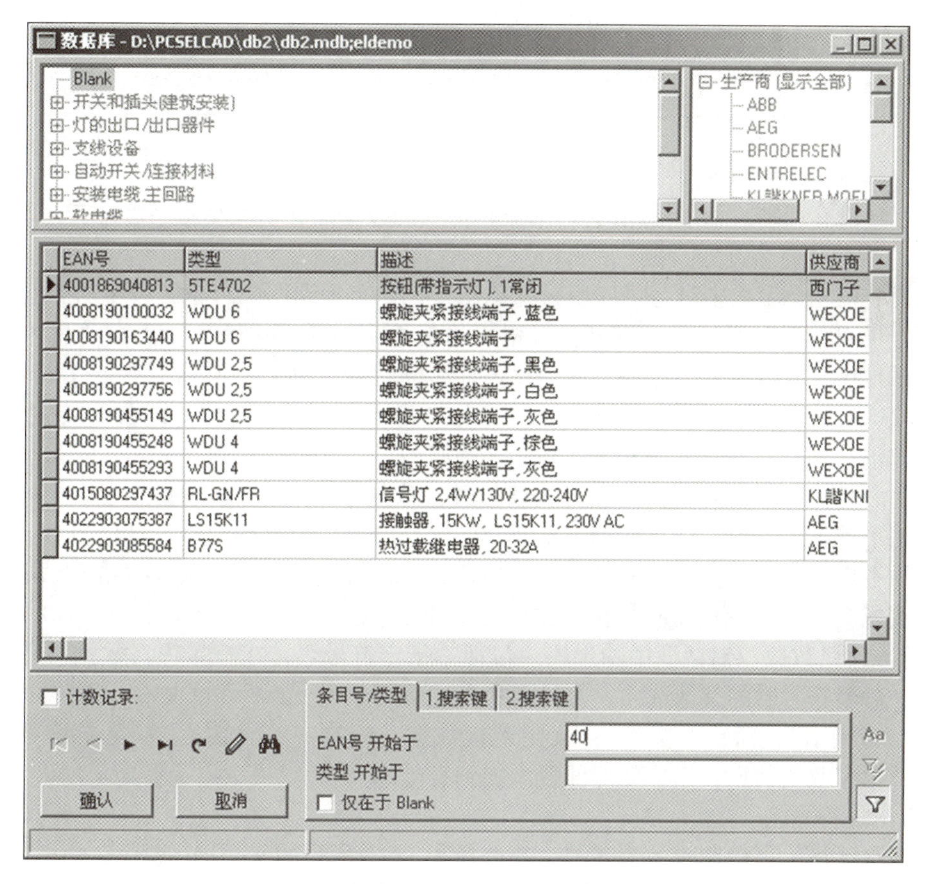

图 12-57　输入项目号后

6）直接输入符号类型。

激活“符号”按钮，选择“功能”→“数据库”→“查找类型”，或按快捷键 B，进入图 12-58 所示的对话框。在这里尽可能多地输入完整的符号类型文本，单击“确认”按钮。

进入数据库，会显示出所有相匹配的符号。如果输入 S，则数据库中会显示所有符号类型以 S 开头的元件。单击需要的元件，再单击“确认”按钮。现在会出现元件的符号选取栏，或符号位于十字线中。如果输入完整的符号类型，则不会进入数据库，而是直接在十字线中得到符号。

输入符号类型时，程序会区分大小写字母。如果使用的是 ACCESS 格式的数据库，则

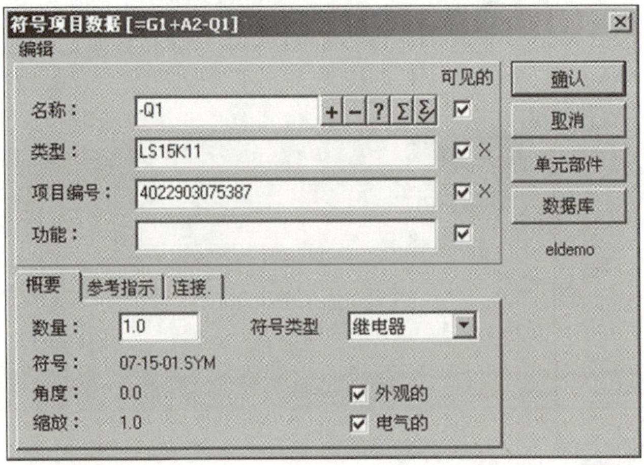

图 12-58　符号项目数据

大小写字母没有区别；如果使用的是 dBASE 格式的数据库，则大小写字母是有区别的。

（2）布置和命名符号。

当符号位于十字线中时，可以用鼠标单击，把它布置到图中。布置符号时，会自动进入“符号项目数据”对话框，要求填写相关的信息，如图 12-58 所示。在“符号项目数据”对话框中，输入符号名以及其他信息。如果通过数据库选取符号，则除了符号名外，其他区域均会被自动填写。完成设置后，单击“确认”按钮。如果不想改变其中的内容，单击“取消”按钮。按 Esc 键从十字线中去掉符号。

自动命名符号：激活“自动命名”按钮时，布置的符号会被自动指定下一个可用的符号名，而不用进入“符号项目数据”对话框。按钮在屏幕上方的符号工具栏内。

如果不想每次布置符号时都进入这个对话框，则可以在“设置”→“指针/屏幕”中去掉“要求名称”前面的检查标记，关闭此功能。

“符号项目数据”对话框中的选项，包括：指定符号名；在符号项目数据对话框中自动计数；命名符号时的其他选项；符号名中的电路号；可见/不可见文本；标签“常规”；标签“参考指示”；标签“参考”；改变连接数据；标签“符号数据”；复制符号项目数据；从数据库收集信息；把单元部件图添加到符号。

1）指定符号名。

在名称区域，可以输入一个名称，并选择表 12-8 所列的某个选项。

表 12-8　按钮及其功能

按钮	功能
+	每次对符号名加 1
-	每次对符号名减 1
?	给出下一个相关符号类型的可用符号名
Σ	给出一个包含所有已使用的符号名的列表，可以在其中选择
Σ√	给出当前环境下的所有相关符号的符号名列表

2）符号项目数据对话框中的自动计数。

如果按下 Ctrl 键，单击“+”按钮，则每次布置相同类型的符号时，都会在上一次的符号名上自动加 1。激活此功能时，会在对话框中“名称”区域的前面看到一个“+”。

如果按下 Ctrl 键，单击“-”按钮，则每次布置相同类型的符号时，都会在上一次的符号名上自动减 1。激活此功能时，会在对话框中“名称”区域的前面看到一个“-”。

如果按下 Ctrl 键，单击“？”按钮，则布置的符号会自动被指定为下一个可用的符号名。激活此功能时，“名称”区域前会出现一个“？”。

3）命名符号时的其他选项。

可以同时重新命名多个符号；可以在图中直接改变符号文本。

4）符号名中的电路名。

可以在符号名中自动加入电路名。

5）可见文本。

在可见的区域设置一个检查标记，可以决定哪些信息会在页面上显示。

请注意，只有先在“=文本/符号默认值”中激活此功能后，文本才会在页面上显示。

6）标签“常规”。

在“常规”标签项中，可以看到符号的信息，比如符号文件名、符号类型、缩放和旋转角度等，如图 12-59 所示。

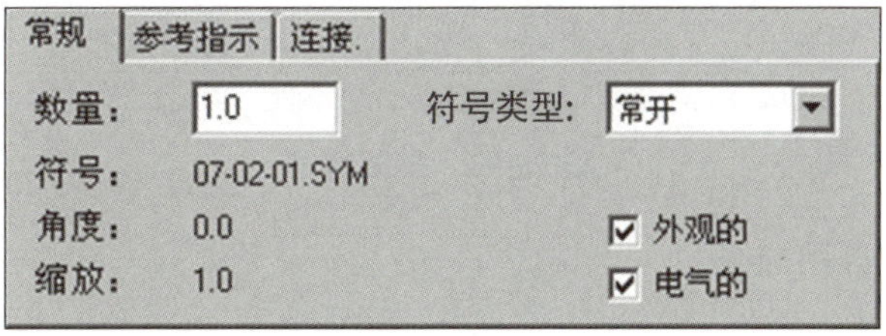

常规 | 参考指示 | 连接.
数量： 1.0 符号类型： 常开
符号： 07-02-01.SYM
角度： 0.0 外观的
缩放： 1.0 电气的

图 12-59　常规

*数量：“数量”区域应用于单线图，表明了符号代表的元件出现的次数。比如，要使用 5 个同样的符号，而只想在图中布置一个这样的符号，这时就可以使用此功能。在设计方案的清单中，也会显示出这样的符号有 5 个。

*符号类型：单击“符号类型”区域的下拉箭头，可以改变符号类型。

*电气和外观清单中的符号数据：也可以指定符号在电气和外观清单中的显示。选择“电气的”，如果符号包含相关的类型信息，则会在接线端子清单、电缆清单、PLC 清单和连接清单文件中显示出来。如果选择“外观的”，则符号会在元件清单和零部件清单中显示出来。布置符号时，“电气的”和“外观的”会自动被选中。

7）标签“参考指示”。

在当前的设计方案中使用参考指示时，“符号项目数据”对话框中就会出现“参考指示”标签项，如图 12-60 所示。在这里可以为符号选取参考指示。

（3）移动和删除已布置的符号。

这部分内容叙述了如何移动和删除符号。

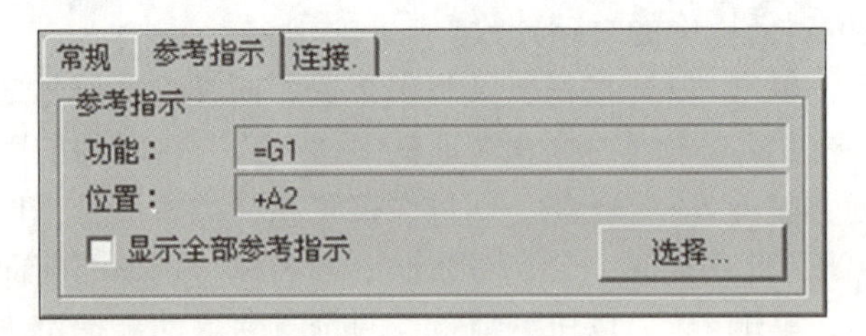

图 12-60　参考指示

1）删除已布置的符号。

可以用两种方法删除已布置的符号。

①删除符号并重新画线。

* 单击“符号”按钮。

* 单击“删除”按钮：现在会被提问是否要删除全部有当前符号名的符号，如图 12-61所示。单击“是”按钮，符号会被删除，而符号所在的线会自动连接到一起，不会出现空白。

图 12-61　删除符号

②删除符号，不自动画线。

* 单击“符号”按钮。

* 按下 Ctrl 键，单击“删除”按钮：现在会被提问是否要删除全部有当前符号名的符号。单击“是”按钮，符号会被删除，而符号所在的线不会自动连接，留下一个空白，如图 12-62 所示。

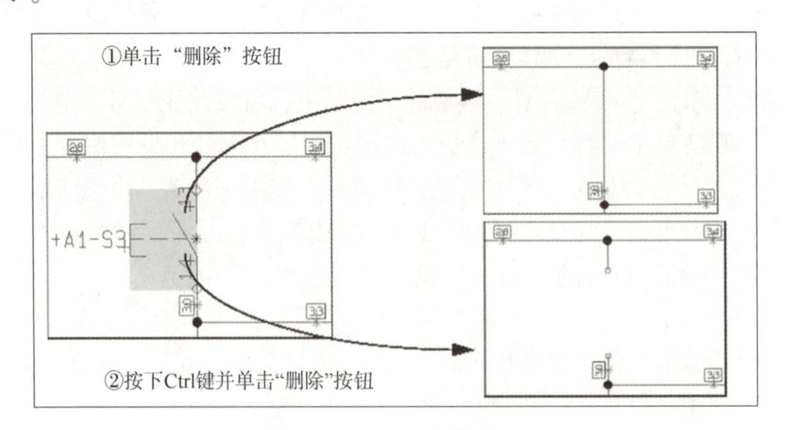

图 12-62　删除后的效果

删除多个符号：也可以同时选中多个符号后，一次全部删除。见“在区域中改变符号名”部分的叙述。

2）移动已布置的符号。

可以用两种方法移动已布置的符号：

＊单击“符号”按钮。

＊单击符号，按下鼠标左键，把符号拖到一个新位置。现在已经移动了符号，和它相连的连接线也被一起移动，如图 12-63 所示。

（4）符号文件夹。

不同的符号位于不同的文件夹，这依据它们的用途分类。因此，要取出一个符号时，最好知道符号位于哪一个文件夹。所有的符号文件夹都在文件夹 C：\Pcselcad\SYMBOL 中，如图 12-64 所示。这些文件夹的内容见表 12-9。

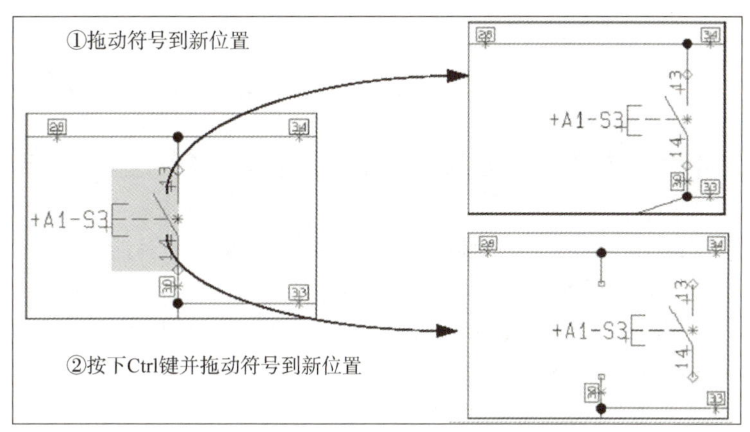

图 12-63　符号和线一起移动

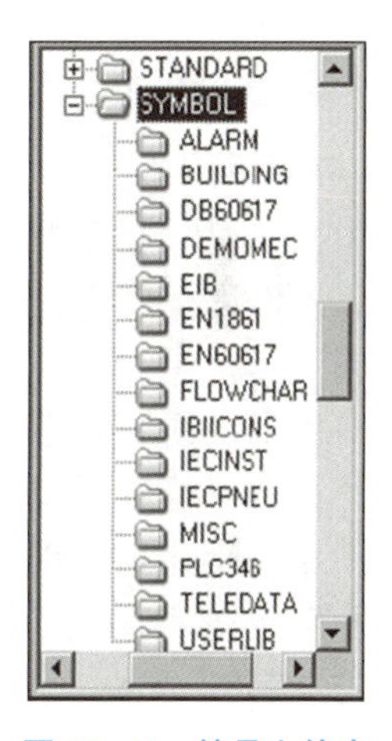

图 12-64　符号文件夹

表 12-9　文件夹及内容

文件夹	内容
ALARM	报警系统符号
BUILDING	建筑平面图符号：门、窗等
DEMOMEC	包括元件的外观图
EIB	智能建筑安装符号
EN1861	符合 EN1861 标准的符号：制冷系统和加热泵
EN60617	符合欧洲 IEC/EN60617 标准的符号文件夹
FLOWCHAR	流程图（计算机）符号
IECINST	电气安装符号
IECPNEU	气压和液压符号

续表

文件夹	内容
MISC	图纸模板、部件清单模板、目录表模板、信号符号、电缆符号等
PLC346	符合 EN61346 标准，有参考指示的 PLC 符号
TELEDATA	电信和通信符号
USERLIB	用户自定义的符号

12.2.2 创建符号

在 PCschematic ELautomation 工作时，有时会发现在程序的符号文件夹里没有需要的符号，这时就需要自己创建一些符号。

1. 创建新符号

在下面的例子中，将会创建一个矩形中带有圆的新符号。另外，这个符号还包含一个自由文本和两个信号连接点。

要创建新符号，必须工作在一个设计方案中，假如不是这样，必须新建一个设计方案。

单击“新建文件”按钮，按 Esc 键或单击“取消”按钮离开“设置”对话框。

单击“符号”按钮或者使用快捷键 S，然后单击“符号菜单”按钮。当然，也可以直接使用快捷键 F8。现在进入“符号菜单”对话框，如图 12-65 所示。单击“从文件夹选择库”按钮，或者“从别名选择库”按钮，再选择要把符号保存在哪个文件夹中，比如文件夹 MICS_CN。单击“创建新符号”按钮或在符号区域中的任意空白处单击右键，选择“创建新符号”。现在已经进入了编辑符号模式，在左边工具栏的下方可以看到 SYMB 中有一个闪烁的方框。在屏幕的中间会发现如图 12-66 所示的图形。

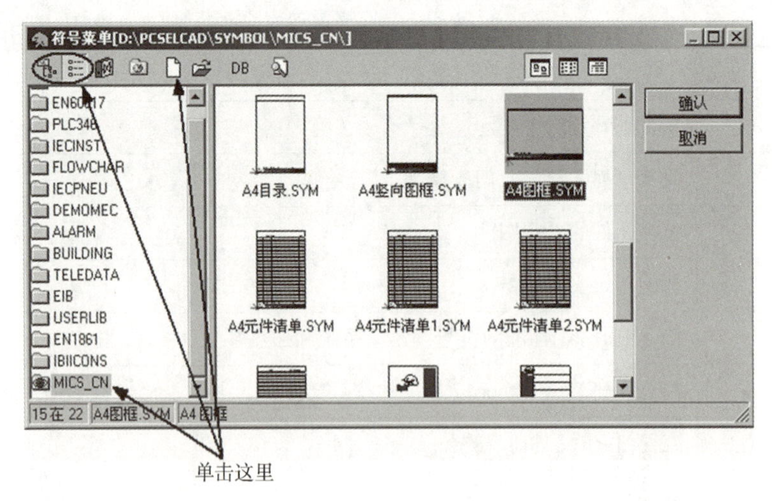

图 12-65 符号菜单

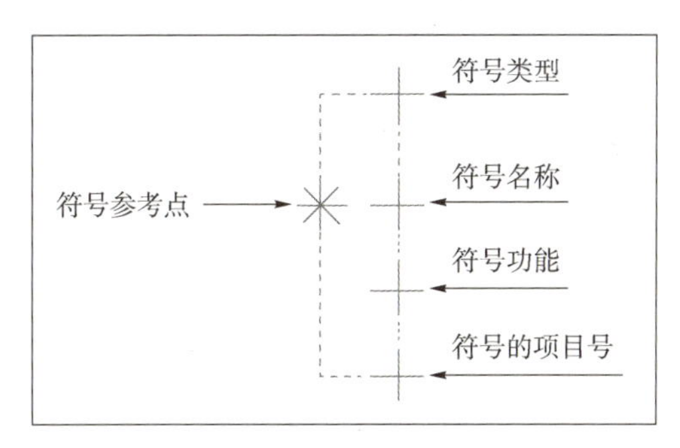

图 12-66 参考点

中间的星号（*）是符号的参考点，这个点表明了符号的位置，而且是将来在符号旋转时的中心点，一个符号只能有一个参考点。

（1）移动参考点。

为了有更多的地方用来画符号，可以使参考点左移。移动方法是选中参考点，然后使用鼠标拖动到希望放置的位置。

（2）符号中的线。

为了画线，单击“线”按钮，然后单击“画线”按钮。可以指定在使用符号时，符号中的线和连接到这个符号的导线的宽度及颜色完全一样。要实现此效果，必须激活（高亮显示）工具栏中的“跟随连接”按钮。

（3）画矩形框。

要在符号中画出矩形框，可以单击“矩形”按钮。在参考点的左边 10 mm、下边 10 mm 处单击，指定矩形的左下对角点。然后在参考点的右边 10 mm、上边 10 mm 处单击，指定矩形的右上对角点。现在已经在参考点周围画出了一个 20 mm×20 mm 的矩形。坐标和距离都显示在屏幕的左下角，如图 12-67 所示。

x=160,00 y=110,00mm | x=20,00 y=20,00mm

图 12-67 坐标显示

（4）布置连接点。

要使符号具有电气特性，符号上必须要有一些点，可以连接电气线。这些点叫作连接点。要布置连接点，则单击“符号”按钮、“连接点”按钮和“铅笔”按钮，十字线中会出现一个连接点。单击布置两个连接点，如图 12-68 所示。

布置连接点时，需要填写它们的数据，如图 12-69 所示。

在这里，可以将它们命名为 1 和 2。如果要使这些名称在图纸中不可见，可以去掉“名称”区域中“可见的”检查框中的“√”。

（5）连接数据对话框中的多个选项。

①名称中有不同部分的连接数据：如果输入“?1”和“?2”，则可以在设计方案中布置符号时，直接在“符号项目数据”对话框中的连接名称中输入“?”及代表的数字或字母。比如，在布置常开和常闭符号时，当事先并不知道它们的物理位置，也就是不知道它

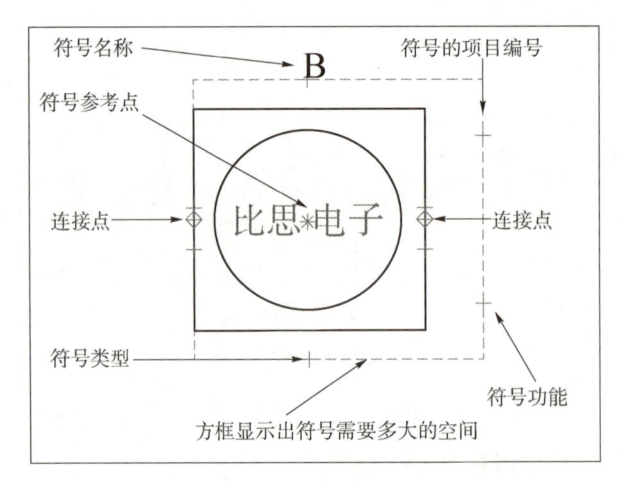

图 12-68　布置连接点

连接数据
编辑
可见的
确认
取消
名称：
功能：
标签：
描述：
输入输出状态
主要类型　没有
扩展名　没有
不生成点
不重复检查

图 12-69　连接点数据

们的连接点时，这个功能非常有用。对接线端子也是如此。如果输入“*”，则可以在设计方案中布置接线端子时，输入连接名称的全部内容。

②不生成点。

③不检查重复：进行设计检查功能时，可以检查设计方案包含的符号中，是否有多个连接点有相同的名称。选择“使用多次”会进行此检查。

但是，对于某些符号，比如通用的气压符号，根据行业标准，连接点有同样的名称是允许的。要在符号定义中关闭对连接点的这项检查，可以选择“不重复检查”。这样，程序进行设计检查时，就不会检查连接点名称是否被多次使用。

请注意，在符号定义中关闭这个检查前，必须要确定它在本行业中是允许的。

现在已经为符号布置了连接点。按 Esc 键去掉十字线中的参考点符号。

(6) 画一个圆。

单击“圆”按钮（快捷键 C）和“铅笔”按钮，可以在符号中画出圆。

现在出现圆/弧的工具栏（图 12-70），同时十字线中会有一个圆。

设置半径（*R*）为 8.0，可以使圆心和参考点重合，布置圆。

（7）输入自由文本。

例如，要在符号的中央，显示自由文本“块”，如图 12-71 所示，则单击“文本”按钮或按快捷键 T，单击文本工具栏中的文本区域，输入文本“块”，按 Enter 键。现在文本位于十字线中。

图 12-70　圆/弧的工具栏　　图 12-71　文本“块”

（8）改变文本数据。

单击“文本数据”按钮，把文本高度设置为 3.0 mm，设置对齐方式为居中对齐，如图 12-72所示。单击“确认”按钮。

图 12-72　文本数据

现在十字线中的文本为选中状态。单击符号的中央，布置文本。按 Esc 键，或单击“铅笔”按钮，从十字线中去掉文本。

请注意，在设计方案中布置符号时，符号定义中的自由文本不能被改变，它们只能在程序的编辑符号模式下才可以被改变。

（9）符号文本和它的文本数据。

单击“文本”按钮，按 Esc 键关闭“铅笔”按钮。单击文本“符号名”的参考点，选中它。在命令工具栏中可以看到是否选择了正确的文本参考点。

在这里应该为“符号名”，如图 12-73 所示。

如果输入“B”，则这个字母就会作为符号名。若把这个符号布置在一个项目中，按 K 键，出现图 12-74 所示的对话框。

图 12-73　符号名

图 12-74　布置文本

输入 B，按 Enter 键。如果不按 K 键，可以单击命令工具栏中的文本区域，输入 B，再按 Enter 键。

选中了一个符号文本后，按下 F5 键可以在符号文本间前后切换。

通常不在符号名区域输入“-B”。如果在“设置”→“指针/屏幕”中选择了“在符号名前插入-”，则布置符号时，程序会自动在符号名前插入一个“-”。

如果输入“B?”，则布置符号时，符号会自动被指定下一个可用的符号名。

(10) 在编辑符号时改变符号文本。

设计（编辑）符号时，激活“符号”按钮，屏幕上会出现图 12-75 所示的工具栏。

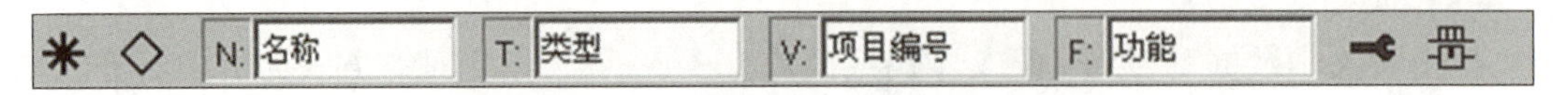

图 12-75 编辑符号时改变符号文本

在这里单击不同的区域，输入相关的文本，也可以改变符号文本。

(11) 移动符号文本。

要移动图中的文本符号名，按以下步骤：

单击“文本”按钮，关闭“铅笔”（按 Esc 键）。单击文本“符号名”，再单击“移动”按钮。通常“捕捉”被设置为 2.5 mm，这时“捕捉”按钮被选中（高亮）。要在精确捕捉模式下布置文本，可以按下 Shift 键，这时捕捉变为 0.25 mm，可以在左下方的工具栏中看到一个红色的框。单击要布置文本的地方。松开 Shift 键，返回普通捕捉。

用同样的步骤移动其他符号文本。

关于捕捉和栅格的更多内容，见“屏幕/图像功能”部分的叙述。

(12) 显示符号文本。

如果要查看不同符号文本的尺寸大小、颜色，或者布置的位置等，可以选择“查看”→“显示文本”，如图 12-76 所示。

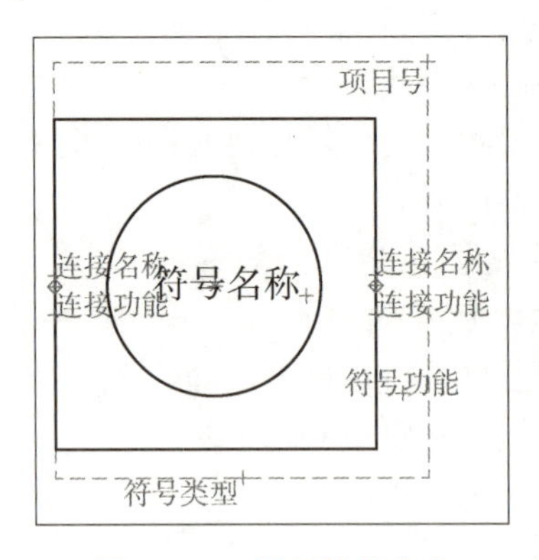

图 12-76 显示符号文本

只有未填写的文本可以改变。

单击“文本数据”按钮，可以改变文本的显示情况。再次选择“查看”→“显示文本”按钮，关闭此功能。

(13) 保存符号。

如果还没有保存符号，可以单击“保存”按钮，出现“符号选项”对话框。为符号给出一个标题，显示符号的使用情况，比如输入“有两个连接点的块符号”，如图 12-77 所示。选中符号时，这个文本会显示在“符号菜单”上方。也可以根据它来决定选取哪一个符号。

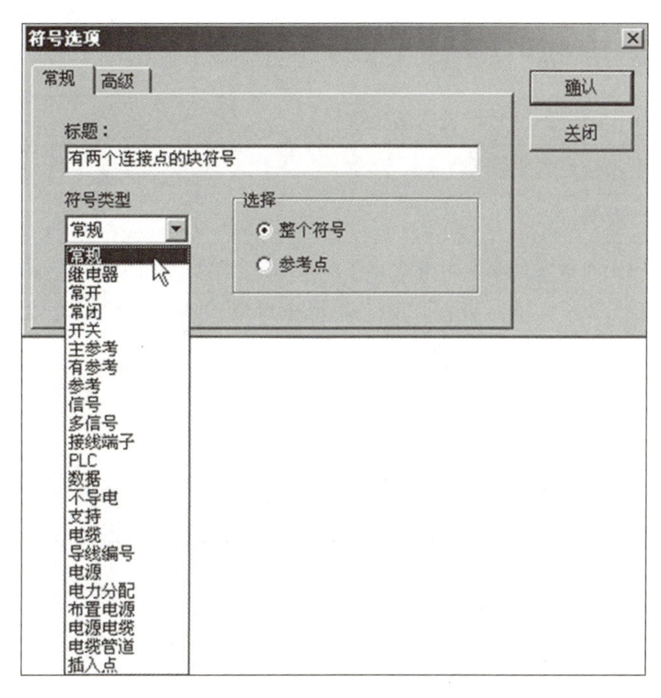

图 12-77 符号选项

请注意，设计符号时，单击“符号”按钮，再单击“符号设置”按钮，也可以进入此对话框。

2. 符号类型

可以选择的符号类型见表 12-10。

表 12-10 可以选择的符号类型

符号类型	用途
常规	没有特殊状态的符号
继电器	布置在一个原理图页面上时，符号下有一个参考十字
常开	符号表示一个常开触点。作为元件的一部分，符号的位置会显示在参考十字中。它也被指定为元件的继电器符号的参考
常闭	符号表示一个常闭触点。作为元件的一部分，符号的位置会显示在参考十字中。它也被指定为元件的继电器符号的参考
开关	符号表示一个开关。作为元件的一部分，符号的位置会显示在参考十字中。它也被指定为元件的继电器符号的参考
主参考	具有所有同一个符号名的符号的参考。比如手动控制开关
有参考	指向一个有主参考的符号，或者指向同一个元件的上一个或下一个符号

续表

符号类型	用途
参考	参考十字符号
信号	符号作为从一个电气点到另一个电气点的信号参考
多信号	用于标记到信号母线的多个符号
接线端子	表示接线端子符号
PLC	PLC 符号
数据	用于向布置到原理图中的元件添加信息。这些信息会显示在清单中
不导电	符号表示为非导线。比如，表示窗口或门的符号，都可以布置到一条非导线（墙）上
支持	属于特殊元件的符号
电缆	电缆符号，显示在电缆清单中
导线编号	用于导线编号的符号。比如手动或自动创建的导线编号。当手动布置线号时，程序会自动给出下一个可用的线号

上面的例子中，如果没有特殊说明，符号类型为“常规”。在图 12-77 中，“选择”被设置为“整个符号”。这意味着单击符号上的任一位置，都会选中符号。如果设置“选择”为“参考点”，就意味着只有单击符号的参考点时，才会选中符号。这个功能用于在上面布置其他符号的符号中，比如配电盘符号。单击“确认”按钮。在设计方案中，也可以选择那些“选择”被设置为“参考点”的符号的参考点。

单击“高级”标签，如图 12-78 所示。在这里可以打开或关闭不调整缩放比例功能，这样就可以在页面中对一个符号进行缩放，比例为 1∶1，或者 1∶50。

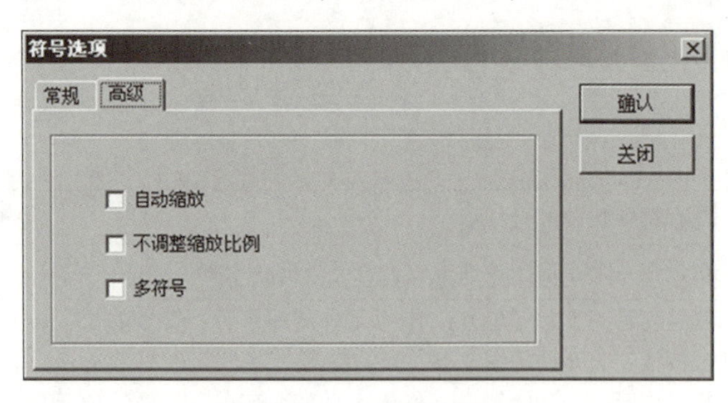

图 12-78　符号选项

“自动缩放”和“不调整缩放比例”一样，不应用于普通的原理图或平面图中。这个功能可以自动进行符号缩放，以匹配要和它连接的线。只能对设计为适合 10 mm 的线的符号应用此功能。

（1）保存符号。

第一次保存符号时，进入“另存为”对话框，在这里可以选择要保存的文件夹。

符号自动使用扩展名为 . sym，如图 12-79 所示。

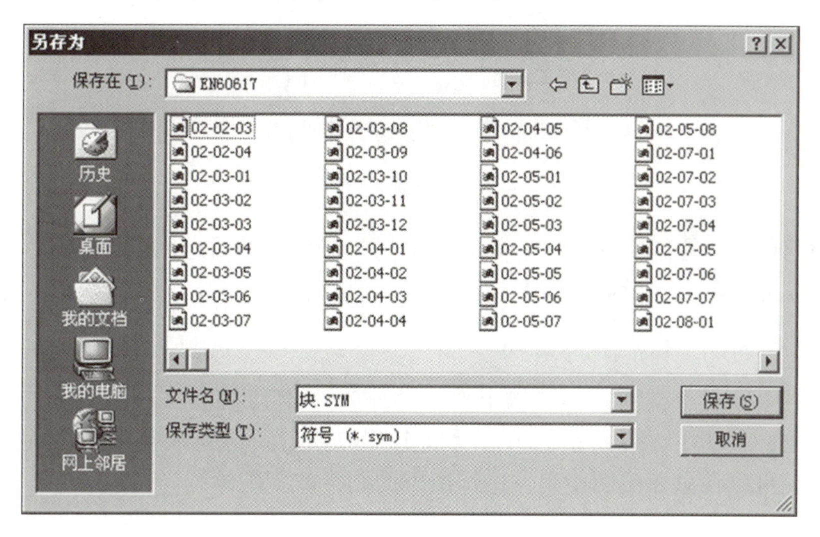

图 12-79 保存符号

单击“文件名”区域，输入名称“块”。然后把符号保存在需要的文件夹中。单击“保存”按钮，符号现在已经被保存了。

(2) 打印符号。

如果要打印出符号，可以单击“打印此页”按钮。

(3) 离开符号菜单。

保存了符号后，选择“文件”→“关闭”，可以离开设计符号模式。

现在返回“符号菜单”对话框，打开保存符号的文件夹，就可以看到刚才设计的符号，如图 12-80所示。鼠标停留在符号上时，它的标题、名称和类型会作为提示显示出来，如图 12-81所示。

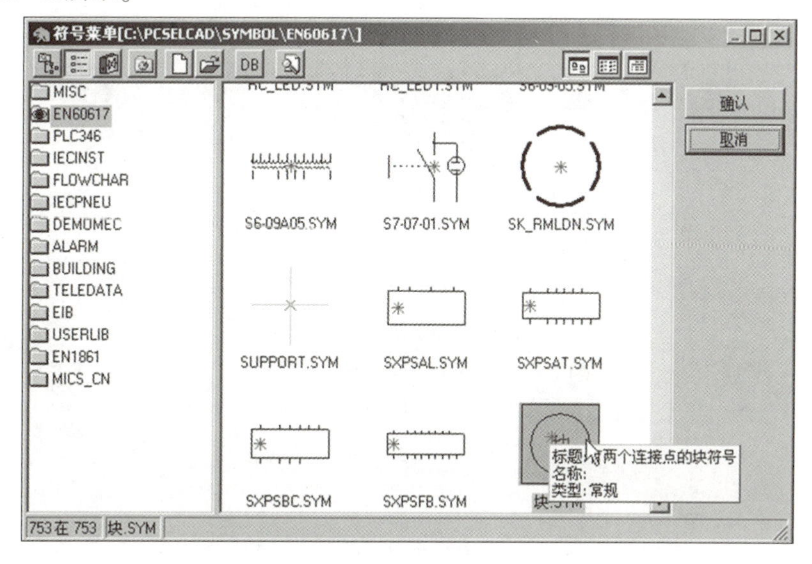

图 12-80 刚设计的符号

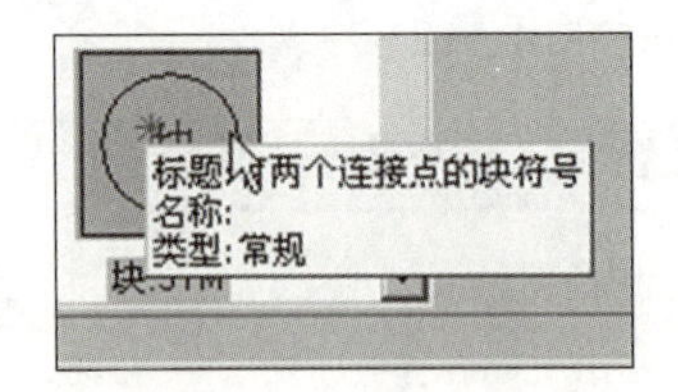

图 12-81　符号信息

如果要把符号布置到原理图中，单击“确认”按钮。然后返回设计方案，符号位于十字线中，可以把它布置到设计方案中。

12.2.3　输出 PDF 格式文档

在菜单栏中单击“文件”→“输出”→“作为 PDF”，如图 12-82 所示，弹出“PDF 输出”对话框，如图 12-83 所示，单击“确定”按钮后，得到本项目的 PDF 文档。打开 PDF 文档后，可以在里面截图使用，这样出来的图形非常清晰。

图 12-82　选择“作为 PDF”

PDF 输出

文件名	C:\PCSELEDU14.0\PCSELEDU\单元6.PDF
	☐ 激活参考链接
	☐ 符号弹出信息
	☐ 黑/白
	用 替换 PC|SCHEMATIC 字体：没有替代
分辨率	300 dpi　☑ 转换 EMF 对象
页面大小	自动
	显示层设置　☐ 变暗非当前层
☑ 打开 PDF 文件	

确定(O)　取消(C)

图 12-83　“PDF 输出”对话框

12.3 电气绘图项目举例

12.3.1 小型园林景观照明控制电路的绘制

1. 项目下达

通常把整个园林景观照明控制电路分为主回路、控制回路两部分。园林景观照明控制方式多种多样，为便于管理，应做到具有手动和自动功能，手动主要是为了调试、检修和应急的需要，自动有利于运行。自动又分为定时控制、光控等。小型控制电路中的控制回路由手动及定时控制回路组成。本项目中的小型园林景观照明控制回路的主回路及控制回路如图 12-84 所示。

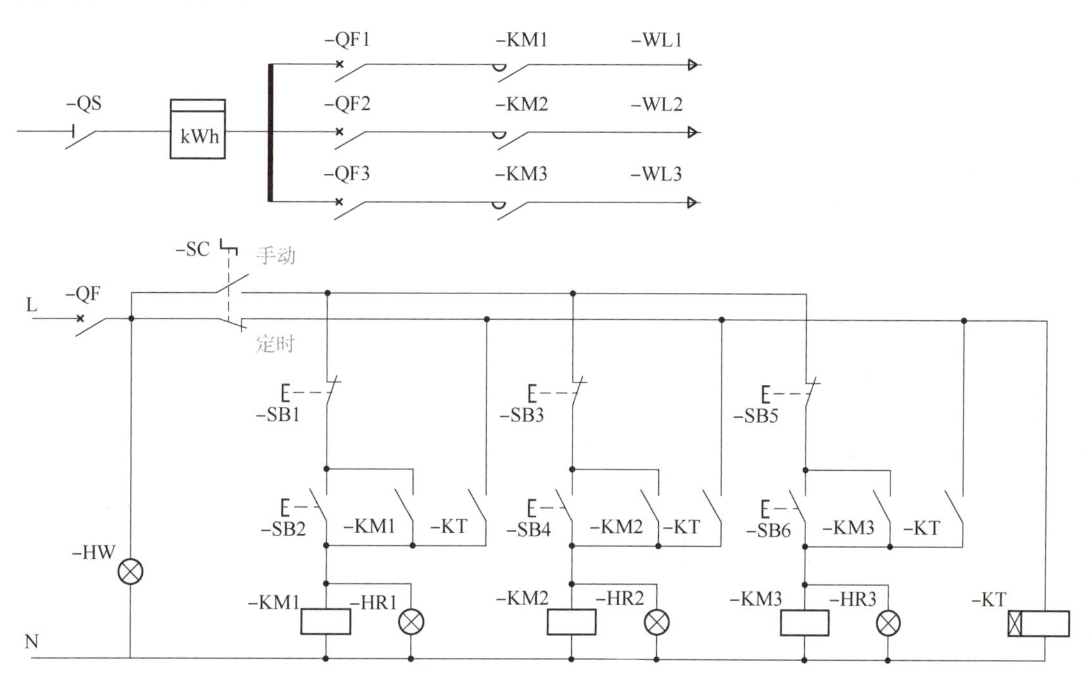

图 12-84　小型园林景观照明控制回路

2. 项目分析

(1) 识读分析。

主回路中的进户线先通过总隔离开关及电能表，然后将配电回路分为三条支路，每条支路都由断路器 QF、接触器的常开触点配电后，经 WL 电缆线输出给景观照明灯。控制回路由控制电源、手动定时转换开关 SC、接触器 KM、定时器 KT 及信号指示灯 HW、HR 组成。当主回路中的 QS、QF 都合上，并且 SC 转换到手动模式下时，按下 SB2 按钮后，KM1 回路形成自锁，主回路中的 WL1 电缆线接通电源，处于准备供电状态，按下 SB1 按钮后解开 KM1 的自锁，WL1 电缆线断开电源。同理，控制 WL2 及 WL3 两个电缆线；SC

转换到定时模式下，通电延时线圈 KT 开始通电，当到达设定时间后，KT 的常开触电闭合，KM1、KM2、KM3 线圈通电，WL1、WL2、WL3 电缆都处于接通状态，当 SC 转离定时模式后，所有电缆处于断开状态。

（2）绘制分析。

设计流程及运用的基础知识见表 12-11。

表 12-11　设计流程及运用的基础知识

设计流程	运用的基础知识点
步骤一：创建设计方案	创建新页面，填写设计方案数据
步骤二：放置元件符号	符号库的使用
步骤三：复制、摆放符号及修改符号名称	复制功能、对齐功能和编辑文字功能
步骤四：完善剩下的符号及其名称	粗略创建符号功能
步骤五：连线	连线功能

3. 项目实施

（1）创建设计方案。

打开 PCschematic Automation 第 14 版软件，单击“新建文档”命令，弹出“设置”对话框，在“设计方案标题”中填写本项目名称。然后单击 确定(O) 按钮，弹出建好的设计方案，把该文件保存到对应位置。

（2）放置元件符号。

①放置主回路元件符号。

在新建的设计方案中，按下 F8 键，进入“符号菜单”中，在符号文件夹里选择 60617，打开符合 IEC60617 标准的符号文件夹。分别拾取 07-13-06. sym、07-13-05. sym 和 07-13-02. sym 三个符号。每次拾取后，都会弹出“元件数据”对话框。

在 名称(N):... + - ? Σ Σ ☑ 中分别填写“QS”“QF1”和“KM1”，单击“确定”按钮后，把符号放在合适的位置上，如图 12-85 所示。

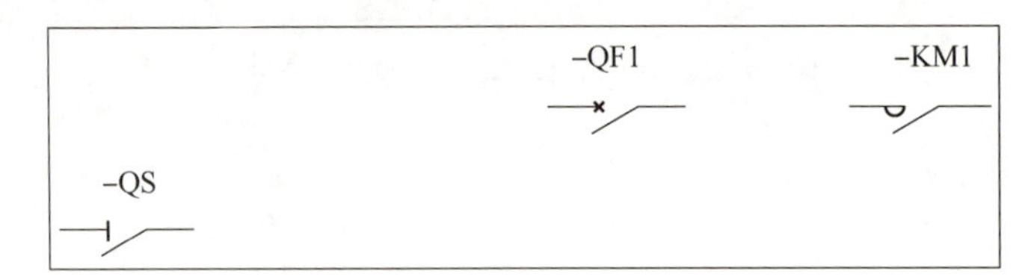

图 12-85　放置主回路元件符号

②放置控制回路元件符号。

同理，分别拾取 07-13-05. sym、07-07I04. sym、07-07B02. sym、07-07-02. sym、07-15-01. sym、08-10-01. sym 和 07-02-01 七个符号。每次拾取后，都会弹出“元件数据”对话框。

在 名称(N):... + - ? Σ Σ/ ☑ 中分别填写“QF”“SC”“SB1”“SB2”“KM1”“HR1”和“KT”，单击“确定”按钮后，使用对齐和间隔功能，把符号放在合适的位置上，如图 12-86 所示。

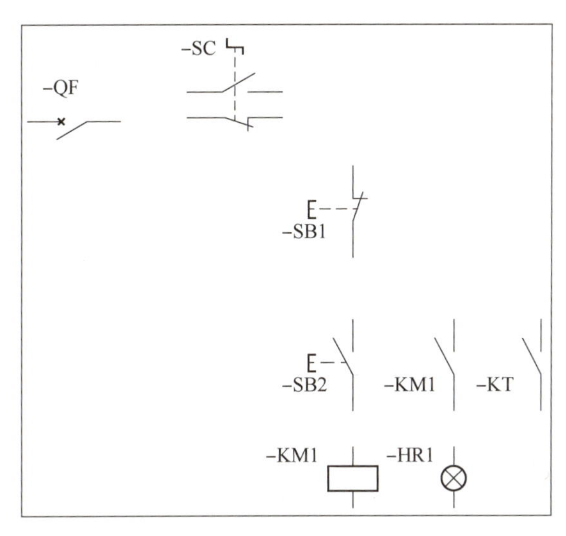

图 12-86 放置控制回路元件符号

（3）复制、摆放符号及修改符号名称。

在程序工具栏中单击“符号”按钮，长按鼠标左键，选择已画好的符号，选好后按鼠标右键，选择“复制”功能，再重复放置已复制的图形。每次放置时，都会弹出“对符号重新命名”对话框，选择 ◉对符号重新命名 ，然后正确摆放。在程序工具栏中单击“文本”按钮abc，双击要修改的文字，弹出“改变文本”对话框，单击按钮，可改变文字的字体、大小、颜色等。对主回路操作后，最终效果如图 12-87所示。对控制回路操作后，最终效果如图 12-88 所示。

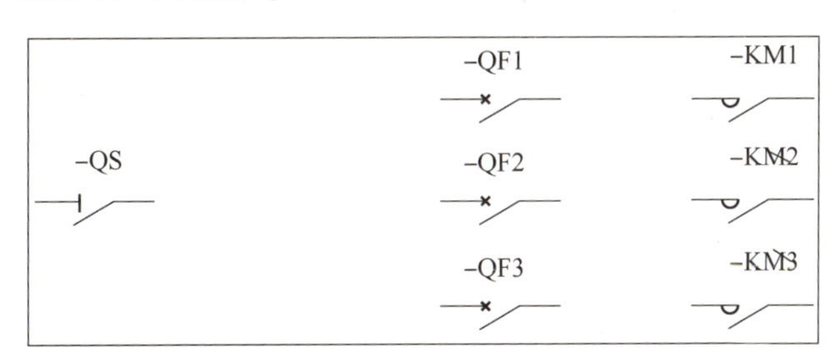

图 12-87 复制、摆放符号及修改主回路符号名称

（4）完善剩下的符号及其名称。

主回路里的电能表及电缆线可以通过“线”命令来完成。在程序工具栏中单击“线”及“绘图”命令，在命令工具栏中单击“矩形”按钮，绘制电能表的外框。再将菜单栏中“功能”→“导线”前面的“√”去掉，画出电能表整体框架，在程序工具栏中选择“文本”及“绘图”，填写“kWh”，得到完整的电能表。更好的做法是通过新建符号

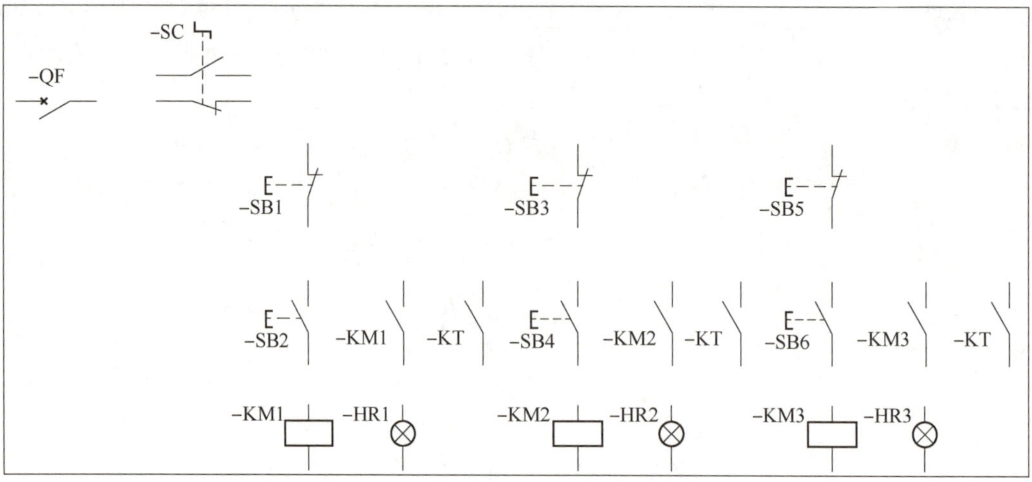

图 12-88　复制、摆放符号及修改控制回路符号名称

来完成这个过程（在后面章节将会讲到），目前初学先用这个方法。同理，可绘制电缆线。如图 12-89 所示。

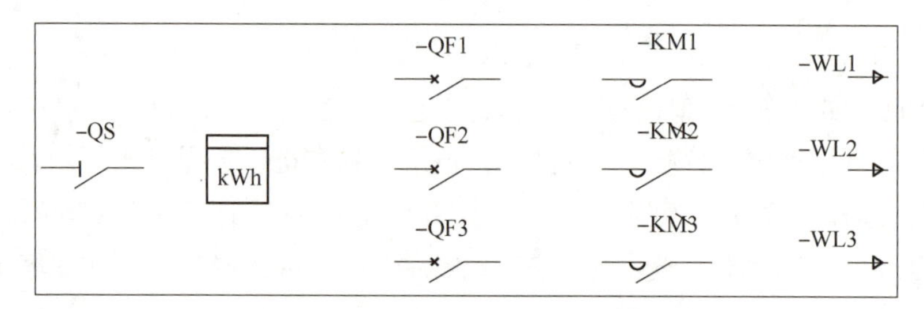

图 12-89　完善剩下的符号及其名称

控制回路中的通电延时继电器可从符号库里调用 07-15-08. sym。

（5）连线。

在程序工具栏中单击“线”及“绘图”命令，单击菜单栏中“功能”→“导线”，使其前面的“√”出现。把鼠标放在合适的位置，单击左键，弹出“信号”对话框，在“信号名称”中填写 L 及 N，绘制控制回路的电源线。

之后，把鼠标移到电气符号的连接点上，单击鼠标左键，按垂直、水平的原则移动鼠标到下一个元件的连接点上再按下鼠标左键，连线完成，每个元件间的连线都由此方法完成。主回路中的粗线，在命令工具栏中设置各选项为  T: B 0.7 A 2 F ■。最终绘制完成的图形如图 12-90 所示。

（6）认识符号参考指示。

当同一个元器件在电路图中放置的图形符号不止一个位置时，就会用到符号参考指示，例如接触器的线圈、主触点、辅助触点，经常就会在多处出现，还有继电器、PLC 等元器件也有这样的情况。

本项目绘制好的电路图页面（图 12-90）中已自动生成了符号参考指示，如图 12-91

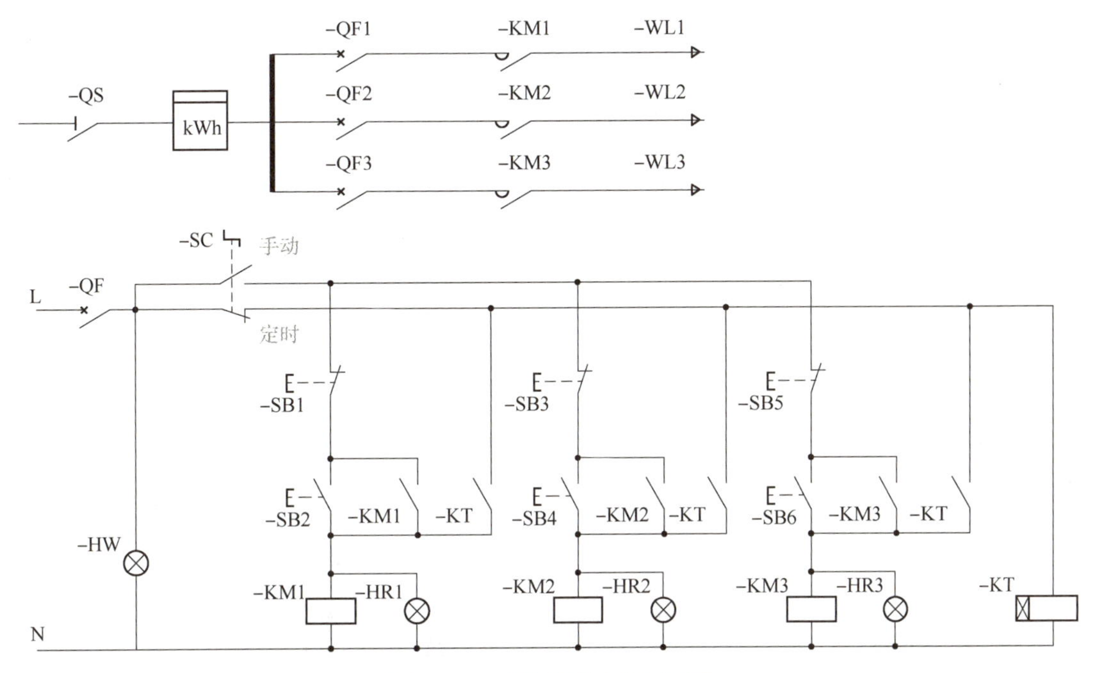

图 12-90 绘制好的电路图页面

所示。以最左边的参考十字为例，其中，“.2”表示接触器 KM1 的常开触点在图纸区间中第 2 列里出现了，单击该参考指示，页面会自动跳转到该常开触点处的图纸区间。其余的参考十字分别对应 KM2、KM3、KT。这些参考指示都具有链接功能、实时更新功能，方便识图和绘图，提高效率，特别是有多个页面的时候。

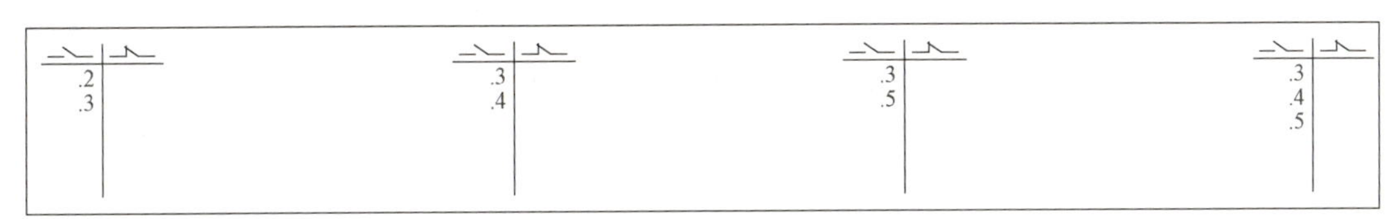

图 12-91 自动生成了符号参考指示

12.3.2 冲压装置的 PLC 控制系统的绘制

1. 项目下达

(1) 项目说明。

如图 12-92 所示的冲压装置，料仓中的方形钢块被送到冲压床上进行冲压，然后从冲压床上推到成品箱中。

首先是一个水平安装的双作用气缸 A 将料仓中落下的工件推到钻头的下方，并将工件顶在固定台上夹紧。然后气缸 B 伸出冲压工件，冲压结束后返回。当气缸 B 的回程运动结束后，夹紧气缸 A 返回，松开冲压后的工件。单作用气缸 C 将加工后的工件推出之后返回。

“初始化”程序运行时，所有气缸回到初始位置。用 PLC 控制实现该动作要求。

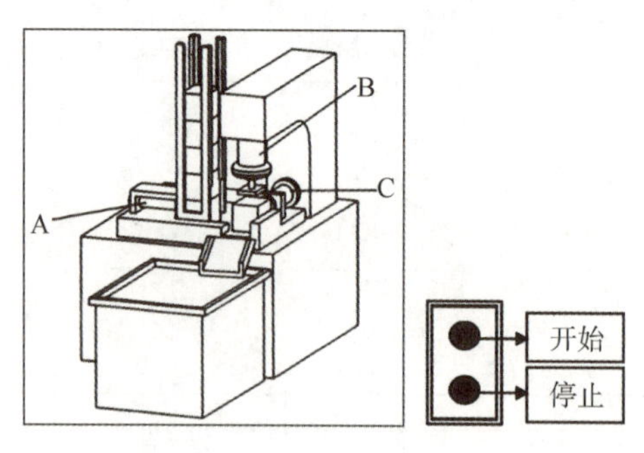

图 12-92　冲压装置

（2）绘制要求。

首先要调用之前已建好的设计方案模板 PCSDEMO3. pro，从左到右的页面分别是设计主题、章节目录表、详细目录表、安装描述、章节划分 1（电气原理图）、电气原理图、章节划分 2（机械外观布局）、平面图/机械图、章节划分 3（清单表）、零部件清单、元件清单、电缆清单、接线端子清单。

然后在这个设计方案中完成本项目的电气原理图、机械外观布局图及各类清单的设计与绘制。最后把这个项目转换为 PDF 文档格式，方便截图整理文档时使用。

2. 项目分析

（1）识读分析。

冲压装置气动回路如图 12-93 所示，A、B 两个气缸使用的都是双作用气缸，气缸的伸出和回缩速度都由单相节流阀来控制，C 气缸选用的是单作用气缸。三个气缸的控制阀都选用两位五通双控电磁阀，这三个阀的 1 口都接气源，5、3 口是排气口，4、2 口为出气口，YA、YB 电磁阀的 4、2 口接双作用气缸的两个气口，YC 电磁阀的 4 口接单作用气缸的气口，2 口用塞子堵住。A 气缸回缩到位由传感器 XA0 检测，伸出到位由 XA1 检测，电磁线圈 YA+得电时，气缸伸出，YA-得电时，气缸回缩；B 气缸回缩到位由传感器 XB0 检测，伸出到位由 XB1 检测，YB+得电时，气缸伸出，YB-得电时，气缸回缩；C 气缸回缩到位由传感器 XC0 检测，伸出到位由 XC1 检测，YC+得电时，气缸伸出，YC-得电时，气缸回缩。所有传感器都选用两线制 PNP 型的霍尔传感器。

本项目使用的 PLC 为主控制器，选用西门子公司的 S7-200 系列，I0. 0~I0. 7 都为输入继电器端子，依次接启动按钮 SB1、停止按钮 SB2、A 气缸回缩到位传感器 XA0、A 气缸伸出到位传感器 XA1、B 气缸回缩到位传感器 XB0、B 气缸伸出到位传感器 XB1、C 气缸回缩到位传感器 XC0、C 气缸伸出到位传感器 XC1。L+是内部 24 V DC 电源正极，为外部传感器或输入继电器供电。M 是内部 24 V DC 电源负极，接外部传感器负极或输入继电器公共端。Q0. 0~Q0. 5 都为输出继电器端子，依次接电磁线圈 YA+、YA-、YB+、YB-、YC+及 YC-。输出继电器的公共端子 1L、2L 接的是 24 V 直流电源的正极。6 个电磁线圈的额定电压都是 24 V，具体连接如图 12-94 所示。

（2）绘制分析。

绘图的设计流程及运用的基础知识点见表 12-12。

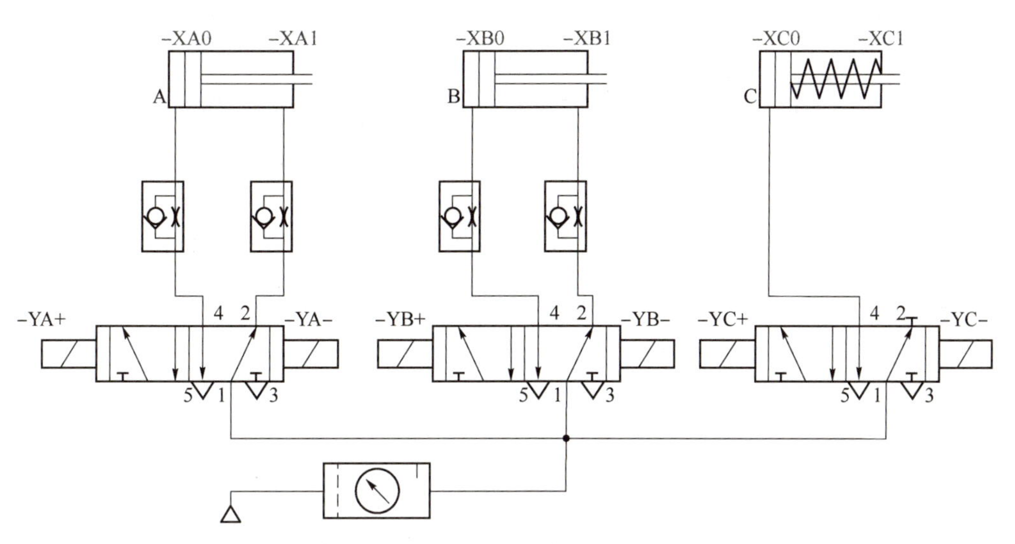

图 12-93　冲压装置气动回路图

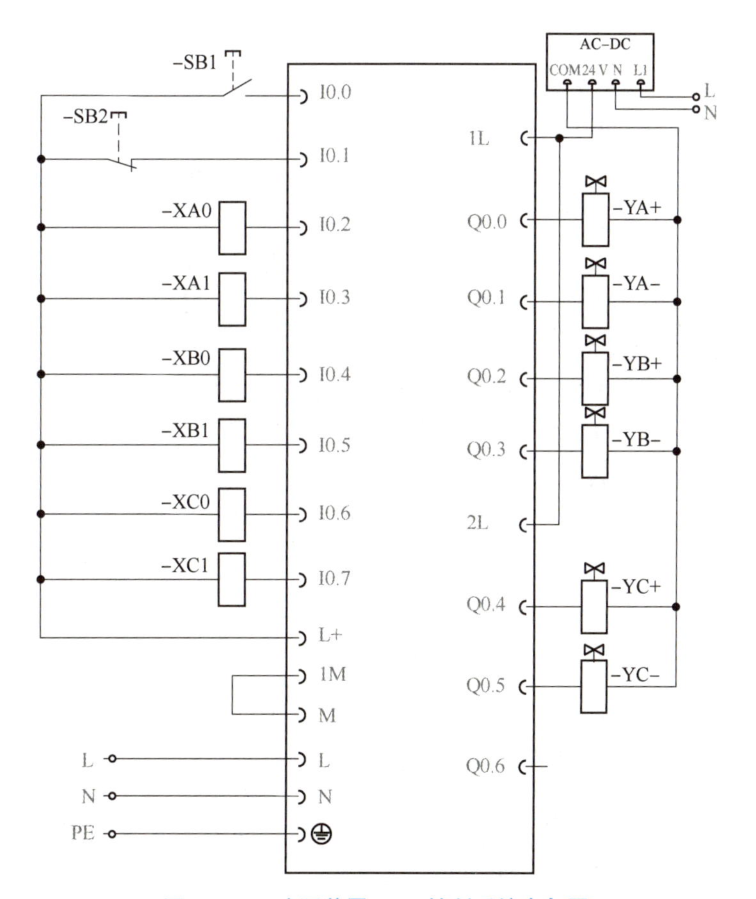

图 12-94　冲压装置 PLC 控制系统电气图

表 12-12　设计流程及运用的基础知识点

设计流程	运用的基础知识点
步骤一：调用建好的设计方案模板	在设计方案中工作
步骤二：使用符号库绘制气动回路图	符号库的使用，气动回路的基本知识
步骤三：使用数据库绘制 PLC 控制系统的主电路	数据库的使用，旋转、垂直镜像、水平镜像、移动、对齐等编辑功能
步骤四：机械外观布局图的绘制	数据库的使用，自动生成机械外观图
步骤五：更新所有清单	数据库的使用，更新所有清单
步骤六：输出 PDF 格式文档	输出 PDF 格式文档

3. 项目实施

（1）调用建好的设计方案模板。

打开 PCschematic ELautomation 软件，在菜单栏中单击“文件”→“打开”命令，找到示例中的设计方案模板 PCSDEMO3. pro，把该设计方案另存为“冲压装置的 PLC 控制系统 . pro”，存在合适的盘里。

（2）使用符号库绘制气动回路图。

在“冲压装置的 PLC 控制系统 . pro”设计方案中的页面 5 中，按下电脑键盘上的 F8 键，进入符号菜单中，在符号文件夹里选择 PNEU，进入气动元件符号文件夹里。分别拾取双作用气缸 6-5-2-1. sym、单向节流阀 7-3-1-4. sym、两位五通阀芯 7-2-1-4. sym、电磁阀线圈 9-2-3-11. sym、单作用气缸 6-5-1-2、气动三联件 8-5-6-2 及气源 5-2-1-2 电气符号。使用旋转、垂直镜像、水平镜像、移动、对齐等编辑功能把符号放在合适的位置上。再根据气动回路的需要添加相应文本，最后得到冲压装置气动回路图。

（3）使用数据库绘制 PLC 控制系统的主电路。

在页面 6 中绘制冲压装置的 PLC 控制系统的主电路。

①创建 PLC 的电气图符号。

在本设计方案中，按快捷键 F8 进入符号菜单，单击“创建新符号”，进入新建符号页面，在程序工具栏中选择“符号数据”和“绘图”，单击参考点，在绘图区域先画上一个参考点，此点作为新建符号的中心点。绘制 PLC 时，通过单击“设置”→“指针/屏幕”，显示栅格，如图 12-95 所示。这样做是方便把 PLC 的每个端子都放在栅格上，这些端子与外部连线的时候才是直线。之后，按所需要的图形符号进行绘制和创建，如图 12-96 所示。把新建的电气符号取名为 S7-200. sym，并存在 USER 文件夹里。

②添加数据库信息。

在菜单栏中单击“工具”→“数据库”，进入数据库中，在这里可以添加数据库信息。首先单击正下方的“+”按钮，插入一条数据库新记录，把对应项全部填好后，再单击“更新数据”按钮，保存刚才的修改。

③使用数据库绘制原理图。

在页面 6 中，按键盘上的快捷键 D，进入数据库中。在数据库中找到需要的元件数

I0.0
I0.1
I0.2
I0.3
I0.4
I0.5
I0.6
I0.7
L+
M
M
L
N
G
1L
Q0.0
Q0.1
Q0.2
Q0.3
2L
Q0.4
Q0.5
Q0.6

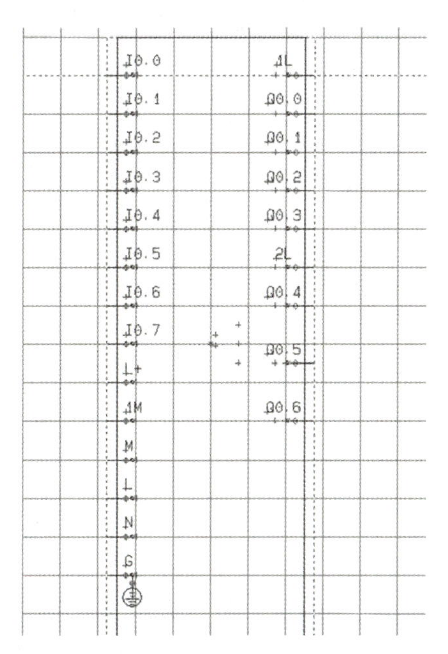

图 12-95　显示栅格

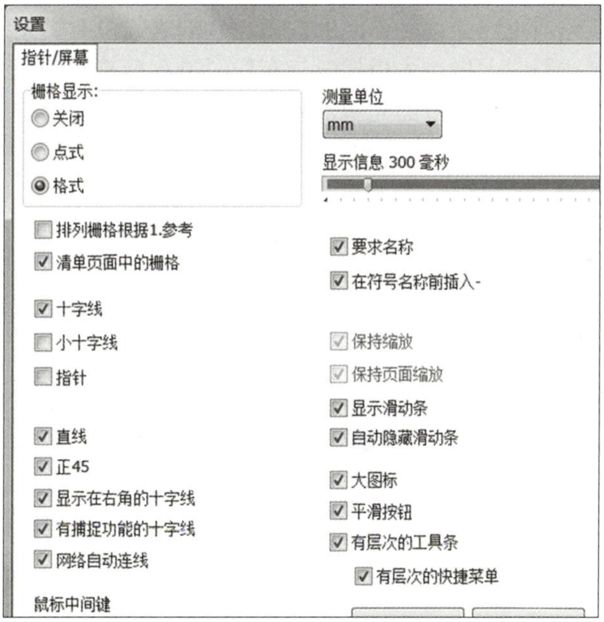

设置
指针/屏幕
栅格显示:
关闭
点式
格式
排列栅格根据1.参考
清单页面中的栅格
十字线
小十字线
指针
直线
正45
显示在右角的十字线
有捕捉功能的十字线
网络自动连线
鼠标中间键
测量单位
mm
显示信息 300 毫秒
要求名称
在符号名称前插入-
保持缩放
保持页面缩放
显示滑动条
自动隐藏滑动条
大图标
平滑按钮
有层次的工具条
有层次的快捷菜单

图 12-96　选择所需符号

据，例如要画 PLC 时，在数据库中单击选中刚建好的 PLC 数据，单击“确定”按钮后，就会在原理图中弹出该元件的电气原理图，并且其中包含了该元件的数据库信息。

剩下的所有元件都按这个方法使用数据库来绘制，并把找到的符号放置在合适的位置。

④整理元件符号及连线。

使用数据库，并正确、完整地放置了所有元件符号后，再使用“对齐”“旋转”“间隔”

“移动”等编辑命令来整理所有的元件符号的相对位置，以及使用文字编辑功能对原理图中的文字符号进行编辑。最后再进行连线，绘制成冲压装置 PLC 控制电气图。

（4）机械外观布局图的绘制。

在使用数据库的基础上，能够轻松地得到机械外观布局图。

在本项目中，PLC 控制系统主电路中的所有元件都已经使用了数据库，进入本设计方案中的页面 9，在该页面中的空白处单击鼠标右键，单击“放置机械符号”。之后，在空白处单击鼠标左键，所有的机械符号会堆积在一起出现，再使用“间隔”“对齐”“移动”等编辑功能，得到机械外观布局图。

气动回路的机械外观布局图只有在加载数据库信息后，才能自动生成。

（5）更新所有清单。

在设计方案中，选择菜单栏中的“清单”→“更新所有清单”，得到所需的所有清单。

（6）输出 PDF 格式文档。

12.4 习题

一、判断题

1. 电路图中，线路与电路是两种不同的概念，它们之间没有关系。（　　）
2. 识读照明控制线路时，应首先根据电气布线图进行分析和判断。（　　）
3. 小区室外照明线路中，路灯的光源器件一般采用光气体放电灯。（　　）
4. 由于室外照明灯的照明是需要同时启动的，因此，选择电线时，必须考虑到负载和强度两个方面。（　　）
5. 电源相（火）线可直接接入灯具，而开关可控制地线。（　　）
6. 电路图中的文字符号和图形符号一般可以结合使用。（　　）
7. 文字符号包括基本文字符号、辅助文字符号和组合文字符号。（　　）
8. 学习电气线路识图了解各种文字符号、图形符号和标记符号是基本要求。（　　）
9. 常用的高压配电电压为 6~10 kV，低压为 380 V，照明系统电压为 220 V。（　　）
10. 识读供配电线路的基本顺序是电源进线—母线—电气设备—负载。（　　）

二、选择题

1. PCschematic ELautomation 默认电气符号是保存在（　　）文件夹下的。

A. Database　　B. Pictures

C. Symbol　　D. List

2. PCschematic ELautomation 生成的电气项目方案的文件格式是（　　）。

A. *. PRO　　B. *. SYM

C. *. STD　　D. *. DWG

3. 页面中，常看到横向或纵向有“1，2，3，4，5，6，7，8，9，…”间距的排列，它们的意义在于（　　）。

A. 使图纸美观　　B. 实现参考作用

C. 意义不大，没有它们也可以实现参考　　D. 是一种国标

4. PCschematic ELautomation 中的符号文件格式是（　　）。

A. ＊. PRO　　B. ＊. SYM

C. ＊. STD　　D. ＊. DWG

三、简答题

1. 简单叙述如何识读供配电线路图。

2. 我国工矿企业用户的供配电电压通常有哪些等级？

四、实验题

1. 绘制要求：

使用 PCschematic ELautomation 电气绘图软件，调用元件库里已有的电气符号，其中 PLC 及稳压电源这两个元件的符号需要新建。参考图 12-97 进行绘制，绘制完成之后，请在图片上标注提交作业的学生姓名及学号。

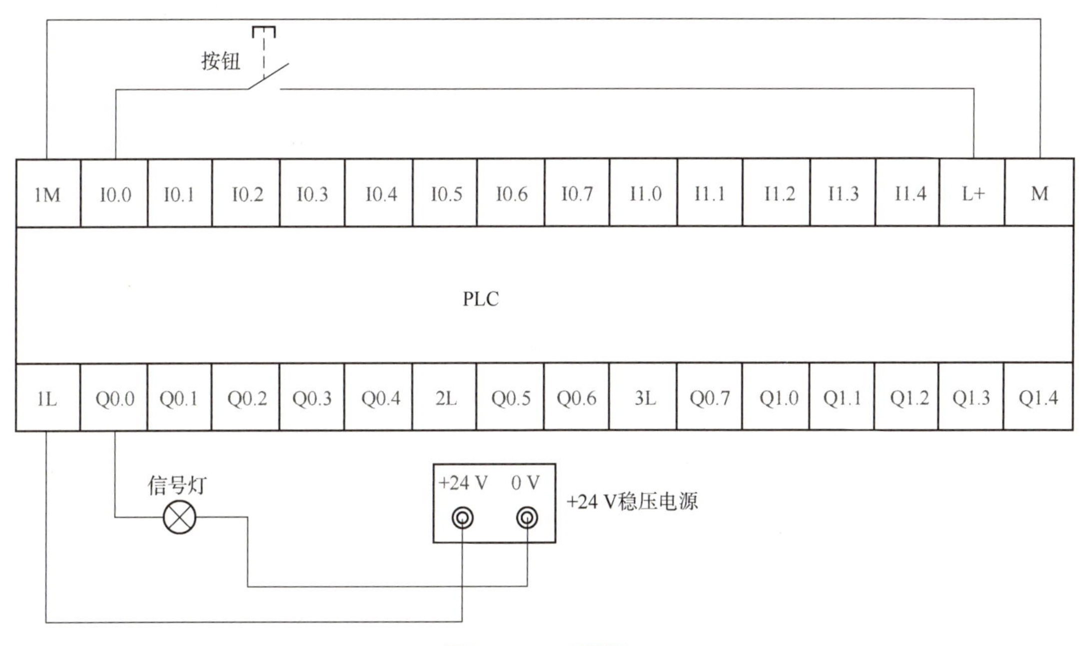

图 12-97　习题图 1

2. 创建符号操作。

3. 绘图图形过程简述。

4. 个人心得。

参考文献

[1] 王永华. 现代电气控制及 PLC 应用技术 [M]. 北京：北京航空航天大学出版社，2020.

[2] 彭芳. 电气图的识读与绘制项目式教程 [M]. 北京：国防工业出版社，2013.

[3] 刘丽华，彭芳. 自动检测技术及应用 [M]. 北京：清华大学出版社，2010.

[4] 向晓汉. S7-200 SMART PLC 完全精通教程 [M]. 北京：机械工业出版社，2013.

[5] 廖常初. S7-200 SMART PLC 应用教程 [M]. 北京：机械工业出版社，2019.